高等院校“十三五”规划教材

JIANZHU SHIGONG JISHU

建筑施工技术

主 编 周可璋 卢 宁

西北工業大學出版社

西 安

【内容简介】 本书是全国高等学校建筑类专业规划教材，是根据教育部对高等教育的教学基本要求及全国水利水电高校教研会制定的《建筑施工技术课程教学大纲》编写完成的。在编写过程中采用了我国最新的设计、施工规范和行业标准，吸取了建筑施工的新技术、新工艺和新方法，其内容的深度和难度按照高等教育的特点，着重讲授理论知识在工程实践中的应用，培养学生的实践能力。本书主要讲述了土方工程施工、地基与基础工程施工、砌筑工程施工、钢筋混凝土工程施工、预应力混凝土工程施工、装饰工程施工、钢结构工程施工和防水工程施工等内容。

本书既可作为高等学校建筑工程类专业的教材，也可作为其他层次职业教育相关专业教材或供土建工程技术人员参考。

图书在版编目（CIP）数据

建筑施工技术 / 周可璋，卢宁主编. — 西安 ：西北工业大学出版社，2018.6

ISBN 978 - 7 - 5612 - 6021 - 0

Ⅰ.①建… Ⅱ.①周… ②卢… Ⅲ.①建筑工程—工程施工 Ⅳ.①TU74

中国版本图书馆 CIP 数据核字（2018）第 104613 号

策划编辑： 刘庆保
责任编辑： 季 强

出版发行： 西北工业大学出版社
通信地址： 西安市友谊西路 127 号 **邮编：** 710072
电 话： (029) 88493844 88491757
网 址： www.nwpup.com
印 刷 者： 北京佳顺印务有限公司
开 本： 787 mm×1 092 mm 1/16
印 张： 18.5
字 数： 434 千字
版 次： 2018 年 6 月第 1 版 2020 年 7 月第 2 次印刷
定 价： 55.00 元

前 言

《建筑施工技术》是高等院校建筑工程类专业的主干专业课程之一，它主要研究建筑工程各工种工程的施工工艺和施工方法。在编写的过程中，编者以现行施工验收规范、规程和工程实践为依据，以高等教育教学需要和学生自主学习为出发点，编写了这本易懂、实用的教材。

本书在编写过程中，努力体现高等职业教育的教学特点，注重实践能力的整体培养，精选内容，在阐述建筑施工技术的基本理论、各工种工程的施工工艺、施工方法和技术措施的同时，突出针对性和实用性，强调了保证施工质量、安全生产的措施。书中根据建设部“建筑施工技术”课程的教学大纲要求和国家现行的各种设计和施工规范，介绍了建筑工程施工的新技术、新工艺，本书共编写了八章的内容，主要讲述了土方工程施工、地基与基础工程施工、砌筑工程施工、钢筋混凝土工程施工、预应力混凝土工程施工、装饰工程施工、钢结构工程施工、防水工程施工等内容。

本书力求做到体系完整，内容丰富，图文并茂，通俗易懂。除了可以作为高等院校建筑工程技术专业的教材之外，也可以作为土建类其他相关专业的职业技术人员自学的参考书籍。

由于编者水平有限，加之编写时间紧迫，书中难免存在疏漏和不足之处，恳请同行、专家和广大读者多提宝贵意见，以便在今后的重印或再版中改进和完善。

编 者

目　录

第1章 土方工程施工

学习目标

1. 了解土的分类与工程性质；
2. 熟悉土方工程的施工特点与分类方法；
3. 掌握土方工程量的计算方法；
4. 掌握施工降水和土方支护的基本方法；
5. 了解场地平整方法及土方工程的机械化施工；
6. 掌握土方边坡的确定方法；
7. 熟悉土方工程施工的质量要求与安全技术要求。

1.1 概　述

1.1.1 土的分类与工程性质

(一) 土的分类

土的种类繁多，其分类方法也很多，如按土的沉积年代、颗粒级配、密实度、液性指数等分类。在建筑工程施工中，按土的开挖难易程度将土分为松软土、坚土、砂砾坚土、软石、次坚石、坚石、特坚石八类。前四类为一般土，后四类为岩石。

正确区分和鉴别土的种类，有助于合理地选择施工方法和准确计算土方工程费用。土的工程分类见表1-1。

表1-1 土的工程分类

类　别	土的名称	开挖方法	可松系数	
			K_s	K'_s
第1类(松软土)	砂，粉土，冲积砂土层，种植土，泥炭(淤泥)	用锹、锄头挖掘	1.08～1.17	1.01～1.04

续 表

类　别	土的名称	开挖方法	可松系数	
			K_s	K'_s
第 2 类（普通土）	粉质黏土，潮湿的黄土，夹有碎石、卵石的砂，种植土，填筑土和粉土	用锹、锄头挖掘，少许用镐翻松	1.14～1.28	1.02～1.05
第 3 类（坚土）	软及中等密实黏土，重粉质黏土，粗砾石，干黄土及含碎石、卵石的黄土，粉质黏土，压实的填筑土	主要用镐，少许用锹、锄头，部分用撬棍	1.24～1.30	1.04～1.07
第 4 类（砂砾坚土）	坚硬密实的黏土及含碎石、卵石的黏土，粗卵石，密实的黄土，天然级配砂石，软泥灰岩及蛋白石	先用镐、撬棍，然后用锹挖掘，部分用锲子及大锤	1.26～1.37	1.06～1.09
第 5 类（软石）	硬质黏土，中等密实的页岩、泥灰岩、白垩土，胶结不紧的砾岩，软的石灰岩	用镐或撬棍、大锤，部分用爆破方法	1.30～1.45	1.10～1.20
第 6 类（次坚石）	泥岩，砂岩，砾岩，坚实的页岩，泥灰岩，密实的石灰岩，风化花岗岩、片麻岩	用爆破方法，部分用风镐	1.30～1.45	1.10～1.20
第 7 类（坚石）	大理石，辉绿岩，玢岩，粗、中粒花岗岩，坚实的白云岩、砾岩、砂岩、片麻岩、石灰岩，微风化安山岩、玄武岩	用爆破方法	1.30～1.45	1.10～1.20
第 8 类（特坚石）	安山岩，玄武岩，花岗片麻岩，坚实的细粒花岗岩，闪长岩，石英岩，辉长岩，辉绿岩，玢岩	用爆破方法	1.45～1.50	1.20～1.30

注：K_s——最初可松性系数；

K'_s——最终可松性系数。

（二）土的工程性质

土一般由土颗粒（固相）、水（液相）和空气（气相）三部分组成，这三部分之间的比例关系随着周围条件的变化而变化，三者间比例不同，反映出土的物理状态不同，如干燥、稍湿或很湿，密实、稍密或松散。这些指标是最基本的物理性质指标，对评价土的工程性质，进行土的工程分类具有重要意义。

土的三相物质是混合分布的，为阐述方便，一般用三相图表示（图1-1），三相图中把土的固体颗粒、水、空气各自划分开来。

图中符号：

m——土的总质量（$m=m'_s+m'_w$），kg；

m'_s——土中固体颗粒的质量，kg；

m'_w——土中水的质量，kg；

V——土的总体积（$V=V_s+V_w+V_n$），m^3；

V_a——土中空气体积，m^3；

V_s——土中固体颗粒体积，m^3；

V_w——土中水所占的体积，m^3；

V_v——土中孔隙体积（$V_v=V_n+V_w$），m^3。

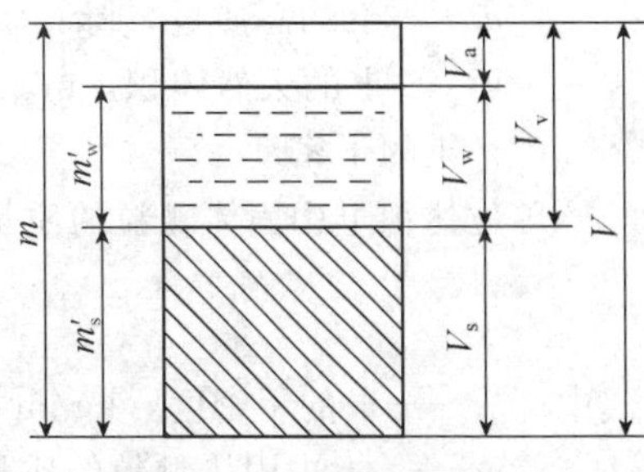

图1-1 土的三相示意图

土的工程性质对土方工程施工有直接影响，也是进行土方施工设计必须掌握的基本资料。土的工程性质主要有如下内容：

1. 土的含水量

土的含水量是指土中水的质量与土颗粒质量的百分比，即

$$w=\frac{m_w}{m_s}\times 100\% \tag{1-1}$$

式中 w——土的含水量；

m_w——土中水的质量；

m_s——土中固体颗粒的质量。

土的含水量大小会影响土方的开挖及填筑压实等施工。当土的含水量超过25%～30%时就不能使用机械施工；含水量超过20%会造成运土车的打滑或陷车，甚至影响挖土机的使用；回填土含水量过大，压实时会产生橡皮土。因此，对含水量过大的土，施工时应采取有效的排水、降水措施。

2. 土的可松性

土具有可松性，即自然状态下的土经开挖后，其体积因松散而扩大，以后虽经回填压实，其体积仍不能恢复原状。土的可松性程度一般用可松性系数表示，即：

最初可松性系数 K_s
$$K_s=\frac{V_1}{V} \tag{1-2}$$

最终可松性系数 K'_s
$$K'_s=\frac{V_2}{V} \tag{1-3}$$

式中 V——土的天然体积，m^3；

V_1——开挖后土的松散体积，m^3；

V_2——回填压实后土的体积，m^3。

在土方工程施工中，土的可松性对土方量的平衡调配、土方运输量和运土机具的数量、回填土预留量等均有很大影响。

3. 土的密度

(1) 土的天然密度

土在天然状态下单位体积的质量称为土的天然密度，用ρ表示，即：

$$\rho=\frac{m}{V} \tag{1-4}$$

式中　ρ——土的天然密度，kg/m^3；

m——土的总质量，kg；

V——土的天然体积，m^3。

(2) 土的干密度

单位体积土中固体颗粒的质量称为土的干密度，用 ρ_d 表示，即：

$$\rho_d=\frac{m_s}{V} \tag{1-5}$$

式中　ρ_d——土的干密度，kg/m^3；

m_s——土中固体颗粒的质量，kg；

V——土的天然体积，m^3。

土的密度通常采用环刀法和烘干法测定。工程上常把土的干密度作为评定土体密实程度的标准，以控制基底压实及填土工程的压实质量。

4. 土的渗透性

土的渗透性是指土体被水透过的性质。它与土的密实程度有关，土颗粒的孔隙比越大，则土的渗透系数越大。土的渗透性大小用渗透系数表示，即单位时间内水穿透土层的能力，一般由试验确定，常见土的渗透系数见表 1-2。渗透系数是计算降低地下水时涌水量的主要参数。根据土的渗透性不同，可分为透水性土（如砂土）和不透水性土（如黏土）。土的渗透性取决于土的形成条件、颗粒级配、胶体颗粒含量和土的结构等因素。渗透系数的测定方法有现场注水抽水试验和实验室测定 2 种。对于重大工程，宜采用现场抽水试验，以获得较为准确的渗透系数值。

表 1-2　常见土的渗透系数参考值

土的名称	渗透系数 K（m/d）	土的名称	渗透系数 K（m/d）
黏　土	<0.005	中　砂	5.00～20.00
粉质黏土	0.005～0.10	均质中砂	35～50
粉　土	0.10～0.50	粗　砂	20～50
黄　土	0.25～0.50	圆砾石	50～100
粉　砂	0.50～1.00	卵　石	100～500
细　砂	1.00～5.00	无填充物卵石	500～1000

1.1.2　土方工程的分类与施工特点

（一）土方工程的分类

土方工程是建筑工程施工的主要工程之一，主要包括土方的开挖、运输、回填、压实、路基修筑等过程以及排水、降水和土壁支撑的准备及辅助工作。

一般在建筑工程中，土方工程的开挖可按其几何形体不同分为以下四类：

(1) 场地平整。是将天然地面改造成所要求的设计平面时所进行的土方施工全过程，在三通一平工作中，包括确定场地设计标高，计算挖、填土方量，土方调配等，一般指挖、填平均厚度≤300 mm的土方施工过程。

(2) 基坑开挖。是指开挖底面积≤20 m^2，且长宽比<3的土方施工过程。

(3) 基槽开挖。是指开挖宽度≤3 m，且长宽比≥3的土方施工过程。

(4) 地下大型土方开挖。是指山坡切土或挖填厚度>300 mm、开挖宽度>3 m、开挖底面积>20 m^2的土方施工过程。

(二) 土方工程的施工特点

1. 面广量大、劳动繁重

建筑工地的场地平整，面积往往很大。在场地平整和大型基坑开挖中，土方工程量可达几百万立方米以上。对于面广量大的土方工程，应尽可能采用全面机械化施工。

2. 露天作业、施工条件复杂

土方工程施工多为露天作业且土本身是一种天然物质，成分较为复杂。因此，施工中直接受到地区、气候、水文和地质等条件的影响。

组织土方工程施工，在有条件和可能利用机械施工时，尽可能采用机械化施工；在条件不够或机械设备不足时，应创造条件，采取半机械化和革新工具相结合的方法，以代替或减轻繁重的体力劳动。另一方面，要合理安排施工计划，尽可能不安排在雨期施工，否则应做好防洪排水等准备。此外，土方工程施工中因其特点给施工方案选择和工程质量以及施工安全增加了难度，所以，开工前应编制专项施工方案。

1.2 土方工程量的计算

在土方工程施工前，通常应计算土方工程量，以便根据土方工程量的大小，拟定土方工程施工方案，组织土方工程施工。但各种土方工程的外形往往很复杂、不规则，要进行精确计算比较困难。一般情况下，按其假设或划分成一定的几何形状，并采用具有一定精度又与实际情况相近似的方法进行计算。

1.2.1 基坑和基槽土方工程量的计算

(一) 边坡坡度

土方边坡用边坡坡度和坡度系数表示。边坡坡度以挖土深度 h 与边坡底宽 b 之比表示(见图1-2)；工程中常以 $1:m$ 表示放坡情况，m 称坡度系数。

$$i=\frac{h}{b}=\frac{1}{\frac{b}{h}}=1:m \tag{1-6}$$

式中 $m=\frac{b}{h}$，称为坡度系数。

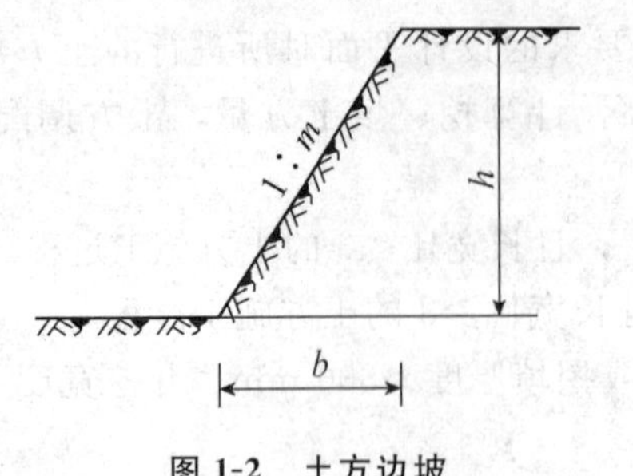

图 1-2　土方边坡

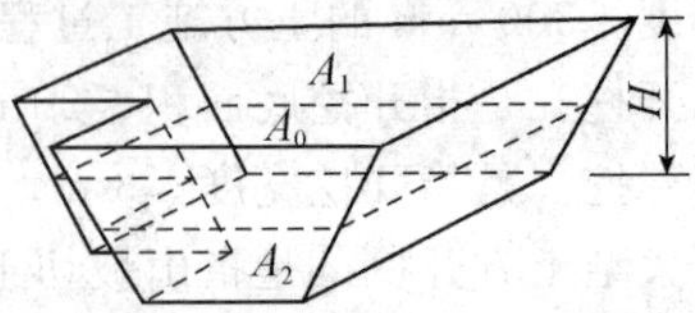

图 1-3　基坑土方量计算

（二）基坑土方量计算

基坑土方量可按立体几何中拟柱体（由两个平行的平面为底的一种多面体）体积公式计算（见图 1-3），即：

$$V=\frac{H}{6}\ (A_1+4A_0+A_2) \tag{1-7}$$

式中　V——基坑土方量，m^3；

H——基坑开挖深度，m；

A_1、A_2——基坑上、下底面面积，m^2；

A_0——基坑的中截面面积，m^2。

（三）基槽土方量计算

基槽、管沟的土方量，可沿其长度方向分段后，再按基坑土方量计算方法分别计算各段土方量（见图 1-4），汇总得到总土方量，即：

$$V_1=\frac{L_1}{6}\ (A_1+4A_0+A_2) \tag{1-8}$$

式中　V_1——第一段的土方量，m^3；

L_1——第一段的长度，m；

其他符号含义同前。

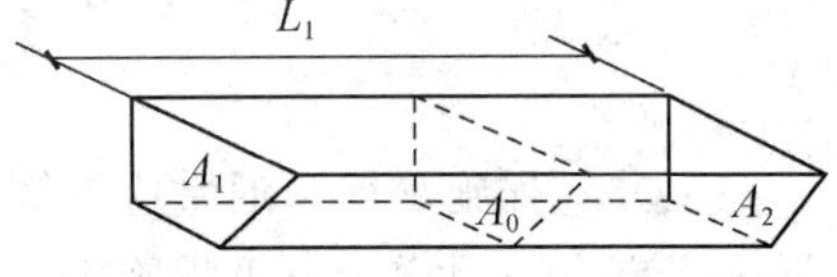

图 1-4　基槽土方量计算

$$V_{槽}=\sum V_i \tag{1-9}$$

式中　V_i—— 基槽第 i 段的土方量，m^3。

一般在工程实际中，基槽土方量的计算多按照不同基槽断面，以基槽的长度乘以相应断面积计算，即：

$$V_{槽}=\sum L_i \times A \tag{1-10}$$

式中　L_i—— 基槽所在断面的长度，m；

A—— 基槽所在断面的平均断面面积，m^2。

1.2.2　场地平整土方工程量计算

场地平整就是将现场天然地面改造成施工所要求的设计平面。首先要确定场地设计标高(通常由设计单位在总图规划和竖向设计中确定),然后计算挖、填土方工程量,确定土方调配方案,并根据工程现场施工条件、施工工期及现有机械设备条件,选择土方施工机械,拟定施工方案。

(一) 场地设计标高的确定

1. 确定标高的原则和方法

场地设计标高是进行场地平整和土方量计算的依据,合理选择场地设计标高,对减少土方量、提高施工速度具有重要意义。

选择设计标高时,应考虑以下因素:

(1) 满足生产工艺和运输条件的要求;

(2) 场地内的挖方、填方应尽可能达到相互平衡,以降低运费;

(3) 满足场区排水要求,有一定泄水坡度;要考虑最高洪水位的影响。

场地设计标高的确定属全局规划问题,应由设计单位、甲乙双方以及有关部门协商解决。当场地设计标高无设计文件特定要求时,可按场区内"挖填土方量平衡法"经计算确定,并可达到土方量最少、费用低、造价合理的效果。

2. 初步计算场地设计标高

初步计算场地设计标高的原则是场地内挖填方平衡,即场地内挖方总量等于填方总量。如图 1-5 所示,将场地地形图划分成边长 10 ～ 40 m 的若干个方格(或利用地形图的方格网),各方格角点自然地面标高确定的方法有:当地形平坦时,可根据地形图上相邻两条等高线的标高,用插入法求得,地形起伏大(用插入法有较大误差)或无地形图时,可在现场用木桩打好方格网,然后用水准仪直接测出。

按照场地内土方在平整前和平整后相等的原则,场地设计标高可按式(1－11)计算:

$$H_0 N a^2 = \sum\left(a^2 \frac{H_{11}+H_{12}+H_{21}+H_{22}}{4}\right) \tag{1-11}$$

$$H_0 = \frac{\sum(H_{11}+H_{12}+H_{21}+H_{22})}{4N} \tag{1-12}$$

式中　H_0—— 所计算的场地设计标高,m;

a—— 方格边长,m;

N—— 方格数;

H_{11}、H_{12}、H_{21}、H_{22}—— 任意一个方格的四个角点标高,m。

由图 1-5 可知,H_{11} 系一个方格的角点标高,H_{12} 和 H_{21} 系相邻两个方格的公共角点标高,H_{22} 系相邻的四个方格的公共角点标高。如图将所有方格的四个角点相加,则类似 H_{11} 的角点标高加1次,类似 H_{12} 和 H_{21} 的角点标高需加2次,类似 H_{22} 的角点标高要加4次。如令:

H_1—— 一个方格独有的角点标高,m;

H_2—— 两个方格共有的角点标高,m;

H_3—— 三个方格共有的角点标高,m;

H_4—— 四个方格共有的角点标高,m。

则场地设计标高 H_0 的计算公式可改写为下列形式:

$$H_0 = \frac{\sum H_1 + 2\sum H_2 + 3\sum H_3 + 4\sum H_4}{4N}$$

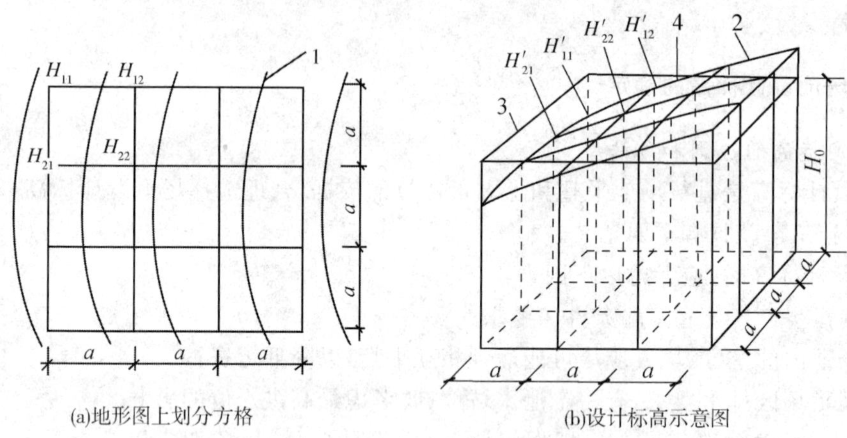

(a)地形图上划分方格　　(b)设计标高示意图

图 1-5　场地设计标高计算示意图

1— 等高线;2— 自然地面;3— 设计标高平面;4— 自然地面与设计标高平面的交线(零线)

3. 设计标高的调整

实际工程中,对计算所得的设计标高,还应考虑下列因素进行调整。这项工作,在完成土方量计算后进行。

(1) 土的可松性影响

由于土的可松性会造成填土的多余,所以需相应地提高设计标高。如图 1-6 所示,设 Δh 为土的可松性引起设计标高的增加值,则设计标高调整后的总挖方体积为:

$$V'_w = V_w - F_w \Delta h$$

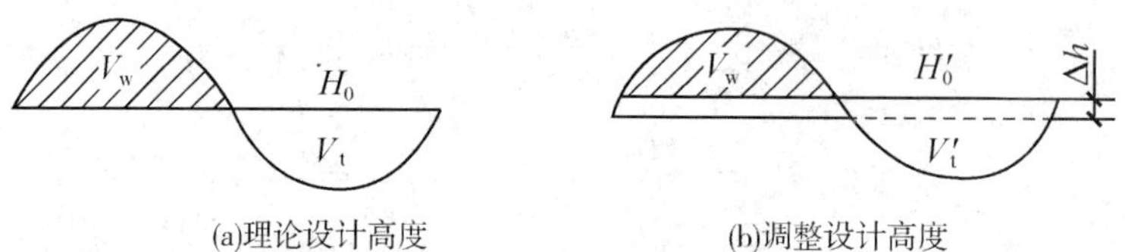

(a)理论设计高度　　(b)调整设计高度

图 1-6　设计标高调整计算示意图

总填方体积为:

$$V'_t = V'_w K'_s = (V_w - F_w \Delta h) K'_s$$

此时,填方区的标高也应与挖方区一样,提高 Δh,即:

$$\Delta h = \frac{V'_t - V_t}{F'_t} = \frac{(V_w - F'_w \Delta h) K'_s - V'_t}{F'_t}$$

对上式移项,整理得(当 $V_t = V_w$):

$$\Delta h = \frac{V_w (K'_s - 1)}{F_t + F_w K'_s} \tag{1-13}$$

故考虑土的可松性后,场地设计标高应调整为:

$$H'_0 = H_0 + \Delta h \tag{1-14}$$

(2) 考虑借土或弃土的影响

由于场地内大型基坑挖出的土方、修筑路堤填高的土方，以及从经济角度比较，将部分挖土就近弃于场外或部分填方就近场外取土等，均会引起挖填土方量的变化。

为简化计算，场地设计标高的调整可按下列近似公式确定，即：

$$H''_0 = H'_0 \pm \frac{Q}{Na^2} \tag{1-15}$$

式中　Q—— 按初步设计标高平整后多余(+) 或不足(−) 的土方量；

N—— 场地方格数。

(二) 场地平整土方量的计算

场地平整土方量计算方法通常有方格网法和断面法 2 种。

1. 方格网法

方格网法计算精度较高，适合地形平缓和台阶宽度较大的地区采用。所用方格网法，是将需平整的场地划分为边长相等的方格，分别计算各方格的土方量并加以汇总得出总的土方量的方法。计算步骤一般为：确定场地的设计标高；计算方格角点的挖填深度；计算方格土方量；计算边坡土方量；汇总土方量并进行平衡等。当经计算的填方和挖方不平衡时，则根据需要进行设计标高的调整，并重复以上计算步骤，重新计算十方量。方格网法计算场地土方量，计算精度按"四方棱柱法"和"三角棱柱法"计算体积的有关公式计算。

(1) 划分方格网，计算各方格角点的施工高度

根据地形图(一般用 1∶500 的地形图) 将建筑场地划分成若干个方格网，方格的边长一般采用 20 ～ 40 m，将相应设计标高和自然地面标高分别标注在方格点的右下角和左下角。将设计地面标高与自然地面标高的差值，即各角点的施工高度(挖或填)，填在方格点的右上角，见图 1-7。各方格角点的施工高度可按下式计算：

$$h_n = H_n - H \tag{1-16}$$

式中　h_n—— 各角点的施工高度(挖方为"−"，填方为"+")，m；

H_n—— 各角点的设计标高，m；

H—— 各角点的自然地面标高，m。

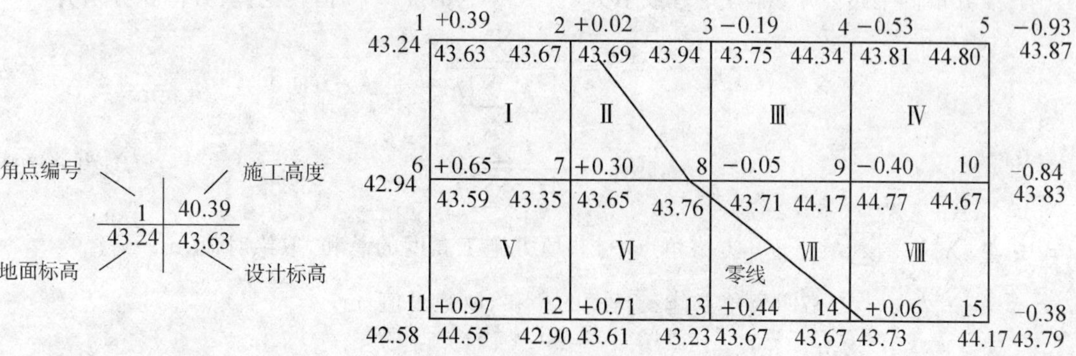

图 1-7　方格网法土方量计算

(2) 确定零线

当同一方格的四个角点的施工高度均为"+" 或"−" 时，该项方格内的土方则全部为填

方或挖方；如果一个方格中一部分角点的施工高度为“+”，而另一部分为“−”时，则此方格中的土方一部分为填方，另一部分为挖方。这时，要先确定挖、填方的分界线，称为零线。确定零线时，要先确定相邻的一挖一填的两角点间方格边线上的零点（此点既不挖也不填），方格网中各相邻边线上的零点间连线即为零线。

方格边线上的零点位置可按式（1－17）计算（见图 1-8）：

$$x = \frac{ah_1}{h_1 + h_2} \tag{1-17}$$

式中　h_1、h_2—— 相邻两角点填、挖方施工高度（以绝对值代入），h_1 为填方角点的填方高度，h_2 为挖方角点的挖方高度，m；

a—— 方格边长，m；

x—— 零点所划分方格边长的数值（即零点至某计算基点的距离），m。

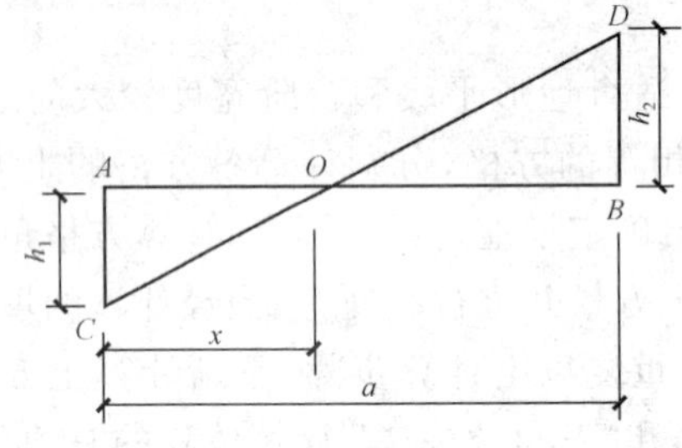

图 1-8　零点位置计算示意图

(3) 计算方格土方工程量

方格中土方量的计算可采用四方棱柱体法或三角棱柱体法。

1) 四方棱柱体法

① 方格四个角点全挖或全填（见图 1-9(a)）时，其挖、填方体积为

$$V = \frac{a^2}{4}(h_1 + h_2 + h_3 + h_4) \tag{1-18}$$

式中　h_1、h_2、h_3、h_4—— 方格四个角点挖或填的施工高度，均取绝对值，m；

a—— 方格边长，m。

② 方格四个角点中，部分挖方或填方（见图 1-9(b)、(c)）时，其挖、填方体积分别为

$$V_{挖} = \frac{a^2}{4}\frac{\left(\sum h_{挖}\right)^2}{\sum h} \tag{1-19}$$

$$V_{填} = \frac{a^2}{4}\frac{\left(\sum h_{填}\right)^2}{\sum h} \tag{1-20}$$

式中　$\sum h_{挖}$、$\sum h_{填}$ —— 方格角点中挖、填方施工高度的总和，取绝对值，m；

$\sum h$—— 方格四个角点施工高度的总和，取绝对值，m；

a—— 方格边长，m。

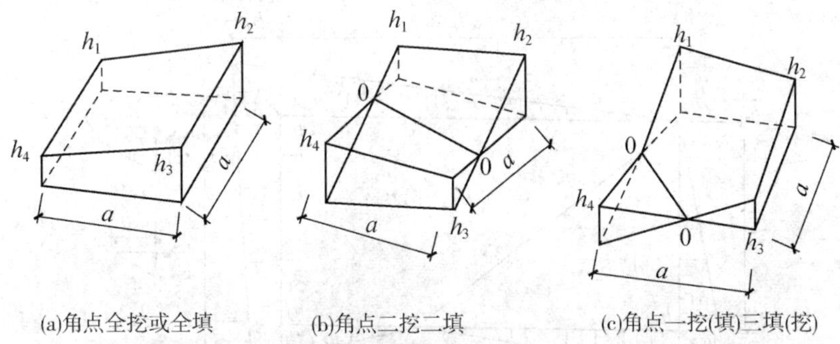

(a)角点全挖或全填　(b)角点二挖二填　(c)角点一挖(填)三填(挖)

图 1-9　四方棱柱体的体积计算

2）三角棱柱体法

计算时将方格网中各个方格顺地形等高线划分成三角形（见图 1-10）。每个三角形三个角点的施工高度分别用 h_1、h_2、h_3 表示。

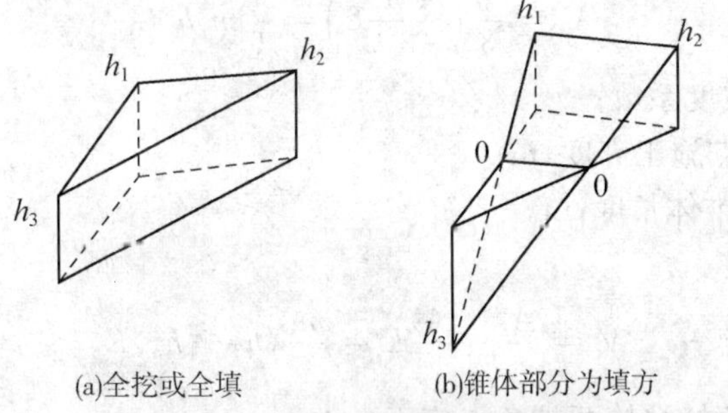

(a)全挖或全填　(b)锥体部分为填方

图 1-10　三角棱柱体的体积计算

① 三角形三个角点全挖或全填（见图 1-10(a)）时，其挖、填方体积为：

$$V = \frac{a^2}{6}(h_1 + h_2 + h_3) \tag{1-21}$$

② 三角形三个角点有挖有填时，零线将三角形分成两部分，一个是底面为三角形的锥体，一个是底面为四边形的楔体（见图 1-10(b)），其体积计算公式分别为：

$$V_{锥体} = \frac{a^2 h_3^3}{6(h_1 + h_3)(h_2 + h_3)} \tag{1-22}$$

$$V_{楔体} = \frac{a^2}{6}\left[\frac{h_3^3}{(h_1 + h_3)(h_2 + h_3)} - h_3 + h_2 + h_1\right] \tag{1-23}$$

式中　h_1、h_2、h_3—— 三角形各角点挖或填的施工高度，均取绝对值，m；

　　a—— 方格边长，m。

四方棱柱体的计算公式是根据平均中断面的近似公式推导得出的，计算简单，但当方格中地形起伏较大时，其精确度低；三角棱柱体的计算公式是根据立体几何体积计算公式推导得出的，精确度高，但计算复杂，适用于计算机计算。

(4) 四周边坡土方量计算

场地四周边坡土方量计算，可将边坡划分为两种近似的几何形体，即三角棱锥体和三角棱柱体分别计算，如图 1-11 所示。然后将各分段计算的结果相加，求出边坡土方的挖、填方土方量。

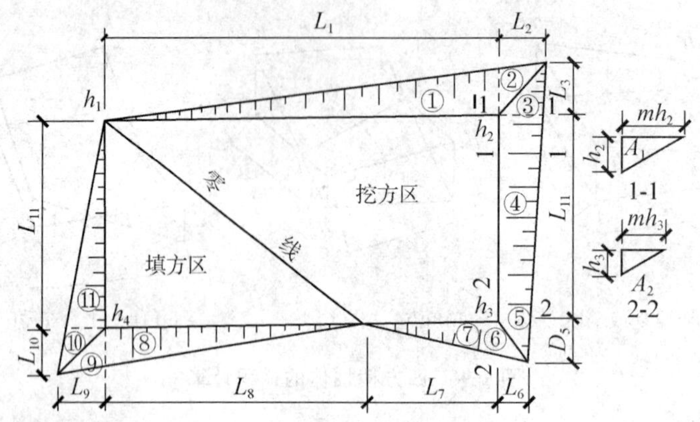

图 1-11　场地边坡土方量计算图

① 三角棱锥体

$$V = \frac{1}{3}\left(\frac{m_1 h^2}{2}L\right) = \frac{1}{6}m_1 h^2 L \qquad (1-24)$$

式中　m_1—— 边坡坡度系数；

h—— 计算角点施工高度，m；

L—— 三角棱锥体长度，m。

② 三角棱柱体

$$V = \frac{A_1 + A_2}{2}L = \frac{m_1}{4}(h_2^2 + h_3^2)L \qquad (1-25)$$

式中　h_2、h_3—— 三角棱柱体两端角点施工高度，m；

L—— 三角棱柱体长度，m。

(5) 汇总平衡土方量

将以上所计算的各方格土方量和挖方区、填方区的边坡土方量，按挖填方分别进行汇总，即获得场地平整的总挖方量和总填方量。

2. 断面法

沿场地取若干个相互平行的断面(当精度要求不高时，可利用地形图确定断面；当精度要求较高时，应实地测量确定)，将所取每个断面(包括边坡)划分为若干个三角形和梯形(见图 1-12)，其面积分别为：

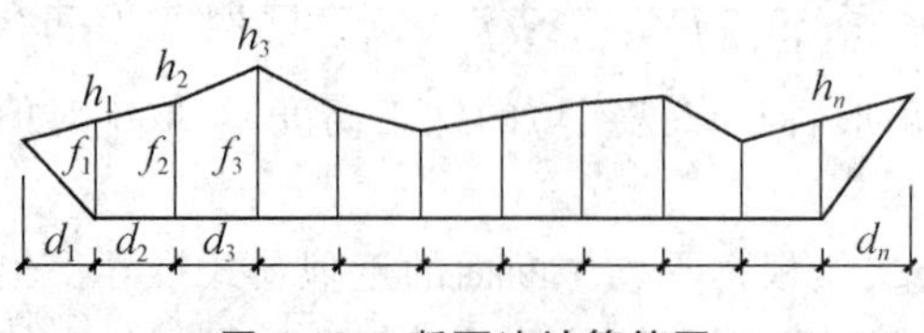

图 1-12　断面法计算简图

$$f_1 = \frac{h_1}{2}d_1$$

$$f_2 = \frac{h_1 + h_2}{2}d_2$$

$$\vdots$$

$$f_n = \frac{h_n}{2}d_n$$

则该断面面积 $F_1 = f_1 + f_2 + \cdots + f_n$。

若令

$$d_1 = d_2 = \cdots = d_n = d$$

则

$$F_1 = d(h_1 + h_2 + h_3 + \cdots + h_n) \qquad (1-26)$$

设各断面面积分别为 $F_1, F_2, F_3, \cdots, F_n$，相邻两断面间的间距依次为 $l_1, l_2, \cdots, l_n$，则所求土方工程量为：

$$V = \frac{F_1 + F_2}{2}l_1 + \frac{F_2 + F_3}{2}l_2 + \cdots + \frac{F_{n-1} + F_n}{2}l_n \qquad (1-27)$$

1.3　排水与降水

开挖低于地下水位的基坑时，地下水会不断渗入坑内。雨季施工时，地面水也会流入坑内。如果不将坑内的水及时排除，不但会使施工条件恶化，而且更严重的是被水泡软化，会造成边坡塌方和坑底地基土承载能力下降。因此，在基坑开挖前和开挖时，做好施工排水和降低地下水位工作，保持土体干燥是十分必要的。这项工作应持续到基础工程施工完毕进行回填后才能停止。

1.3.1　地面排水

有不少施工现场(特别是山区施工)，由于缺乏排水总体规划和设施，以致雨期中排水紊乱，对施工生产影响很大。所以施工前应搞好施工区域内场地地面排水系统，在规划时要注意与自然排水和已有的排水设施相适应。为了减少施工费用，应先做好永久排水设施，便于施工现场排水使用。山坡应做截水沟或植被护坡，坡脚排水。

场地排水一般采用泄水坡、疏水沟、排水沟或截水沟，将地面水排出现场，或阻止场外水流入施工场地。场地排水不得破坏附近建筑物或构筑物的地基和挖填方的边坡，截水沟至填方坡脚应有适当距离，沟内最高水位应低于坡脚至少0.3 m。排水沟和截水沟的纵向坡度、横断面、边坡坡度和出水口应符合下列规定：

(1) 纵向坡度应根据当地地形和允许流速确定，一般不应小于3‰，平坦地区不应于小2‰，沼泽地区可减至1‰。

(2) 排水沟和截水沟仅在施工期间内使用，其横断面尺寸应根据施工期间内的最大流量确定，最大流量应根据当地气象资料，查出历年来在这段期间的最大降雨量，再按其汇水面积计算。

(3) 边坡坡度应根据土质和沟的深度确定，一般为1:0.7～1:1.5，岩石边坡可适当放陡坡。

(4) 出水口应设置在远离建筑物或构筑物的低洼地点、场地边缘或场外，并应保证排水畅通。排水沟、沟的出水口处应防止冻结。

1.3.2　降水

在土方开挖过程中，当基底标高低于地下水时，土的含水层被切断，地下水会不断地渗入坑内；雨期施工时，地面水也会流入坑内，对土方和基础施工影响很大。为了保证施工的正常进行，防止边坡塌方和地基承载能力的下降，必须做好基坑的降水工作。基坑降水的方法可分为重力降水（如集水井降水）和强制降水（如井点降水）。

（一）集水井降水（明沟排水）

集水井降水是在基坑或沟槽开挖时，在坑底的周围或中央开挖排水沟，使水在重力作用下流入集水井内然后用水泵抽出坑外，如图 1-13 所示。

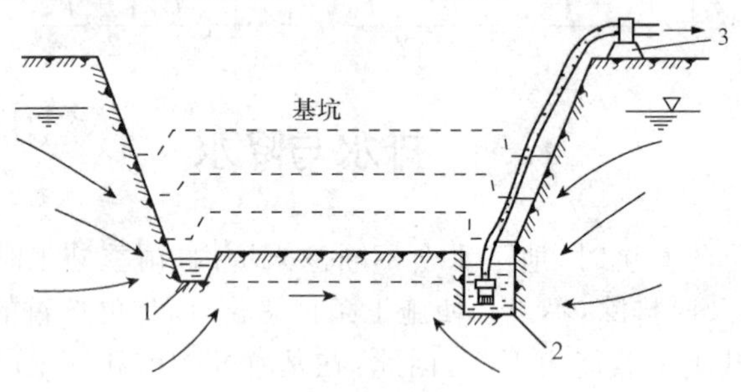

图 1-13　集水井降水

1— 排水沟；2— 集水坑；3— 水泵

四周的排水沟及集水井一般应设置在基础范围 0.4 m 以外，地下水流的上游。基坑面积较大时，可在基础范围内设置盲沟排水。根据地下水量、基坑平面形状及水泵能力，集水井每隔 20 ～ 40 m 设置一下。

集水井的直径或宽度，一般为 0.7 ～ 0.8 m。其深度随着挖土的加深而加深，要经常低于挖土面 0.8 ～ 1.0 m，排水沟底宽一般不小于 300 mm；沟底纵坡一般不小于 3%。井壁可用竹、木等简易加固。当基坑挖至设计标高后，井底应低于坑底 1 ～ 2 m，并铺设矿石滤水层，以免在抽水时将泥砂抽出，并防止井底的土被搅动。

集水井降水方法比较简单、经济、对周围影响小，因而应用较广。但当涌水量较大、水位差较大或土质为细砂或粉砂，有产生流砂、边坡塌方及管涌等可能时，往往采用强制降水的方法，即井点降水，人工控制地下水流的方向、降低地下水位。

（二）井点降水法

井点降水是在基坑开挖前，预先在基坑四周埋设一定数量的滤水管（井），在基坑开挖前和开挖中，利用真空原理，不断抽出地下水，使地下水位降低到坑底以下。其主要目的是防止流砂现象，并从根本上解决地下水涌入坑内的问题，防止由于受地下水流的冲刷而引起的边坡塌方，使坑底的土层消除了地下水位差引起的压力，减少了板桩的横向荷载。由于没有地下水的渗流，也就消除了流砂现象。降低地下水位后，由于土呈固体，还能使土层密实，增加地基土的承载能力。

井点降水法有轻型井点、管井井点两类。电渗井点和喷射井点属于轻型井点，深井井点属于管井井点。各种井点降水方法一般根据土的渗透系数、降水深度、设备条件及经济性选用（见表 1-3），其中轻型井点应用最广泛，故重点讲述。

表 1-3　各种井点降水法的适用范围

井点类别	土的渗透系数(m/d)	降低水位深度(m)
一级轻型井点	0.1 ～ 50	3 ～ 6
二级轻型井点	0.1 ～ 50	6 ～ 12
喷射井点	0.1 ～ 2	8 ～ 20
深井井点	10 ～ 250	＞15
电渗井点	＜0.1	根据选用的井点确定
管井井点	20 ～ 200	3 ～ 5

1. 轻型井点

(1) 轻型井点设备

轻型井点设备由管路系统和抽水设备组成，如图 1-14 所示。

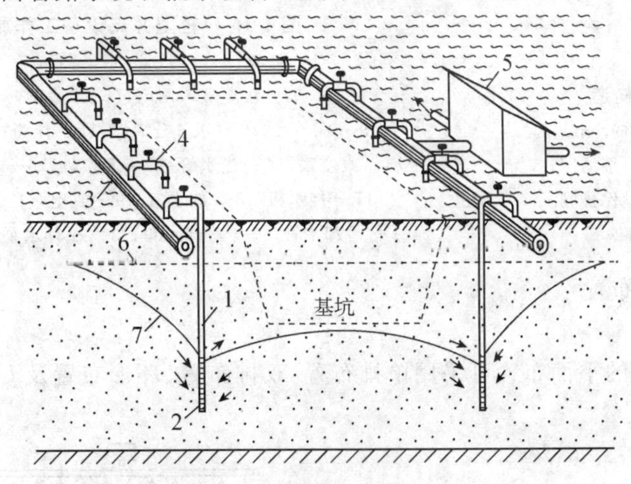

图 1-14　轻型井点降水示意图

1— 井点管；2— 滤管；3— 总管；4— 弯联管；
5— 水泵房；6— 原有地下水位线；7— 降低后地下水位线

管路系统包括：滤管、井点管、弯联管及总管等。

滤管为进水设备，常采用长 1.0 ～ 1.5 m，直径 38 mm 或 51 mm 的无缝钢管，管壁钻有直径为 12 ～ 19 mm 的滤孔。骨架外面包以两层孔径不同的生丝布或塑料布滤网。为使流水畅通，在骨架管与滤网之间用塑料管或梯形铅丝隔开，塑料管沿骨架管绕成螺旋形。滤网外面再绕一层粗铁丝保护网，滤管下端为一铸铁塞头，滤管上端与井点管连接。滤管构造如图 1-15 所示。

井点管为直径 38 mm 或 51 mm、长 5 ～ 7 m 的钢管。井点管的上端用弯联管与总管相连。弯联管用塑料透明管、橡胶管或钢管制成。每个弯联管均安装阀门，以便检修井管。集水总管为直径 100 ～ 127 mm 的无缝钢管，每段长 4 m，其上装有与井点管连接的短接头，间距 0.8 m 或 1.2 m。

抽水设备是由真空泵、离心泵和水气分离器（又叫集水箱）等组成，其工作原理如图 1-16 所示。

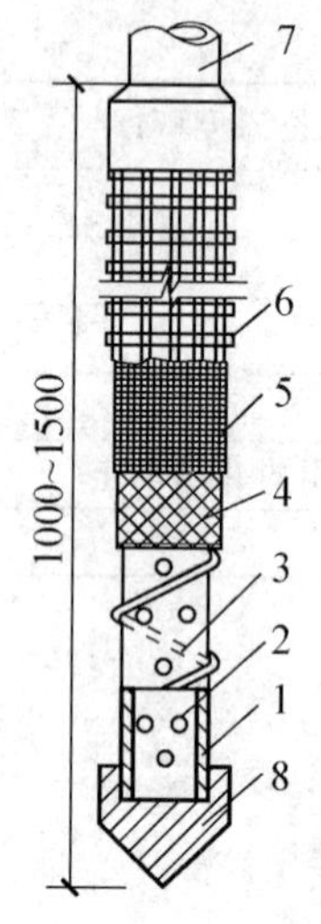

图 1-15 滤管构造

1— 钢管;2— 管壁上的小孔;
3— 缠绕的塑料管;4— 细滤网;
5— 粗滤网;6— 粗钢丝保护网;
7— 井点管;8— 铸铁头

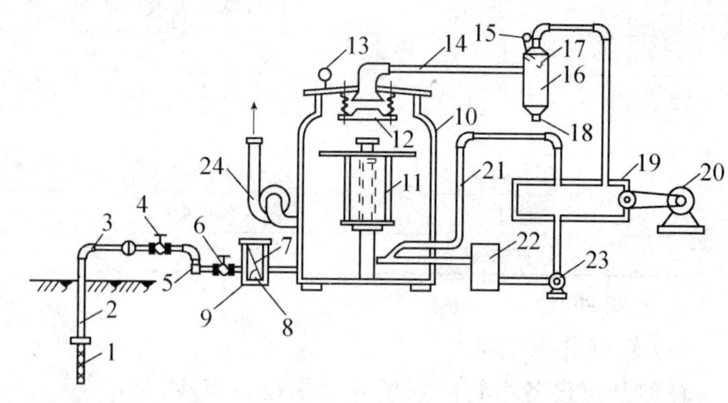

图 1-16 轻型井点设备工作原理

1— 滤管;2— 井点管;3— 弯管;4— 阀门;
5— 集水总管;6— 闸门;7— 浮筒;8— 过滤箱;
9— 淘沙孔;10— 水气分离器;11— 浮筒;12— 阀门;
13— 真空表;14— 进水管;15— 真空计;16— 副水气分离器;
17— 挡水板;18— 放水口;19— 真空泵;20— 电动机;
21— 冷却水管;22— 冷却水箱;23— 循环水泵;24— 离心水泵

(2) 轻型井点布置

① 平面布置

轻型井点降水的平面布置可采用单排布置、双排布置、环形布置及 U 形布置形式,如图 1-17 所示。

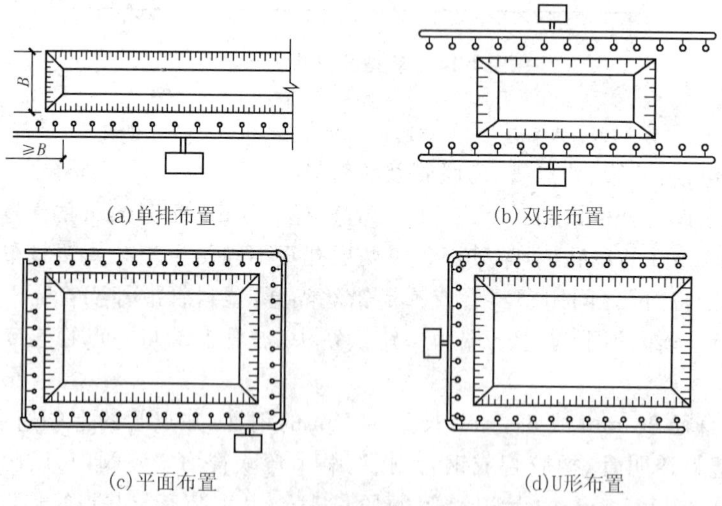

(a)单排布置　(b)双排布置

(c)平面布置　(d)U形布置

图 1-17 轻型井点的平面布置

a. 单排布置。适用于基坑(槽) ≤ 6 m,且降水深度 ≤ 5 m 的情况。井点应布置在下水的上游一侧,两端延伸长度一般不小于基坑(槽) 的宽度,见图 1-17(a)。

b. 双排布置。适用于基坑宽度 > 6 m 或土质不良的情况,见图 1-17(b)。

c. 环形布置及 U 形布置。环形布置适用于面积较大的基坑降水,见图 1-17(c)。

为了施工需要，也可留出一段（地下水流下游方向）不封闭，形成U形布置，见图1-17(d)。

② 高程布置

轻型井点高程布置(见图1-18)是确定井点管的埋设深度，即滤管上口至总管埋设面的距离，可按下式计算：

$$H_{埋} \geqslant H_1 + h + IL \tag{1-28}$$

式中　$H_{埋}$—— 井点管的埋设深度，m；

H_1—— 井点管的埋设面至基底的距离，m；

h—— 基底至降低后地下水位的距离，m，一般为0.5～1.0 m；

I—— 水力坡度，单排井点为1/4～1/5，双排井点为1/7，环形井点为1/10；

L—— 井点管至基坑中心的水平距离，当单排井点布置时，为井点管至基坑另一侧坡脚的水平距离，当基坑井点管为环形布置时，取短边方向的长度，m。

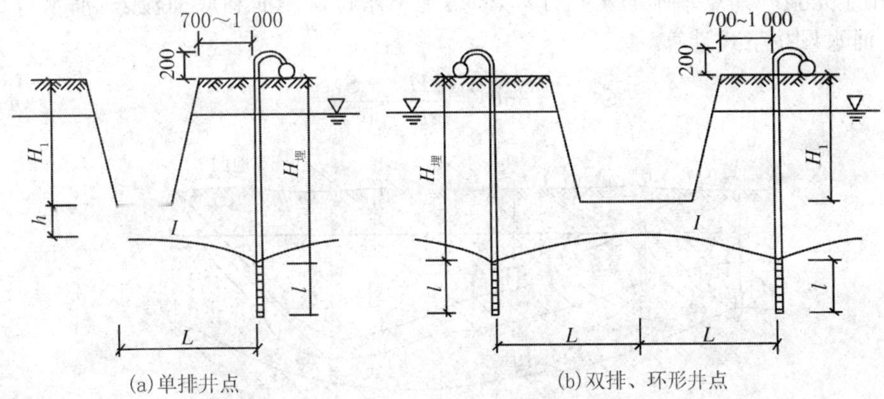

图1-18　轻型井点高程布置

(3) 轻型井点的计算

① 水井分类

井点系统的计算是以水井理论为依据的。水井根据井底是否到达不透水层(如图1-19所示)，分为完整井和非完整井。井底到达不透水层的称为完整井；否则为非完整井，根据地下水有无压力，水井又分为承压井和无压井。当水井布置在两层不透水层之间充满水的含水层内，因地下水有一定的压力，该井称为承压井；若水井布置在潜水层内，此种地下水无压力，这种井称为无压井。

② 涌水量计算

无压完整井井点涌水量的计算公式为：

$$Q = 1.366K \frac{(2H - S)S}{\lg R - \lg X_0} \tag{1-29}$$

式中　Q—— 井点系统的涌水量，m^3/d；

K—— 土的渗透系数，m/d，可由实验室或现场抽水试验确定；

H—— 含水层厚度，m；

S—— 基坑中心的水位降低值，m；

R—— 抽水影响半径，m，$R = 1.95S\sqrt{HK}$；

X_0—— 基坑假想半径，m，对于矩形基坑其长度与宽度之比不大于 5 时，可按下式计算

$$X_0 = \sqrt{\frac{A}{\pi}}$$

A—— 环形井点系统包围的面积，m^2。

对无压非完整井井点系统涌水量计算，考虑地下水位从侧面和底面流入，涌水量比完整井增大，其涌水量按下式计算

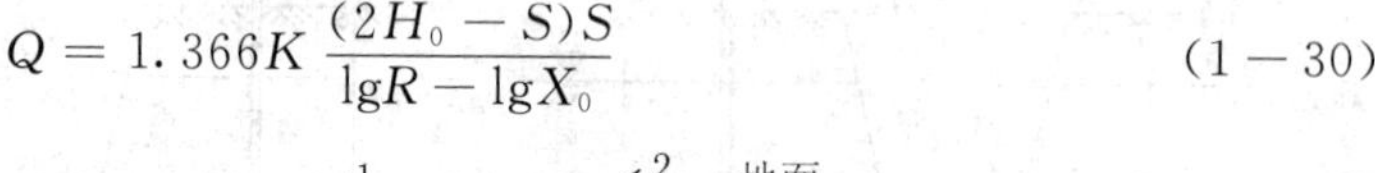

$$Q = 1.366K \frac{(2H_0 - S)S}{\lg R - \lg X_0} \tag{1-30}$$

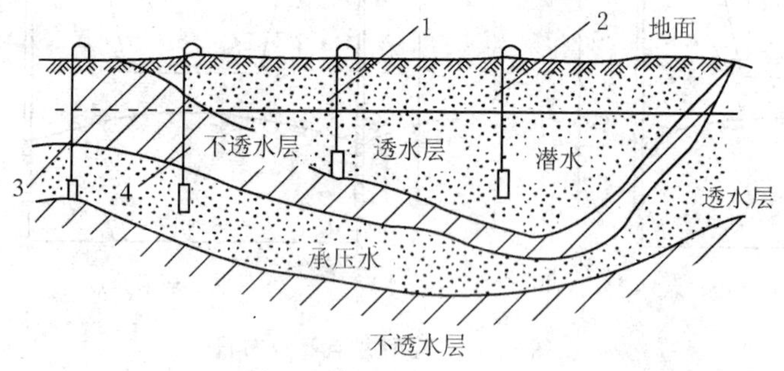

图 1-19　水井的分类

1— 无压完整井；2— 无压非完整井；

3— 承压完整井；4— 承压非完整井

式中　H_0—— 抽水影响深度，可按表 1-3 查取，当算得的 H_0 大于实际含水层厚度 H 时仍取 H 值。

对承压完整井环形井点涌水量计算，计算简图如图 1-46(a) 所示，按下式计算

$$Q = 2.73K \frac{MS}{\lg R - \lg X_0} \tag{1-31}$$

式中　M—— 不含水层厚度，m。

对承压非完整井环形井点涌水量计算，计算公式如下：

$$Q = 2.73K \frac{MS}{\lg R - \lg X} \times \sqrt{\frac{M}{1 + 0.5r}} \times \sqrt{\frac{2M - l_1}{M}} \tag{1-32}$$

式中　l_1—— 井点管进入含水层的深度，m；

r—— 井点管的半径，m。

2. 管井井点

管井井点是沿基坑周围每隔一定距离 20 ～ 30 m 设置一个直径为 150 ～ 250 mm 的钢

管，每个管井内单独设一台水泵不断抽水，用来降低地下水位，如图 1-20 所示。管井的沉没可采用泥浆护壁钻孔法。用泥浆护住井壁，以防塌方。井孔钻成后进行清孔，然后下井管并随即用粗砂或砾石填充作为过滤层。管井的深度为 8 ～ 15 m。井内水位降低可达 6 ～ 10 m。管井计算，可参考转型井点计算方法。

井管一般采用 200 mm 以上钢管，过滤部分可采用钢筋焊接骨架、外缠镀锌铁丝并包滤网。采用离心式水泵或潜水泵抽水。当采用离心水泵时，吸水管常用直径为 50 ～ 100 mm 的胶皮管或钢管，底部装有逆止阀。

管井井点宜用于土的渗透系数大于 20 m/d，地下水量大的土层。

3. 降水对周围影响及其防止措施

在弱透水层和压缩性大的黏土层中降水时，由于地下水流失造成的地下水位下降、地基自重应力增加和土层压缩等原因，会产生较大地面沉降；又由于土层的不均匀性和降水后地下水呈漏斗状曲线，四周土层的自重应力变化不一致而导致不均匀沉降，使周围建筑物基础下沉或房屋开裂。因此，在建筑物附近进行井点降水时，为防止降水影响或损害区域内的建筑物，就必须阻止建筑物下地下水的流失。为达到此目的，除可在降水区域和原有建筑物之间的土层中设置一道固体抗渗屏幕外，还可用回灌井点补充地下水的办法来保持地下水位。即在降水井点和原有建筑之间打一排井点，向土层灌入足够数量的水，以形成一道隔水帷幕，使原有建筑物下的地下水位保持不变或降低较少，从而阻止建筑物下地下水的流失。这样，也就不会因降水而使地面沉降，或减少沉降值。

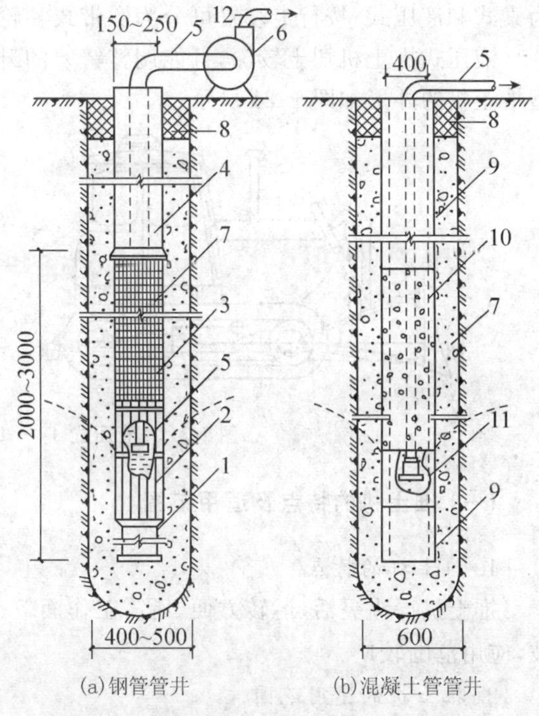

(a)钢管管井　　(b)混凝土管管井

图 1-20　管井井点系统

1— 沉砂管；2— 钢筋焊接骨架；3— 滤网；4— 管身；5— 吸水管；6— 离水泵；7— 小砾石过滤层；8— 黏土封口；9— 混凝土实壁管；10— 混凝土过滤管；11— 潜水泵；12— 出水管

回灌井点法是防止井点降水损害周围建筑物的一种经济、简便、有效的方法，它能将井点降水对周围建筑物的影响减少到最小程度。为确保基坑施工的安全和回灌的效果，回灌井点与降水井点之间保持一定的距离，一般不宜小于 6 m。

为了观测降水及回灌后四周建筑物、管线的沉降情况及地下水位的变化情况，必须设置沉降观测点及水位观测井，并定时测量、记录，以便及时调节灌、抽量，使灌、抽量基本达到平衡，确保周围建筑物或管线的安全。

1.4 土方工程机械化施工

土方工程的施工过程主要包括土方开挖、运输、填筑与压实等。在施工中，除了不适宜采用机械施工或小型的土方工程，应尽量采用机械化施工，以减轻劳动强度，加快施工进度，缩短工期。常用的土方施工机械有推土机、铲运机、单斗挖土机及装载机等。

1.4.1 推土机

推土机是土方工程施工的主要机械之一，由拖拉机和推土铲组成。按铲的操纵方式可分为索式和液压式；按行走装置可分为履带式和轮胎式。

液压式推土机切土较深，且能调整铲刀的升降和角度，目前较为常用。液压式 T_2-100 型推土机的外形如图 1-21 所示。

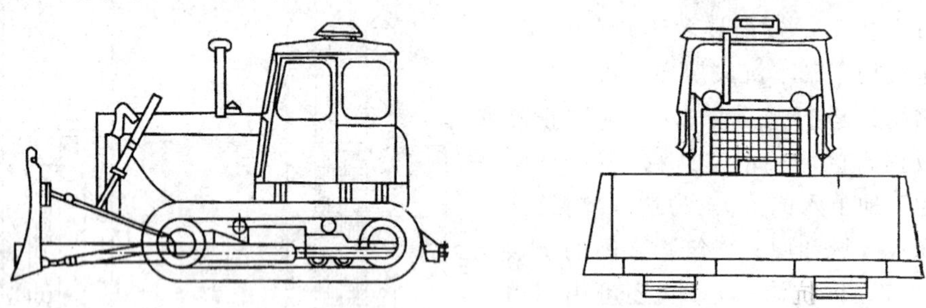

图 1-21 液压式 T_2-100 型推土机的外形

(一) 推土机的特点及适用范围

1. 推土机的特点

推土机操纵灵活，运转方便，所需工作面较小、行驶速度快、易于转移，能爬 30° 左右的缓坡，应用范围较广。

2. 推土机的适用范围

推土机适用于开挖一至三类土。多用于平整场地，开挖深度不大的基坑，移挖、回填土方，推筑堤坝以及配合挖土机集中土方、修路开道等。

推土机作业以切土和运土为主，切土时应根据土质情况，尽量采用最大切土深度在最短距离 6 ～ 10 m 内完成，以便缩短低速行进的时间，然后直接推运到预定地点。上下坡坡度不得超过 35°，横坡不得超过 10°。推土机经济运距在 100 m 以内，效率最高的运距为 60 m。

(二) 推土机的作业方法

推土机的生产率主要取决于每次推土体积和铲土、运土、卸土、回转等工作循环时间。为了提高生产率，可采用下坡推土、槽形推土、并列推土、多铲集运、铲刀附加侧板等施工方法。

1. 下坡推土

推土机沿下坡方向切土与推土，借助机械本身的重力作用，增加推土能力和缩短推土时间。当坡度在15°以内时，一般可提高生产效率30%～40%。

2. 槽形推土

推土机重复多次在一条作业线上切土和堆土，使地面逐渐形成一条浅槽，以减少土从铲刀两侧流散，一般可增加推土量10%～30%。

3. 并列推土

平整场地的面积较大时，可用2～3台推土机并列作业。铲刀相距15～30 cm，平均运距宜控制在20～50 m，一般可增加推土量15%～30%。

1.4.2 铲运机

铲运机是一种能综合完成全部土方施工工序(挖土、装土、运土、卸土和平土)的机械。按行走方式分为自行式铲运机(图1-22)和拖式铲运机(图1-23)两种。常用的铲运斗容量为2 m³、5 m³、6 m³、7 m³等数种，按铲斗的操纵系统又可分为钢丝绳和液压操纵两种。

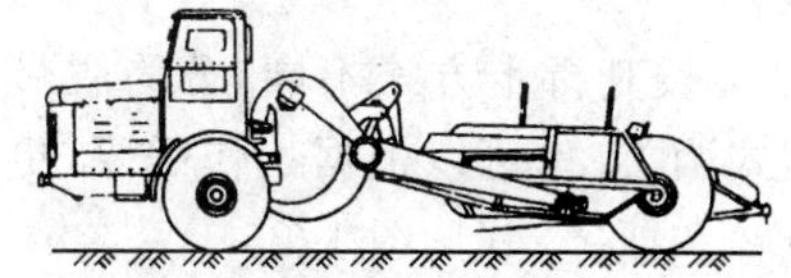

图1-22 自行式铲运机

图1-23 拖式铲运机

(一) 铲运机的特点及适用范围

1. 铲运机的特点

铲运机的特点是对行驶道路要求较低、操作简单灵活、行驶速度快、生产效率高，且运转费用低。

2. 铲运机的适用范围

铲运机适宜开挖含水量不超过27%的一至四类土，对于硬土需松土后才能开挖。

常用于坡度在20°以内的大面积场地平整、大型基坑的开挖，以及路基、堤坝的填筑等。自行式铲运机适宜运距在3 500 m以内，运距在800～1 500 m时效率最高；拖式铲运机适宜运距在800 m以内，运距在200～350 m时效率最高。

(二) 铲运机的开行路线和作业方法

1. 铲运机的开行路线

铲运机的开行路线主要有环形路线和8字形路线两种(见图1-24)。

(1) 环形路线。当地形起伏不大、施工地段较短时，多采用环形路线开行，如图1-24(a)所示，每一循环完成一次铲土和卸土。当挖、填方距离较短时可采用大环型路线，如图1-24(b)所示，一个循环能完成多次铲土和卸土，这样可减少铲运机的转弯次数，提高效率。

(2)8字形路线。当施工地段较长或地形起伏较大时，多采用8字形路线开行，如图1-24(c)所示。

2. 铲运机的作业方法

铲运机常用的作业方法有下坡铲土法、跨铲法、助铲法等。

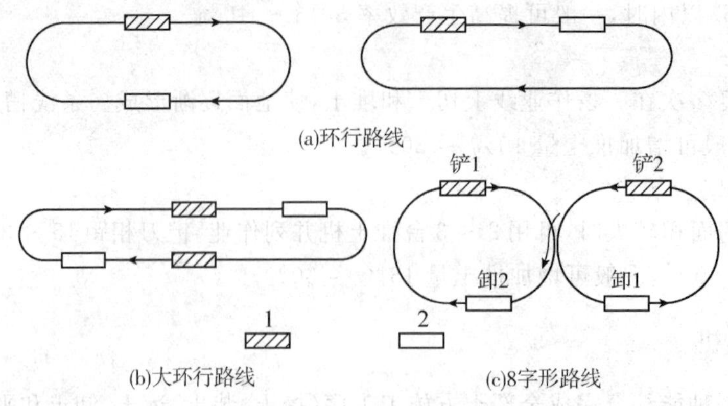

图 1-24　铲运机开行路线

1.4.3　单斗挖土机

单斗挖土机类型很多，在土方工程中应用较广。按其行走方式不同，分为履带式和轮胎式两类；按其操纵机构的不同，分为机械式和液压式两类。也可以根据工作需要，更换其工作装置。按其工作装置的不同，可分为正铲、反铲、拉铲和抓铲等（见图 1-25）。

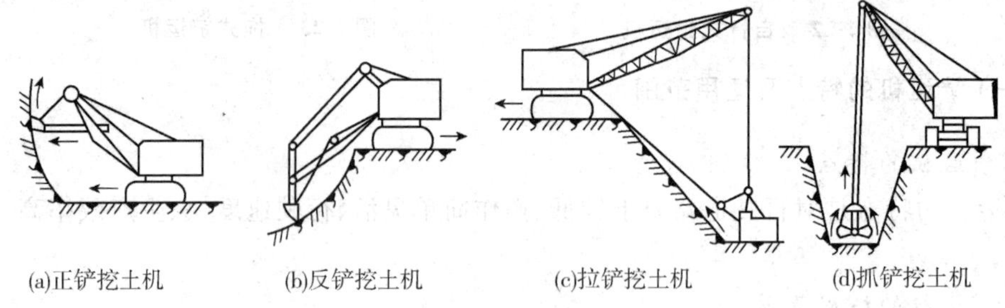

图 1-25　单斗挖土机

（一）正铲挖土机

1. 正铲挖土机的特点及适用范围

正铲挖土机的施工特点是前进向上，强制切土。适用于开挖停机面以上的一至四类土和经爆破的岩石、冻土。与运土自卸汽车配合能完成整个挖运任务，可用于开挖大型干燥基坑以及土丘等。当地下水位较高时，应采取降低地下水位的措施，把基坑土疏松。其工作面高度不应小于 1.5 m，否则一次起挖不能装满铲斗，降低工作效率。

2. 正铲挖土机的作业方法

根据挖土机的开挖路线与自卸汽车的相对位置不同，可采用“正向开挖，侧向卸土”和“正向开挖，后方卸土”两种作业方法，如图 1-26。

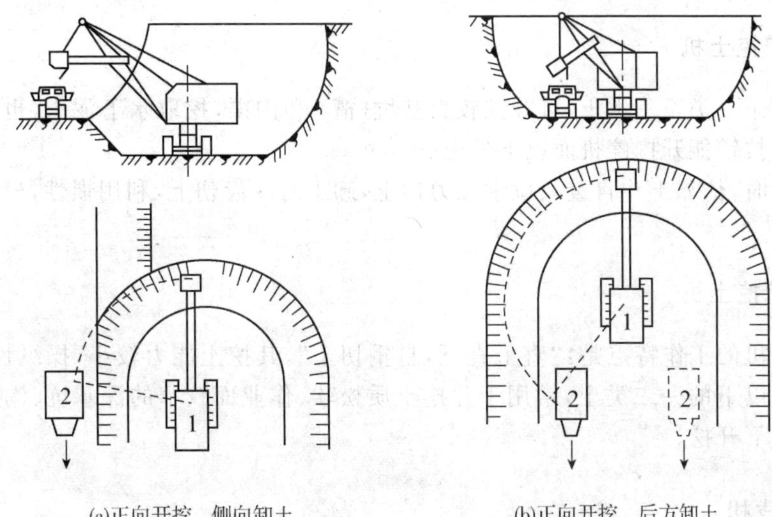

图 1-26　正铲挖土机的作业方法

1— 正铲挖土机；2— 自卸汽车

(二) 反铲挖土机

1. 反铲挖土机的特点及适用范围

反铲挖土机的施工特点是后退向下，强制切土。其挖掘能力比正铲小，能开挖停机面以下的一至三类土，适用于开挖深度不大的基坑、基槽或管沟等及含水量大或地下水位较高的土方。反铲挖掘机可以与自卸汽车配合，装土运走，也可弃土于坑(槽) 附近。

2. 反铲挖土机的作业方法

反铲挖土机的作业方法有沟端开挖、沟侧开挖、沟角开挖和多层接力开挖等，一般多采用沟端开挖和沟侧开挖，见图 1-27。

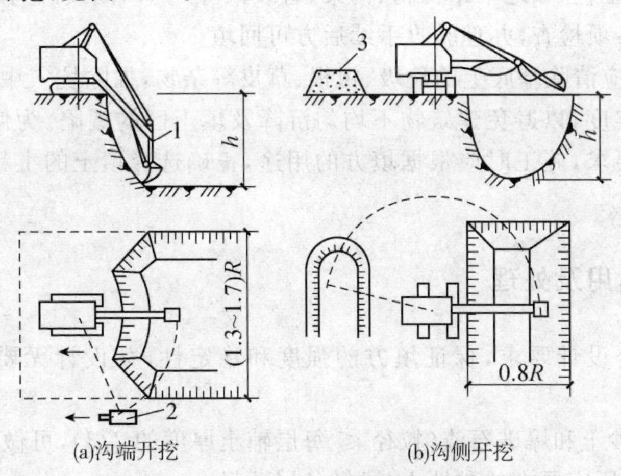

图 1-27　反铲挖土机的作业方法

1— 反铲挖土机；2— 自卸汽车；3— 弃土堆

(三) 拉铲挖土机

拉铲适用于一类至三类土,可开挖较大基坑(槽)和沟渠,挖取水下泥土,也可用于填筑路基、堤坝等。拉铲能开挖停机面以下的土。

拉铲挖土时,依靠土斗自重及拉索拉力切土,卸土时斗齿朝上,利用惯性,较湿的黏土也能卸净。

(四) 抓铲挖土机

抓铲挖土机的工作特点是:“直上直下,自重切土”。其挖土能力较小,操纵性较差,适用于开挖停机面以下的一二类土,常用于开挖土质松软、作业面较窄的深基坑、沟槽、沉井等,特别适宜于水下开挖。

1.4.4 装载机

装载机按行走方式,分履带式和轮胎式两种;按工作方式,分单斗装载机、链式装载机和轮斗式装载机。土方工程施工主要使用单斗铰接式轮胎装载机。其施工特点是操作灵活、轻便,运转方便、快速等特点,适用于装卸土方和散料,也可用于松软土的表层剥离、地面平整和场地清理等工作。

作业方法基本与推土机类似,在土方工程中,也有铲装、转运、卸料、返回 4 个过程。

1.5 土方的填筑与压实

建筑工程的填土,主要有地基填土、基坑(槽)或管沟回填、室内地坪回填、室外场地回填平整等。对地下设施工程(如地下结构物、沟渠、管线沟等)的两侧或四周及上部的回填土,应先对地下工程进行各项检查,办理验收手续后方可回填。

在土方填筑前,应清除基底上的垃圾、树根、草皮等杂物,抽除坑穴中的积水、淤泥。填土必须具有一定的密实度,以避免建筑物不均匀沉降及填土区的塌陷。为使填土满足强度、变形和稳定性方面的要求,施工时应根据填方的用途,正确选择填土的土料、填筑方法和填筑压实方法。

1.5.1 土料的选用及处理

填方土料应符合设计要求,保证填方的强度和稳定性,如设计无要求时,应符合下列规定:

(1) 碎石类土、砂土和爆破石渣(粒径 ≤ 每层铺土厚度的 2/3),可做表层下的填料。

(2) 含水量符合压实要求的黏性土,可做各层填料。

(3) 淤泥和淤泥质土,一般不能用做填料,但在软土地区,经过处理含水量符合要求的,可用于填方中的次要部分。

(4) 对于有机物含量大于 8% 或水溶性硫酸盐含量大于 5% 的土,以及耕植土、冻土、杂填土等均不能用做填土使用。

填土应严格控制含水量，施工前应进行检查，当土的含水量过大，应采用翻松、晾晒、风干等方法降低含水量，或采用换土回填、均匀渗入干土或其他吸水材料、打石灰桩等措施；如含水量偏低，则可预先洒水湿润。

1.5.2　填土方法

(1) 填土应尽量采用同类土填筑，并严格控制土的含水量在最优含水量范围内。

(2) 填土应从场地最低处开始分层填筑，每层铺土厚度应根据压实机具及土的种类而定。当采用不同类土填筑时，应将透水性较大的土层置于透水性较小的土层之下，以避免在填方区形成水囊。

(3) 坡地填土，应做好接槎，挖成1:2阶梯形(一般阶高0.5 m、阶宽1.0 m)分层填筑，分段填筑时每层接缝处应做成大于1:1.5斜坡，以防填土横移。

1.5.3　压实方法

填土的压实方法有碾压、夯实、振动压实等几种。

碾压适用于大面积填土压实工程。碾压机械有平碾压路机、羊足碾和汽胎碾。

夯实主要用于小面积填土，可以夯实黏土或非黏性土。夯实机械有夯锤、内燃夯土机和蛙式打夯机等。

振动压实主要用于路基压实，采用的机械主要是振动压路机。

1.5.4　影响填土与压实的因素

影响填土与压实质量的因素很多，主要有土的压实功、含水量及铺土厚度。

(一) 压实功的影响

填土压实后的重力密度与压实机械在其上所施加的功有一定关系。土的重力密度与所消耗的功的关系见图1-28。当土的含水量一定，在开始碾压时，土的重力密度急剧增加，待到接近土的重力密度时，压实功虽然增加很多，而土的重力密度则变化很小。实际施工中，对不同种类的土、根据选择的压实机械和密实度要求选择合理的压实遍数。此外，松土不宜用重型碾压机械碾压，否则土层有强烈的起伏现象，效率不高。如果先用轻型碾压机械压实，再用重碾压实效果则较好。

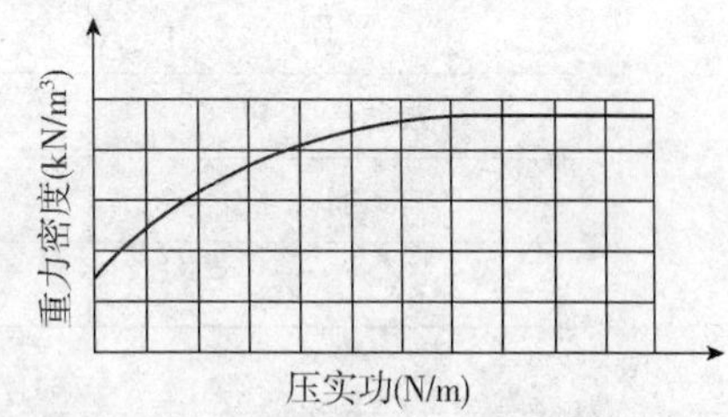

图1-28　土的重力密度与压实功的关系

(二) 含水量的影响

在同一压实功条件下，填土的含水量对压实质量有直接影响。较为干燥的土，由于土颗粒之间的摩阻力较大而不易压实。当土具有适当含水量时，水起了润滑作用，土颗粒之间的摩阻力减小，从而易压实。每种土都有其最佳含水量，土在这种含水量条件下，使用同样的压实功进行压实，所得的密度最大。各种土的最佳含水量和最大干密度可参考表1-4。为了保证填土在压实过程中的最佳含水量，当土过湿时，应予翻松晾干，也可掺入同类干土或吸水性土料；当土过干时，则应洒水湿润。工地简单检验黏性土的方法一般是以手握成团、落地开花为适宜。

表1-4　土的最佳含水量和最大干密度参考表

项次	土的种类	变动范围		项次	土的种类	变动范围	
		最佳含水质量百分数/%	最大干密度/($g \cdot cm^{-3}$)			最佳含水质量百分数/%	最大干密度/($g \cdot cm^{-3}$)
1	砂土	8～12	1.80～1.88	3	粉质黏土	12～15	1.85～1.95
2	黏土	19～23	1.58～1.70	4	粉土	16～22	1.61～1.80

注：① 表中土的最大干密度应根据现场实际达到的数字为准；
② 一般性的回填可不作此项测定。

（三）铺土厚度的影响

在填土与压实过程中，压实机具对土的压实应力随土层的深度增加而逐渐减小，见图1-29。其影响深度与压实机械、土的性质及含水量等有关。因此，铺土厚度应小于压实机械的有效作用深度，且应考虑最优铺土厚度。最优铺土厚度可使填土在获得规定密实度的情况下，压实机械所需的压实遍数最少，从而使压实功最低，可参照表1-5。

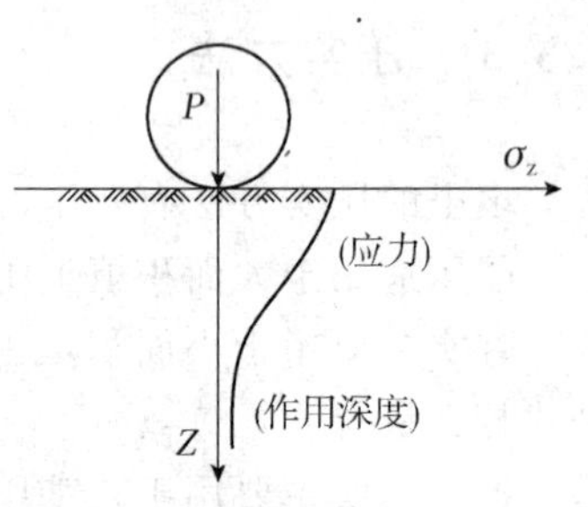

图1-29　压实应力沿深度的变化

表1-5　填土施工时的分层厚度及压实遍数

压实工具	每层铺土厚度(mm)	每层压实遍数(遍)
平碾	250～300	6～8
振动压实机	250～350	3～4
蛙式打夯机	200～250	3～4
人工打夯	＜200	3～4

1.6　土方工程质量标准与安全技术

1.6.1　土方工程的质量标准

(1) 柱基、基坑(槽)和管沟基底的土质，必须符合设计要求，并严禁扰动。
(2) 填方的基底处理，必须符合设计要求或施工规范规定。

(3) 填方和柱基、基槽、管沟的回填，必须按规定分层夯压密实。取样测定压实后的干密度90%以上的样品应符合设计要求，其余10%的最低值与设计值的差应不大于0.08 g/cm³，且不应集中。

(4) 填土施工过程中应检查排水措施，并控制每层铺土厚度、含水量和压实程度。

(5) 土方工程的允许偏差和质量检验标准，应符合表1-6、表1-7的规定。

表1-6　土方填土工程质量检验标准　（单位：mm）

项目	序号	检验项目	允许偏差或允许值					检查方法
			柱基基坑（基槽）	挖方场地平整		管沟	地（路）面基层	
				人工	机械			
主控项目	1	标高	−50	±30	±50	−50	−50	水准仪
	2	分层压实系数	设计要求					按规定方法
一般项目	1	回填土料	设计要求					取样检查或直观鉴别
	2	分层厚度及含水量	设计要求					水准仪及抽样检查
	3	表面平整度	20	20	30	20	20	靠尺或水准仪

表1-7　土方开挖工程质量检验标准　（单位：mm）

项目	序号	检验项目	允许偏差或允许值					检查方法
			柱基基坑（基槽）	挖方场地平整		管沟	地（路）面基层	
				人工	机械			
主控项目	1	标高	−50	±30	±50	−50	−50	水准仪
	2	长度、宽度（由设计中线向两边量）	+200、−50	+300、−100	+500、−150	+100	—	经伟仪，用钢尺量
	3	边坡	设计要求					观察或用坡度尺检查
一般项目	1	表面平整度	20	20	50	20	20	用2 m靠尺或楔形尺检查
	2	基底土性	设计要求					观察或土样分析

注：地（路）面基层的偏差只适用于直接在挖、填方上做地（路）面的基层。

1.6.2　施工安全技术

(1) 基坑开挖时，两人操作间距应大于2.5 m，多台机械开挖，挖土机间距应大于10 m。

挖土应由上而下，逐层进行，严禁采用挖空底脚（挖神仙土）的施工方法。

(2) 基坑开挖应严格按要求放坡。操作时应随时注意土壁变动情况，如发现有裂纹或部分坍塌现象，应及时进行支撑或放坡，并注意支撑的稳固和土壁的变化。

(3) 基坑（槽）挖土深度超过3 m以上，使用吊装设备吊土时，起吊后，坑内操作人员应立即离开吊点的垂直下方，起吊设备距坑边一般不得少于1.5 m，坑内人员应戴安全帽。

(4) 用手推车运土，应先铺好道路。卸土回填，不得放手让车自动翻转。用翻斗汽车运土，运输道路的坡度、转弯半径应符合有关安全规定。

(5) 深基坑上下应先挖好阶梯或设置靠梯，或开斜坡道，采取防滑措施，禁止踩踏支撑上下。坑四周应设安全栏杆或悬挂危险标志。

(6) 基坑（槽）设置的支撑应经常检查是否有松动变形等不安全迹象，特别是雨后更应加强检查。

(7) 坑（槽）沟边1 m以内不得堆土、堆料和停放机具，1 m以外堆土，其高度不宜超过1.5 m。坑（槽）、沟或附近建筑物的距离不得小于1.5 m，危险时必须加固。

复习思考题

一、思考题

1. 试述土的分类。
2. 土方工程施工有何特点？
3. 什么是边坡坡度？
4. 土方工程量的计算方法有哪些？试述场地平整土方量的计算方法和步骤。
5. 土方施工机械有哪些类型？试述土方施工机械的特点和适用范围。
6. 影响填土与压实的因素是什么？

二、计算题

1. 已知某场地方格网方格边长为a，方格数$N=14$个，各方格角点上的自然地面高程如下图所示。试确定该平整场地的设计标高H_0。

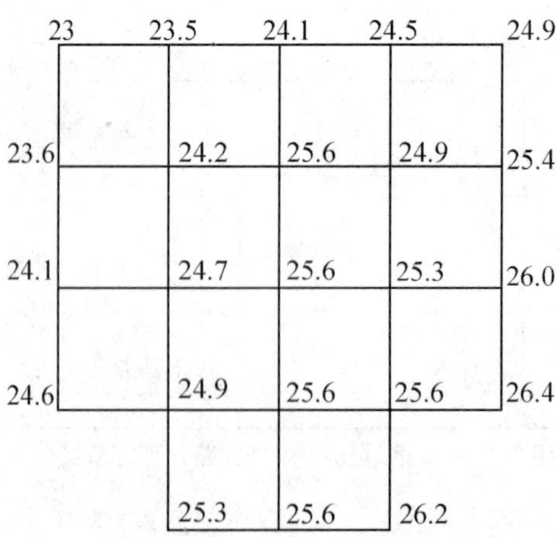

场地方格网示意图

2. 某管沟的中心线如下图所示，AB相距30 m，BC相距20 m，土质为黏土。A点的沟底设计标高为 260.00，沟底纵向坡度从 A 到 C 为 4‰，沟度宽 2 m，现拟用反铲挖土机挖土，试计算 AC 段的土方量。

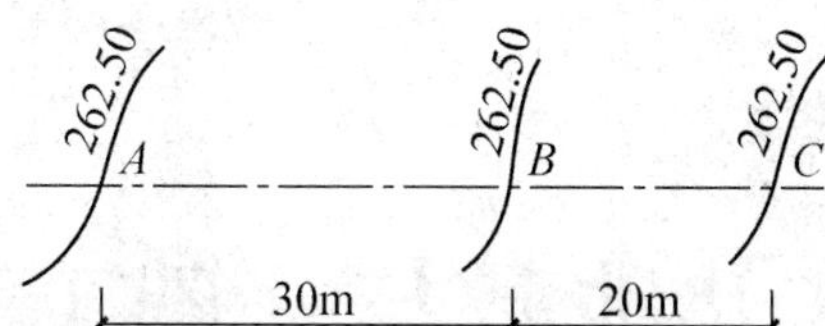

3. 一基础底部尺寸为 30 m×40 m，埋深为 －4.50 m，基坑底部尺寸每边比基础底部放宽 1 m，地面标高为 ±0.000 m，地下水位为 －1.000 m。已知 －10.000 m 以上为黏质粉土，渗透系数为 5 m/d，－10m 以下为不透水层。基坑开挖为四边坡，边坡坡度 1:0.5。用轻型井点降水，滤管长度为 1 m，井点管直径 50 mm。求：

(1) 确定该井点系统的平面与高程布置；

(2) 对该井点系统进行降水计算。

第2章 地基与基础工程施工

学习目标

1. 熟悉常用的地基处理方法；
2. 掌握浅埋式钢筋混凝土的施工工艺及要求；
3. 掌握钢筋混凝土预制桩、混凝土灌注桩基础的施工工艺、质量控制及验收标准；
4. 了解地下连续墙施工的要点；
5. 熟悉箱型基础的施工要点。

2.1 地基处理与加固

2.1.1 换填地基

(一) 砂和砂石地基

砂和砂石地基是将基础下一定范围内的土层挖去，用砂或砂砾石(碎石)混合物，经分层夯实，作为地基的持力层，提高基础下部地基强度，并通过垫层的压力扩散作用，降低地基的压应力，减少变形量。同时地基土中孔隙水可通过垫层快速地排出，能加速下部土层的沉降和固结。由于砂颗粒大，可防止地下水因毛细作用上升，地基受冻结的影响，能在施工期间完成沉陷。该地基具有工期短、造价低等优点。适于处理 3.0 m 以内的软弱、透水性强的黏性土地基，包括淤泥、淤泥质土；不宜用于加固湿陷性黄土地基及渗透系数小的黏性土地基，以免聚水引起地基下沉和降低承载力。

1. 材料要求

砂地基宜用级配良好、质地坚硬的中砂或粗砂，当用细砂、粉砂时，应掺加粒径 20 ～ 50 mm 的卵石(或碎石)，但要分布均匀，砂中有机质含量不超过 5%，含泥量应小于 5%，兼作排水垫层时，含泥量应小于 3%。

砂石地基宜用自然级配的砂砾石(或卵石、碎石)混合物。粒径在 50 mm 以下，其含量应在 50% 以内，不得含有植物残体、垃圾等杂物，含泥量小于 5%。

2. 构造要求

垫层的构造既要有足够的厚度，以置换可能被剪切破坏的软弱土层，又要求其有足够的宽度，以防止砂垫层向两侧挤出。

垫层的厚度一般为 0.5 ～ 2.5 m，不宜大于 3 m，也不宜小于 0.5 m。

垫层顶面每边宜超出基础底边不小于 300 mm，或从垫层底面两侧向上按当地经验的要求放坡。大面积整片垫层的底面宽度，常按自然角控制适当加宽。

3. 施工工艺方法要点

(1) 铺设垫层前应验槽，将基底表面浮土、淤泥、杂物清除干净，两侧应设一定坡度，防止振捣时塌方。

(2) 垫层底面标高不同时，土面应挖成阶梯或斜坡搭接，并按先深后浅的顺序施工，搭接处应夯压密实。分层铺设时，接头应做成斜坡或阶梯形搭接，每层错开 0.5 ～ 1.0 m，并注意充分捣实。

(3) 人工级配的砂砾石，应先将砂、卵石拌合均匀后，再铺夯压实。

(4) 垫层铺设时，严禁扰动垫层下卧层及侧壁的软弱土层，防止被践踏、受冻或受浸泡，降低其强度。如垫层下有厚度较小的淤泥或淤泥质土层，在碾压荷载下抛石能挤入该层底面时，可采取挤淤处理。先在软弱土面上堆填块石、片石等，然后将其压入以置换和挤出软弱土，再做垫层。

(5) 垫层应分层铺设，分层夯或压实，基坑内预先安好 5 m×5 m 网格标桩，控制每层砂垫层的铺设厚度。每层铺设厚度、砂石最优含水量控制及施工机具、方法的选用参见表 2-1。振夯压要做到交叉重叠 1/3，防止漏振、漏压。夯实、碾压遍数、振实时间应通过试验确定。用细砂作垫层材料时，不宜使用振捣法或水撼法，以免产生液化现象。

(6) 当地下水位较高或在饱和的软弱地基上铺设垫层时，应加强基坑内及外侧四周的排水工作，防止砂垫层泡水引起砂的流失，保持基坑边坡稳定；或采取降低地下水位措施，使地下水位降低到基坑底 500 mm 以下。

表 2-1　砂垫层和砂石垫层铺设厚度及施工最优含水量

捣实方法	每层铺设厚度/mm	施工时最优含水量 %	施工要点	备　注
平振法	200 ～ 250	15 ～ 20	1. 用平板式振捣器往复振捣，往复次数以简易测定密实度合格为准 2. 振捣器移动时，每行应搭接三分之一，以防振动面积不搭接	不宜使用干细砂或含泥量较大的砂铺筑砂垫层
插振法	振捣器插入深度	饱和	1. 用插入式振捣器 2. 插入间距可根据机械振幅大小决定 3. 不应插至下卧黏性土层 4. 插入振捣完毕，所留的孔洞应用砂填实 5. 应有控制地注水和排水	不宜使用干细砂或含泥量较大砂铺筑砂垫层

续　表

捣实方法	每层铺设厚度/mm	施工时最优含水量%	施工要点	备　注
水撼法	250	饱和	1. 注水高度略超过铺设面层 2. 用钢叉摇撼捣实，插入点间距100 mm左右 3. 有控制地注水和排水	湿陷性黄土、膨胀土、细砂地基上不得使用
夯实法	150～200	8～12	1. 用木夯或机械夯 2. 木夯重40 kg，落距400～500 mm 3. 一夯压半夯，全面夯实	适用于砂石垫层
碾压法	150～350	8～12	6～10 t压路机往复碾压；碾压次数以达到要求密实度为准，一般不少于4遍，用振动压实机械，振动3～5 min	适用于大面积的砂石垫层，不宜用于地下水位以下的砂垫层

4. 质量控制

(1) 施工前应检查砂、石等原材料质量及砂、石拌合均匀程度。

(2) 施工过程中必须检查分层厚度，分段施工时搭接部分的压实情况、加水量、压实遍数、压实系数。

(3) 施工结束后，应检查砂及砂石地基的承载力。

(4) 砂及砂石地基的质量验收标准如表2-2所示。

砂和砂石地基密实度现场实测方法：砂和砂石地基密实度主要通过现场测定其干密度来鉴定，常用方法有环刀取样法和贯入度测定法。

(1) 环刀取样法

在捣实后的砂地基中，用容积不小于200 cm的环刀取样，测定其干密度，以不小于通过试验所确定的该砂料在中密状态时的干密度数值为合格。若系砂石地基，可在地基中设置纯砂检查点，在同样施工条件下取样检查。

(2) 贯入度测定法

检查时先将表面的砂刮去30 mm左右，用直径为20 mm、长1 250 mm的平头钢筋举离砂层面700 mm自由下落，或用水撼法使用的钢叉举离砂层面50 mm自由下落。以上钢筋或钢叉的贯入深度，可根据砂的控制干密度预先进行小型试验确定。

表 2-2　砂及砂石地基质量检验标准

项	序	检查项目	允许偏差或允许值		检查方法
			单位	数值	
主控项目	1	地基承载力	设计要求		载荷试验或按规定方法
	2	配合比	设计要求		检查拌合时的体积比或重量比
	3	压实系数	设计要求		现场实测
一般项目	1	砂石料有机质含量	%	≤5	焙烧法
	2	砂石料含泥量	%	≤5	水洗法
	3	石料粒径	mm	100	筛分法
	4	含水量(与最优含水量比较)	%	±2	烘干法
	5	分层厚度(与设计要求比较)	mm	±50	水准仪

(二) 灰土地基

灰土地基是将基础底面下要求范围内的软弱土层挖去，用一定比例的石灰与土，在最优含水量情况下，充分拌合，分层回填夯实或压实而成。灰土地基具有一定的强度、水稳性和抗渗性，施工工艺简单，费用较低，是一种应用广泛、经济、实用的地基加固方法，适于加固深1～4 m厚的软弱土、湿陷性黄土、杂填土等，还可用作结构的辅助防渗层。

1. 材料要求

灰土的土料宜采用就地挖出的黏性土及塑性指数大于4的粉土，土内有机质含量不得超过5%。土料应过筛，其颗粒不应大于15 mm。

用做灰土的石灰应用Ⅲ级以上新鲜的块灰，含氧化钙、氧化镁愈高愈好，使用前1～2 d消解并过筛，其颗粒不得大于5 mm，且不应夹有未熟化的生石灰块粒及其他杂质，也不得含有过多的水分。

2. 构造要求

灰土地基厚度的确定原则同砂地基。地基宽度一般为灰土顶面基础砌体宽度加2.5倍灰土厚度之和。

3. 施工工艺方法要点

(1) 对基槽(坑) 应先验槽，消除松土，并打两遍底夯，要求平整干净。如有积水、淤泥应晾干；局部有软弱土层或孔洞，应及时挖除后用灰土分层回填夯实。

(2) 灰土配合比应符合设计规定，一般用3:7或2:8(石灰:土，体积比)，多用人工翻拌，不少于3遍，使达到均匀，颜色一致，并适当控制含水量，现场以手握成团，两指轻捏即散为宜，一般最优含水量为14%～18%；如含水分过多或过少时，应稍晾干或洒水湿润，如有球团应打碎，要求随拌随用。

(3) 铺灰应分段分层夯筑，每层虚铺厚度可参见表2-3，夯实机具可根据工程大小和现场机具条件用人力或机械夯打或碾压，遍数按设计要求的干密度由试夯(或碾压) 确定，一般不少于4遍。

表 2-3 灰土最大虚铺厚度

夯实机具种类	重量 /t	虚铺厚度 /mm	备 注
石夯、木夯	0.04 ～ 0.08	200 ～ 250	人力送夯，落距 400 ～ 500 mm，夯实后约 80 ～ 100 mm 厚
轻型夯实机械	0.12 ～ 0.4	200 ～ 250	蛙式夯机、柴油打夯机，夯实后约 100 ～ 150 mm 厚
压路机	6 ～ 10	200 ～ 300	双轮

(4) 灰土分段施工时，不得在墙角、柱基及承重窗间墙下接缝，上下两层的接缝距离不得小于 500 mm，接缝处应夯压密实，并作成直槎。当灰土地基高度不同时，应做成阶梯形，每阶宽不少于 500 mm；对作辅助防渗层的灰土，应将地下水位以下结构包围，并处理好接缝，同时注意接缝质量，每层虚土从留缝处往前延伸 500 mm，夯实时应夯过接缝 300 mm 以上；接缝时，用铁锹在留缝处垂直切齐，再铺下段夯实。

(5) 灰土应当日铺填夯压，入槽(坑) 灰土不得隔日夯打。夯实后的灰土 30 d 内不得受水浸泡，并及时进行基础施工与基坑回填，或在灰土表面作临时性覆盖，避免日晒雨淋。雨期施工时，应采取适当防雨、排水措施，以保证灰土在基槽(坑) 内无积水的状态下进行。刚打完的灰土，如突然遇雨，应将松软灰土除去，并补填夯实；稍受湿的灰土可在晾干后补夯。

(6) 冬期施工，必须在基层不冻的状态下进行，土料应覆盖保温，冻土及夹有冻块的土料不得使用；已熟化的石灰应在次日用完，以充分利用石灰熟化时的热量，当日拌合灰土应当日铺填夯完，表面应用塑料面及草袋覆盖保温，以防灰土垫层早期受冻降低强度。

4. 质量控制

(1) 施工前应检查原材料，如灰土的土料、石灰以及配合比、灰土拌匀程度。

(2) 施工过程中应检查分层铺设厚度，分段施工时上下两层的搭接长度，夯实时加水量、夯压遍数等。

(3) 每层施工结束后检查灰土地基的压实系数。压实系数 λ_c 为土在施工时实际达到的干密度 ρ_d 与室内采用击实试验得到的最大干密度 ρ_{dmax} 之比。

灰土应逐层用贯入仪检验，以达到控制(设计要求) 压实系数所对应的贯入度为合格，或用环刀取样检测灰土的干密度，除以试验的最大干密度求得。施工结束后，应检验灰土地基的承载力。

(4) 灰土地基的质量验收标准如表 2-4 所示。

表 2-4 灰土地基质量检验标准

项	序	检查项目	允许偏差或允许值		检查方法
			单位	数值	
主控项目	1	地基承载力	设计要求		载荷试验或按规定方法
	2	配合比	设计要求		按拌合时的体积比
	3	压实系数	设计要求		现场实测

续　表

项	序	检查项目	允许偏差或允许值		检查方法
			单位	数值	
一般项目	1	石灰粒径	mm	≤5	筛分法
	2	土料有机质含量	%	≤5	试验室焙烧法
	3	土颗粒粒径	mm	≤15	筛分法
	4	含水量(与要求的最优含水量比较)	%	±2	烘干法
	5	分层厚度偏差(与设计要求比较)	mm	±50	水准仪

2.1.2　夯实地基

(一)重锤夯实地基

重锤夯实是利用起重机械将夯锤提升到一定高度,然后自由落下,重复夯击基土表面,使地基表面形成一层比较密实的硬壳层,从而使地基得到加固。本法施工简便,费用较低;但布点较密,夯击遍数多,施工期相对较长,同时夯击能量小,孔隙水难以消散,加固深度有限,当土的含水量稍高,易夯成橡皮土,处理较困难。适于地下水位0.8 m以上、稍湿的黏性土、砂土、饱和度$S_r \leqslant 60$的湿陷性黄土、杂填土以及分层填土地基的加固处理。但当夯击对邻近建筑物有影响,或地下水位高于有效夯实深度时,不宜采用。重锤表面夯实的加固深度一般为1.2～2.0 m。湿陷性黄土地基经重锤表面夯实后,透水性有显著降低,可消除湿陷性,地基土密度增大,强度可提高30%;对杂填土则可以减少其不均匀性,提高承载力。

1. 机具设备

(1) 夯锤

用C20钢筋混凝土制成,外形为截头圆锥体,锤重为2.0～3.0t,底直径1.0～1.5 m,锤底面单位静压力宜为15～20 kPa。吊钩宜采用自制半自动脱钩器,以减少吊索的磨损和机械振动。

(2) 起重机

可采用配置有摩擦式卷扬机的履带式起重机、打桩机、悬臂式桅杆起重机或龙门式起重机等。其起重能力:当采用自动脱钩时,应大于夯锤重量的1.5倍;当直接用钢丝绳悬吊夯锤时,应大于夯锤重量的3倍。

2. 施工工艺方法要点

(1) 施工前应进行试夯,确定有关技术参数,如夯锤重量、底面直径及落距,最后下沉量及相应的夯击遍数和总下沉量。最后下沉量系指最后2击平均每击土面的夯沉量,对黏性土和湿陷性黄土取10～20 mm;对砂土取5～10 mm;对细颗粒土不宜超过10～20 mm。落距宜大于4 m,一般为4～6 m。夯击遍数由试验确定,通常取比试夯确定的遍数增加1～2遍,一般为8～12遍。土被夯实的有效影响深度,一般约为重锤直径的1.5倍。

(2) 夯实前,槽、坑底面的标高应高出设计标高,预留土层的厚度可为试夯时的总下沉量再加50～100 mm;基槽、坑的坡度应适当放缓。

(3) 夯实时地基土的含水量应控制在最优含水量范围以内，一般相当于土的塑限含水量±12%。现场简易测定方法是：以手捏紧后，松手土不散，易变形而不挤出，抛在地上即呈碎裂为合适。

(4) 大面积基坑或条形基槽内夯实时，应一夯挨一夯顺序进行(图 2-1(a))，在一次循环中间同一夯位应连夯两下，下一循环的夯位，应与前一循环错开 1/2 锤底直径的搭接。在独立柱基夯打时，可采用先周边后中间或先外后里的跳打法(图 2-1(b)(c))。基底标高不同时，应按先深后浅的程序逐层挖土夯实，不宜一次挖成阶梯形，以免夯打时在高低相交处发生坍塌。基坑的夯实宽度应比基坑每边宽 0.2 ~ 0.3 m。基槽底面边角不易夯实部位应适当增大夯实宽度。

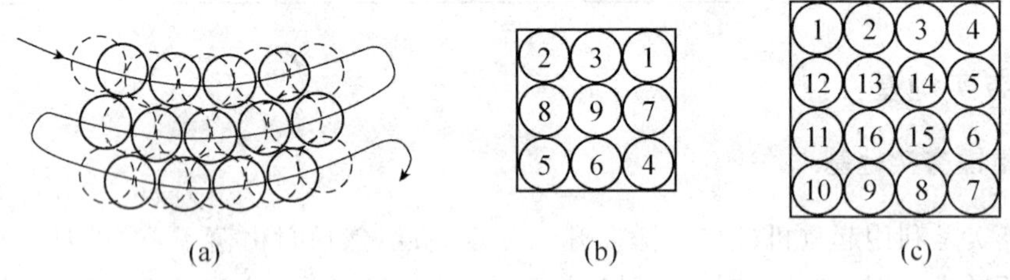

图 2-1　重锤夯打顺序

(5) 重锤夯实填土地基时，应分层进行，每层的虚铺厚度以相当于锤底直径为宜。夯实层数不宜少于 2 层。夯实完后，应将基坑、槽表面修整至设计标高。

(6) 重锤夯实在 10 ~ 15 m 以外对建筑物振动影响较小，可不采取防护措施，在 10 ~ 15 m 以内，应挖防振沟等作隔振处理。

(7) 夯实结束后，应及时将夯松的表层浮土清除或将浮土在接近最优含水量状态下重新用 1 m 的落距夯实至设计标高。

3. 质量检查

重锤夯实后应检查施工记录，除应符合试夯最后下沉量的规定外，还应检查基坑(槽)表面的总下沉量，以不小于试夯总下沉量的 90% 为合格。也可采用在地基上选点夯击检查最后下沉量。夯击检查点数：独立基础每个不少于 1 处，基槽每 20 m 不少于 1 处，整片地基每 50 m^2 不少 1 处。检查后如质量不合格，应进行补夯，直至合格为止。

(二) 强夯地基

强夯法是用起重机械(起重机或起重机配三脚架、龙门架) 将大吨位(一般 8 ~ 30 t) 夯锤起吊到 6 ~ 30 m 高度后，自由落下，给地基土以强大的冲击能量的夯击，使土中出现冲击波和很大的冲击应力，迫使土层孔隙压缩，土体局部液化，在夯击点周围产生裂隙，形成良好的排水通道，孔隙水和气体逸出，使土料重新排列，经时效压密达到固结，从而提高地基承载力，降低其压缩性的一种有效的地基加固方法，也是我国目前最为常用和最经济的深层地基处理方法之一。

该法具有效果好、速度快、节省材料、施工简便，但施工时噪声和振动大等特点。加固碎石土、砂土、低饱和度黏性土、湿陷性黄土及填土地基效果明显，用来处理高饱和度的黏性土效果不大，尤其是淤泥和淤泥质土地基处理效果更差，应慎用。

1. 机具设备

(1) 夯锤

用钢板作外壳，内部焊接钢筋骨架后浇筑 C30 混凝土，或用钢板做成组合成的夯锤，以便于使用和运输。夯锤底面有圆形和方形两种，圆形不易旋转，定位方便，稳定性和重合性好，采用较广；锤底面积宜按土的性质和锤重确定，对于粗颗粒土（砂质土和碎石类土）选用较大值，一般锤底面积为 3 ～ 4 m^2；对于细颗粒土（黏性土或淤泥质土）宜取较小值，锤底面积不宜小于 6 m^2。一般 10 t 夯锤底面积用 4.5 m^2，15 t 夯锤用 6 m^2 较适宜。锤重一般为 8、10、12、16、25 t。夯锤中宜设 1 ～ 4 个直径 250 ～ 300 mm 上下贯通的排气孔，以利空气迅速排走，减小起锤时，锤底与土面间形成真空产生的强吸附力和夯锤下落时的空气阻力，以保证夯击能的有效性。

(2) 起重机械

多使用起重量为 15、20、25、30、50 t 的履带式起重机（带摩擦离合器），也可采用三脚架或龙门架作起重设备。当履带式起重机能力不足时，也可采用加辅助桅杆的方法，以加大起重能力(图 2-2)。

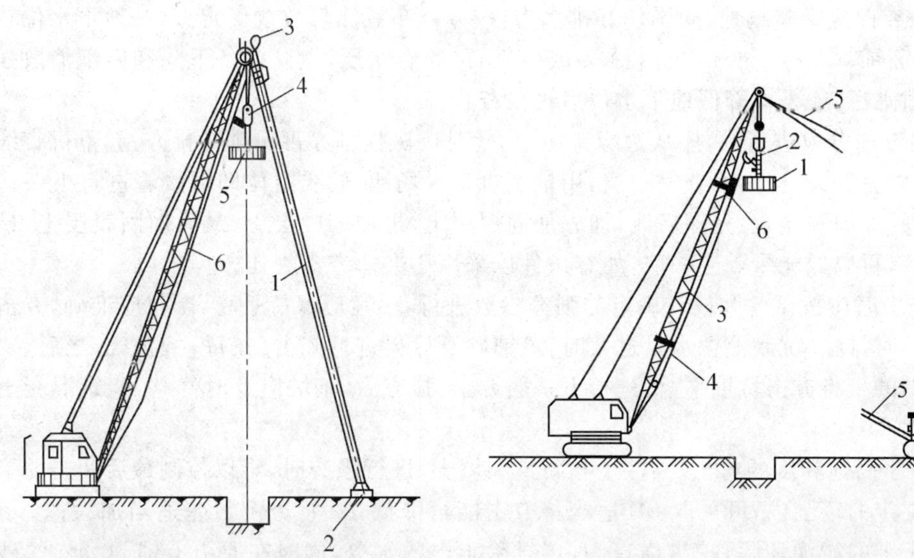

图2-2　用履带式起重机强夯加钢制辅助桅杆

1— 钢管辅助桅杆；2— 底座；3— 弯脖接头；
4— 自动脱钩器；5— 夯锤；6— 拉绳

图 2-3　用履带式起重机强夯

1— 夯锤；2— 自动脱钩装置；3— 起重臂杆；
4— 拉绳；5— 锚绳；6— 废轮胎

(3) 脱钩装置

国内目前使用较多的是通过动滑轮组用脱钩装置来起落夯锤。脱钩装置要求有足够的强度，使用灵活，脱钩快速、安全。常用的工地自制自动脱钩器由吊环、耳板、销环、吊钩等组成，系由钢板焊接制成。拉绳一端固定在销柄上，另一端穿过转向滑轮，固定在悬臂杆底部横轴上，当夯锤起吊到要求高度，升钩拉绳随即拉开销柄，脱钩装置开启，夯锤便自动脱钩下落，同时可控制每次夯击落距一致，可自动复位，使用灵活方便，也较安全可靠。

(4) 锚系设备

当用起重机起吊夯锤时，为防止夯锤突然脱钩使起重臂后倾和减小对臂杆的振动，应用一台推土机设在起重机的前方作地锚(图 2-3),在起重机臂杆的顶部与推土机之间用两根钢丝绳连系锚旋。钢丝绳与地面的夹角不大于 30°,推土机还可用于夯完后作表土推平、压实等辅助性工作。

当用起重三脚架、龙门架或起重机加辅助桅杆起吊夯锤时,则不用设锚系设备。

2. 施工工艺流程

清理、平整场地 → 标出第一遍夯点位置、测量场地高程 → 起重机就位、夯锤对准夯点位置 → 测量夯前锤顶高程 → 将夯锤吊到预定高度脱钩自由下落进行夯击,测量锤顶高程 → 往复夯击,按规定夯击次数及控制标准,完成一个夯点的夯击 → 重复以上工序,完成第一遍全部夯点的夯击 → 用推土机将夯坑填平,测量场地高程 → 在规定的间隔时间后,按上述程序逐次完成全部夯击遍数 → 用低能量满夯,将场地表层松土夯实,并测量夯后场地高程。

3. 施工要点

(1) 强夯施工前,应进行勘察和试夯,通过试夯前后试验结果的对比分析,确定正式施工时的技术参数。同时应查明强夯范围内的地下构筑物和各种地下管线的位置及标高,并采取必要的防护措施,以免因强夯施工而造成损坏。

(2) 强夯前应平整场地,周围作好排水沟,按夯点布置测量放线确定夯位。地下水位较高时,应在表面铺 0.5 ~ 2.0 m 中(粗) 砂或砂砾石、碎石垫层,以防设备下陷和便于消散强夯产生的孔隙水压,或采取降低地下水位后再强夯。

(3) 强夯应分段进行,顺序从边缘夯向中央。对厂房柱基亦可一排一排夯,起重机直线行驶,从一边向另一边进行,每夯完一遍,用推土机整平场地,放线定位即可接着进行下一遍夯击。强夯法的加固顺序是:先深后浅,即先加固深层土,再加固中层土,最后加固表层土。最后一遍夯完后,再以低能量满夯一遍,如有条件以采用小夯锤夯击为佳。

(4) 夯击时应按试验和设计确定的强夯参数进行,落锤应保持平稳,夯位应准确,夯击坑内积水应及时排除。坑底上含水量过大时,可铺砂石后再进行夯击。在每一遍夯击之后,要用新土或周围的土将夯击坑填平,再进行下一遍夯击。强夯后,基坑应及时修整,浇筑混凝土垫层封闭。

(5) 对于高饱和度的粉土、黏性土和新饱和填土,进行强夯时,难以控制最后两击的平均夯沉量在规定的范围内,可采取:① 适当将夯击能量降低;② 将夯沉量差适当加大;③ 填土采取将原土上的淤泥清除,挖纵横盲沟,以排除土内的水分,同时在原土上铺 50 cm 的砂石混合料,以保证强夯时土内的水分排除,在夯坑内回填块石、碎石或矿渣等粗颗粒材料,进行强夯置换等措施。通过强夯将坑底软土向四周挤出,使在夯点下形成块(碎) 石墩,并与四周软土构成复合地基,一般可取得明显的加固效果。

(6) 强夯施工最好在干旱季进行,如遇雨天施工,夯击坑内或夯击过的场地有积水时,必须及时排除。冬期施工时,应将冻土击碎,夯击次数要适当增加,如有硬壳层,要适当增加夯次或提高夯击功能。

(7) 做好施工过程中的监测和记录工作,包括检查夯锤重和落距,对夯点放线进行复核,检查夯坑位置,按要求检查每个夯点的夯击次数和每击的夯沉量等,并对各项参数及施工情况进行详细记录,作为质量控制的根据。

4. 质量控制

(1) 施工前应检查夯锤重量、尺寸、落锤控制手段、排水设施及被夯地基的土质。

(2) 施工中应检查落距、夯击遍数、夯点位置、夯击范围。

(3) 施工结束后，检查被夯地基的强度并进行承载力检验。检查点数，每一独立基础至少有一点，基槽每 20 延米有一点，整片地基 50 ～ 100 m^2 取一点。强夯后的土体强度随间歇时间的增加而增加，检验强夯效果的测试工作，宜在强夯之后 1 ～ 4 周进行，而不宜在强夯结束后立即进行测试工作，否则测得的强度偏低。

(4) 强夯地基质量检验标准如表 2-5 所示。

表 2-5　强夯地基质量检验标准

项	序	检查项目	允许偏差或允许值		检查方法
			单位	数值	
主控项目	1	地基强度	设计要求		按规定方法
	2	地基承载力	设计要求		按规定方法
一般项目	1	夯锤落距	mm	±300	钢索设标志
	2	锤重	kg	±100	称重
	3	夯击遍数及顺序	设计要求		计数法
	4	夯点间距	mm	±500	用钢尺量
	5	夯击范围（超出基础范围距离）	设计要求		用钢尺量
	6	前后两遍间歇时间	设计要求		

2.1.3　其他地基加固方法简介

(一) 砂石桩地基

砂桩和砂石桩统称砂石桩，是指用振动、冲击或水冲等方式在软弱地基中成孔后，再将砂或砂卵石（或砾石、碎石）挤压入土孔中，形成大直径的砂或砂卵石（碎石）所构成的密实桩体。这种方法经济、简单且有效。对于松砂地基，可通过挤压、振动等作用，使地基达到密实，从而增加地基承载力，降低孔隙比，减少建筑物沉降，提高砂基抵抗震动液化的能力；用于处理软黏土地基，可起到置换和排水砂井的作用，加速土的固结，形成置换桩与固结后软黏土的复合地基，显著地提高地基抗剪强度；而且，这种桩施工机具常规，操作工艺简单，可节省水泥、钢材，就地使用廉价地方材料，速度快，工程成本低，故应用较为广泛。适用于挤密松散砂土、素填土和杂填土等地基，对建在饱和黏性土地基上主要不以变形控制的工程，也可采用砂石桩作置换处理。

(二) 水泥土搅拌桩地基

水泥土搅拌桩地基系利用水泥作为固化剂，通过深层搅拌机在地基深部，就地将软土和固化剂（浆体或粉体）强制拌合，利用固化剂和软土发生一系列物理、化学反应，使凝结成具有整体性、水稳性好和较高强度的水泥加固体，与天然地基形成复合地基。本法在地基加固过程中无振动、无噪声，对环境无污染；对土无侧向挤压，对邻近建筑物影响很小；可按建筑物要求作成柱状、壁状、格栅状和块状等加固形状；可有效地提高地基强度；同时施工期较短，造价低廉，效益显著。适于加固较深较厚的淤泥、淤泥质土、粉土和含水量较高且地基承载力不大于 120kPa 的黏性土地基，对超软土效果更为显著。多用于墙下条形基础、大面积堆料厂房地基；在深基开挖时用于防止坑壁及边坡塌滑、坑底隆起等，以及作地下防渗墙等工程上。

(三) 水泥注浆地基

水泥注浆地基是将水泥浆，通过压浆泵、灌浆管均匀地注入土体中，以填充、渗透和挤密等方式，驱走岩石裂隙中或土颗粒间的水分和气体，并填充其位置，硬化后将岩土胶结成一个整体，形成一个强度大、压缩性低、抗渗性高和稳定性良好的新的岩土体，从而使地基得到加固，可防止或减少渗透和不均匀的沉降。本法取材容易，配方简单，操作易于掌握；无环境污染，价格便宜等，适用于软黏土、粉土、新近沉积黏性土、砂土提高强度的加固和渗透系数大于 10^{-2} cm/s 的土层的止水加固以及已建工程局部松软地基的加固。

(四) 预压地基

预压地基是在建筑物施工前，在地基表面分级堆土或其他荷重，使地基土压密、沉降、固结，从而提高地基强度和减少建筑物建成后的沉降量。待达到预定标准后再卸载，建造建筑物。本法具有使用材料、机具方法简单直接，施工操作方便，但堆载预压需要一定的时间，对深厚的饱和软土，排水固结所需的时间很长，同时需要大量堆载材料等特点。适用于各类软弱地基，包括天然沉积土层或人工冲填土层，较广泛用于冷藏库、油罐、机场跑道、集装箱码头、桥台等沉降要求较低的地基。实践证明，利用堆载预压法能取得一定的效果，但能否满足工程要求的实际效果，则取决于地基土层的固结特性、土层的厚度、预压荷载的大小和预压时间的长短等因素，因此在使用上受到一定的限制。

2.1.4 地基局部处理

(一) 松土坑的处理

当松土坑在基槽中范围内(图 2-4a)，可将坑中松软土挖除，使坑底及四壁均见天然土为止，回填与天然土压缩性相近的材料。当天然土为砂土时，用砂或级配砂石回填；当天然土为较密实的黏性土，用3:7 灰土分层回填夯实；天然土为中密可塑的黏性土或新近沉积黏性土，可用 1:9 或 2:8 灰土分层回填夯实，每层厚度不大于 20 cm。

当松土坑在基槽中范围较大(图 2-4b)，且超过基槽边沿时或因条件限制，槽壁挖不到天然土层时，则应将该范围内的基槽适当加宽，加宽部分的宽度可按下述条件确定：当用砂土或砂石回填时，基槽壁边均应按 $l_1:h_1=1:1$ 坡度放宽；用 1:9 或 2:8 灰土回填时，基槽每边应按 $b:h=0.5:1$ 坡度放宽；用 3:7 灰土回填时，如坑的长度 $\leqslant 2$ m，基槽可不放宽，但灰土与槽壁接触处应夯实。

如松土坑范围较大，且长度超过 5 m 时(图 2-4c)，且坑底土质与一般槽底土质相同，可将此部分基础加深，做 1:2 踏步与两端相接。每步高不大于 50 cm，长度不小于 100 cm，如深度较大，用灰土分层回填夯实至坑(槽) 底一平。

对于较深的松土坑，坑深大于槽宽或 1.5 m 时(图 2-4d)，槽底处理完毕后，还应适当考虑加强上部结构的强度，方法是在灰土基础上 1 ～ 2 皮砖处（或混凝土基础内）、防潮层下 1 ～ 2 皮砖处及首层顶板处，加配 4ϕ8 ～ 12 mm 钢筋跨过该松土坑两端各 1 m，以防产生过大的局部不均匀沉降。

如遇松土坑下水位较高时（如图 2-4e），坑内无法夯实，可将坑（槽）中软弱的松土挖去后，再用砂土、砂石或混凝土代替灰土回填。如坑底在地下水位以下时，回填前先用粗砂与碎石（比例为 1∶3）分层回填夯实；地下水位以上用 3∶7 灰土回填夯实至要求高度。

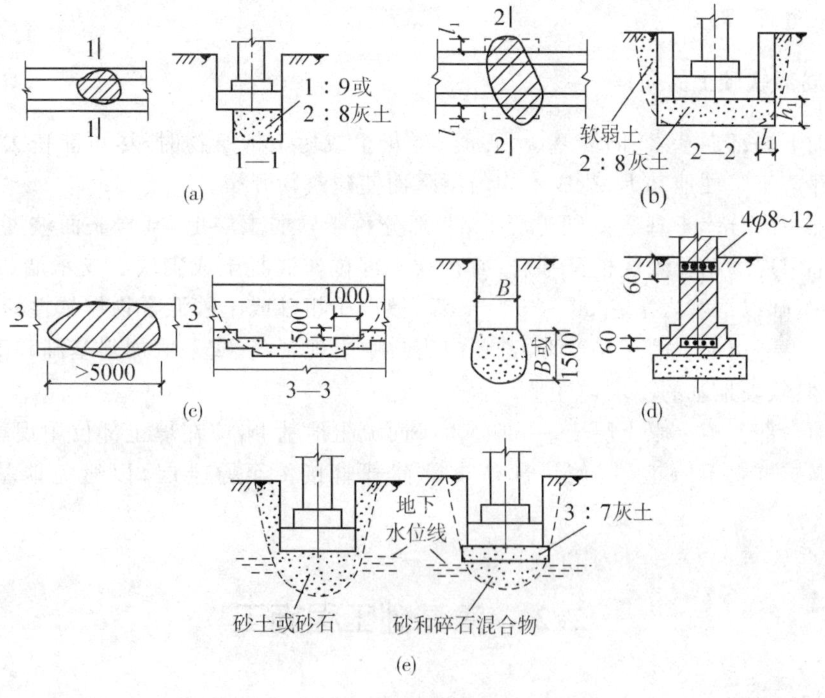

图 2-4　松土坑的处理

（二）砖井或土井的处理

当土井、砖井在室外，距基础边缘 5 m 以内时，先用素土分层夯实，回填到室外地坪以下 1.5 m 处，将井壁四周砖圈拆除或松软部分挖去，然后用素土分层回填并夯实。

如土井、砖井在室内基础附近，可将水位降低到最低可能的限度，用中、粗砂及块石、卵石或碎砖等回填到地下水位以上 50 cm，并应将四周砖圈拆至坑（槽）底以下 1 m 或更深些，然后再用素土分层回填并夯实，如井已回填，但不密实或有软土，可用大块石将下面软土挤紧，再分层回填素土夯实。

如土井、砖井在基础下或条形基础 3B 或柱基 2B 范围内时，先用素土分层回填夯实，至基础底下 2 m 处，将井壁四周松软部分挖去，有砖井圈时，将井圈拆至槽底以下 1 ～ 1.5 m。当井内有水，应用中、粗砂及块石、卵石或碎砖回填至水位以上 50 cm，然后再按上述方法处理；当井内已填有土，但不密实，且挖除困难时，可在部分拆除后的砖石井圈上加钢筋混凝土盖封口，上面用素土或 2∶8 灰土分层回填、夯实至槽底。

若土井、砖井在房屋转角处，且基础部分或全部压在井上，除用以上办法回填处理外，还应对基础加固处理。当基础压在井上部分较少，可采用从基础中挑钢筋混凝土梁的办法处理。当基础压在井上部分较多，用挑梁的方法较困难或不经济时，则可将基础沿墙长方向向外延长出去，使延长部分落在天然土上，落在天然土上基础总面积应等于或稍大于井圈范围内原有基础的面积，并在墙内配筋或用钢筋混凝土梁来加强。

当土井、砖井已淤填，但不密实时，可用大块石将下面软土挤密，再用上述办法回填处理。如井内不能夯填密实，而上部荷载又较大，可在井内设灰土挤密桩或石灰桩处理；如土井在大体积混凝土基础下，可在井圈上加钢筋混凝土盖板封口，上部再用素土或 2:8 灰土回填密实的办法处理。

(三) 局部软硬土的处理

当基础下局部遇基岩、旧墙基、大孤石、老灰土或圬工构筑物时，尽可能挖去，以防建筑物由于局部落于坚硬地基上，造成不均匀沉降而使建筑物开裂。

如基础一部分落于基岩或硬土层上，一部分落于软弱土层上，基岩表面坡度较大，应在软土层上采用现场钻孔灌注桩至基岩；或在软土部位作混凝土或砌块石支承墙(或支墩)至基岩；或将基础以下基岩凿去 30 ~ 50 cm 深，填以中粗砂或土砂混合物作软性褥垫，使之能调整岩土交界部位地基的相对变形，避免应力集中出现裂缝；或采取加强基础和上部结构的刚度，来克服软硬地基的不均匀变形。

若基础一部分落于原土层上，一部分落于回填土地基上，应在填土部位用现场钻孔灌注桩或钻孔爆扩桩直至原土层，使该部位上部荷载直接传至原土层，以避免地基的不均匀沉降。

2.2 浅基础工程施工

浅基础是指埋置深度小于基础宽度，或埋置深度小于 5 m 的基础，建造在天然地基或加固处理后的地基上，它造价低、施工简便。常用的浅基础有条形基础、杯形基础和筏形基础。

2.2.1 条形基础

条形基础包括钢筋混凝土独立基础、墙下条形基础、柱下条形基础。这种基础的抗弯和抗剪性能良好，可在竖向荷载较大、水平荷载和力矩荷载较小的情况下使用，因高度不受台阶宽高比的限制，故适宜于需要“宽基浅埋”的场合下采用。

(一) 构造要求

(1) 锥形基础的边缘高度，不宜小于 200 mm；阶梯形基础的每阶高度，宜为 300 ~ 500 mm。

(2) 垫层的厚度一般为 100 mm，不宜小于 70 mm；垫层混凝土强度不宜低于 C10。

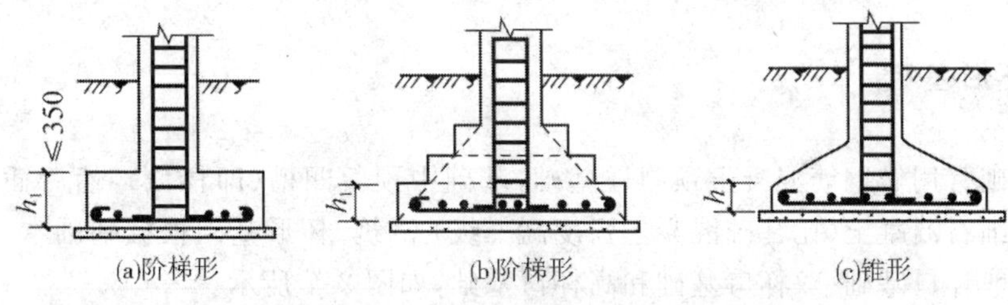

图 2-5　柱下钢筋混凝土独立基础

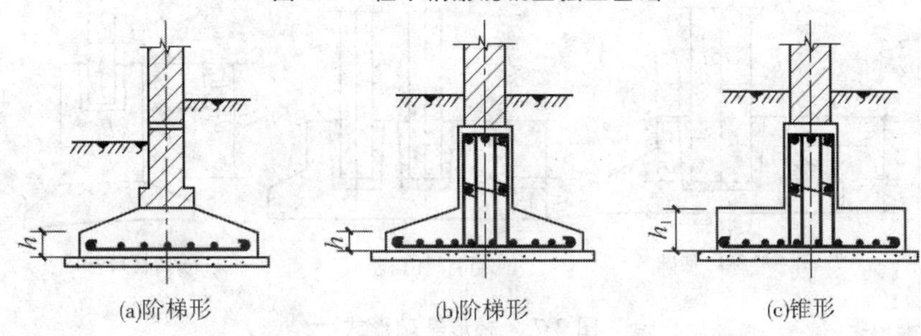

图 2-6　墙下钢筋混凝土条形基础

(3) 基础底板受力钢筋的最小直径不宜小于 8 mm；间距不宜大于 200 mm，也不宜小于 100 mm。墙下钢筋混凝土条形基础纵向分布钢筋的直径不小于 8 mm；间距不大于 250 mm；每延米分布钢筋的面积应不小于受力钢筋面积的 1/10；

(4) 当有垫层时钢筋保护层厚度不宜小于 35 mm，无垫层时不宜小于 70 mm；

(5) 插筋的数目和直径与柱内纵向受力钢筋相同。插筋的锚固及柱的纵向受力钢筋的搭接长度，按国家现行《混凝土结构设计规范》的规定执行。

(二) 施工要点

(1) 地基验槽完成后，应将基坑(槽) 内浮土、积水、淤泥、垃圾、杂物清除干净，立即进行垫层混凝土施工，严禁晾晒基土。

(2) 垫层浇筑完成达到一定强度后，在其上弹线、支模、铺放钢筋网片。上下部垂直钢筋绑扎牢，将钢筋弯钩朝上，按轴线位置校核后用方木架成井字形，将插筋固定在基础外模板上；底部钢筋网片应用与混凝土保护层同厚度的水泥砂浆或塑料垫块垫塞，以保证位置正确，柱插筋应满足锚固长度的要求。

(3) 阶梯形基础根据基础施工图样的尺寸制作每一阶梯模板，支模顺序由下至上逐层向上安装；锥形基础坡度 $>30°$ 时，采用斜模板支护，利用螺栓与底板钢筋拉紧，防止上浮，模板上部设透气及振捣孔，坡度 $\leqslant 30°$ 时，利用钢丝网(间距 30 cm)，防止混凝土下坠，上口设井字木控制钢筋位置。

(4) 浇筑混凝土时，注意柱子插筋位置的正确，防止造成位移和倾斜。在浇筑开始时，先满铺一层 5 ~ 10 cm 厚的混凝土并捣实，使柱子插筋下段和钢筋网片的位置基本固定，然后对称浇筑。对于锥型基础，应注意保持锥体斜面坡度的正确，斜面部分的模板应随混凝土浇捣分段支设并顶压紧，以防模板上浮变形；边角处的混凝土必须捣实。浇筑完毕后外露表面应覆盖浇水养护。

2.2.2 杯形基础

杯形基础常用做钢筋混凝土预制柱基础，基础中预留凹槽(即杯口)，然后插入预制柱，柱子周围用细石混凝土(比基础混凝土强度高一级)浇筑。杯形基础根据基础本身的高低和形状分为一般杯口基础、双杯口基础和高杯口基础，如图 2-7 所示。

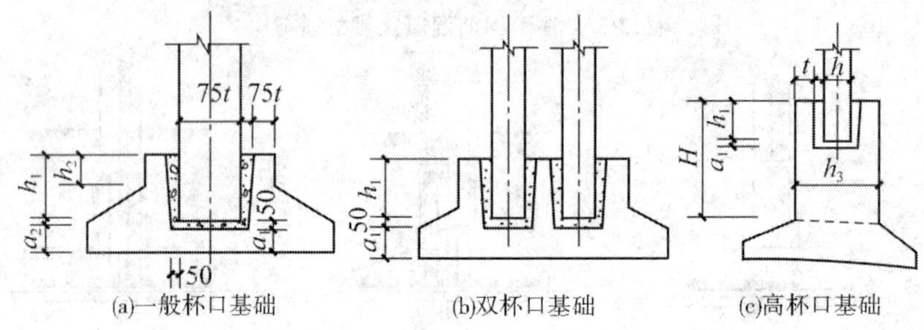

图 2-7　杯形基础形式

(一) 构造要求

柱的插入深度 h_1、基础的杯底厚度和杯壁厚度及杯壁的构造配筋见混凝土设计规范有关规定。

(二) 施工要点

杯形基础除参照条式基础的施工要点外，还应注意以下几点：

(1) 混凝土应按台阶分层浇筑，对高杯口基础的高台阶部分按整段分层浇筑。

(2) 杯口模板可做成二半式的定型模板，中间各加一块楔形板，拆模时，先取出楔形板，然后分别将两半杯口模板取出。为便于周转宜做成工具式的，支模时杯口模板要固定牢网并压浆。

(3) 浇筑杯口混凝土时，应特别注意杯口模板的位置，应在两侧对称浇筑，以免杯口模挤向上一侧或由于混凝土泛起而使芯模上升。

(4) 为保证杯形基础杯口底标高的正确性，施工时应先浇筑杯底混凝土并振实，注意在杯底一般有 50 mm 厚的细石混凝土找平层，应仔细留出。待杯底混凝土沉实后，再浇筑杯口四周混凝土，振动时间尽可能缩短。基础浇捣完毕，在混凝土初凝后终凝前将杯口模板取出，并将杯口内侧表面混凝土凿毛。

(5) 施工高杯口基础时，由于这一级台阶较高且配置钢筋较多，可采用后安装杯口模板的方法施工，即当混凝土浇捣接近杯口底时，再安装固定杯口模板，继续浇筑杯口四周混凝土。

2.2.3　筏形基础

筏形基础由钢筋混凝土底板、梁等组成，适用于地基承载力较低而上部结构荷载很大的场合。其外形和构造上像倒置的钢筋混凝土楼盖，整体刚度较大，能有效将各柱子的沉降调整得较为均匀。筏形基础一般可分为梁板式和平板式两类(图 2-8)。

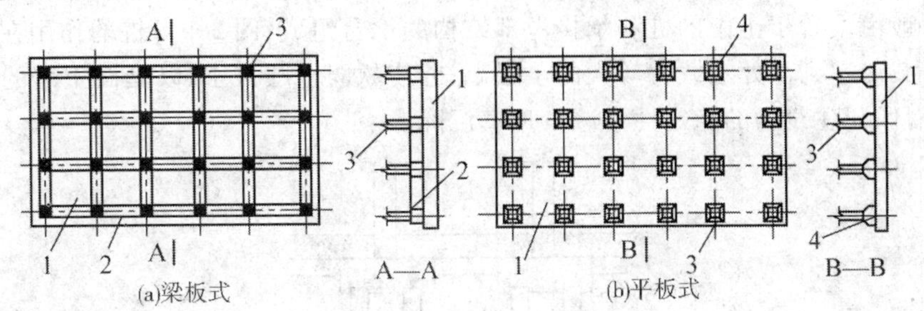

图 2-8　筏形基础

1— 底板；2— 梁；3— 柱；4— 支墩

(一) 构造要求

(1) 混凝土强度等级宜低于 C20，钢筋保护层厚度不小于 35 mm。

(2) 基础平面布置应尽量对称，以减小基础荷载的偏心距，底板厚度不宜小于 200 mm，梁截面和板厚按计算确定，梁项高出底板顶面不小于 300 mm，梁宽不小于 250 mm。

(3) 底板下一般宜设厚度为 100 mm 的 C10 混凝土垫层，每边伸出基础底板不小于 100 mm。

(二) 施工要点

(1) 施工前，如地下水位较高，可采用人工降低地下水位至基坑底，但不少于 500 mm，以保证在无水情况下进行基坑开挖和墓础施工。

(2) 施工时，可采用先在垫层上绑扎底板、梁的钢筋和柱子锚固插筋，浇筑底板混凝土，待达到 25% 设计强度后，再在底板上支梁模板，继续浇筑完梁部分混凝土；也可采用底板和梁模板一次同时支好混凝土一次连续浇筑完成，梁侧模板采用支架支承并固定牢固。

(3) 混凝土浇筑时一般不留施工缝，必须留设时，应按施工缝要求处理，并应设置止水带。

(4) 基础浇筑完毕，表面应覆盖和洒水养护，并防止地基被水浸泡。

2.3　桩基础工程施工

一般建筑物都应该充分利用地基土层的承载能力，而尽量采用浅基础。但若浅层土质不良，无法满足建筑物对地基变形和强度方面的要求时，可以利用下部坚实土层或岩层作为持力层，这就要采用有效的施工方法建造深基础了。深基础主要有桩基础、墩基础、沉井和地下连续墙等几种类型，其中以桩基最为常用。

2.3.1 桩基的作用和分类

(一) 作用

桩基一般由设置于土中的桩和承接上部结构的承台组成(图 2-9)。桩的作用在于将上部建筑物的荷载传递到深处承载力较大的土层上;或使软弱土层挤压,以挺高土壤的承载力和密实度,从而保证建筑物的稳定性和减少地基沉降。

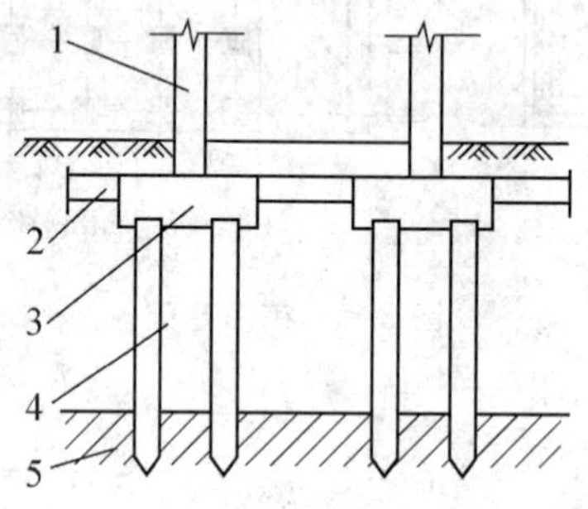

图 2-9 桩基础示意图

1— 柱;2— 承台梁;3— 承台;4— 桩;5— 桩基持力层

绝大多数桩基的桩数不止 1 根,而将各根桩上端(桩顶)通过承台联成一体。根据承台与地面的相对位置不同,一般有低承台与高承台桩基之分。前者的承台底面位于地面以下,而后者则高出地面以上。一般说来,采用高承台主要是为了减少水下施工作业和节省基础材料,常用于桥梁与桥梁工程中。而低承台桩基承受荷载的条件比高承台好,特别在水平荷载作用下,承台周围的土体可以发挥一定的作用。在一般房屋构筑物中,大多都使用低承台桩基。

(二) 分类

1. 按承载性状分类

(1) 摩擦型桩

摩擦桩,指桩顶荷载全部或主要由桩侧阻力承担的桩;根据桩侧阻力承担荷载的份额,摩擦桩又分为纯摩擦桩和端承摩擦桩。

(2) 端承型桩

端承桩,指桩顶荷载全部或主要由桩端阻力承担的桩;根据桩端阻力承担荷载的份额,端承桩又分为纯端承桩和摩擦端承桩。

(3) 复合受荷载桩

复合受荷载桩,指承受竖向、水平荷载均较大的桩。

2. 按成桩方法与工艺分类

(1) 非挤土桩,如干作业法桩、泥浆护壁法桩、套管护壁法桩、人工挖孔桩;

(2) 部分挤土桩,如部分挤土灌筑桩,预钻孔打入式预制桩、打入式开口钢管桩,H 型钢

桩,螺旋成孔桩等;

(3) 挤土桩,如挤土灌筑桩、挤土预制混凝土桩(打入式桩、振入式桩、压入式桩)。

3. 按桩制作工艺分类

可分为预制桩和现场灌注桩,现在使用较多的是现场灌注桩。

2.3.2　预制桩施工

预制桩是在工厂或施工现场制成的各种材料和形式的桩,然后用沉桩设备将桩沉入(打、压、振)土中。预制桩施工速度快,适用于穿透较软弱的中间层、持力层埋置深度及变化不大、地下水位高、对噪声及挤土影响无严格限制的地区。

钢筋混凝土预制桩是运用比较多的一种桩型,具有制作方便、质量可靠、材料强度高、耐腐蚀性强、承载力高、价格低等特点,但桩在施工时,对土的挤密压紧作用较严重,穿过厚砂层或硬土层较困难,桩截面有限且截桩困难。预制桩常用的截面形式有混凝土方形实心截面、圆柱体空心截面以及预应力混凝土管形截面。预制混凝土实心桩大多做成方形截面,边长通常为250～500 mm。单根桩的最大长度根据打桩架的高度而定,一般在27 m以上;预应力管桩按桩身混凝土等级的不同分为PC桩(C60,C70)和PHC桩(C80),外径有300 mm、400 mm、500 mm、550 mm和600 mm,常用节长7～12 mm。

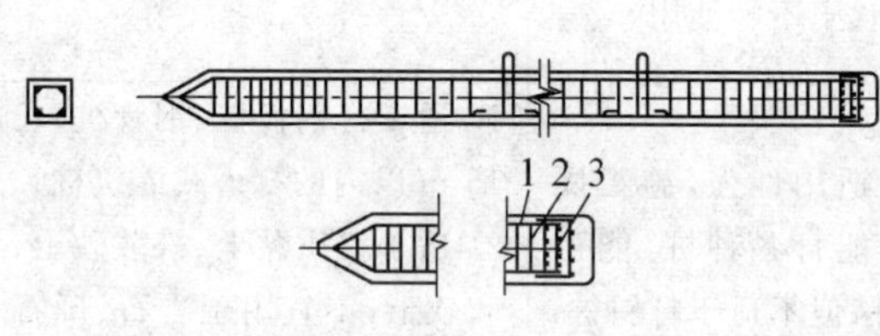

图 2-10　钢筋混凝土方桩

图 2-11　预应力混凝土管桩

(一) 锤击打入法

锤击打入法施工俗称打桩,是靠桩锤下落到桩顶所产生的冲击能而使桩沉入土中的方法。

1. 打桩机械设备

(1) 桩锤

桩锤是把桩打入土中的主要机具,有落锤、单动汽锤、双动汽锤、液压锤和振动锤等,其适用范围见表2-6。

表 2-6　桩锤适用范围参考表

桩锤种类	优缺点	适用范围
落锤 用人力或卷扬机拉起桩锤，然后自由下落，利用锤重夯击桩顶使桩入土	构造简单，使用方便，冲击力大，能随意调整落距，但锤击速度慢（每分钟约 6 ～ 20 次），效率较低	1. 适于打细长尺寸的混凝土桩 2. 在一般土层及黏土、含有砾石的土层中均可使用
单动汽锤 利用蒸汽或压缩空气的压力将锤头上举，然后自由下落冲击桩顶	结构简单，落距小，对设备和桩头不易损坏，打桩速度及冲击力较落锤大，效率较高	1. 适于打各种桩 2. 最适于套管法打就地灌筑混凝土桩
双动汽锤 利用蒸汽或压缩空气的压力将锤头上举及下冲，增加夯击能量	冲击次数多，冲击力大，工作效率高，但设备笨重，移动较困难	1. 适于打各种桩，并可用于打斜桩 2. 使用压缩空气时，可用于水下打桩 3. 可用于拔桩，吊锤打桩
柴油桩锤 利用燃油爆炸，推动活塞，引起锤头跳动夯击桩顶	附有桩架、动力等设备，不需要外部能源，机架轻，移动便利，打桩快，燃料消耗少；但桩架高度低，遇硬土或软土不宜使用	1. 最适于打钢板桩、木桩 2. 在软弱地基打 12 m 以下的混凝土桩
振动桩锤 利用偏心轮引起激振，通过刚性联结的桩帽传到桩上	沉桩速度快，适用性强，施工操作简易安全，能打各种桩，能帮助卷扬机拔桩；但不适于打斜桩	1. 适于打钢板桩、钢管桩、长度在 15 m 以内的打入式灌筑桩 2. 适于粉质黏土、松散砂土、黄土和软土，不宜用于岩石、砾石和密实的黏性土地基

(2) 桩架

桩架的主要作用是支持桩身和桩锤，在打桩过程中引导桩的方向，并保证桩锤能沿着要求方向冲击的打桩设备。常用的桩架形式有滚筒桩架、多功能桩架和履带式桩架三种。

滚筒式桩架行走靠两根钢滚筒在垫木上滚动，优点是结构简单、制作容易，但在平面转弯、掉头方面不灵活，操作人员较多。

多功能桩架由立柱、斜撑、回转工作台、底盘及传动机构组成。它的机动性和适应性很大，在水平方向可作 360° 回转，立柱可前后倾斜，底盘下装有铁轮，可在轨道上行走。这种桩架机构较庞大，现场组装和拆迁比较麻烦。

履带式桩架以履带式起重机为底盘，增加立柱和斜撑组成，其功能较多功能桩架灵活，移动方便。

(3) 动力装置

动力装置的配置取决于所选的桩锤。当选用蒸汽锤时，则需配备蒸汽锅炉和卷扬机。当选用柴油锤时，不需要外部动力装置。

(4) 桩帽及衬垫材料

为了提高打桩效率和精度,保护桩锤和防止桩顶破坏,应在桩顶加设桩帽,并根据桩锤的桩帽的类型、桩型、地质条件和施工条件等因素,合理选用衬垫材料。桩帽上部衬垫称为锤垫,常用橡木、桦木等硬木按纵纹受压适用,近年来也有使用层状板及化塑行缓冲垫材的。桩帽下部与桩顶间的垫材称为桩垫,使用松木横纹拼合板、草垫、麻布片、纸垫等。

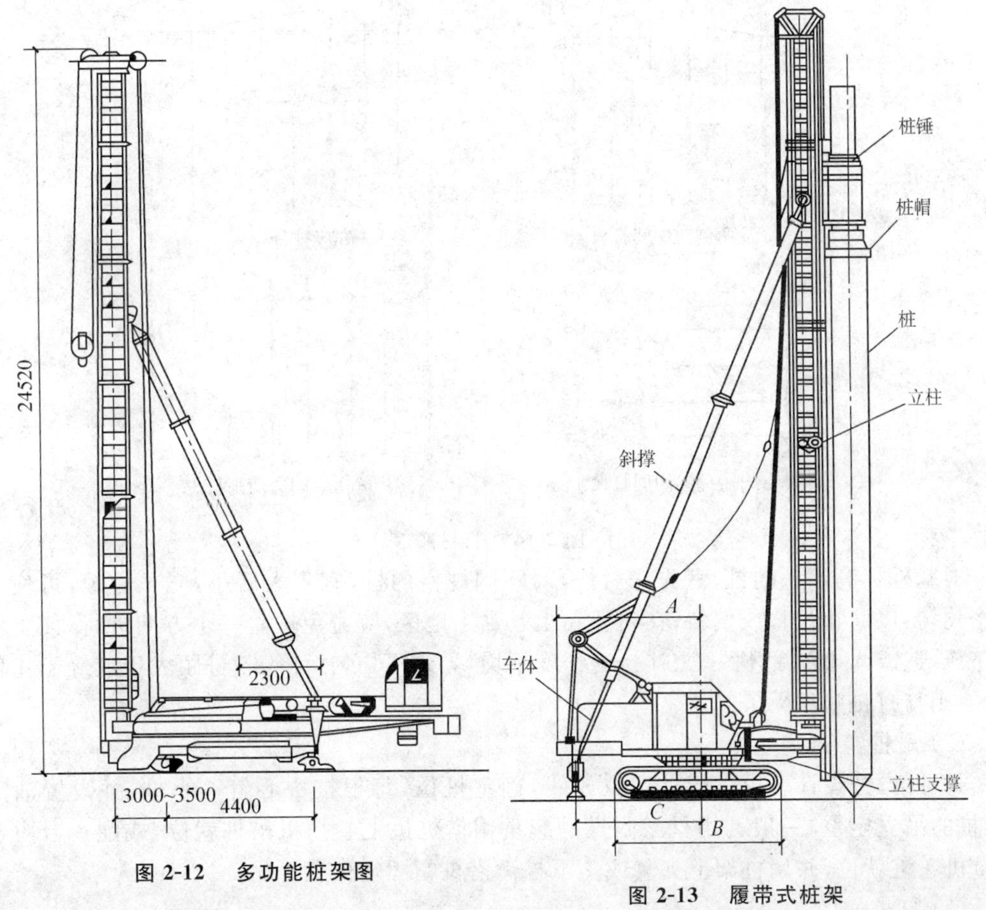

图 2-12　多功能桩架图

图 2-13　履带式桩架

(5) 送桩筒

桩顶设计标高低于地表时,要将桩顶打入(或压入)至设计标高,这称为送桩。送桩一般采用送桩筒进行。送桩筒一般用钢管制成,其制作要求是有较高的强度和刚度,易于打入和拔出,能将锤的冲击力有效地传递到桩上。

2. 打桩施工

(1) 打桩顺序

由于打桩对土体的挤密作用,使先打的桩因受水平推挤而造成偏移和变形,或被垂直挤拔造成浮桩;而后打入的桩因土体挤密,难以达到设计标高或入土深度,或造成土体隆起和挤压,截桩过大。因此,进行群桩打入施工时,为了保证打桩的质量,防止周围建筑物受土体挤压的影响,打桩前应根据地基土质情况,桩基平面布置,桩的尺寸、密集程度、深度,桩移动方便以及施工现场实际情况等因素确定打桩顺序。

当基坑不大时，打桩应逐排打设或从中间开始分头向周边或两边进行。对于密集群桩，自中间向两个方向或向四周对称施打，当一侧毗邻建筑物时，由毗邻建筑物处向另一方向施打。当基坑较大时，应将基坑分为数段，而后在各段范围内分别进行(如图 2-14)，但打桩应避免自外向内，或从周边向中间进行，以避免中间土体被挤密，桩难以打入，或虽勉强打入，但使邻桩侧移或上冒。

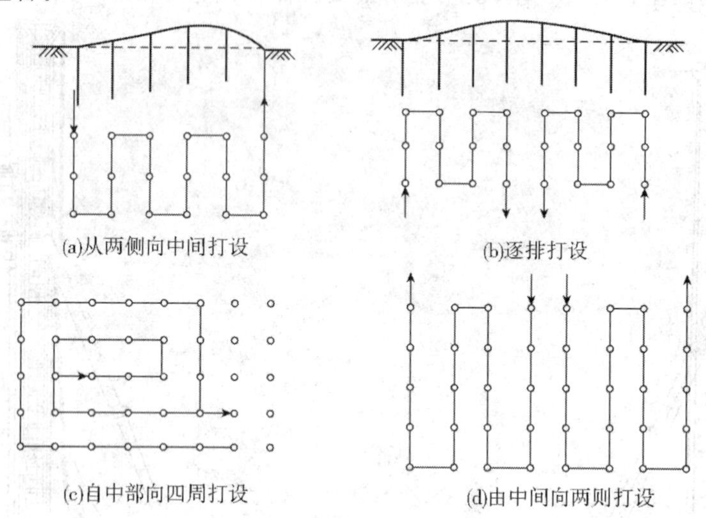

图 2-14　打桩顺序

对基础标高不一的桩，宜先深后浅，对不同规格的桩，宜先大后小，先长后短，可使土层挤密均匀，以防止位移或偏斜；在粉质黏土及黏土地区，应避免按着一个方向进行，使土体一边挤压，造成入土深度不一，土体挤密程度不均，导致不均匀沉降。若桩距大于或等于 4 倍桩直径，则与打桩顺序无关。

(2) 吊桩定位

打桩前，按设计要求进行桩定位放线，确定桩位，每根桩中心钉一小桩，并设置油漆标志；桩的吊立定位，一般利用桩架附设的起重钩借桩机上卷扬机吊桩就位，或配一台履带式起重机送桩就位，并用桩架上夹具或落下桩锤借桩帽固定位置。

(3) 打桩

打桩机就位时，桩架应垂直平稳，导杆中心线与打桩方向一致。桩开始打入时，应控制锤的落距，采用短距轻击；待桩入土一定深度 1～2 m 稳定以后，检查桩身垂直度以及桩尖的偏移，当符合要求时再以规定落距施打。

在整个打桩过程中，要使桩锤、桩帽、桩身尽量保持在同一轴线上，必要时应将桩锤及桩架导杆方向按桩身方向调整，要注意重锤低击，重锤低击获得的动量大，桩锤对桩顶的冲击小，其回弹也小，桩头不易损坏，大部分能量都用以克服桩周边土壤的摩阻力而使桩下沉，正因为桩锤落距小，频率高，对于密实的土层，如砂土或黏土也能容易穿过，其落距为：落锤小于 1.0 m，单动汽锤小于 0.6 m，柴油锤小于 1.5 m。

（4）接桩

混凝土预制长桩，受运输条件和打（沉）桩架高度限制，一般分成数节制作，分节打入，在现场接桩。常用接头方式有焊接、法兰接及硫磺胶泥锚接等几种（如图 2-15）。前两种可用于各类土层；硫磺胶泥锚接适用于软土层。

焊接接桩，钢板宜用低碳钢，焊条宜用 E43，焊接时应先将四角点焊固定，然后对称焊接，并确保焊缝质量和设计尺寸。

法兰接桩是在两节桩分别预埋法兰盘，用螺栓连接。上下节桩之间宜用石棉或纸板衬垫。螺栓拧紧后应锤击数次，再拧紧一次，使上下两节桩端部紧密结合，并将螺帽焊牢，这种方法操作时间短，接桩沉桩效率高，但耗钢量大。

硫磺胶泥锚接方法是将熔化的硫磺胶泥注满锚筋孔内并溢出桩面，然后迅速将上段桩对准落下，胶泥冷硬后，即可继续施打，比前几种接头形式接桩简便快速。

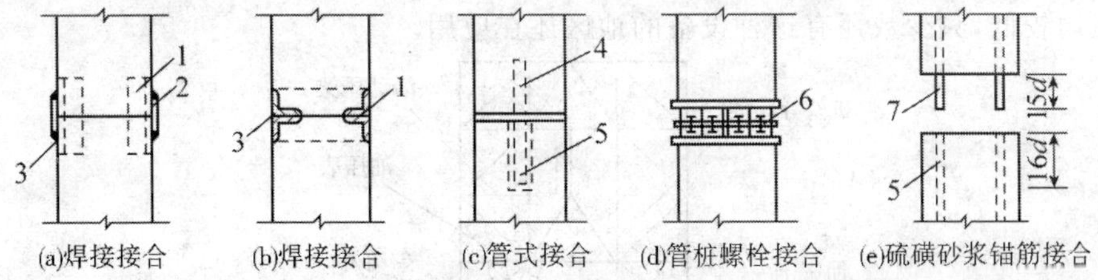

图 2-15　桩的接头形式

1— 角钢与主筋焊接；2— 钢板；3— 焊缝；4— 预埋钢管；5— 浆锚孔；6— 预埋法兰；7— 预埋锚筋；d— 锚栓直径

（5）拔桩方法

当已打入的桩由于某种原因需拔出时，长桩可用拔桩机进行。一般桩可用人字桅杆借卷扬机拔起或钢丝绳捆紧桩头部，借横梁用液压千斤顶抬起；采用汽锤打桩可直接用蒸汽锤拔桩，将汽锤倒连在桩上，当锤的动程向上，桩受到一个向上的力，即可将桩拔出。

（6）桩头的处理

在打完各种预制桩开挖基坑时，按设计要求的桩顶标高将桩头多余的部分截去。截桩头时不能破坏桩身，要保证桩身的主筋伸入承台，长度应符合设计要求。当桩顶标高在设计标高以下时，在桩位上挖成喇叭口，凿掉桩头混凝土，剥出主筋并焊接接长至设计要求长度，与承台钢筋绑扎在一起，用桩身同强度等级的混凝土与承台一起浇筑接长桩身。

（7）打桩的质量控制

① 桩端（指桩的全截面）位于一般土层时，以控制桩端设计标高为主，贯入度可作参考。

② 桩端达到坚硬、硬塑的黏性土，中密以上粉土、砂土、碎石类土、风化岩时，以贯入度控制为主，桩端标高可作参考。

③ 当贯入度已达到，而桩端标高未达到时，应继续锤击 3 阵，按每阵 10 击的贯入度不大于设计规定的数值加以确认。

（二）静力压桩

静力压桩法是通过静力压桩机的压桩机构，以压桩机自重和桩机上的配重作反力而将预制钢筋混凝土桩分节压入地基土层中成桩。其特点是：桩机全部采用液压装置驱动，压力大，自动化程度高，运转灵活；桩定位精确，不易产生偏心，可提高桩基施工质量；施工无噪声、无振动、无污染；沉桩采用全液压夹持桩身向下施加压力，可避免锤击应力，打碎桩头，桩截面可以减小，混凝土强度等级可降低 1 ～ 2 级，配筋比锤击法可省 40%；效率高，施工速度快，压桩速度每分钟可达 2 m；压桩力能自动记录，可预估和验证单桩承载力。适用于软土、填土及一般黏性土层中应用，特别适合于居民稠密及危房附近环境保护要求严格的地区沉桩；但不宜用于地下有较多孤石、障碍物或有 4 m 以上硬隔离层的情况。

1. 压桩机械设备

静力压桩机有顶压式、箍压式和前压式三种。

顶压式由桩架、压梁、桩帽、卷扬机、滑轮组等组成，压桩时开动卷扬机，逐步将加压钢丝绳滑轮收紧，活动压梁将整个桩身和配重加在桩顶上，逐步将桩压入土中。限于桩架高度，这种桩桩长不超过 15 m(如图 2-16)。这种桩机设备高大笨重，行走移动不便，压桩速度较慢，但装配费用较低，只少数还有这种设备的地区还在应用。

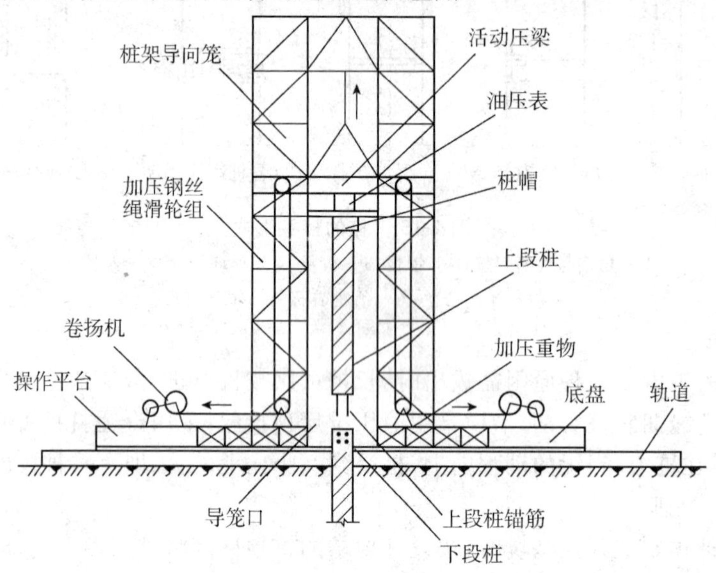

图 2-16　顶压式压桩机构造示意图

箍压式是当前国内较广泛采用的一种压桩机械，如图 2-17、图 2-18 是 WJY—400 型液压压桩机，是全液压操纵，配有起重装置，行走机构为新型的液压步履机，可做任何角度回转，可自行完成桩的起吊、就位、接桩和配重装卸。压桩是利用液压夹持装置保夹桩身，再垂直压入土中。液压压桩机每节桩长可达 20 m。

图 2-17　WJY—400 型液压压桩机

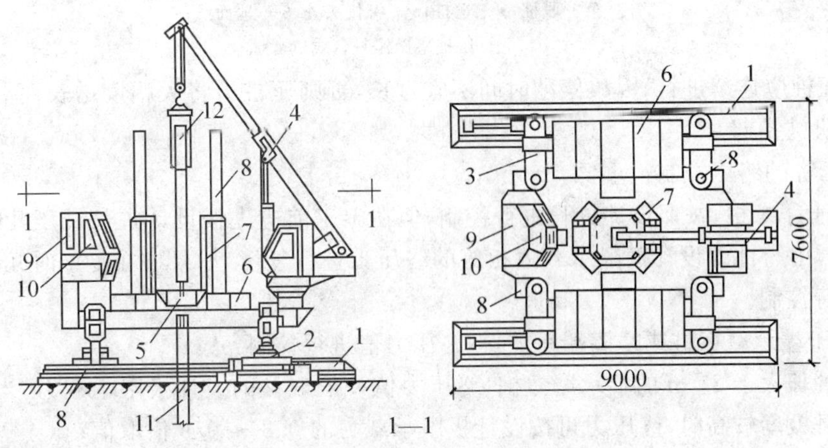

图 2-18　全液压式静力压桩机压桩

1— 长船行走机构；2— 短船行走及回转机构；3— 支腿式底盘结构；4— 液压起重机；5— 夹持与压板装置；6— 配重铁块；7— 导向架；8— 液压系统；9— 电控系统；10— 操纵室；11— 已压入下节桩；12— 吊入上节桩

前压式是最新的压桩机型，压桩高度可达 20 m，可大大减少接桩工作，这种桩不受桩架底盘的限制，可靠近建筑物沉桩，是有前途的一种压桩机。

2. 压桩施工

(1) 静压预制桩的施工，一般都采取分段压入，逐段接长的方法。其施工程序为：测量定位 → 压桩机就位 → 吊桩、插桩 → 桩身对中调直 → 静压沉桩 → 接桩 → 再静压沉桩 → 送桩 → 终止压桩 → 切割桩头。静压预制桩施工前的准备工作、桩的制作、起吊、运输、堆放、施工流水、测量放线、定位等均同锤击法打(沉) 预制桩。压桩的工艺程序如图 2-19。

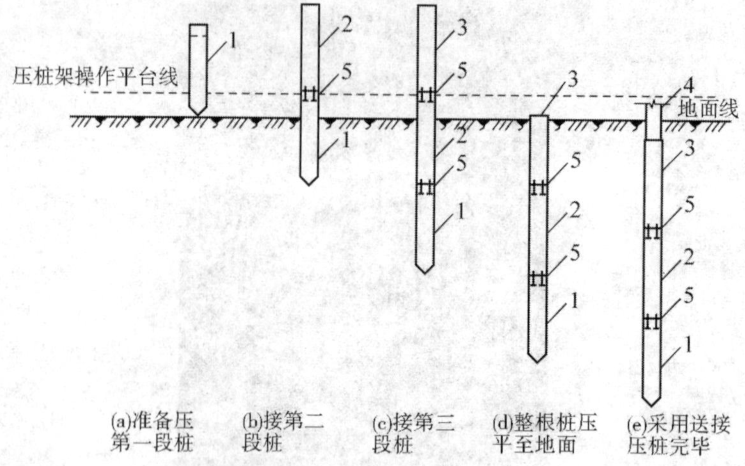

图 2-19　压桩工艺程序示意图

1— 第一段桩；2— 第二段桩；
3— 第三段桩；4— 送桩；5— 桩接头处；6— 地面线；
7— 压桩架操作平台线

(2) 压桩应连续进行，因故停歇时间不宜过长，否则压桩力将大幅度增长而导致桩压不下去或桩机被抬起。

(3) 压桩的终压控制很重要。

① 对于摩擦桩，按照设计桩长进行控制，但在施工前应先按设计桩长试压几根桩，待停置 24 h 后，用与桩的设计极限承载力相等的终压力进行复压，如果桩在复压时几乎不动，即可以此进行控制。

② 对于端承摩擦桩或摩擦端承桩，按终压力值进行控制：

对于桩长大于 21 m 的端承摩擦桩，终压力值一般取桩的设计极限承载力。当桩周土为黏性土且灵敏度较高时，终压力可按设计极限承载力的 0.8 ～ 0.9 倍取值；

当桩长小于 21 m，而大于 14 m 时，终压力按设计极限承载力的 1.1 ～ 1.4 倍取值，或桩的设计极限承载力取终压力值的 0.7 ～ 0.9 倍；

当桩长小于 14 m 时，终压力按设计极限承载力的 1.4 ～ 1.6 倍取值；或设计极限承载力取终压力值 0.6 ～ 0.7 倍，其中对于小于 8m 的超短桩，按 0.6 倍取值。

2.3.3　灌注桩施工

灌注桩是直接在施工现场的桩位上成孔，然后在孔内灌注混凝土或钢筋混凝土而成。与预制桩相比，具有施工噪声低、振动小、挤土影响小、无需接桩等优点。但成桩工艺复杂，施工速度较慢，质量影响因素较多。根据成孔工艺的不同，分为钻孔灌注桩、沉管灌注桩、人工挖孔灌注桩和爆扩成孔灌注桩。

(一) 钻孔灌注桩

钻孔灌注桩是指利用钻孔机械钻出桩孔，并在孔中浇筑混凝土(或先在孔中吊放钢筋笼）而成的桩。根据钻孔机械的钻头是否在土壤的含水层中施工，又分为泥浆护壁成孔和干作业成孔两种施工方法。

1. 泥浆护壁成孔灌注桩

泥浆护壁成孔灌注桩是用钻孔机械成孔时，为防止塌孔，在孔内用相对密度大于 1 的泥浆进行护壁的一种成孔施工工艺，适用于地下水位较高的地质条件。按设备又分冲抓、冲击回转钻及潜水钻成孔法。前两种适用于碎石土、砂土、黏性土及风化岩地基，后一种则适用于黏性土、淤泥、淤泥质土及砂土。

(1) 施工设备

主要有冲击、冲抓、回转钻及潜水钻机。在此主要介绍潜水钻机。

潜水钻机由防水电机、减速机构和钻头等组成。电机和减速机构装设存具有绝缘和密封装置的电钻外壳内，且与钻头紧密连接在一起，因而能共同潜入水下作业。目前使用的潜水钻机（QSZ—800 型），钻孔直径 400 ～ 800 mm，最大钻孔深度 50 m。潜水钻机既适用于水下钻孔，也可用于地下水位较低的干土层中钻孔。回旋钻机是由动力装置带动钻机的回旋装置转动，并带动带有钻头的钻杆转动，由钻头切削土壤。切削形成的土渣，通过泥浆循环排出桩孔，可用于各种地质条件。

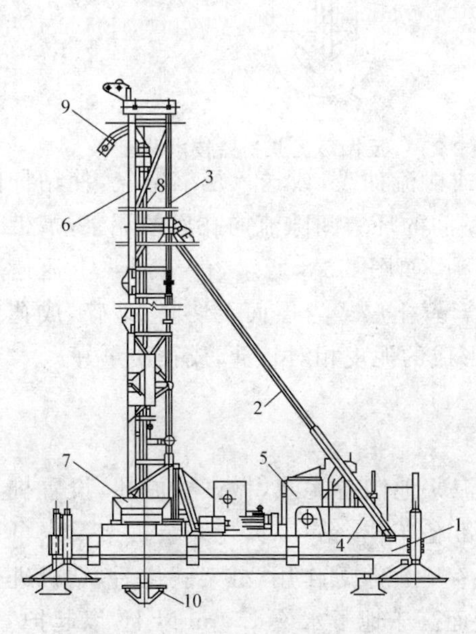

图 2-20　回旋钻机工作示意图

1— 座盘；2— 斜撑；3— 塔架；4— 电机；5— 卷扬机；6— 塔架；7— 转盘；8— 钻杆；9— 泥浆输送管；10— 钻头

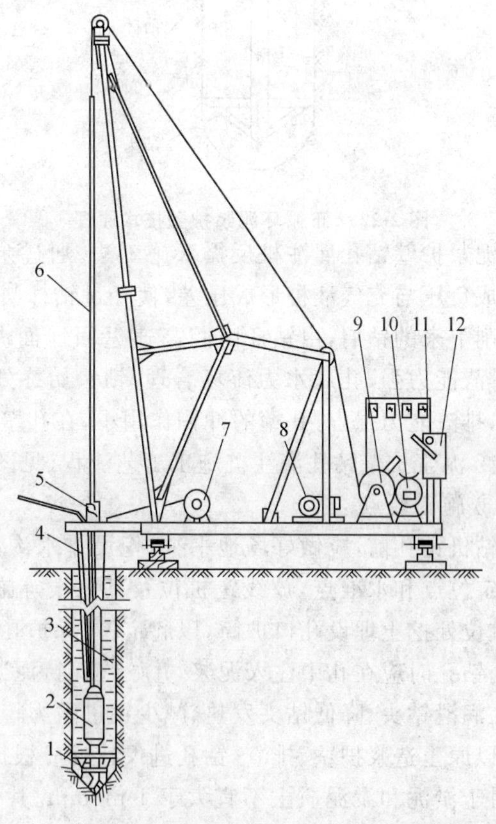

图 2-21　潜水钻机工作示意图

1— 钻头；2— 钻机；3— 电缆；4— 泥浆压入或排出管；5— 滚轮；6— 方钻杆；7— 电缆滚筒；8— 卷扬机；9— 卷扬机；10— 防暴开关；11— 电流电压表；12— 起动开关

(2) 施工方法

① 泥浆的循环方式

泥浆护壁成孔根据泥浆循环方式，分为正、反循环两种施工方法。

泥浆护壁钻孔灌注桩正循环施工法。泥浆经钻杆内腔流向孔底，将钻头切削破碎下来的钻渣岩屑，经钻杆与孔壁的环状空间，携带至地面，如图 2-22 所示。该施工方法设备简单轻便，适应狭小场地作业，操作简易，配套设备、器具较少，工程费用低，应用范围广。但对于桩孔直径较大(一般大于 0.8 m)、桩孔深度较深及易塌孔的地层，则效率较低、排渣能力较差，孔底沉渣多、孔壁泥皮厚；对含有卵石、砾石的地层不适用。

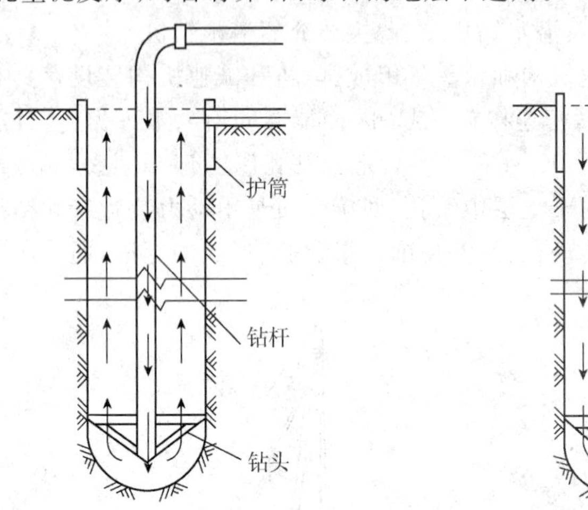

图 2-22　正循环泥浆护壁技术原理　　　图 2-23　反循环泥浆护壁技术原理

泥浆护壁钻孔灌注桩反循环施工法。通过泵吸或射流抽吸，或送入压缩空气，使钻杆内腔形成负压与充气液桩形成压差，使经过钻杆与孔壁间的环空间隙流向孔底的泥浆，携带钻头切削下来的钻屑，由钻杆内腔高速返回地面泥浆池。如图 2-23 所示，由于泥浆上返速度快，排渣能力强，孔底水力流场合理，钻头始终处于新鲜土层或岩层面上切削、破碎，成孔效率高，排渣能力强，对孔壁的冲刷作用小，在孔壁上形成的泥皮相对较薄，成孔质量好。

② 泥浆护壁钻孔灌注桩施工工艺流程(见图 2-24)

③ 施工要点

钻机钻孔前，应做好场地平整，挖设排水沟，设泥浆池制备泥浆，做试桩成孔，设置桩基轴线定位点和水准点，放线定桩位及其复核等施工准备工作。钻孔时，先安装桩架及水泵设备，桩位处挖土埋设孔口护筒，以起定位、保护孔口、存贮泥浆等作用，桩架就位后，钻机进行钻孔。钻孔时应在孔中注入泥浆，并始终保持泥浆液面高于地下水位 1.0 m 以上，以起护壁、携渣、润滑钻头、降低钻头发热、减少钻进阻力等作用。如在黏土、亚黏土层中钻孔时，可注入清水以原土造浆护壁、排渣。钻孔进尺速度应根据土层类别、孔径大小、钻孔深度和供水量确定。对于淤泥和淤泥质土不宜大于 1 m/min。其他土层以钻机不超负荷为准，风化岩或其他硬土层以钻机不产生跳动为准。

钻孔深度达到设计要求后，必须进行清孔。对以原土造浆的钻孔，可使钻机空转不进尺，同时注入清水，等孔底残余的泥块已磨浆，排出泥浆密度降至 1.1 左右(以手触泥浆无颗粒感觉)，即可认为清孔已合格。对注入制备泥浆的钻孔，可采用换浆法清孔，至换出泥浆密度小于 1.15～1.25 为合格。

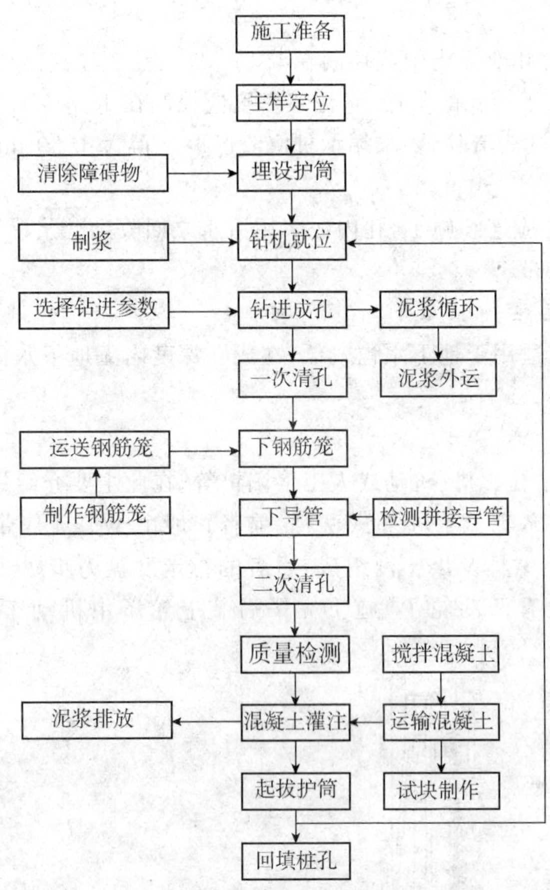

图 2-24　泥浆护壁钻孔灌注桩施工工艺流程

清孔完毕后，应立即吊放钢筋笼和浇筑水下混凝土。钢筋笼埋设前应在其上设置定位钢筋环，混凝土垫块或于孔中对称设置 3～4 根导向钢筋，以确保保护层厚度。水下浇筑混凝土通常采用导管法施工（如图 2-25）。

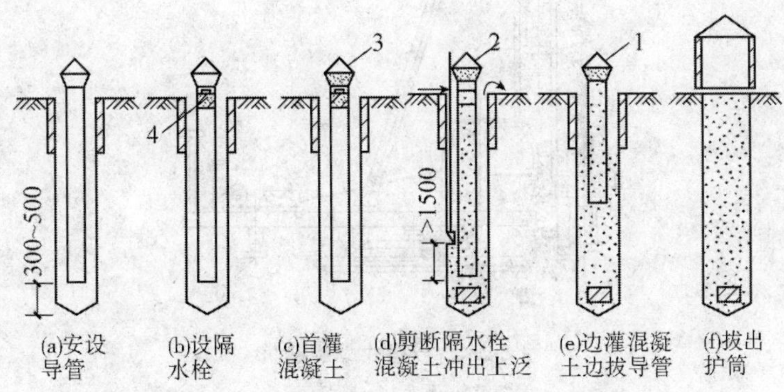

图 2-25　水下浇筑混凝土施工工艺流程

(3) 质量要求

① 护筒中心与桩中心偏差不大于 50 mm,其埋深在黏土中不小于 1 m,在砂土中不小于 1.5 m。

② 泥浆密度在黏土和亚黏土中应控制在 1.1 ～ 1.2,在较厚夹砂层应控制在 1.1 ～ 1.3,在穿过砂夹卵石层或易于坍孔的土层中,泥浆密度应控制在 1.3 ～ 1.5。

③ 孔底沉渣,必须设法清除,要求端承桩沉渣厚度不得大于 50 mm,摩擦桩沉渣厚度不得大于 150 mm。

④ 水下浇筑混凝土应连续施工,孔内泥浆用潜水泵回收到贮浆槽里沉淀,导管应始终埋入混凝土中 0.8 ～ 1.3 m。

2. 干作业成孔灌注桩

干作业成孔灌注桩适用于地下水位较低,在成孔深度内无地下水的土质,无需护壁直接钻孔取土成孔。

(1) 施工设备

主要有螺旋钻机、钻孔扩机、机动或人工洛阳铲等。在此主要介绍螺旋钻机。

常用的螺旋钻机有履带式和步履式两种。前者一般由 Wl001 履带车、支架、导杆、鹅头架滑轮、电动机头、螺旋钻杆及出土筒组成,后者的行走度盘为步履式,在施工时用步履进行移动。步履式机下装有活动轮子,施工完毕后装上轮子由机动车牵引到另一工地(如图 2-26)。

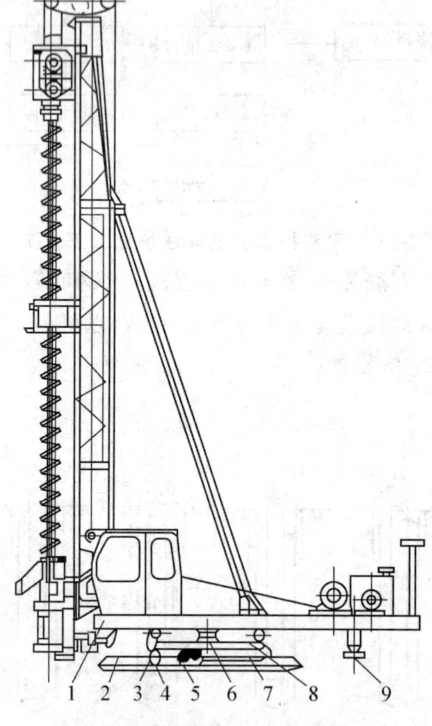

图 2-26　步履式螺旋钻机

1— 出土筒;2— 上盘;3— 下盘;4— 回转滚轮;5— 行走滚轮;
6— 钢丝滑轮;7— 行走油缸;8— 中盘;9— 支腿;10— 回转中心轴

(2) 施工方法

钻机钻孔前,应做好现场准备工作。钻孔场地必须平整、碾压或夯实,雨季施工时需要加白灰碾压以保证钻孔行车安全。钻机按桩位就位时,钻杆要垂直对准桩位中心,放下钻机使钻头触及土面。钻孔时,开动转轴旋动钻杆钻进,先慢后快,避免钻杆摇晃,并随时检查钻孔偏移,有问题应及时纠正。施工中应注意钻头在穿过软硬土层交界处时,应保持钻杆垂直,缓慢进尺。在含砖头、瓦块的杂填土或含水量较大的软塑黏性土层中钻进时,应尽量减小钻杆晃动,以免扩大孔径及增加孔底虚土。当出现钻杆跳动、机架摇晃、钻不进等异常现象,应立即停钻检查。钻进过程中应随时清理孔口积土,遇到地下水、缩孔、坍孔等异常现象,应会同有关单位研究处理。

钻孔至要求深度后,可用钻机在原处空转清土,然后停止同转,提升钻杆卸土。如孔底虚土超过容许厚度,可用辅助掏土工具或二次投钻清底。清孔完毕后应用盖板盖好孔口。

桩孔钻成并清孔后,先吊放钢筋笼,后浇筑混凝土。为防止孔壁坍塌,避免雨水冲刷,成孔经检查合格后,应及时浇筑混凝土。若土层较好,没有雨水冲刷,从成孔至混凝土浇筑的时间间隔,也不得超过 24 h。灌注桩的混凝土强度等级不得低于 C15,坍落度一般采用 80～100 mm;混凝土应连续浇筑,分层捣实,每层的高度不得大于 1.5 m;当混凝土浇筑到桩顶时,应适当超过桩顶标高,以保证在凿除浮浆层后,使桩顶标高和质量能符合设计要求。

(3) 质量要求

① 垂直度容许偏差 1%。

② 孔底虚土容许厚度不大于 100 mm。

③ 桩位允许偏差:单桩、条形桩基沿垂直轴线方向和群桩基础边沿的偏差是桩径;条形桩基沿顺轴方向和群桩基础中间桩的偏差为 1/4 桩径。

(二) 沉管灌注桩

沉管灌注桩是利用锤击打桩设备或振动沉桩设备,将带有钢筋混凝土的桩尖(或钢板靴)或带有活瓣式桩靴的钢管沉入土中(钢管直径应与桩的设计尺寸一致),造成桩孔,然后放入钢筋骨架并浇筑混凝土,随之拔出套管,利用拔管时的振动将混凝土捣实,便形成所需要的灌注桩。根据沉管方法和拔管时振动不同,沉管灌注桩可分为锤击沉管灌注桩和振动沉管灌注桩。

桩管宜采用ϕ273～ϕ600 mm 的无缝钢管,桩管与桩尖接触部分宜用环形钢板加厚,加厚部分的最大外径应比桩尖外径小 10～20 mm。桩管长度视桩架的高度和需要而定,一般为 10～20 mm,最长可达 24 mm。桩尖有混凝土预制桩尖(如图 2-27)、钢制活瓣桩尖(如图 2-28)。

1. 锤击沉管灌注桩

锤击是采用落锤、蒸汽锤或柴油锤将钢管沉入土中成孔,此法适用于一般黏性土、淤泥土、砂土和人工填土地基。

(1) 施工方法

① 桩机就位:就位后吊起桩管,对准预先埋好的预制钢筋混凝土桩尖,放置麻(草)绳垫于桩管与桩尖连接处,以作缓冲层和防地下水进入,然后缓慢放入桩管,套入桩尖压入土中;

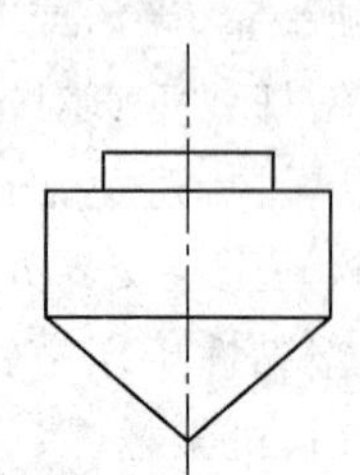

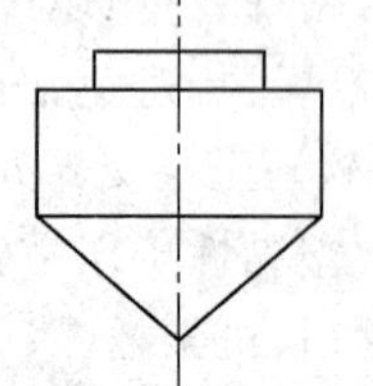

图 2-27　混凝土预制桩尖　　　　图 2-28　钢管活瓣桩尖

② 沉管：上端扣上桩帽先用低锤轻击，观察无偏移，才正常施打，直至符合设计要求深度，如沉管过程中桩尖损坏，应及时拔出桩管，用土或砂填实后另安桩尖重新沉管；

③ 上料：检查套管内无泥浆或水时，即可浇筑混凝土，混凝土应灌满桩管；

④ 拔管：拔管速度应均匀，对一般土可控制在不大于 1 m/min；淤泥和淤泥质软土不大于 0.8 m/min；在软弱土层软硬土层交界处宜控制在 0.3 ～ 0.8 m/min。采用倒打拔管的打击次数：单动气锤不得少于 50 次 /min；自由落锤轻击（小落锤轻击）不得少于 40 次 /min；在管底未拔至桩顶设计标高之前，倒打和轻击不得中断。第一次拔管高度不宜过高，应控制在能容纳第二次需要灌入的混凝土数量为限，以后始终保持使管内混凝土量略高于地面；

⑤ 当混凝土灌至钢筋笼底标高时，放入钢筋骨架，继续浇筑混凝土及拔管，直到全管拔完为止。

上面所述的这种施工工艺为单打灌注桩的施工，为了提高桩的质量和承载能力，常采用复打扩大灌注桩。其施工方法是在第一次单打法施工完毕并拔出桩管后，清除桩管外壁上和桩孔周围地面上的污泥，立即在原桩位上再次安装桩尖，再作第二次沉管，使未凝固的混凝土向四周挤压扩大桩径，然后灌注第二次混凝土，拔管方法与第一次相同。复打施工时要注意前后二次沉管的轴线应重合，复打必须在第一次灌注的混凝土初凝之前进行。

(2) 质量要求

① 锤击沉管灌注桩混凝土强度等级应不低于 C20；混凝土坍落度，在有筋时宜为 80 ～ 100 mm，无筋时宜为 60 ～ 80 mm；碎石粒径，有筋时不大于 25 mm，无筋时不大于 40 mm；桩尖混凝土强度等级不得低于 C30。

② 当桩的中心距为桩管外径的 5 倍以内或小于 2 m 时，均应跳打，中间空出的桩须待邻桩混凝土达到设计强度的 50% 以后，方可施打。

③ 桩位允许偏差：群桩不大于 0.5 d（d 为桩管外径），对于两个桩组成的基础，在两个桩的连线方向上偏差不大于 0.5 d，垂直此线的方向上则不大于 1/6 d；墙基由单桩支承的，平行墙的方向偏差不大于 0.5 d，垂直墙的方向不大 1/6 d。

2. 振动沉管灌注桩

振动沉管灌注桩是采用激振器或振动冲击锤将钢管沉入土中成孔而成的灌注桩。与锤击沉管相比，更适用于稍密及中密的碎石土地基施工。

(1) 施工方法

① 桩机就位：将桩管对准桩位中心，桩尖活瓣合拢，放松卷扬机钢绳，利用振动机及桩管

自重，把桩尖压入土中；

② 沉管：开动振动箱，桩管即在强迫振动下迅速沉入土中。沉管过程中，应经常探测管内有无水或泥浆，如发现水或泥浆较多，应拔出桩管，用砂回填桩孔后重新沉管；如发现地下水和泥浆进入套管，一般在沉入前先灌入 1 m 高左右的混凝土或砂浆，封住活瓣桩尖缝隙，然后再继续沉入。沉管时，为了适应不同土质条件，常用加压方法来调整土的自振频率，桩尖压力改变可利用卷扬机把桩架的部分重量传到桩管上加压；

③ 上料：桩管沉到设计标高后，停止振动，用上料斗将混凝土灌入桩管内，混凝土一般应灌满桩管或略高于地面；

④ 拔管：开始拔管时，应先启动振动箱片刻，再开动卷扬机拔桩管。用活瓣桩尖时宜慢，用预制桩尖时可适当加快；在软弱土层中，宜控制在 0.6 ~ 0.8 m/min 并用吊砣探测得桩尖活瓣确已张开，混凝土已从桩管中流出以后，方可继续抽拔桩管，边振边拔，桩管内的混凝土被振实而留在土中成桩，拔管速度应控制在 1.2 ~ 1.5 m/min。

上述一次完成的施工方法又称为单打法，为了提高桩的质量，可采用复打法和反插法施工。

① 复打法。在同一桩孔内进行两次单打，或根据需要进行局部复打。成桩后的桩身混凝土顶面标高应不低于设计标高 500 mm。全长复打桩的入土深度宜接近原桩长，局部复打应超过断桩或缩颈区 1 m 以上。

② 反插法。先振动再拔管，每提升 0.5 ~ 1.0 m，再把桩管下沉 0.3 ~ 0.5 m（且不宜大于活瓣桩尖长度的 2/3），在拔管过程中分段添加混凝土，使管内混凝土面始终不低于地表面，或高于地下水位 1.0 ~ 1.5 m 以上，如此反复进行直至地面。在淤泥层中，清除混凝土缩颈，或混凝土浇筑量不足，以及设计有特殊要求时，宜用此法；但在坚硬土层中易损坏桩尖，不宜采用。

（2）质量要求

① 振动沉管灌注桩的混凝土强度等级不宜低于C15；混凝土坍落度，在有筋时宜为 80 ~ 100 mm，无筋时宜为 60 ~ 80 mm；骨料粒径不得大于 30 mm。

② 在拔管过程中，桩管内应随时保持有不少于 2 m 高度的混凝土，以便有足够的压力，防止混凝土在管内的阻塞。

③ 振动沉管灌注桩的中心距不宜小于 4 倍桩管外径，否则应采取跳打，相邻的桩施工时，其间隔时间不得超过混凝土的初凝时间。

④ 为保证桩的承载力要求，必须严格控制最后两个两分钟的沉管贯入度，其值按设计要求或根据试桩和当地长期的施工经验确定。

⑤ 桩位允许偏差同锤击沉管灌注桩。

3. 施工中常遇问题及处理

（1）断桩

断桩一般都发生在地面以下软硬土层的交接处，并多数发生在黏性土中，砂土及松土中则很少出现。产生断桩的主要原因是桩距过小，受邻桩施打时挤压的影响；桩身混凝土终凝不久就受到振动和外力；以及软硬土层间传递水平力大小不同，对桩产生剪应力等。处理方法是经检查有断桩后，应将断桩段拔去，略增大桩的截面面积或加箍筋后，再重新浇筑混凝土。或者在施工过程中采取预防措施，如施工中控制桩中心距不小于 3.5 倍桩径，采用跳打法或控制时间间隔的方法，使邻桩混凝土达设计强度等级的50%后，再施打中间桩等。

(2) 瓶颈桩

瓶颈桩是指桩的某处直径缩小形似"瓶颈"，其截面面积不符合设计要求。多数发生在黏性土、土质软弱、含水率高，特别是饱和的淤泥或淤泥质软土层中。产生瓶颈桩的主要原因是：在含水率较大的软弱土层中沉管时，土受挤压便产生很高的孔隙水压，拔管后便挤向新灌的混凝土，造成缩颈。拔管速度过快，混凝土量少、和易性差，混凝土出管扩散性差也造成缩颈现象。处理方法是：施工中应保持管内混凝土略高于地面，使之有足够的扩散压力，接管时采用复打或反插办法，并严格控制拔管速度。

(3) 吊脚桩

吊脚桩是指桩的底部混凝土隔空或混进泥砂而形成松散层部分的桩。其产生的主要原因是：预制钢筋混凝土桩尖承载力或钢活瓣桩尖刚度不够，沉管时被破坏或变形，因而水或泥砂进入桩管；拔管时桩靴未脱出或活瓣未张开，混凝土未及时从管内流出等。处理方法是：拔出桩管，填砂后重打；或者可采取密振动慢拔，开始拔管时先反插几次再正常拔管等预防措施。

(4) 桩尖进水进泥

桩尖进水进泥常发生在地下水位高或含水量大的淤泥和粉泥土土层中。产生的主要原因是：钢筋灌凝土桩尖与桩管接合处或钢活瓣桩尖闭合不紧密；钢筋混凝土桩尖被打破或钢活瓣桩尖变形等所致。处理方法是：将桩管拔出，清除管内泥砂，修整桩尖钢活瓣变形缝隙，用黄砂回填桩孔后再重打；若地下水位较高，待沉管至地下水位时，先在桩管内灌入0.5 m厚度的水泥砂浆作封底，再灌1 m高度混凝土增压，然后再继续下沉桩管。

(5) 混凝土灌注过量

如果灌桩时混凝土用量比正常情况下大1倍以上，这可能是由于孔底有洞穴，或者在饱和淤泥中施工时，土体受到扰动，强度大大降低，在混凝土侧压力作用下，桩身扩大而混凝土用量增大所造成的。因此，施工前应详细了解现场地质情况，对于在饱和淤泥软土中采用沉管灌注桩时，应先打试桩。若发现混凝土用量过大时，应与设计单位联系，改用其他桩型。

(三) 人工挖孔桩

人工挖孔灌注桩是指桩孔采用人工挖掘方法进行成孔，然后安放钢筋笼，浇筑混凝土而成的桩。多用于有地下室的高层和桥墩下的桩基，场地周围遇有建筑物时做基础挡土支撑等。其施工特点是机具设备较简单，都为工地常规机具，施工工艺操作简便，占场地小；施工无振动、无噪声、无环境污染，对周围建筑物无影响；可多桩同时进行，施工速度快，节省设备费用，降低工程造价；但桩成孔工艺存在劳动强度较大，单桩施工速度较慢，安全性较差等问题。

1. 构造要求

挖孔桩直径 d 一般为800～2 000 mm，最大直径可达3 500 mm；桩埋置深度(桩长一般在20 m左右，国内设计最深可达55 m。当要求增大承载力、底部扩底时，扩底直径一般为1.3～3.0d。最大可达4.5d，扩底直径大小按$(d_1-d)/2:h=1:4$，$h_1\geqslant(d_1-d)/4$进行控制(如图2-29(b)(c))。

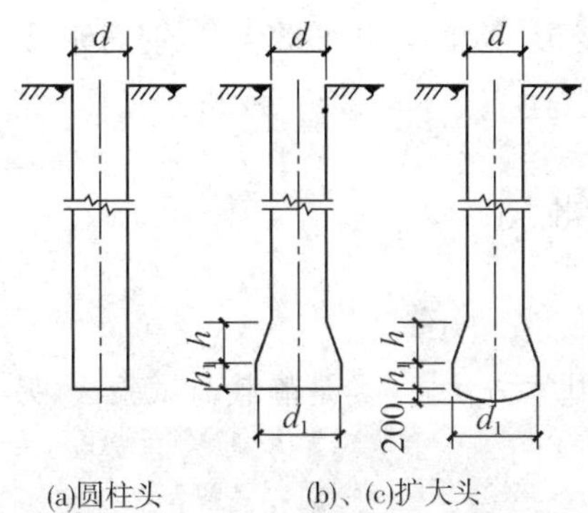

图 2-29　人工挖孔桩构造形式

2. 施工设备

一般可根据孔径、孔深和现场具体情况加以选用，常用的有：电动葫芦、提土筒、潜水泵、鼓风机和输风管、镐、锤、钎、土筐、照明灯、对讲机及电铃等。

3. 施工工艺

施工时，为确保挖土成孔施工安全，必须考虑预防孔壁坍塌和流砂现象的发生的措施。因此，施工前应拟定出合理的护壁措施和降排水方案，护壁方法很多，可以采用钢筋混凝土护壁、喷射混凝土护壁、混凝土沉井护壁、砖砌体护壁、钢套管护壁、型钢－木板桩工具式护壁等多种。下面介绍应用较广的现浇混凝土护壁时人工挖孔桩的施工工艺流程。

① 按设计图纸放线、定桩位。

② 开挖桩孔土方。采取分段开挖，每段高度取决于土壁保持直立状态而不塌方的能力，一般取 0.5 ～ 1.0 m 为一施工段。开挖范围为设计桩径加护壁的厚度。

③ 支设护壁模板。模板高度取决于开挖土方施工段的高度，一般为 1 m，由 4 块至 8 块活动钢模板组合而成，支设有锥度的内模。

④ 放置操作平台。内模支设后，吊放用角钢和钢板制成的两半圆形合成的操作平台入桩孔内，置于内模顶部，以放置料具和浇筑混凝土操作之用。

⑤ 浇筑护壁混凝土。护壁混凝土起着防止土壁坍塌与防水的双重作用，因而浇筑时要注意捣实。上下段护壁要错位搭接 50 ～ 75 mm(咬口连接) 以便起连接上下段之用。

⑥ 拆除模板继续下段施工。当护壁混凝土达到 1 MPa 后方可拆除模板，开挖下段土方，再支模浇筑护壁混凝土，如此循环，直至挖到设计深度。

⑦ 排出孔内积水，浇筑桩身混凝土。当桩孔挖到设计深度，并检查孔底土质是否已达到设计要求后，再在孔底挖成扩大头。待桩孔全部成型后，用潜水泵抽出孔底的积水，然后立即浇筑混凝土。当混凝土浇筑至钢筋笼的底面设计标高时，再吊入钢筋笼就位，并继续浇筑桩身混凝土而形成桩基。

4. 质量要求

(1) 必须保证桩孔的挖掘质量。桩孔挖成后应有专人下孔检查，如土质是否符合勘察报告，扩孔几何尺寸与设计是否相符，孔底虚土残渣情况要作为隐蔽验收记录归档，

(2) 按规程规定桩孔中心线的平面位置偏差不大于 20 mm，桩的垂直度偏差不大于 1% 桩长，桩径不得小于设计直径。

(3) 钢筋骨架要保证不变形,箍筋与主筋要点焊,钢筋笼吊入孔内后,要保证其与孔壁间有足够的保护层。

2.3.4 桩基础检测与验收

(一) 桩基础的检测

成桩的质量检验有两类基本方法,一类是静载荷试验法,另一类为动测法。

1. 静载试验法

(1) 试验目的及方法

静载试验的目的:模拟实际荷载情况,采用接近于桩的实际工作条件,通过静载加压,得出一系列关系曲线,确定单桩的极限承载力,综合评定确定其允许承载力,作为设计依据;或对工程桩的承载力进行抽样检验和评价。荷载试验有多种,通常采用的是单桩竖向抗压静载试验、单桩竖向抗拔静载试验和单桩水平静载试验。

(2) 试验要求

预制桩在桩身强度达到设计要求的前提下,对于砂类土,不应少于 7 天;对于粉土和黏性土,不应少于 15 天;对于淤泥或淤泥质土,不应少于 25 天,待桩身与土体的结合基本趋于稳定,才能进行试验。灌注桩应在桩身混凝土强度达到设计等级的前提下,对砂类土不少于 10 天;对一般粘性土不少于 20 天;对淤泥或淤泥质土不少于 30 天,才能进行试验。在同一条件下的试桩数量不宜少于总桩数的 1%,且不应少于 3 根,工程总桩数在 50 根以内时不应少于 2 根。

2. 动测法

动测法,又称动力无损检测法,是检测桩基承载力及桩身质量的一项新技术,作为静载试验的补充。

(1) 试验方法

动测法是相对静载试验法而言;它是对桩土体系进行适当的简化处理,建立起数学—力学模型,借助于现代电子技术与量测设备采集桩—土体系在给定的动荷载作用下所产生的振动参数,结合实际桩土条件进行计算,所得结果与相应的静载试验结果进行对比,在积累一定数量的动静试验对比结果的基础上,找出两者之间的某种相关关系,并以此作为标准来确定桩基承载力。

(2) 与静载试验比较

一般静载试验可直观地反映桩的承载力和混凝土的浇筑质量,数量可靠。但试验装置复杂笨重,装、卸、操作费工费时,成本高,测试数量有限,并且易破坏桩基。动测法试验,仪器轻便灵活,检测快速;单桩试验时间仅为静载试验的 1/50 左右;数量多,不破坏桩基,相对也较准确,可进行普查;费用低,单桩测试费约为静载试验的 1/30 左右,可节省静载试验错桩、堆载、设备运输、吊装焊接等大量人力、物力。目前,国内用动测法的试桩工程数目,已占工程总数的 70% 左右,试桩数约占全部试桩数的 90%,有效地填补了静载试桩的不足。

(3) 承载力检验

单桩承载力的动测方法种类较多,国内有代表性的方法有:动力参数法、锤击贯入法、水电效应法、共振法、机械阻抗法、波动方程法等,其中常用的方法有动力参数法和锤击贯入法。

(4) 桩身质量检测

在桩基动态无损检测中，国内外广泛使用的方法是应力波反射法，又称低(小)应变法。原理是根据一维杆件弹性波反射理论(波动理论)，采用锤击振动力法检测桩体的完整性，即以波在不同阻抗和不同约束条件下的传播特性来判别桩身质量。

(二) 桩基验收

1. 桩基工程桩位验收应按下列规定进行

(1) 当桩顶设计标高与施工场地标高相同时，或桩基施工结束后，有可能对桩位进行检查时，桩基工程的验收应在施工结束后进行。

(2) 当桩顶设计标高低于施工场地标高时，可对护筒位置作中间验收，待承台或底板开挖到设计标高后，再作最终验收。

2. 桩基工程验收时应提交下列资料

(1) 工程地质勘察报告、桩基施工图、图纸会审纪要、设计变更及材料代用单等。

(2) 经审定的施工组织设计、施工方案及执行中的变更情况。

(3) 桩位测量放线图，包括工程桩位线复核签证单。

(4) 成桩质量检查报告。

(5) 单桩承载力检测报告。

(6) 基坑挖至设计标高的基桩竣工平面图及桩顶标高图。

3. 桩基允许偏差

(1) 预制桩

打(沉)入桩的桩位偏差按表2-7控制，桩顶标高的允许偏差为－50 mm，＋100 mm；斜桩倾斜度的偏差不得大于倾斜角正切值的15%(倾斜角系桩的纵向中心线与铅垂线间夹角)。

表2-7　预制桩(PHC桩、钢桩)桩位的允许偏差

项　次	项　目	允许偏差(mm)
1	盖有基础梁的桩： 1. 垂直基础梁的中心线 2. 沿基础梁的中心线	 $100+0.01H$ $150+0.01H$
2	桩数为1～3根桩基中的桩	100
3	桩数为4～16根桩基中的桩	1/2桩径或边长
4	桩数大于16根桩基中的桩： 1. 最外边的桩 2. 中间桩	 1/3桩径或边长 1/2桩径或边长

注：H为施工现场地面标高与桩顶设计标高的距离。

(2) 灌注桩

灌注桩的偏差必须符合表 2-8 的规定，桩顶设计标高至少要比设计标高高出 0.5 m，灌注桩每灌注 50 m^3 应有一组试块，小于 50 m^3 的桩应每根桩有一组试块。

表 2-8　灌注桩的平面位置和垂直度的允许偏差

<table>
<tr><th rowspan="2">序号</th><th rowspan="2" colspan="2">成孔方法</th><th rowspan="2">桩径允许偏差(mm)</th><th rowspan="2">垂直度允许偏差(%)</th><th colspan="2">桩位允许偏差(mm)</th></tr>
<tr><th>1～3 根、单排桩基垂直于中心线方向和群桩基础的边桩</th><th>条形桩基沿中心线方向和群桩基础的中间桩</th></tr>
<tr><td rowspan="2">1</td><td rowspan="2">泥浆护壁钻孔桩</td><td>$D\leqslant 1\,000$ mm</td><td>±50</td><td rowspan="2"><1</td><td>$D/6$ 且不大于 100</td><td>$D/4$ 且不大于 150</td></tr>
<tr><td>$D>1\,000$ mm</td><td>±50</td><td>$100+0.01H$</td><td>$150+0.01H$</td></tr>
<tr><td rowspan="2">2</td><td rowspan="2">套管成孔灌筑桩</td><td>$D\leqslant 500$ mm</td><td rowspan="2">−20</td><td rowspan="2"><1</td><td>>0</td><td>150</td></tr>
<tr><td>$D>500$ mm</td><td>100</td><td>150</td></tr>
<tr><td>3</td><td colspan="2">干成孔灌注桩</td><td>−20</td><td><1</td><td>70</td><td>150</td></tr>
<tr><td rowspan="2">4</td><td rowspan="2">人工挖孔桩</td><td>混凝土护壁</td><td>+50</td><td><0.5</td><td>50</td><td>150</td></tr>
<tr><td>钢套管护壁</td><td>+50</td><td><1</td><td>100</td><td>200</td></tr>
</table>

注：1. 桩径允许偏差的负值是指个别断面；

2. 采用复打、反插法施工的桩径允许偏差不受上表限制；

3. H 为施工现场地面标高与桩顶设计标高的距离，D 为设计桩径。

2.4　地下连续墙施工

地下连续墙是通过专用的挖(冲)槽设备，沿着地下建筑物的周边，按预定的位置，开挖出或冲钻出具有一定宽度与深度的沟槽，用泥浆护壁，并在槽内设置具有一定刚度的钢筋笼；然后，用导管浇筑水下混凝土，筑成一个单元槽，如此逐段进行，分段施工，用特殊方法接头，使之形成地下连续的钢筋混凝土墙体。目前常用厚度为 600 mm、800 mm、1000 mm，地下连续墙施工时对周围环境影响小，能紧邻建筑物等进行施工，刚度大、整体性好、变形较小，适用于深基坑开挖和地下建筑的临时性和永久性的挡土维护结构；地下水位以下的截水、防渗；还可以作为承受上部建筑的永久性荷载并兼有挡土墙和承重基础的作用。

2.4.1　地下连续墙施工工艺流程

地下连续墙的施工工艺流程见图 2-30，其中修筑导墙、泥浆制备与处理、深槽挖掘、钢筋笼制备与吊装以及混凝土浇筑是地下连续墙施工中主要的工序。

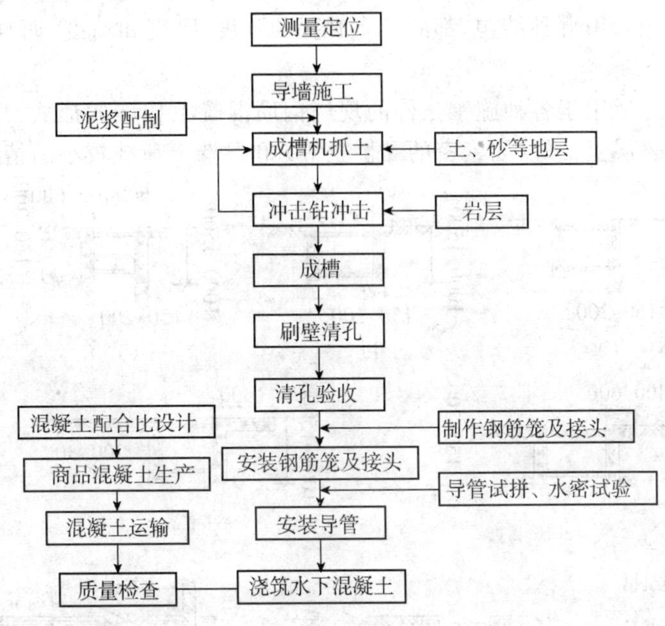

图 2-30　地下连续墙的施工工艺流程

2.4.2　导墙施工

导墙是地下连续墙挖槽之前修筑的临时结构物，它对挖槽具有重要作用。

(一) 导墙的作用

(1) 挡土墙。在挖掘地下连续墙沟槽时，接近地表的土极不稳定，容易坍陷，而泥浆也不能起到护壁的作用，因此在单元槽段完成之前，导墙就起挡土墙作用。为防止导墙在土压力和水压力作用下产生位移，一般在导墙内侧每隔 1 m 左右加设上、下两道木支撑(其规格多为 50 mm × 100 mm 和 100 mm × 100 mm)。

(2) 作为测量的基准，它规定了沟槽的位置，表明单元槽段的划分，同时亦作为测量挖槽标高、垂直度和精度的基准。

(3) 作为重物的支承，它既是挖槽机械轨道的支承，又是钢筋笼、接头管等搁置的支点，有时还承受其他施工设备的荷载。

(4) 存蓄泥浆。导墙可存蓄泥浆，稳定槽内泥浆液面。泥浆液面应始终保持在导墙面以下 200 mm，并高于地下水位 1.0 m，以稳定槽壁。

此外，导墙还可防止泥浆漏失；阻止雨水等地面水流入槽内；地下连续墙距离现有建筑物很近时，施工时还起一定的控制地面沉降和位移的作用；在路面下施工时，可起到支承横撑的水平导梁的作用。

(二) 导墙的形式

导墙一般为现浇的钢筋混凝土结构，但亦有钢制的或预制钢筋混凝土的装配式结构，可多次重复使用。不论采用哪种结构，都应具有必要的强度、刚度和精度，而且一定要满足挖槽机械的施工要求。

图 2-31 所示是适用于各种施工条件的现浇钢筋混凝土导墙的形式：形式(a)、(b) 断面最简单，它适用于表层土良好(如紧密的黏性土等) 和导墙上荷载较小的情况。

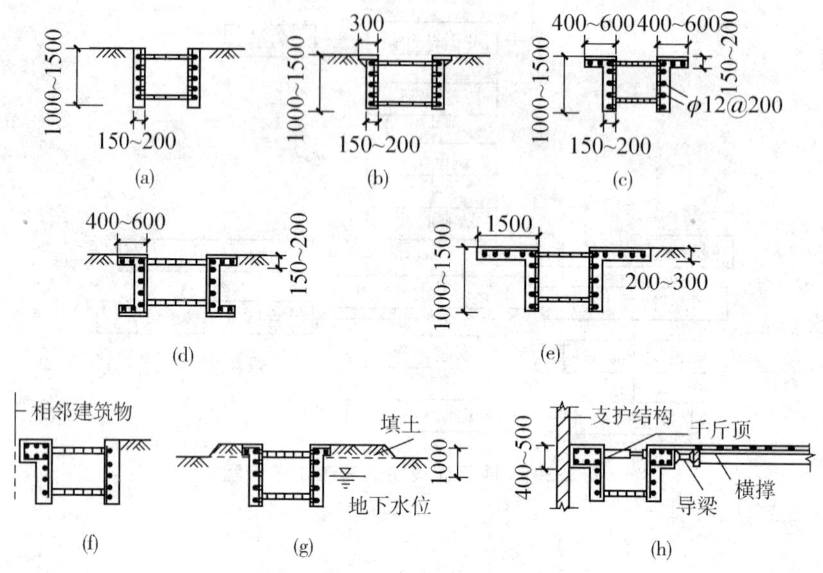

图 2-31　各种形式的导墙

形式(c)、(d) 为应用较多的两种，适用于表层土为杂填土、软黏土等承载力较弱的土层，因而将导墙做成到"L" 形或上、下部皆向外伸出的"[" 形。形式(e) 适用于作用在导墙上的荷载很大的情况，可根据荷载的大小计算确定其伸出部分的长度。当地下连续墙距离现有建(构) 筑物很近，对相邻结构需要加以保护时，宜采用形式(f) 的导墙，其邻近建(构) 筑物的一肢适当加强，在施工期间可阻止相邻结构变形。当地下水位很高而又不采用井点降水时，为确保导墙内泥浆液面高于地下水位 1 m 以上，需将导墙面上提而高出地面。在这种情况下，需在导墙周边填土，可采用形式(g) 的导墙。当施工作业面在地下(如在路面以下) 时，导墙需要支撑于已施工的结构作为临时支撑用的水平导梁，可采用形式(h) 的导墙。

(三) 导墙施工

现浇钢筋混凝土导墙的施工顺序为：平整场地 → 测量定位 → 挖槽及处理弃土 → 绑扎钢筋 → 支模板 → 浇筑混凝土 → 拆模并设置横撑 → 导墙外侧回填土(如无外侧模板，可不进行此项工作)。

导墙的配筋多为 φ12@200，水平钢筋必须连接起来，使导墙成为整体。

导墙面至少应高于地面约 100 mm，以防止地面水流入槽内污染泥浆。导墙的内墙面应平行于地下连续墙轴线，对轴线距离的最大允许偏差为 ±10 mm；内外导墙面的净距，应为地下连续墙名义墙厚加 40 mm，墙面应垂直；导墙顶面应水平，全长范围内的高差应小于 ±10 mm，局部高差应小于 5 mm。导墙的基底应和土面密贴，以防槽内泥浆渗入导墙后面。

现浇钢筋混凝土导墙拆模以后，应沿其纵向每隔 1 m 左右加设上、下两道木支撑，将两片导墙支撑起来，在导墙的混凝土达到设计强度并加好支撑之前，禁止任何重型机械和运输设备在旁边行驶，以防导墙受压变形。

2.4.3　泥浆护壁

(一) 泥浆的作用

在地下连续墙挖槽过程中，泥浆的作用是护壁、携渣、冷却机具和切土滑润。故泥浆的正确使用，是保证挖槽成败的关键。泥浆的费用占工程费用的一定比例，所以泥浆的选用既要考虑护壁效果，又要考虑其经济性。

(二) 泥浆的成分

泥浆有制备泥浆(挖槽前利用专用设备事先制备好泥浆，挖槽时输入沟槽)、自成泥浆(用钻头式挖槽机挖槽时，向沟槽内输入清水，清水与钻削下来的泥土拌合，边挖槽边形成泥浆)、半自成泥浆(当自成泥浆的某些性能指标不符合规定要求时，在形成自成泥浆的过程中，加入一些需要的成分)。护壁泥浆通常使用的是膨润土泥浆，主要成分是膨润土、水和外加剂，膨润土是一种颗粒极细、遇水显著膨胀、黏性和可塑性都很大的特殊黏土。此外，还有聚合物泥浆、CMC 泥浆和盐水泥浆。

(三) 泥浆质量控制

泥浆在地下连续墙施工过程中，由于下述原因会使其性质恶化：由于形成泥皮消耗了泥浆；由于地下水或雨水稀释了泥浆；黏土等细颗粒土混入泥浆；混凝土中的钙离子混入泥浆；泥土中或地下水中的阳离子混入泥浆。所以在施工过程中，要求在适当的时间于适当的位置对泥浆取样进行试验，根据试验结果分别对泥浆采取再生处理、修正配合比或舍弃等措施，以提高施工的精度、经济性和安全性。

2.4.4　挖槽

地下连续墙的挖槽工作，包括单元槽段划分；挖槽机械的选择与正确使用；制订防止槽壁坍塌的措施与工程事故和特殊情况的处理等。

(一) 单元槽段划分

地下连续墙施工前，预先沿墙体长度方向把地下墙划分为许多某种长度的施工单元，该施工单元称“单元槽段”，挖槽是按一个个单元槽段进行挖掘。划分单元槽段就是将划分后各个单元槽段的形状和长度表明在墙体平面图上，它是地下连续墙施工组织设计中的一个重要内容。

单元槽段的最小长度不得小于一个挖掘段(挖槽机械的挖土工作装置的一次挖土长度)。单元槽段愈长愈好，这样可以减少槽段的接头数量，增加地下墙的整体性。但同时又要考虑挖槽时槽壁的稳定性等因素。单元槽段长度多取 3 ～ 8 m，也有取 10 m 甚至更长。

(二) 挖槽机械

我国在地下连续墙施工中,目前应用最多的是挖斗式挖槽机和回转式挖槽机,其中挖斗式主要是吊索式蚌式抓斗和导杆式蚌式抓斗,回转式挖槽机主要采用多头钻。

(三) 清底

挖槽至设计标高后,用超声波等方法测量槽段断面,如误差超过规定需修槽,修槽可用冲击钻或锁口管并联冲击。槽段接头处亦需清理,可用钢刷子清刷或用水枪喷射高压水流进行冲洗。此后就进行清底。有的工程还在钢筋笼吊放后、浇筑混凝土之前进行二次清底。

清底的方法有沉淀法和置换法两种。沉淀法是在土渣基本都沉至槽底之后再进行清底。置换法是在挖槽结束后,在土渣尚未沉淀之前就用新泥浆把槽内的泥浆置换出来,使槽内泥浆的相对密度在 1.15 以下。我国多用置换法清底。

2.4.5 钢筋笼加工和吊放

(一) 钢筋笼加工

钢筋笼根据地下连续墙墙体配筋图和单元槽段的划分来制作,最好按单元槽段做成一个整体。如果地下连续墙很深或受起重设备起重能力的限制,需要分段制作在吊放时再连接,接头宜用绑条焊接,纵向受力钢筋的搭接长度,如无明确规定时可采用 60 倍的钢筋直径。

钢筋笼端部与接头管或混凝土接头面间应留有 15 ~ 20 cm 的空隙。主筋净保护层厚度通常为 7 ~ 8 cm,保护层垫块厚 5 cm,在垫块和墙面之间留有 2 ~ 3 cm 的间隙。由于用砂浆制作的垫块易在吊放钢筋笼时破碎,又易擦伤槽壁面,所以一般用薄钢板制作的垫块焊于钢筋笼上。对作为永久性结构的地下连续墙的主筋保护层,根据设计要求确定。

制作钢筋笼时要预先确定浇筑混凝土用导管的位置,由于这部分空间要上下贯通,因而周围需增设箍筋和连接筋进行加固。尤其在单元槽段接头附近插入导管时,由于此处钢筋较密集更需特别加以处理。

由于横向钢筋有时会阻碍导管插入,所以纵向主筋应放在内侧,横向钢筋放在外侧(如图 2-32)。纵向钢筋的底端应距离槽底面 10 ~ 20 cm,纵向钢筋底端应稍向内弯折,以防止吊放钢筋笼时擦伤槽壁,但向内弯折的程度亦不要影响插入混凝土导管。

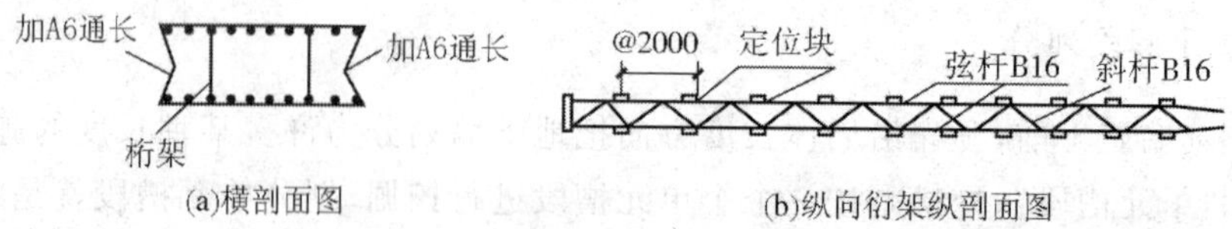

图 2-32 钢筋笼构造示意图

制作钢筋笼时,要根据配筋图确保钢筋的正确位置、间距及根数。纵向钢筋接长宜采用气压焊接、搭接焊等。钢筋连接除四周两道钢筋的交点需全部点焊外,其余的可采用 50% 交叉点焊。成型用的临时扎结铁丝焊后应全部拆除。

地下连续墙与基础底板以及内部结构板、梁、柱、墙的连接，如采用预留锚固钢筋的方式，锚固筋一般用光圆钢筋，直径不超过 20 mm。锚固筋的布置还要确保混凝土自由流动以充满锚固筋周围的空间；如采用预埋钢筋连接器则宜用直径较大钢筋。

(二) 钢筋笼吊放

钢筋笼的起吊应用横吊梁或吊架。吊点布置和起吊方式要防止起吊时引起钢筋笼变形。起吊时不能使钢筋笼下端在地面上拖引，以防造成下端钢筋弯曲变形。为防止钢筋笼吊起后在空中摆动，应在钢筋笼下端系上拽引绳用人力操纵。

插入钢筋笼时，最重要的是使钢筋笼对准单元槽段的中心、垂直而又准确地插入槽内。钢筋笼进入槽内时，吊点中心必须对准槽段中心，然后徐徐下降，此时必须注意不要因起重臂摆动或其他影响而使钢筋笼产生横向摆动，造成槽壁坍塌。钢筋笼插入槽内后，检查其顶端高度是否符合设计要求，然后将其搁置在导墙上。如果钢筋笼是分段制作，吊放时需接长，下段钢筋笼要垂直悬挂在导墙上，然后将上段钢筋笼垂直吊起，上下两段钢筋笼成直线连接。如果钢筋笼不能顺利插入槽内，应该重新吊出，查明原因加以解决，如果需要则在修槽之后再吊放。不能强行插放，否则会引起钢筋笼变形或使槽壁坍塌，产生大量沉渣。

2.4.6　地下连续墙的接头

地下连续墙的接头形式很多，一般根据受力和防渗要求进行选择。总的来说地下连续墙的接头分为两大类：施工接头（纵向接头）和结构接头（水平接头）。施工接头是浇筑地下连续墙时在墙的纵向连接两相邻单元墙段的接头；结构接头是已竣工的地下连续墙在水平向与其他构件（地下连续墙内部结构的梁、柱、墙、板等）相连接的接头。

常用的施工接头为接头管（又称锁口管）接头。这是当前地下连续墙应用最多的一种接头。施工时，一个单元槽段挖好后于槽段的端部用吊车放入接头管，然后吊放钢筋笼并浇筑混凝土，待混凝土浇筑后强度达到 0.05 ～ 0.20 MPa（一般在混凝土浇筑开始后 3 ～ 5 h，视气温而定）开始提拔接头管，提拔接头管可用液压顶升架或吊车。开始时约每隔 20 ～ 30 min 提拔一次，每次上拔 30 ～ 100 cm，上拔速度应与混凝土浇筑速度、混凝土强度增长速度相适应，一般为 2 ～ 4 m/h，应在混凝土浇筑结束后 8 h 以内将接头管全部拔出。

2.4.7　混凝土浇筑

(一) 混凝土配合比

地下连续墙施工所用混凝土，除满足一般水工混凝土的要求外，还应考虑泥浆中浇筑的混凝土的强度随施工条件变化较大，同时在整个墙面上的强度分散性亦大，因此，混凝土应按照结构设计规定的强度等级提高 5 MPa 进行配合比设计。

混凝土的原材料，为避免分层离析，要求采用粒度良好的河砂，粗骨料宜用粒径 5 ～ 25 mm 的河卵石。如用 5 ～ 40 mm 的碎石应适当增加水泥用量和提高砂率，以保证所需的坍落度与和易性。水泥应采用强度等级 32.5、42.5 的普通硅酸盐水泥和矿渣硅酸盐水泥。单位水泥用量，粗骨料如为卵石应在 370 kg/m³ 以上，如采用碎石并掺加优良的减水剂应在 400kg/m³ 以上，如采用碎石而未掺加减水剂时应在 420 kg/m³ 以上。水灰比不大于 0.60。混凝土的坍落度宜为 18 ～ 20 cm。

混凝土应富有粘性和良好的流动性。如缺乏应有的流动性，混凝土浇筑时会围绕导管堆积成一个尖顶的锥形，泥渣会被滞留在导管中间（多根导管浇筑时）或槽段接头部位（1 根导管浇筑时），易卷入混凝土内形成质量缺陷（如图 2-33），甚至形成空洞，尤其在槽段端部连接钢筋密集处更易出现严重质量缺陷。

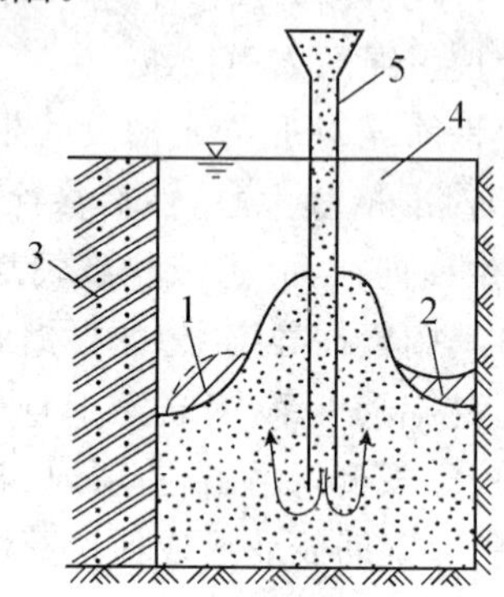

图 2-33　混凝土流动性小围绕导管形成的锥形

1— 易卷入混凝土内的泥渣；2— 滞留的泥渣；3— 已浇筑混凝土的槽段；4— 泥浆；5— 导管

（二）混凝土浇筑

地下连续墙混凝土用导管法进行浇筑。在混凝土浇筑过程中，导管下口总是埋在混凝土内 1.5 m 以上，使从导管下口流出的混凝土将表层混凝土向上推动而避免与泥浆直接接触，否则混凝土流出时会把混凝土上升面附近的泥浆卷入混凝土内。但导管最大插入深度不宜超过 9 m。当混凝土浇筑到地下连续墙顶部附近时，导管内混凝土不易流出，一方面要降低浇筑速度，另一方面可将导管的最小埋入深度减为 1 m 左右，如果混凝土还浇筑不下去，可将导管上下抽动，但上下抽动范围不得超过 30 cm。在浇筑过程中，导管不能作横向运动，导管横向运动会把沉渣和泥浆混入混凝土内。

在混凝土浇筑过程中，应随时掌握混凝土的浇筑量、混凝土上升高度和导管埋入深度，防止导管下口暴露在泥浆内，造成泥浆涌入导管。在浇筑过程中随时用测锤量测混凝土面的高程，应量测三点取其平均值。

导管的间距一般为 3 ～ 4 m，取决于导管直径。单元槽段端部易渗水，导管距离槽段端部的距离不宜超过 2 m。如一个槽段内用两根或两根以上导管同时浇筑，应使各导管处的混凝土面大致处在同一水平上。宜尽量加快混凝土浇筑，一般槽内混凝土面上升速度不宜小于 2 m/h。

混凝土顶面存在一层浮浆层，需要凿去，为此混凝土需要超浇 30 ～ 50 cm，以便将设计标高以上的浮浆层用风镐打去。

2.4.8　地下连续墙质量检验标准

地下连续墙质量检验标准见表2-9，地下连续墙钢筋笼质量检验标准见表2-10。

表2-9　地下连续墙质量检验标准

项	序	检查项目		允许偏差或允许值		检查方法
				单位	数值	
主控项目	1	墙体强度		mm	设计要求	查试块记录或取芯试压
	2	垂直度	永久结构		1/300	声波测槽仪或成槽机上的监测系统
			临时结构		1/150	
一般项目	1	导墙尺寸	宽度	mm	$W+40$	钢尺量，W为设计墙厚
			墙面平整度	mm	<5	钢尺量
			导墙平面位置	mm	±10	钢尺量
	2	沉渣厚度	永久结构	mm	≤100	重锤测或沉积物测定仪测
			临时结构	mm	≤200	
	3	槽深		mm	+100	重锤测
	4	混凝土坍落度		mm	180～220	坍落度测定器
	5	地下连续墙表面平整度	永久结构	mm	<100	此为均匀黏土层，松散及易坍土层由设计决定
			临时结构	mm	<150	
			插入式结构	mm	<20	
	6	永久结构的预埋件位置	水平向	mm	≤10	钢尺量
			垂直向	mm	≤20	水准仪

表2-10　地下连续墙钢筋笼质量检验标准(mm)

项	序	检查项目	允许偏差或允许值	检查方法
主控项目	1	主筋间距	±10	钢尺量
	2	长度	±100	钢尺量
一般项目	1	钢筋材质检验	设计要求	抽样送检
	2	箍筋间距	±20	钢尺量
	3	直径	±10	钢尺量

2.5　箱型基础工程施工

箱型基础是由钢筋混凝土底板、顶板、外墙以及一定数量的内隔墙构成封闭的箱体，基础中部可在内隔墙开门洞作地下室。该基础具有整体性好，刚度大，调整不均匀沉降能力及抗震能力强，可消除因地基变形使建筑物开裂的可能性，减少基底处原有地基自重应力，降低总沉降量等特点。适用作软弱地基上的面积较小、平面形状简单、上部结构荷载大且分布不均匀的高层建筑物的基础和沉降有严格要求的设备基础或特种构筑物基础。

2.5.1 构造要求

(1) 箱型基础为避免基础出现过度倾斜，在平面布置上尽可能对称，以减少荷载的偏心距，偏心距一般不宜大于 0.1ρ（ρ 为基础底板面积抵抗矩对基础底面积之比）。

(2) 箱型基础高度一般取建筑物高度的 1/8 ～ 1/12，同时不宜小于其长度的 1/18。

(3) 底、顶板的厚度应满足柱或墙冲切验算要求，根据实际受力情况通过计算确定。底板厚度一般取隔墙间距的 1/10 ～ 1/8，约为 30 ～ 100 cm，顶板厚度约为 20 ～ 40 cm，内墙厚度不宜小于 20 cm，外墙厚度不应小于 25 cm。

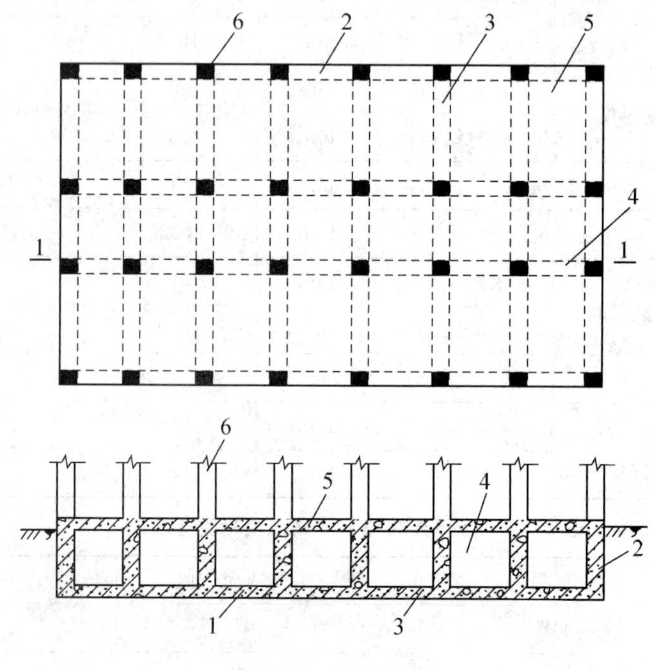

图 2-34 箱型基础

1— 底板；2— 外墙；3— 内墙隔墙；4— 内纵隔墙；5— 顶板；6— 柱

(4) 基础混凝土强度等级不宜低于 C20，抗渗等级不宜低于 F6。

(5) 为保证箱型基础的整体刚度，对墙体的数量应有一定的限制，即平均每平方米基础面积上墙体长度不得小于 40 cm，或墙体水平截面积不得小于基础面积的 1/10，其中纵墙配置量不得小于墙体总配置量的 3/5。

2.5.2 施工方法

(1) 基坑开挖，如地下水位较高，应采取措施降低地下水位至基坑底以下 500 mm 处，并尽量减少对基坑底土的扰动。当采用机械开挖基坑时，在基坑底面以上 20 ～ 40 mm 厚的土层，应用人工挖除并清理，基坑验槽后，应立即进行基础施工。

(2) 施工时，基础底板、内外墙和顶板的支模、钢筋绑扎和混凝土浇筑，可采取分块进行，其施工缝的留设位置和处理应符合钢筋混凝土工程施工及验收规范有关要求，外墙接缝应设止水带。

(3) 基础的底板、内外墙和顶板宜连续浇筑完毕。为防止出现温度收缩裂缝，一般应设置贯通后浇带，带宽不宜小于 800 mm，在后浇带处钢筋应贯通，顶板浇后，相隔 2 ～ 4 周，用比设计强度提高一级的细石混凝土将后浇带填灌密实，并加强养护。

(4) 基础施工完毕，应立即进行回填土。停止降水时，应验算基础的抗浮稳定性，抗浮稳定系数不宜小于 1.2，如不能满足时，应采取有效措施，譬如继续抽水直至上部结构荷载加上后能满足抗浮稳定系数要求为止，或在基础内采取灌水或加重物等，防止基础上浮或倾斜。

复习思考题

1. 地基处理方法一般有几种？各有什么特点？
2. 试述换土地基的使用范围、施工要点与质量检查。
3. 浅埋式钢筋混凝土基础主要有哪几种？
4. 试述桩基础的作用和分类。
5. 试述预制桩打桩的工艺。
6. 静力压桩有何特点？适用范围如何？施工时应注意哪些问题？
7. 现浇混凝土桩的成孔方法有哪些？各种方法的特点及使用范围如何？
8. 试述钻孔灌注桩的施工工艺。
9. 灌注桩常易发生哪些质量问题？如何预防处理？
10. 试述人工挖孔灌注桩的施工工艺？
11. 桩基础验收要准备哪些资料？
12. 试述地下连续墙施工工艺及施工中应注意的问题。
13. 试述箱形基础施工应注意的问题。

第3章 砌筑工程施工

学习目标

1. 熟悉砌筑材料的种类和使用要求；
2. 了解砖砌体的组砌形式；
3. 掌握砖砌体的施工工艺与技术要求；
4. 熟悉砌块砌体的施工工艺；
5. 了解砌筑工程施工质量验收与安全技术要求。

砌筑工程系指用砖、石和各种砌块等块材与砂浆经砌筑而形成的砌筑结构工程。这种结构具有取材方便、施工简单、成本低廉等优点；但是施工仍以手工操作为主，劳动强度大、生产率低，而且烧制黏土砖占用大量农田，因而采用新型砌体材料，改善砌体施工工艺是砌筑工程改革的重点。

3.1 砌筑材料

砌筑工程所用材料主要是砖、石、砌块以及砂浆。

3.1.1 砖

砌筑用砖分为实心砖和空心砖两种，根据使用材料和制作方法的不同又分为烧结普通砖、蒸压灰砂砖、粉煤灰砖和炉渣砖等；黏土空心砖按用途又分为烧结空心砖和烧结多孔砖，烧结空心砖仅用于非承重部位。

施工中，砖的品种和强度等级必须符合设计要求，并力求规格一致；用于清水墙、柱表面的砖应严格挑选，保持边角整齐、色泽均匀；砌筑前，普通砖和空心砖应提前浇水湿润，含水量宜为10% ～ 15%；灰砂砖、烧煤灰砖含水量宜为5% ～ 8%。检查含水量的最简易方法是现场断砖，砖截面周围融水深度达15 ～ 20 mm即视为符合要求。

3.1.2 石

砌筑用石料分为毛石和料石两类。

毛石分为乱毛石、平毛石。乱毛石指形状不规则的石块；平毛石指形状不规则，但有两个平面大致平行的石块。

料石按其加工面的平整程度分为细料石、半细料石、粗料石和毛料石四种。

根据石料的抗压强度值，将石料分为 MU100、MU80、MU60、MU50、MU40、MU30、MU20、MU15、MU10 九个等级。

3.1.3　砌块

砌筑工程中，常用的中小型砌块主要有混凝土空心砌块和加气混凝土砌块。使用砌块可以充分利用地方资源和工业废渣，节省黏土资源和改善环境，并可提高劳动生产率，降低工程造价。

1. 混凝土空心砌块

由普通硅酸盐水泥、中砂和粒径不大于 20 mm 的石子作为原料，经配制、拌和、成型、蒸养而成，表观密度为 1 000 kg/m^3，空心率为 58% ～ 64%。也有的混凝土空心砌块用轻质煤渣、矿渣制成。

2. 加气混凝土砌块

加气混凝土砌块具有表观密度小、保温效果高、吸声好、规格可变及可锯、可割等优点。其抗压强度等级应满足用于围护结构或热工建筑物的要求，最低应不低于 5 N/mm^2。加气混凝土砌块多应用于框架填充墙。

3.1.4　砂浆

砌筑砂浆有水泥砂浆、石灰砂浆和混合砂浆。砂浆种类选择及其等级应根据设计要求确定。水泥砂浆和混合砂浆可用于砌筑潮湿环境和强度要求较高的砌体，但对于基础，一般只用水泥砂浆。

石灰砂浆宜用于砌筑干燥环境中以及强度要求不高的砌体，不宜用于潮湿环境的砌体及基础，因为石灰属气硬性胶凝材料，在潮湿环境中，石灰膏不但难以结硬，而且会出现溶解流散现象。

制备混合砂浆和石灰砂浆用的石灰膏，应经筛网过滤并在化灰池中熟化时间不少于 7 天，严禁使用脱水硬化的石灰膏。

砂浆的拌制一般用砂浆搅拌机，要求拌合均匀。为改善砂浆的保水性可掺入黏土、电石膏、粉煤灰等塑化剂。砂浆应随拌随用，常温下，水泥砂浆和混合砂浆必须分别在搅拌后 3 h 和 4 h 内使用完毕，如气温在 30℃ 以下，则必须分别在 2 h 和 3 h 内用完。

砂浆稠度的选择主要根据墙体材料、砌筑部位及气候条件而定。一般实心砖墙和柱，砂浆的流动性宜为 70 ～ 100 mm；砌筑平拱过梁，毛石及砌块宜为 50 ～ 70 mm。

砌筑所用砂浆的强度等级有 M15、M10、M7.5、M5.0、M2.5、M1.0 六种。对所用的砂浆应作强度检验。每 250 m^3 砌体中各种强度等级的砂浆，至少检查一次，每次至少留一组(6 块) 试块，作抗压强度试验。

3.2 砖砌体施工

3.2.1 材料要求及施工机具的准备

砖的品种、强度等级必须符合设计要求，并应规格一致。用于清水墙、柱表面的砖尚应边角整齐、色泽均匀。

常温下的砌砖，对普通黏土砖、空心砖的含水率宜为 10% ～ 15%，一般应提前 0.5 ～ 1 天浇水湿润，避免砖吸收砂浆中过多的水分而影响粘接力，并可除去砖面上的粉末，但浇水过多会产生砌体走样或滑动。灰砂砖、粉煤灰砖不宜浇水过多，其含水率控制在 5% ～ 8% 为宜。

砌筑前，必须按施工组织设计要求，组织垂直和水平运输机械，砂浆搅拌机械进场、安装、调式等工作。同时，还要准备脚手架、砌筑工具（如皮数杆、托线板）等。

3.2.2 砖砌体的组砌形式

砖砌体的组砌形式主要分为六种，即一顺一丁、三顺一丁、梅花丁、二平一侧、全顺式和全丁式，如图 3-1 所示。

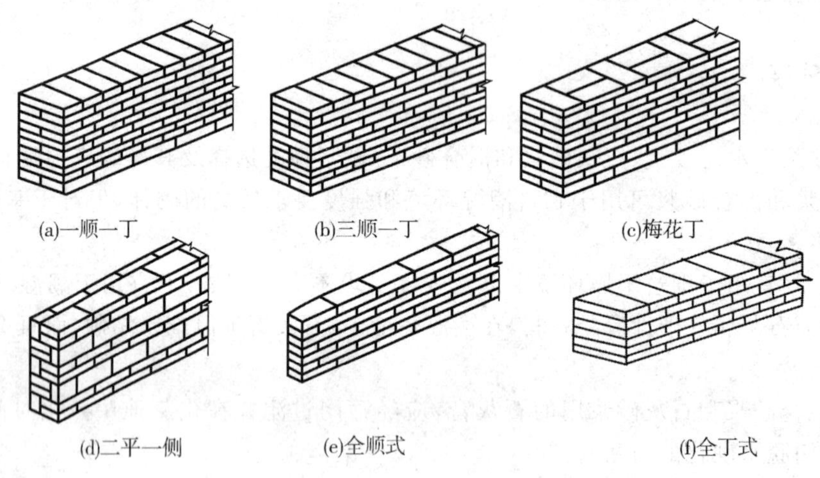

图 3-1 砖砌体的砌筑形式

(一) 一顺一丁

这是最常见的一种组砌形式，也称满丁满条组砌法。由一皮顺砖、一皮丁砖组砌而成，上下皮之间竖向灰缝都相互错开 1/4 砖长。这种砌法整体性好，多用于一砖墙。

(二) 三顺一丁

三顺一丁是三皮全部顺砖与一皮全部丁砖间隔砌成，上下顺砖层间竖缝错开 1/2 砖长，上下皮顺砖与丁砖间的竖缝错开 1/4 砖长。这种砌法因顺砖较多效率较高，适用于砌一砖墙、一砖半墙。

(三) 梅花丁

梅花丁又称沙包式。这种砌法是在同一皮砖上，采用两砖顺砖夹一块丁砖的砌法，上下两皮砖的竖向灰缝错开 1/4 砖长。这种组砌方法内外竖缝都能错开，整体性好，灰缝整齐，比较美观，但砌筑效率较低。

(四) 二平一侧

二平一侧是两皮平砌砖与一皮侧砖的顺砖相隔砌成，多用于砌筑 180 mm 墙。

(五) 全顺式

全顺式是全部采用顺砖砌筑，每皮砖搭接 1/2 砖长，适用于半砖墙的砌筑。

(六) 全丁式

全丁砌法。全部采用丁砖砌筑，每皮砖上下搭接 1/4 砖长，适用于圆形烟囱与窨井的砌筑。

3.2.3 砖砌体的施工工艺

砖砌体施工通常包括抄平、放线、摆样砖、立皮数杆、盘角、挂线、砌筑等工序。如是清水墙，则还要进行勾缝。砌筑应按下面施工工序进行：当基底标高不同时，应从低处砌起，并由高处向低处搭接，当设计无要求时，搭接长度不应小于基础扩大部分的高度；墙体砌筑时，内外墙应同时砌筑，不能同时砌筑时，应留槎并做好接槎处理。下面以房屋建筑砌砖墙体砌筑为例，说明各工序的具体做法。

(一) 抄平、放线

(1) 抄平。砌墙前先在基础面或楼面上按标准的水准点定出各层标高，并用 1:3 水泥砂浆或 C10 细石混凝土找平。

(2) 建筑物底层墙身，可以根据龙门板上标志的轴线，弹出墙身轴线、边线及门窗洞口位置。二楼以上墙的轴线可以用经纬仪或垂球将轴线引测上去，轴线的引测是放线的关键，必须按图纸要求尺寸用钢皮尺进行校核。

(二) 摆样砖

摆样砖也称撂底，是在弹好线的基面上按组砌方法先用砖试摆，如核对所弹出的量线在门窗洞口、墙垛等处是否符合模数，以便借助灰缝调整，使砖的排列和砖缝宽度均匀合理。摆砖时，要求山墙摆成丁砖，第一皮砖摆成丁砖较好。

摆砖结束后，用砂浆把刚摆的砖砌好，砌筑时注意其平面位置不得移动。

（三）立皮数杆

皮数杆是指在其上划有每皮砖和砖缝厚度，以及门窗洞口、过梁、楼板、梁底、预埋件等标高位置的一种标杆（见图 3-2）。它是砌筑时控制砌体竖向尺寸的标志，同时还可以保证砌体的垂直度。一般设置于建筑物墙的四个大转角处、内外墙交接处、楼梯间及洞口较多的地方，并从两个方向设置斜撑或用锚钉加以固定，确保垂直和牢固。如墙面过长时，应每隔 10 ～ 20 m 再立一根。

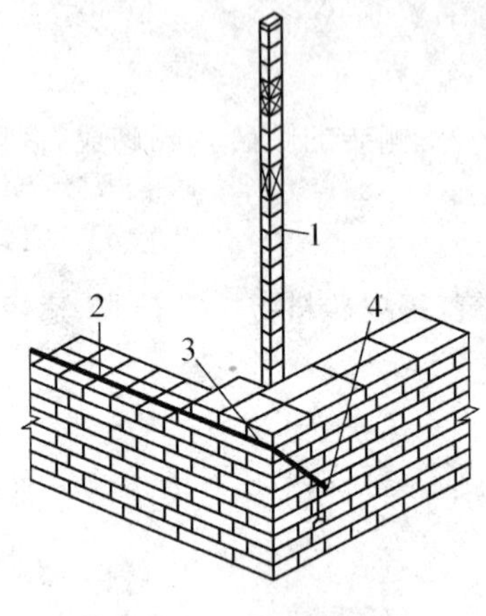

图 3-2　皮数杆示意图

1— 皮数杆；2— 准线；3— 竹片；4— 圆铁钉

（四）盘角、挂线

皮数杆立好后，即可根据皮数杆拉线砌筑，但通常是先按皮数杆砌墙角，即盘角，然后将准线挂在墙脚上，拉线砌中间墙身，每砌一皮砖，线绳向上移动一次。一般在砌一砖、一砖半墙可单面挂线，二砖墙以上则应双面挂线、一砖半砖墙也可两面挂线。墙角是确定墙身的主要依据，其砌筑的好坏，对整个建筑物的砌筑质量有很大影响。

（五）砌筑

砌砖的操作方法很多，可采用铺浆法或三一砌砖法。为保证砌筑质量要求，一般采用三一砌砖法，即一块砖、一铲灰、一揉压，并随手将挤出的砂浆刮去的砌筑方法。这种砌筑法的优点是灰缝容易饱满，黏结力好，墙面整洁。

（六）勾缝

清水墙砌完后，应进行勾缝，勾缝是砌清水墙的最后一道工序。勾缝的作用，除使墙面清洁、整齐美观外主要是保护墙面。勾缝的方法有两种，一种是原浆勾缝，即利用砌墙的砂浆随砌随勾，多用于内墙面；另一种是加浆勾缝，即待墙体砌筑完毕后，利用 1∶1 的水泥砂浆或加色砂浆进行勾缝。勾缝要求横平竖直，深浅一致，搭接平整并压实抹光。勾缝完毕后应清扫墙面。

3.2.4　砖砌体的技术要求

原材料和砌筑质量是影响砌体结构工程质量的主要因素。砌筑质量应着重控制灰缝质量，其质量要求可用“横平竖直、砂浆饱满、组砌得当、接搓可靠”16个字概括。

(一) 横平竖直

横平，即要求每一皮(线) 砖必须在同一水平面上，每块砖必须摆平。为此，首先应将基础或楼层抄平，砌筑时严格按照皮数杆拉水平准线，准线层层要接紧，将每皮砖砌平。竖直，即要求砌体表面轮廓垂直平整，竖向灰缝垂直对齐。

检查墙面平整度的方法是：将2 m长的靠尺在任何方向靠于墙面，用塞尺塞进靠尺与墙面的缝隙中，检查缝隙大小，其偏差不得超过表3-1的规定。检查墙面垂直度的方法是：将2 m长托线板靠在墙面上，看线是否与板上墨线相重合，其偏差不得超过表3-1的规定。

表3-1　砖砌体的允许偏差和检验方法

<table>
<tr><th>项次</th><th colspan="2">项目</th><th>允许偏差(mm)</th><th>检验方法</th><th>抽检数量</th></tr>
<tr><td>1</td><td colspan="2">基础顶面和楼面标高</td><td>±15</td><td>用水平仪和尺检查</td><td>不应少于5处</td></tr>
<tr><td rowspan="2">2</td><td rowspan="2">表面平整度</td><td>清水墙、柱</td><td>5</td><td rowspan="2">用2 m靠尺和楔形塞尺检查</td><td rowspan="2">有代表性自然间10%，但不应少于3间，每间不应少于2处</td></tr>
<tr><td>混水墙、柱</td><td>8</td></tr>
<tr><td>3</td><td colspan="2">门窗洞口高度(后塞口)</td><td>±5</td><td>用尺检查</td><td>检查批的10%，且不应少于5处</td></tr>
<tr><td>4</td><td colspan="2">外墙上下窗口偏移</td><td>20</td><td>以底层窗口为准，用经纬仪或吊线检查</td><td>检验批的10%，且不应少于5处</td></tr>
<tr><td rowspan="2">5</td><td rowspan="2">水平灰缝平直度</td><td>清水墙</td><td>7</td><td rowspan="2">拉10 m线和尺检查</td><td rowspan="2">有代表性自然间10%，但不应少于3间，每间不应少于2处</td></tr>
<tr><td>混水墙</td><td>10</td></tr>
<tr><td>6</td><td colspan="2">清水墙游丁走缝</td><td>20</td><td>吊线和尺检查，以每层第一皮砖为准</td><td>有代表性自然间10%，但不应少于3间，每间不应少于2处</td></tr>
</table>

(二) 砂浆饱满

砌体水平灰缝的砂浆饱满度不得小于80%，其水平灰缝和竖缝的厚度一般规定为(10±2)mm。砂浆的和易性好，砖湿润得当都是保证砂浆饱满的前提条件。

(三) 组砌得当

为保证砌体的强度和稳定度,各种砌体均应按照一定的组砌形式砌筑。其基本原则是:砖块的组砌方式应满足内外搭接,上下错缝的要求,错缝长度不应小于 60 mm,避免出现垂直通缝,同时还要照顾到砌筑时的方便和少砍砖确保砌筑质量。

(四) 接槎可靠

接槎即先砌砌体与后砌砌体之间的接合。接槎方式的合理与否,对砌体质量和建筑物整体性有着极大影响,应给予足够的重视。特别是在地震区,接槎质量将直接影响到房屋的抗震能力,因此,更不可忽视。接槎主要有两种方式,即斜槎和直槎,如图 3-3 所示。

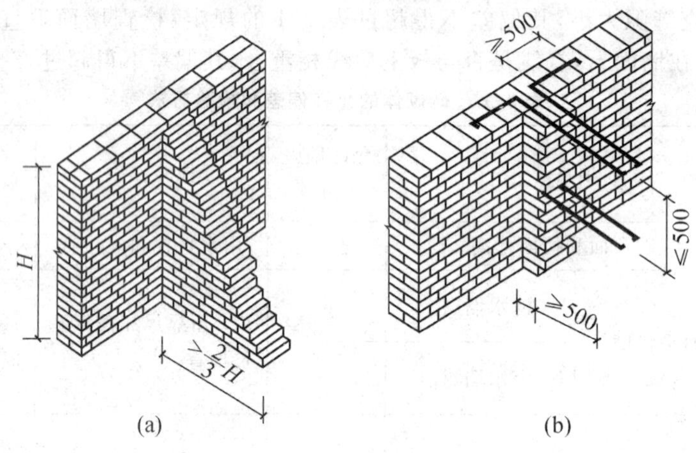

图 3-3　接槎方式

(a) 斜槎;(b) 直槎

通常应将留置的临时间断做成斜槎,斜槎长度不应小于墙高度的 2/3(见图 3-3(a))。如留斜槎确有困难,才可留直槎,但必须做成阳槎,并加设拉结筋(见图 3-3(b));拉结筋的数量为每 120 mm 墙厚放置 1ϕ6 的钢筋(120 墙应旋置 2ϕ6),间距沿墙高不得超过 500 mm,埋入长度从墙的留槎处算起,每边均不得少于 500 mm(对抗震设防烈度为 6 度、7 度地区,不得小于 1 000 mm),末端应有 90° 弯钩。房屋转角处和抗震设防烈度 8 度及其以上地区不得留直槎。

接槎时,必须先将留槎处的表面砂浆清理干净,再浇水湿润,并保证砂浆饱满,灰缝平直通顺,使接槎处的前后砌体黏结成整体。

3.3　砌块砌体施工

砌块代替黏土砖作为墙体材料,是墙体改革的一个重要途径。混凝土小型空心砌块不但强度高,而且其体积和重量均不大,施工操作方便,不需要特殊的设备和工具,并能节约砂浆和提高劳动生产率,因此用混凝土空心砌块作为砌体墙体的材料已得到推广和应用。

中小型砌块按材料分为混凝土空心砌块、粉煤灰硅酸盐砌块、煤矸石硅酸盐空心砌块和加气混凝土砌块等品种。砌块高度 380 ～ 940 mm 的称为中型砌块，砌块高度小于 380 mm 的称为小型砌块。

3.3.1　砌块施工排列图的编制

砌块砌体施工前应根据建筑物的平面、立面尺寸及砌块的规格绘制砌块排列图（如图 3-4）。在立面图上按比例绘出纵横墙，标出楼板、大梁、过梁、楼梯孔洞等位置，在纵横墙上绘出水平灰缝线，然后以主规格为主，其他规格为辅按墙体错缝搭砌的原则和竖缝大小进行排列。若无具体规定，砌块应按下列原则排列：

(1) 按设计要求从基础或室内 ± 0.00 开始排列；排列时，尽可能采用主规格，以减少砌块种类，并应注明砌块编号以及嵌砖、过梁等部位。

(2) 砌块排列时，上、下皮应错缝搭接，搭接长度一般为砌块长度的 1/2，不得小于砌块高度的 1/3，且不应小于 150 mm，以保证砌块牢固搭接。

(3) 外墙转角及纵横墙交接处，应交错搭接，否则，应在交接处灰缝中设置柔性钢筋拉结网片。

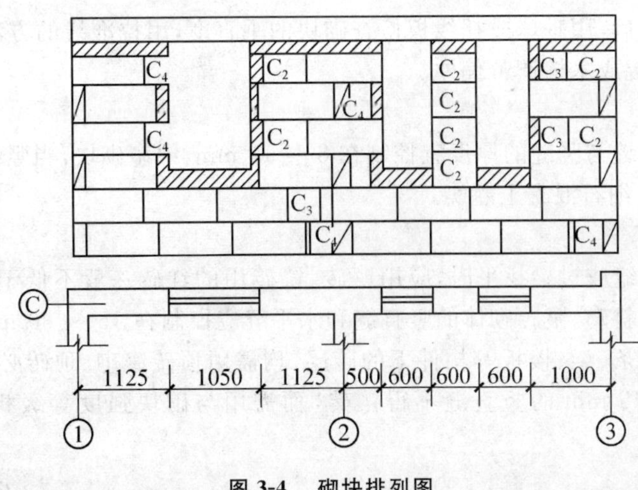

图 3-4　砌块排列图

3.3.2　砌块的施工工艺

(一) 砌块的安装

砌块的安装通常采用以下两种方案：

(1) 以轻型塔式起重机运输砌块、砂浆，吊装预制构件，用台灵架安装砌块。此方案适用于工程量大或两幢房屋对翻流水施工的情况。

(2) 用砌块车进行水平运输，用带有起重臂的井架进行砌块和楼板的垂直运输，再用台灵架安装砌块。此方案适用于工程量小的房屋施工。

(二) 砌块的吊装顺序

砌块的吊装应按照砌块排列图进行，砌筑时应从转角处或定位砌块处开始。按施工段依次进行，其顺序一般为先外后内，先远后近，先下后上，在相邻施工段之间留阶梯形斜槎。

(三) 砌块施工的主要工序

砌块施工的主要工序有铺灰、砌块安装就位、校正、灌浆、镶砖等。

1. 铺灰

采用和易性较好的水泥砂浆(稠度为 50 ～ 70 mm)，铺长度为 3 ～ 5 m 水平灰缝(空心砌块不超过 2 ～ 3 m)，炎热天气或寒冷天气应适当缩短，铺灰应平整饱满。

2. 砌块安装就位

一般采用摩擦式夹具，按砌块排列图将所需砌块安装就位。夹砌块时应避免偏心，注意光面放置在同侧，放置时应对准位置徐徐下落于砂浆层上，待砌块安放稳定后，方可松开夹具。

3. 校正

砌块安装就位后，用垂球或托线板检查砌块的垂直度，用拉准线的方法检查砌块的水平度。校正时可用橇棍或木槌调整偏差。

4. 灌浆

小型砌块水平缝与竖缝的厚度宜控制在 8 ～ 12 mm，中型砌块，当竖缝宽超过 3 cm 时，应采用不低于 C20 细石混凝土灌实。

5. 镶砖

出现较大的竖缝或过梁找平时，应用镶砖。镶砖用的红砖一般不低于 MU10，在任何情况下都不得竖砌或斜砌。镶砖砌体的竖直缝和水平缝应控制在 15 ～ 30 mm 内。镶砖的最后一皮砖和安放有檩条、梁、楼板等构件下的砖层，均需用顶砖镶砌。顶砖必须无裂缝。在两砌块之间凡是不足 145 mm 的竖直缝不得镶砖，而需用与砌块强度等级相同的细石混凝土灌注。

3.3.3　砌块砌体质量的检查

砌块砌体质量应符合下列规定：

(1) 砌块砌体砌筑的基本要求与砖砌体相同，但搭接长度不应少于 150 mm。

(2) 外观检查应达到：墙面清洁，勾缝密实，深浅一致，交接平整。

(3) 经试验检查，在每一楼层或 250 m^3 砌体中，一组试块(每组 3 块) 同强度等级的砂浆或细石混凝土的平均强度不得低于设计强度最低值；对砂浆不得低于设计强度的 75%，对于细石混凝土不得低于设计强度的 85%。

(4) 预埋件、预留孔洞的位置应符合设计要求。

(5) 砌块砌体的允许偏差和外观质量标准应符合表 3-2 的规定。

表 3-2　砌块砌体的允许偏差和外观质量标准

<table>
<tr><th colspan="3">项　目</th><th>允许偏差/mm</th><th>检查方法</th><th>抽检数量</th></tr>
<tr><td colspan="3">轴线位移</td><td>10</td><td>用经纬仪和尺或其他测量仪器检查</td><td>全部承重墙柱</td></tr>
<tr><td rowspan="3">垂直度</td><td colspan="2">每层</td><td>5</td><td>用 2 m 托线板检查</td><td rowspan="3">外墙全高查阳角不少于 4 处；每层查一处。内墙有代表性的自然间抽 10%，但不少于 3 间，每间不少于 2 处，柱不少于 5 根</td></tr>
<tr><td rowspan="2">全高</td><td>≤10 m</td><td>10</td><td rowspan="2">用经纬仪、吊线和尺或其他测量仪器检查</td></tr>
<tr><td>>10 m</td><td>20</td></tr>
<tr><td colspan="3">基础顶面和楼面标高</td><td>±15</td><td>用水平仪和尺检查</td><td>不少于 5 处</td></tr>
<tr><td rowspan="2">表面平整度</td><td colspan="2">小型砌块、清水墙、柱</td><td>5</td><td rowspan="2">用 2 m 直尺和楔形塞尺检查</td><td rowspan="4">有代表性的自然间抽 10%，但不少于 3 间，每间不少于 2 处</td></tr>
<tr><td colspan="2">小型砌块、混水墙、柱</td><td>8</td></tr>
<tr><td colspan="2" rowspan="2">水平灰缝平直度</td><td>清水墙</td><td>7</td><td rowspan="2">灰缝上口处拉 10 m 线和尺检查</td></tr>
<tr><td>混水墙</td><td>10</td></tr>
<tr><td colspan="3">门窗洞口高、宽(后塞口)</td><td>±15</td><td>用尺检查</td><td>检查批洞口的 10%，且不应少于 5 处</td></tr>
<tr><td colspan="3">外墙上下窗口偏移</td><td>20</td><td>以底层窗口为准，用经纬仪吊线检查</td><td>检查批的 10%，且不应少于 5 处</td></tr>
<tr><td colspan="3">清水墙面游丁走缝(中型砌块)</td><td>20</td><td>用吊线和尺检查，以每层第一皮砖为准</td><td>有代表性的自然间抽 10%，但不少于 3 间，每间不少于 2 处</td></tr>
</table>

3.4　砌筑工程施工质量验收和安全技术

3.4.1　施工质量验收

(一) 砌筑工程的质量要求

(1) 砌筑质量应符合《砌体工程施工质量验收规范》(GB 50203—2002) 的需求。

(2) 砖砌体应横平竖直，砂浆饱满，上下错缝，内外搭砌，接槎牢固。

(3) 任意一组砂浆试块的强度不得低于设计强度的 75%。

(4) 砖砌体的尺寸和位置的允许偏差应符合有关规范的规定。

(二) 砌筑工程质量保证措施

(1) 砖的品种、强度等级必须符合设计要求,并规格一致。用于清水墙的砖应边角整齐、色泽一致。

(2) 砂浆中宜用中砂,并应过筛,含泥量不得超过规定范围。

(3) 干砖不得上墙。

(4) 水泥应按品种、强度等级、出厂日期分别堆放,并保持干燥。水泥出厂日期超过 3 个月,应经试验鉴定后方可使用。

(5) 砂浆的种类、强度应满足设计要求。

(6) 砂浆的饱满度应满足规范要求。

(7) 砖砌体组砌得当、接槎可靠。

3.4.2 施工安全技术

(1) 在操作之前必须检查操作环境是否符合安全要求,道路是否畅通,机具是否完好牢固,安全设施和防护用品是否安全,经检查符合要求后方可施工。

(2) 墙身砌体高度超过地坪 1.2 m 以上时,应搭设脚手架。在一层以上或高度超过 4 m 时,采用里脚手架必须支搭安全网,采用外脚手架应设护身栏杆和挡脚板后方可砌筑。

(3) 不准站在墙顶上做划线、刮缝及清扫墙面或检查大角垂直等工作。

(4) 不准用不稳固的工具或物体在脚手板面垫高操作,更不准在未经过加固的情况下,在一层脚手架上随意再叠加一层。

(5) 在楼层(特别是预制板面) 施工时,堆放机具、砌筑材料等物品不得超过使用荷载。如超过设计荷载,必须经过验算采取有效加固措施后,方可进行施工。

(6) 脚手架上堆料量不得超过规定荷载,堆砖高度不得超过 3 皮侧砖,同一块脚手板上的操作人员不应超过两人。

(7) 已砌好的山墙应采取有效的临时加固措施。

(8) 冬期施工时,脚手板上如有冰霜、积雪,应先清除后才能上架子进行操作。

(9) 大风、大雨、冰冻等异常气候之后,应检查砌体是否有垂直度的变化,是否产生了裂缝,是否有下沉等现象,如有须经处理后方能继续砌筑。

(10) 人工垂直往上或往下转递砖时,要搭递砖架子,架子的站人板宽度应不小于 60 cm。

(11) 不准在超过胸部以上的墙体上进行砌筑。

(12) 砍砖时应面向内打,防止碎砖跳出伤人。

(13) 用于垂直运输的吊笼、滑车、绳索、刹车等,必须满足负荷要求,牢固无损;吊运时不得超载,并须经常检查,发现问题及时修理。

(14) 在砌块砌体上,不宜拉锚缆风绳,不宜吊挂重物,也不宜作为其他施工临时设施、支撑的支撑点;如果确实需要,应采取有效的构造措施。

(15) 在同一垂直面内上下交叉作业时,必须设置安全隔板,下方操作人员必须佩戴安全帽。

(16) 用起重机吊砖要用砖笼，吊砂浆的料斗不能装得过满。吊杆回转范围内不得有人停留，吊件落到架子上时，砌筑人员要暂停操作，并避开至一边。

(17) 已经就位的砌块，必须立即进行竖缝灌浆；对稳定性较差的窗间墙、独立柱和挑出墙面较多的部位，应加临时稳定支撑，以保证其稳定性。

复习思考题

1. 砌筑工程所用的材料有哪些？
2. 砖砌体的组砌形式常用的有哪些？
3. 什么叫皮数杆？皮数杆如何布置？
4. 简述砖砌体的施工工艺。
5. 简述砌块砌体的施工工艺。
6. 砌筑工程中的安全防护措施主要有哪些？

第4章 钢筋混凝土工程施工

学习目标

1. 掌握模板的构造、安装拆除方法；
2. 掌握钢筋的放样、下料、加工、绑扎方法；
3. 掌握混凝土工程的施工过程、施工工艺；
4. 熟悉预应力混凝土、装配式钢筋混凝土工程施工工艺；
5. 熟悉冬季与雨季施工的措施；掌握施工安全措施。

4.1 模板的构造与施工

4.1.1 模板构造

模板与其支撑体系组成模板系统。模板系统是一个临时架设的结构体系，其中模板是新浇混凝土成型的模具，它与混凝土直接接触，使混凝土构件具有设计所要求的形状、尺寸和相对位置；支撑体系是指支撑模板、承受模板、构件及施工中各种荷载，并使模板保持所要求的空间位置的临时结构。

(一) 模板的分类

1. 按模板形状分类

按模板形状分为平面模板和曲面模板。平面模板又称侧面模板，主要用于结构物垂直面。曲面模板用于廊道、隧洞、溢流面和某些形状特殊的部位，如进水口扭曲面、蜗壳、尾水管等。

2. 按模板材料分类

按模板材料分为钢模板、木模板、胶合板、混凝土预制模板、塑料模板、橡胶模板等。

3. 按模板受力条件分类

按模板受力条件分为承重模板和侧面模板。承重模板主要承受混凝土重量和施工中的垂直荷载；侧面模板主要承受新浇混凝土的侧面压力。侧面模板按其支撑受力方式，又分为简支模板、悬臂模板和平悬臂模板。

按模板使用特点分为固定式、拆移式、移动式和滑动式。固定式用于形状特殊的部位，不能重复使用。后三种模板能重复使用，或连续使用在形状一致的部位。但其使用方式有所不同：拆移式模板需要拆散移动；移动式模板的车架装自行止轮，可沿专用轨道使模板整体移动；滑动式模板是以千斤顶或卷扬机为动力。可在混凝土连续浇筑的过程中，使模板面紧贴混凝土面滑动。

(二) 定型组合钢模板

定型组合钢模板系列也包括钢模板连接件、支撑件三部分。其中，钢模板包括平面钢模板和拐角钢模板；连接件有U形卡、L形插销、钩头螺栓、对拉螺栓、紧固螺栓、扣件等；支撑件有圆钢管、薄壁矩形钢管、内卷边槽钢、单管伸缩支撑等。

1. 钢模板的规格和型号

钢模板包括平面模板、阳角模板、阴角模板和连接角模，如图4-1所示。单块钢模板由曲面板、边框与筋肋焊接而成。曲面板厚2.3 mm或2.5 mm，边框和加劲肋上面一定距离(如150 mm)钻孔。可利用U型卡、L型插销等拼装成大块模板。

钢模板的宽度以50 mm进级，长度以150 mm进级，其规格和型号已做到标准化、系列化。如型号为P3015的钢模板：P表示平面模板，3015表示宽×长为300 mm×1 500 mm。又如型号为Y1015的钢模板，Y表示阳角模板。1015表示宽×长为1 000 mm×1 500 mm。如拼装时出现不足模数的空隙时，用镶嵌木条补缺，用钉子或螺栓将木条与板块边框上的空洞链接。

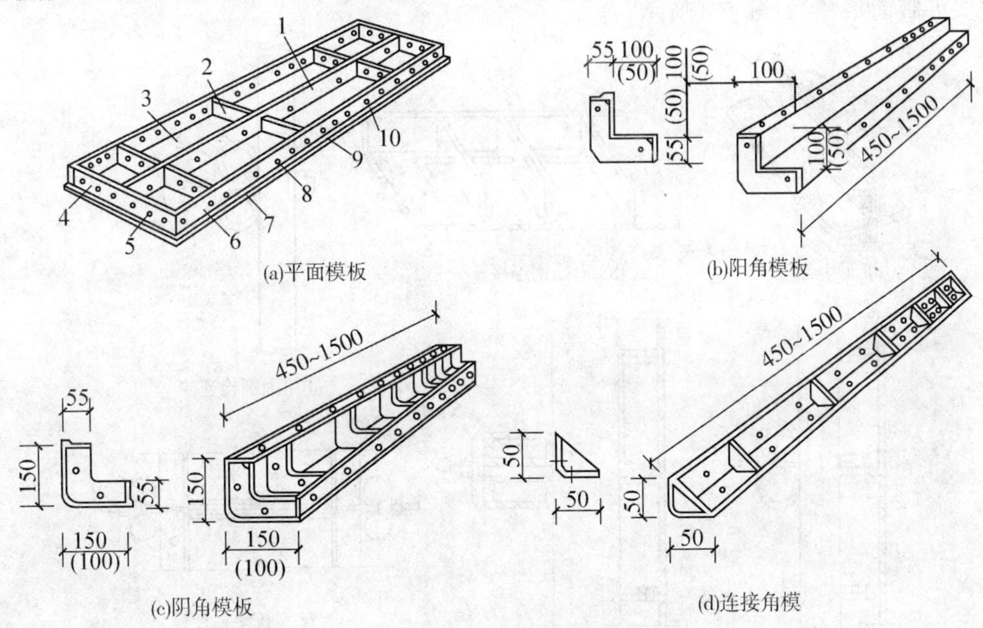

图4-1　钢模板类型

1— 中纵肋；2— 中横肋；3— 面板；4— 横肋；5— 插销孔；6— 纵肋；
7— 凸棱；8— 凸鼓；9—U形卡孔；10— 钉子孔

2. 连接件

(1)U型卡。用于钢模板之间的链接与锁定。使钢模板拼装密合。U形卡安装间距一般不大于 300 mm。即每隔一孔卡插一个。安装方向一顺一倒相互交错，如图 4-2 所示。

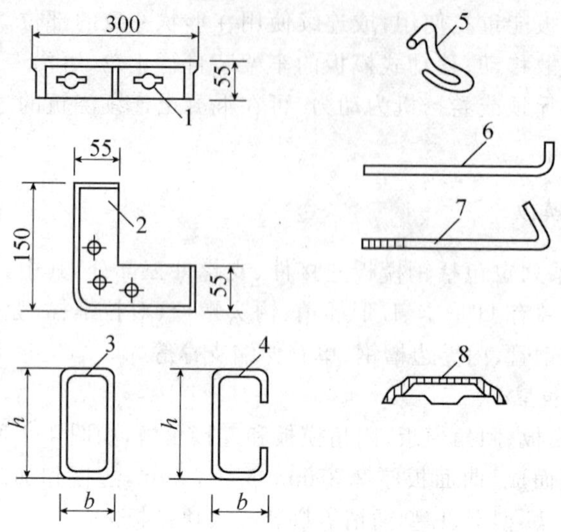

图 4-2　定型组合钢模板系列(单位:m)

1— 平面钢模板；2— 拐角钢模板；3— 薄壁矩形钢管；4— 内卷边槽钢；

5—U 形卡；6—L 形插销；7— 钩头螺栓；8— 蝶形扣件

(2)L 型插销。它插入模板两端边框的插销孔内，用于增强钢模板纵向拼接的刚度和保证接头处版面平整。如图 4-3 所示。

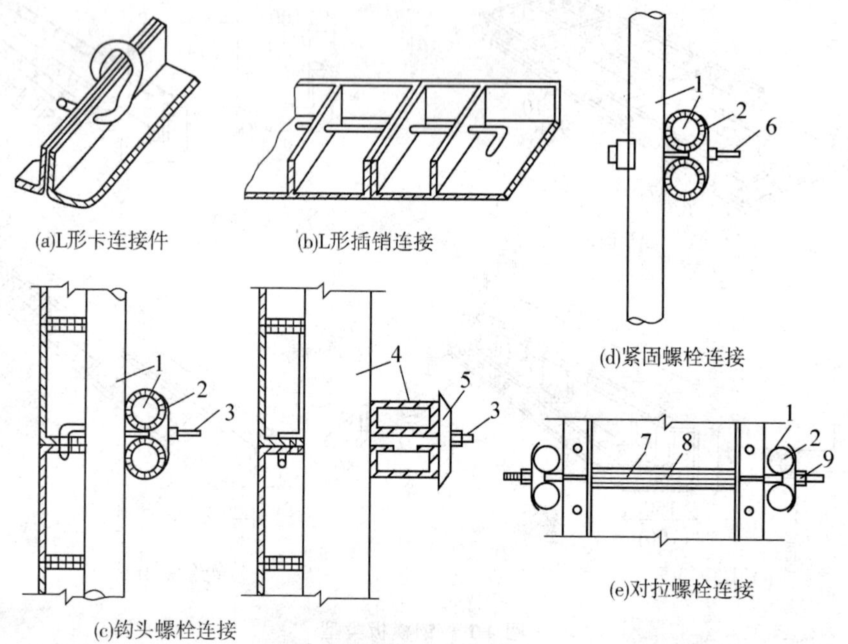

(a)L形卡连接件

(b)L形插销连接

(c)钩头螺栓连接

(d)紧固螺栓连接

(e)对拉螺栓连接

图 4-3　钢模板连接件

1— 圆钢管钢楞；2—“3”形扣件；3— 钩头螺栓；4— 内卷边槽钢钢楞；

5— 蝶形扣件；6— 紧固螺栓；7— 对拉螺栓；8— 塑料套管；9— 螺母

(3) 钩头螺栓。用于钢模板与内、外钢楞之间的连接固定，使之成为整体。安装间距一般不大于 600 mm。长度应采用与的钢楞尺寸相适应。

(4) 对拉螺栓。用来保持模板与模板之间的设计厚度并承受混凝土侧压力及水平荷载，使模板不变形。

(5) 紧固螺栓。用于紧固钢模板内外钢楞，增强组合模板的整体刚度，长度与采用的钢楞尺寸相适应。

(6) 扣件。用于将钢模板与钢楞紧固，与其他的配件一起将钢模板拼装成整体。按钢楞的不同形状尺寸，分别采用蝶形扣件和“3”形扣件，其规格分为大、小两种。

3. 支撑件

配件的支撑件包括钢楞、柱箍、梁卡具、圈梁卡、钢管架、斜撑、组合支柱、钢管脚手支架、平面可调桁架和曲面可变桁架等，如图 4-4 ～ 图 4-7 所示。

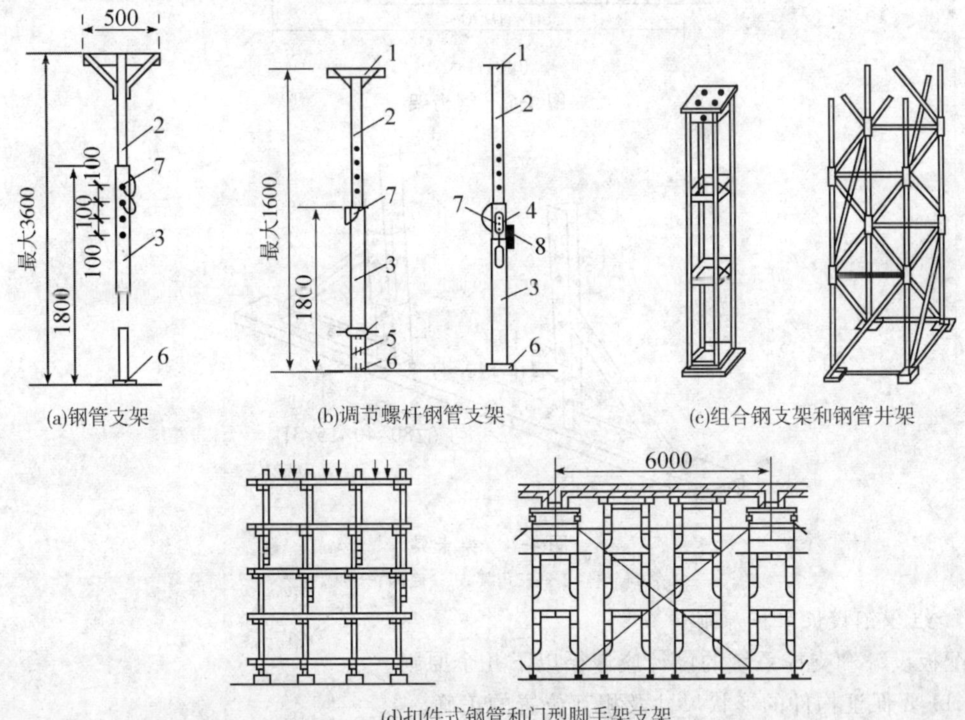

图 4-4　钢支架

1— 顶板；2— 钢管；3— 套管；4— 转盘；5— 螺杆；6— 底板；7— 钢销；8— 转动手柄

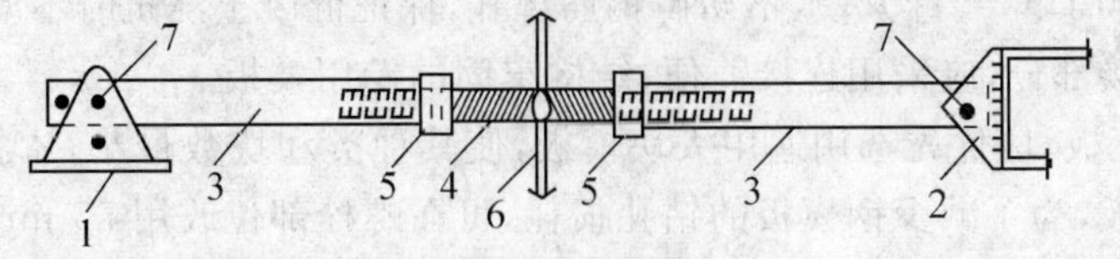

图 4-5　斜撑

1— 底座；2— 顶撑；3— 钢管斜撑；4— 花篮螺钉；5— 螺母；6— 旋杆；7— 销钉

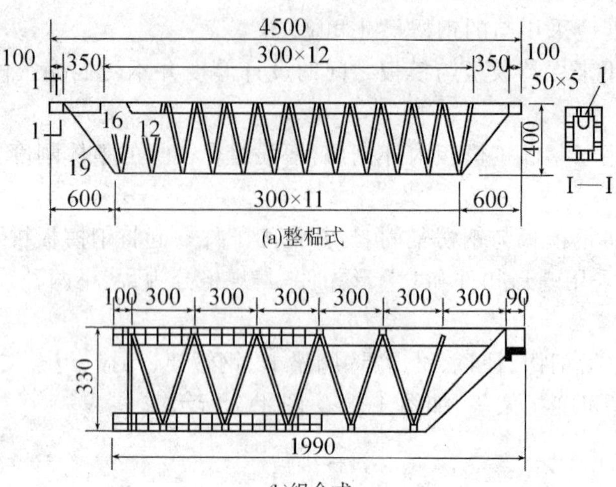

图 4-6　钢桁架

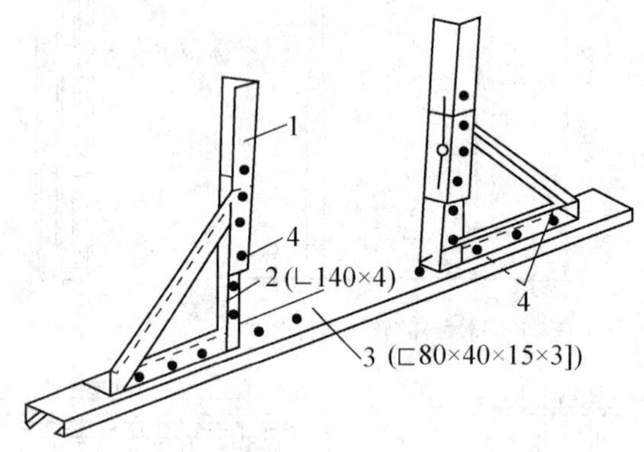

图 4-7　梁卡具

1— 调节杆；2— 三角架；3— 底座；4— 螺栓

4. 组合钢模板配板原则

配板设计和支撑系统的设计应遵循以下几个原则。

(1) 要保证构件的形状尺寸及相互位置的正确。

(2) 要使模板具有足够的强度、刚度和稳定性，能够承受新浇混凝土的重量和侧压力，以及各种施工荷载。

(3) 力求构造简单，装拆方便，不妨碍钢筋绑扎，保证混凝土浇筑时不漏浆。柱、梁、墙、板各种模板面的交接部分，应采用连接简便、结构牢固的专用模板。

(4) 配制的模板，应优先选用通用大块模板，使其种类和块数最小，木模镶拼量最少。设置对拉螺栓的模板，为了减少钢模板的钻孔损耗，可在螺栓部位改用 55 mm × 100 mm 刨光方木代替。或应使钻孔的模板能多次周转使用。

(5) 相邻钢模板的边肋，都应用 U 形卡插卡牢固，U 形卡的间距不应大于 300 mm，端头接缝上的卡孔，也应插上 U 形卡或 L 形插销。

(6) 模板长向拼接宜采用错开布置，以增加模板的整体刚度。

(7) 模板的支撑系统应根据模板的荷载和部件的刚度进行布置。具体如下：

① 内钢楞应与钢模板的长度方向相垂直，直接承受钢模板传递的荷载；外钢楞应与内钢楞互相垂直，承受内钢楞传来的荷载，用以加强钢模板结构的整体刚度，其规格不得小于内钢楞。

② 内钢楞悬挑部分的端部挠度应与跨中挠度大致相同，悬挑长度不宜大于 400 ram，支柱应着力在外钢楞上。

③ 一般柱、梁模板，宜采用柱箍和梁卡具作支撑件。断面较大的柱、梁，宜用对拉螺栓和钢楞及拉杆。

④ 模板端缝齐平布置时，一般每块钢模板应有两处钢楞支撑。错开布置时，其间距可不受端缝位置的限制。

⑤ 在同一个工程中，可多次使用预组装模板，宜采用模板与支撑系统连成整体的模架。

⑥ 支撑系统应经过设计计算，保证具有足够的强度和稳定性。当支柱或其节间的长细比大于 110 时，应按临界荷载进行核算，安全系数可取 3 ～ 3.5。

⑦ 对于连续形式或排架形式的支柱，应适当配置水平撑与剪刀撑，以保证其稳定性。

(8) 模板的配板设计应绘制配板图，标出钢模板的位置、规格、型号和数量。预组装大模板，应标绘出其分界线。预埋件和预留孔洞的位置，应在配板图上标明，并注明固定方法。

(三) 木模板

木模板的木材主要采用松木和杉木，其含水率不宜过高，以免干裂，材质不宜低于三等材。

木模板的基本元件是拼板，它由板条和拼条(木挡)组成，如图 4-8 所示。板条厚 25 ～ 50 mm，宽度不宜超过 200 mm，以保证在干缩时，缝隙均匀，浇水后缝隙要严密且板条不翘曲，但梁底板的板条宽度不受限制，以免漏浆。拼条截面尺寸为 25 mm × 35 mm ～ 50 mm × 50 mm，拼条间距根据施工荷载大小及板条的厚度而定，一般取 400 ～ 500 mm。图 4-9 和图 4-10 分别是阶梯形基础和楼梯模板。

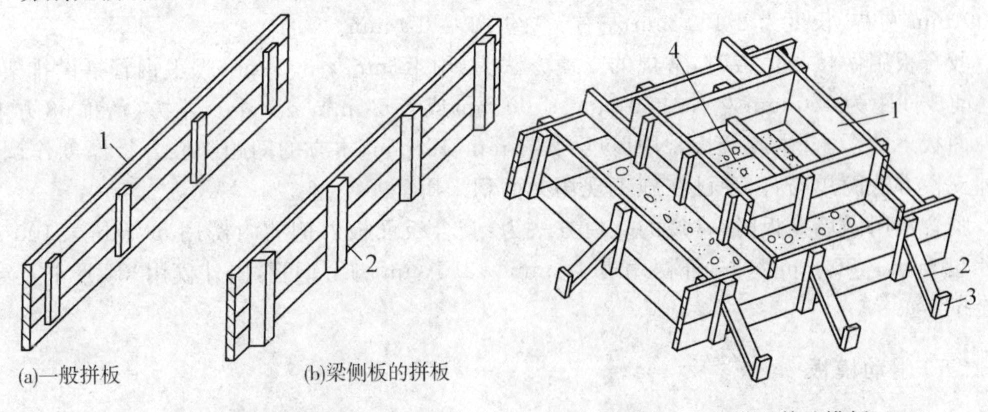

图 4-8　拼板的构造

1— 板条；2— 拼条

图 4-9　阶梯形基础模板

1— 拼板；2— 斜撑；3— 木桩；4— 铁丝

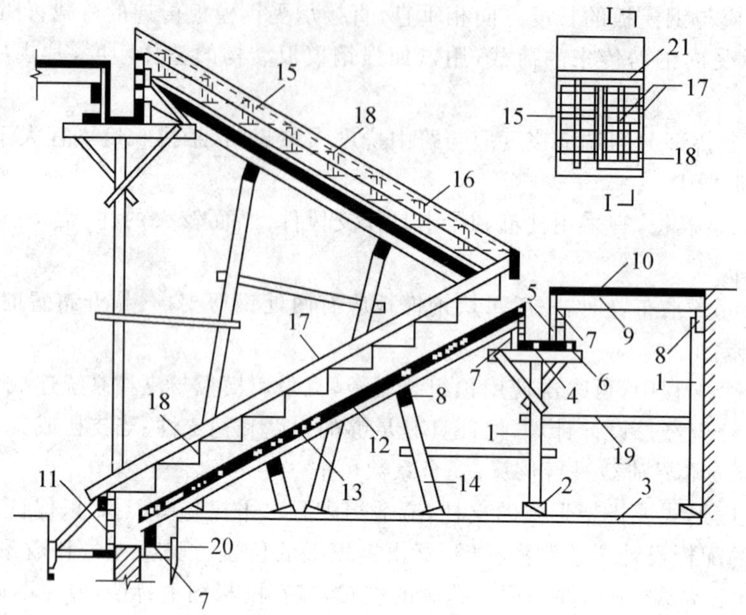

图 4-10 楼梯模板

1— 支柱(顶撑);2— 木楔;3— 垫板;4— 平台梁底板;5— 侧板;6— 夹板;7— 托木;8— 扛木;9— 木楞;10— 平台底板;11— 梯基侧板;12— 斜木楞;13— 楼梯底板;14— 斜向顶撑;15— 外帮板;16— 横挡木;17— 反三角板;18— 踏步侧板;19— 拉杆;20— 木桩

(四) 胶合板模板

模板用的胶合板通常由 5、7、9、11 层等奇数层单板经热压固化而胶合成形。相邻层的纹理方向相互垂直,通常最外层表板的纹理方向和胶合板板面的长向平行,因此,整张胶合板的长向为强方向,短向为弱方向,使用时必须注意。模板用木胶合板的幅面尺寸,一般宽度为 1 200 mm 左右,长度为 2 400 mm 左右,厚约 12 ～ 18 mm。

胶合板用做楼板模板时,常规的支模方法为:用 48 mm×3.5 mm 脚手钢管搭设排架,排架上铺放间距为 400 mm 左右的 50 mm×100 mm 或者 60 mm×80 mm 木方(俗称 68 方木),作为面板下的楞木。木胶合板常用厚度为 12 mm、18 mm,木方的间距随胶合板厚度作调整。这种支模方法简单易行,现已在施工现场大面积采用。

胶合板用做墙模板时,常规的支模方法为:胶合板面板外侧的内楞用 50 mm×100 mm 或者 60 mm×80 mm 木方,外楞用声 48 mm×3.5 mm 脚手钢管,内外模用“3”形卡及穿墙螺栓拉结。

(五) 滑动模板

滑动模板(简称滑模),是在混凝土连续浇筑过程中,可使模板面紧贴混凝土面滑动的模板。采用滑模施工要比常规施工节约木材(包括模板和脚手板等)70% 左右;采用滑模施工可以节约劳动力 30% ～ 50%;采用滑模施工要比常规施工的工期短,速度快,可以缩短施工周期 30% ～ 50%;滑模施工的结构整体性好,抗震效果明显,适用于高层或超高层抗震建筑物和高耸构筑物施工;滑模施工的设备便于加工、安装、运输。

1. 滑板系统装置的组成部分

(1) 模板系统。包括提升架、围圈、模板及加固、连接配件。

(2) 施工平台系统。包括工作平台、外圈走道、内外吊脚手架。

(3) 提升系统。包括千斤顶、油管、分油器、针形阀、控制台、支撑杆及测量控制装置，滑模构造如图 4-11 所示。

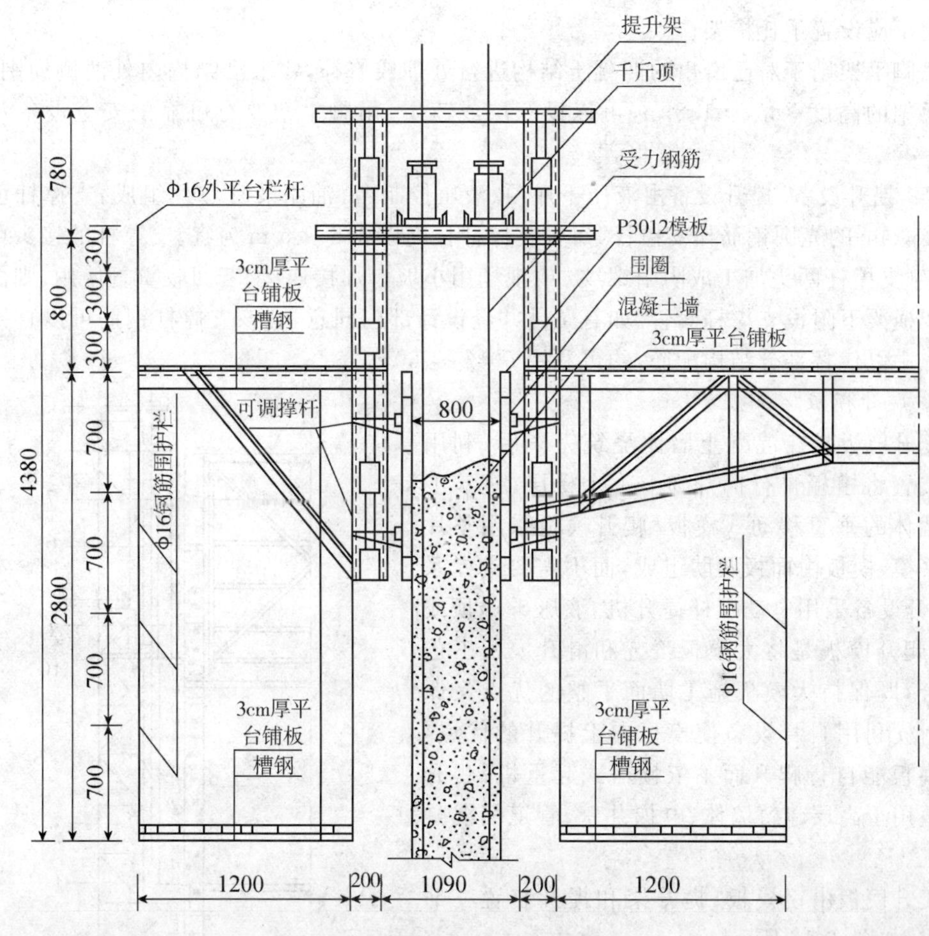

图 4-11　滑模构造示意图(单位:mm)

2. 主要部件构造及作用

(1) 提升架:提升架是整个滑模系统的主要受力部分。各项荷载集中传至提升架，最后通过装设在提升架上的千斤顶传至支撑杆上。提升架由横梁、立柱、牛腿及外挑架组成。各部分尺寸及杆件断面应通盘考虑经计算确定。

(2) 围圈:围圈是模板系统的横向连接部分，将模板按工程平面形状组合为整体。围圈也是受力部件，它既承受混凝土侧压力产生的水平推力，又承受模板的重量、滑动时产生的摩擦阻力等竖向力。在有些滑模系统的设计中，也将施工平台支撑在围圈上。围圈架设在提升架的牛腿上，各种荷载将最终传至提升架上。围圈一般用型钢制作。

(3) 模板:模板是混凝土成型的模具，要求板面平整、尺寸准确、刚度适中。模板高度一般为 90 ～ 120 cm，宽度为 50 cm，但根据需要也可加工成小于 50 cm 的异型模板。模板通常用钢材制作,也有用其他材料制作,如钢木组合模板,是用硬质塑料板或玻璃钢等材料作为面板的有机材料复合模板。

(4) 施工平台与吊脚手架:施工平台是滑模施工中各工种的作业面及材料、工具的存放场所。施工平台应视建筑物的平面形状、开门大小、操作要求及荷载情况设计。施工平台必须有可靠的强度及必要的刚度,确保施工安全,防止平台变形导致模板倾斜。如果跨度较大时,在平台下应设置承托桁架。

吊脚手架用于对已滑出的混凝土结构进行处理或修补,要求沿结构内外两侧周围布置。吊脚手架的高度一般为 1.8 m,可以设双层或三层。吊脚手架要有可靠的安全设备及防护设施。

(5) 提升设备。提升设备由液压千斤顶、液压控制台、油路及支撑杆组成。支撑杆可用直径为 25 ram 的光圆钢筋作支撑杆,每根支撑杆长度以 3.5 ~ 5 m 为宜。支撑杆的接头可用螺栓连接(支撑杆两头加工成阴阳螺纹)或现场用小坡口焊接连接。若回收重复使用,则需要在提升架横梁下附设支撑杆套管。如有条件并经设计部门同意,则该支撑杆钢筋可以直接打在混凝土中以代替部分结构配筋,约可利用 50% ~ 60%。

6. 爬升模板

爬升模板是在混凝土墙体浇筑完毕后,利用提升装置将模板自行提升到上一个楼层,浇筑上一层墙体的垂直移动式模板。爬升模板采用整片式大平模,模板由面板及肋组成,而不需要支撑系统;提升设备采用电动螺杆提升机、液压千斤顶或导链。爬升模板是将大模板工艺和滑升模板工艺相结合,既保持大模板施工墙面平整的优点又保持了滑模利用自身设备使模板向上提升的优点,墙体模板能自行爬升而不依赖塔式起重机。爬升模板适用于高层建筑墙体、电梯井壁、管道间混凝土施工。

爬升模板由钢模板、提升架和提升装置三部分组成,如图 4-12 所示。

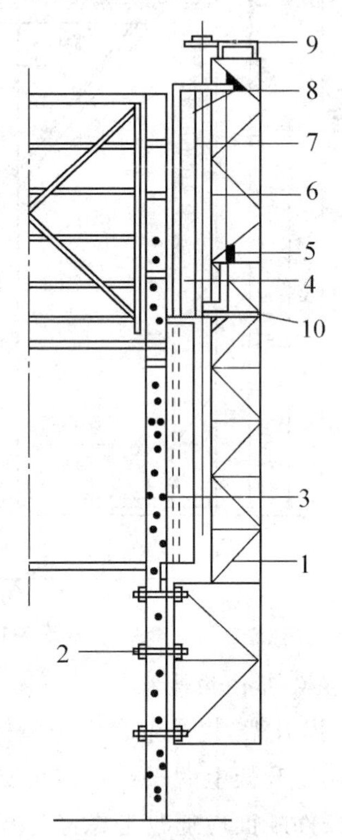

图 4-12　爬升模板

1— 爬架;2— 螺栓;3— 预留爬架孔;4— 爬模;5— 抓架千斤顶;6— 抓模千斤顶;7— 抓杆;8— 模板挑横梁;9— 抓架挑横梁;10— 脱模千斤顶

(六) 台模

台模是浇筑钢筋混凝土楼板的一种大型工具式模板。在施工中,可以整体脱模和转运,利用起重机从浇筑完的楼板下吊出,转移至上一楼层,中途不再落地,所以亦称“飞模”。台模按其支架结构类型分为:立柱式台模、桁架式台模、悬架式台模等。

台模适用于各种结构的现浇混凝土适用于小开间、小进深的现浇楼板,单座台模面板的面积从 2 ~ 6 m^2 到 60 m^2 以上。台模整体性好,混凝土表面容易平整、施工进度快。台模由台面、支架(支柱)、支腿、调节装置、行走轮等组成。

台面是直接接触混凝土的部件，表面应平整光滑，具有较高的强度和刚度。目前常用的面板有钢板、胶合板、铝合金板、工程塑料板及木板等，如图 4-13 所示。

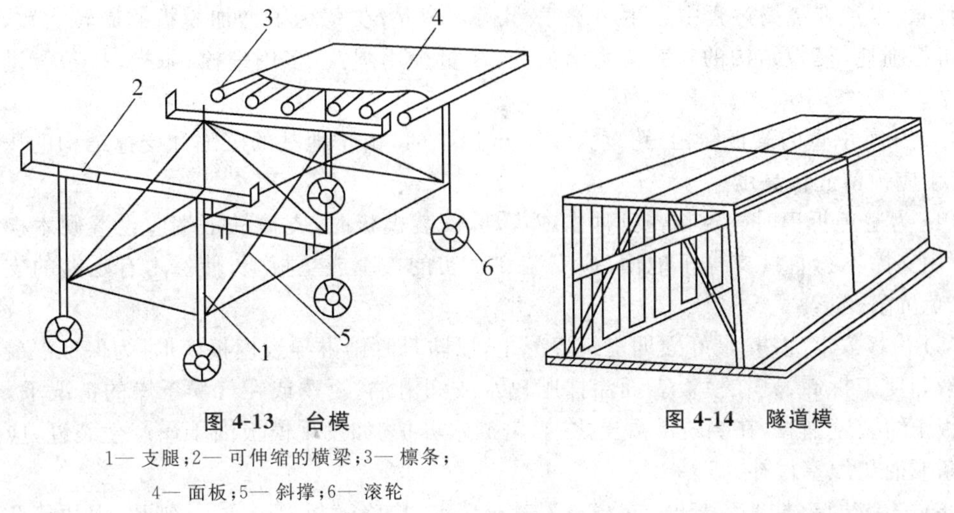

图 4-13　台模

1— 支腿；2— 可伸缩的横梁；3— 檩条；
4— 面板；5— 斜撑；6— 滚轮

图 4-14　隧道模

（七）隧道模

隧道模是将楼板和墙体一次支模的一种工具式模板，相当于将台模和大模板组合起来，如图 4-14 所示。隧道模有断面呈“Ⅱ”字形的整体式隧道模和断面呈“r”形的双拼式隧道模两种。整体式隧道模自重大、移动困难，目前已很少应用；双拼式隧道模应用较广泛，特别在内浇外挂和内浇外砌的多高层建筑中应用较多。

双拼式隧道模由两个半隧道模和一道独立的插入模板组成。在两个半隧道模之间加一道独立的模板，用其宽度的变化，使隧道模适应于不同的开间；在不拆除中间模板的情况下，半隧道模可提早拆除，增加周转次数。半隧道模的竖向墙模板和水平楼板模板间用斜撑连接。在半隧道模下部设行走装置，在模板长方向，沿墙模板设两个行走轮，在近设置两个千斤顶，模板就位后，这两个千斤顶将模板顶起，使行走轮离开楼板，施工荷载全部由千斤顶承担。脱模时，松动两个千斤顶，半隧道模在自重作用下，下降脱模，行走轮落到楼板上。半隧道模脱模后，用专用吊架吊出，吊升至上一楼层。将吊架从半隧模的一端插入墙模板与斜撑之间，吊钩慢慢起钩，将半隧道模托起，托挂在吊架上，吊到上一楼层。

4.1.2　模板施工

（一）模板安装

安装模板之前，应事先熟悉设计图样，掌握建筑物结构的形状尺寸，并根据现场条件，初步考虑好立模及支撑的程序，以及与钢筋绑扎、混凝土浇捣等工序的配合，尽量避免工种之间的相互干扰。

模板的安装包括放样、立模、支撑加固、吊正找平、尺寸校核、堵设缝隙及清仓去污等工序。在安装过程中，应注意下列事项：

(1) 模板竖立后，须切实校正位置和尺寸，垂直方向用垂球校对，水平长度用钢尺丈量两次以上，务必使模板的尺寸符合设计标准。

(2) 模板各结合点与支撑必须坚固紧密，牢固可靠，尤其是采用振捣器捣固的结构部位更应注意，以免在浇捣过程中发生裂缝、鼓肚等不良情况。但为了增加模板的周转次数，减少模板拆模损耗，模板结构的安装应力求简便，尽量少用圆钉，多用螺栓、木楔、拉条等进行加固联结。

(3) 凡属承重的梁板结构，跨度大于 4 m 以上时，由于地基的沉陷和支撑结构的压缩变形，跨中应预留起拱高度。

(4) 为避免拆模时建筑物受到冲击或震动，安装模板时，支撑柱下端应设置硬木楔形垫块，所用支撑不得直接支撑于地面，应安装在坚实的桩基或垫板上，使撑木有足够的支撑面积，以免沉陷变形。

(5) 模板安装完毕，最好立即浇筑混凝土，以防日晒雨淋导致模板变形。为保证混凝土表面光滑和便于拆卸，宜在模板表面涂抹肥皂水或润滑油。夏季或在气候干燥的情况下，为防止模板干缩裂缝漏浆，在浇筑混凝土之前，需洒水养护。如发现模板因干燥产生裂缝，应事先用木条或油灰填塞衬补。

(6) 安装边墙、柱等模板时，在浇筑混凝土以前，应将模板内的木屑、刨片、泥块等杂物清除干净，并仔细检查各联结点及接头处的螺栓、拉条、楔木等有无松动滑脱现象。

在浇筑混凝土过程中，木工、钢筋、混凝土、架子等工种均应有专人“看仓”，以便发现问题随时加固修理。

(7) 模板安装的偏差，应符合规定。

(二) 模板拆除

1. 拆模期限

不承重的侧模板在混凝土强度能保证混凝土表面和棱角不因拆模而受损害时方可拆模。一般此时混凝土的强度应达到 2.5 MPa 以上；承重模板应在混凝土达到表 4-1 所要求的强度以后方能拆除。

2. 拆模注意事项

模板拆卸工作应注意以下事项：

(1) 模板拆除工作应遵守一定的方法与步骤。拆模时要按照模板各结合点构造情况，逐块松卸。首先去掉扒钉、螺栓等连接铁件，然后用撬杠将模板松动或用木楔插入模板与混凝土接触面的缝隙中，以锤击木楔，使模板与混凝土面逐渐分离。拆模时，禁止用重锤直接敲击模板，以免使建筑物受到强烈震动或将模板毁坏。

表 4-1 承重模板拆除时的混凝土强度要求

构件类型	构件跨度 /m	达到设计混凝土立方体抗压强度标准值的百分率 /%
板	≤2	≥50
	>2,≤8	≤75
	>8	≥100
梁、拱、壳	≤8	≥75
	>8	≥100
悬臂构件		≥100

(2) 拆卸拱形模板时,应先将支柱下的木楔缓慢放松,使拱架徐徐下降,避免新拱因模板突然大幅度下沉而担负全部自重,并应从跨中点向两端同时对称拆卸。拆卸跨度较大的拱模时,则需从拱顶中部分段分期向两端对称拆卸。

(3) 高空拆卸模板时,不得将模板自高处摔下,而应用绳索吊卸,以防砸坏模板或发生事故。

(4) 当模板拆卸完毕后,应将附着在板面上的混凝土砂浆洗凿干净,损坏部分需加修整,板上的圆钉应及时拔除(部分可以回收使用),以免刺脚伤人。卸下的螺栓应与螺母、垫圈等拧在一起,并加黄油防锈。扒钉、铁丝等物均应收捡归仓,不得丢失。所有模板应按规格分放,妥加保管,以备下次立模周转使用。

(5) 对于大体积混凝土,为了防止拆模后混凝土表面温度骤然下降而产生表面裂缝,应考虑外界温度的变化而确定拆模时间,并应避免早、晚或夜间拆模。

4.2 钢筋施工

4.2.1 钢筋的验收、储存与配料

(一) 钢筋的验收与储存

1. 钢筋的验收

钢筋进场应具有出厂证明书或试验报告单,每捆(盘)钢筋应有标牌。同时应按有关标准和规定进行外观检查和分批作力学性能试验。钢筋在使用时,如发现脆断、焊接性能不良或机械性能显著不正常等,则应进行钢筋化学成分检验。

2. 钢筋的储存

钢筋进场后,必须严格按批分等级、牌号、直径、长度挂牌存放,不得混淆。钢筋应尽量堆入仓库或料棚内。条件不具备时,应选择地势较高,土质较硬的场地存放。堆放时,钢筋下部应垫高,离地至少 20 cm 高,以防钢筋锈蚀。在堆场周围应挖排水沟,以利排水。

(二) 钢筋的配料

钢筋的配料是指识读工程图样、计算钢筋下料长度和编制配筋表。

1. 钢筋下料长度

(1) 钢筋长度。施工图(钢筋图)中所指的钢筋长度是钢筋外缘至外缘之间的长度,即外包尺寸。

(2) 混凝土保护层厚度。混凝土保护层厚度是指受力钢筋外缘至混凝土表面的距离,其作用是保护钢筋在混凝土中不被锈蚀。混凝土的保护层厚度,一般用水泥砂浆垫块或塑料卡垫在钢筋与模板之间来控制。塑料卡的形状有塑料垫块和塑料环圈两种。塑料垫块用于水平构件,塑料环圈用于垂直构件。

(3) 钢筋接头增加值。由于钢筋直条的供货长度一般为 6 ～ 10re,而有的钢筋混凝土结构的尺寸很大,需要对钢筋进行接长。钢筋接头的增加值见表 4-2 ～ 表 4-4。

表 4-2　纵向受拉钢筋的最小搭接长度

钢筋类型		混凝土强度等级			
		C15	C20 ～ C25	C30 ～ C35	≥ C40
光圆钢筋	HPB235 级	45d	35d	30d	25d
带肋钢筋	HRB335 级	55d	45d	354	304
	HRB400 级、RRB400 级		55 d	40 d	35 d

注:1. 两根直径不同钢筋的搭接长度,以较细钢筋直径计算,d 为钢筋直径,后同。

2. 本表适用于纵向受拉钢筋的绑扎搭接接头面积百分率不大于 25%。当纵向受拉钢筋搭接接头面积百分率大于 25%,但不大于 50% 时,其最小搭接长度应按表中的数值乘以系数 1.2 取用;当接头面积百分率大于 50% 时,应按表中的数值乘以系数 1.35 取用。

3. 当符合下列条件时,纵向受拉钢筋的最小搭接长度应根据上述要求确定后,按下列规定进行修正。

(1) 当带肋钢筋的直径大于 25 mm,其最小搭接长度应按相应数值乘以系数 1.1 取用。

(2) 对环氧树脂涂层的带肋钢筋,其最小搭接长度应按相应数值乘以 1.25 取用。

(3) 当在混凝土凝固过程中受力钢筋易受扰动时(如滑模施工),其最小搭接长度应按相应数值乘以系数 1.1 取用。

(4) 对末端采用机械锚固措施的带肋钢筋,其最小搭接长度可按相应数值乘以系数 0.7 取用。

(5) 当带肋钢筋的混凝土保护层厚度大于搭接钢筋直径的 3 倍且配有箍筋时,其最小搭接长度可按相应数值乘以系数 0.8 取用。

(6) 对有抗震设防要求的结构构件,其受力钢筋的最小搭接长度对一、二级抗震等级应按相应数值乘以系数 1.05 采用;对三级抗震等级应按相应数值乘以系数 1.05 采用。在任何情况下,受拉钢筋的搭接长度不应小于 300 mm。

4. 纵向压力钢筋搭接时,其最小搭接长度应根据上述规定确定相应数值后,乘以系数的 0.7 取用,在任何情况下,受压钢筋的搭接长度不应小于 200 mm。

表 4-3　钢筋对焊长度损失值　(单位:mm)

钢筋直径	＜16	16 ～ 25	＞25
损失值	20	25	30

表 4-4 钢筋搭接焊最小搭接长度

焊接类型	HPB235 光圆钢筋	HRB335、HRB400 月牙肋钢筋
双面焊	4 d	5 d
单面焊	8 d	10 d

(4) 弯曲量度差值。钢筋有弯曲时，在弯曲处的内侧发生收缩，而外皮却出现延伸，而中心线则保持原有尺寸。钢筋长度的度量方法系指外包尺寸，因此在钢筋弯曲后，存在一个量度差值，在计算下料长度时必须加以扣除。根据理论推理和实践经验，列于表 4-5。

表 4-5　钢筋弯曲量度差值

钢筋弯起角度(°)	30°	45°	60°	90°	135°
钢筋弯曲调整值	0.35 d	0.54 d	0.85 d	1.75 d	2.5 d

(5) 钢筋弯钩增加值。弯钩形式最常用的有半圆弯钩、直弯钩和斜弯钩。受力钢筋的弯钩和弯折应符合下列要求。

①HPB235 钢筋末端应作 180° 弯钩，其弯弧内直径不应小于钢筋直径的 2.5 倍，弯钩的弯后平直部分长度不应小于钢筋直径的 3 倍。

② 当设计要求钢筋末端需作 135° 弯钩时，HRB335、HRB400 钢筋的弯弧内直径不应小于钢筋直径的 4 倍，弯钩的弯后平直部分长度应符合设计要求。

③ 钢筋作不大于 90° 的弯折时，弯折处的弯弧内直径不应小于钢筋直径的 5 倍，见表 4-6。

表 4-6　钢筋弯钩增加

<table>
<tr><th colspan="2" rowspan="2">弯钩类型</th><th colspan="3">弯　钩</th></tr>
<tr><th>180°</th><th>135°</th><th>90°</th></tr>
<tr><td rowspan="2">增加长度</td><td>HPB235 光圆钢筋</td><td rowspan="2">6.25 d</td><td>4.9 d</td><td>3.5 d</td></tr>
<tr><td>HRB335 月牙肋钢筋</td><td>5.9 d</td><td>3.9 d</td></tr>
</table>

注：HPB235 光圆钢筋弯曲直径按 2.5 d 计，HRB335 月牙肋钢筋弯曲直径按 4 d 计。

④ 除焊接封闭环式箍筋外，箍筋的末端应作弯钩，弯钩形式应符合设计要求，当无具体要求时，应符合下列要求：

a. 箍筋弯钩的弯弧内直径除应满足上述要求外，还应不小于受力钢筋直径；

b. 箍筋弯钩的弯折角度：对一般结构不应小于 90°；对于有抗震要求的结构应为 135°；

c. 箍筋弯后平直部分长度：对一般结构不宜小于箍筋直径的 5 倍；对于有抗震要求的结构，不应小于箍筋直径的 10 倍。

为了箍筋计算方便，一般将箍筋的弯钩增加长度、弯折减少长度两项合并成一箍筋调整值，见表 4-7。计算时将箍筋外包尺寸或内皮尺寸加上箍筋调整值即为箍筋下料长度。

表 4-7　箍筋调整值

箍筋量度方法	箍筋直径 /m			
	4 ～ 5	6	8	10 ～ 12
量外包尺寸	40	50	60	70
量内皮尺寸	80	100	120	150 ～ 170

(6) 钢筋下料长度的计算。

直筋下料长度 = 构件长度 + 搭接长度 − 保护层厚度 + 弯钩增加长度

弯起筋下料长度 = 直段长度 + 斜段长度 + 搭接长度 − 弯折减少长度 + 弯钩增加长度

箍筋下料长度 = 直段长度 + 弯钩增加长度 − 弯折减少长度 − 箍筋周长 + 箍筋调整值

2. 钢筋配料

钢筋配料是钢筋加工中的一项重要工作，合理配料能使钢筋得到最大限度的利用，并使钢筋的安装和绑扎工作简单化。钢筋配料是依据钢筋表合理安排同规格、同品种的下料，使钢筋的出厂规格长度能够得以充分利用，或库存各种规格和长度的钢筋得以充分利用。

(1) 归整相同规格和材质的钢筋。下料长度计算完毕后，把相同规格和材质的钢筋进行归整和组合，同时根据现有钢筋的长度和能够及时采购到的钢筋的长度进行合理组合加工。

(2) 合理利用钢筋的接头位置。对有接头的配料，在满足构件中接头的对焊或搭接长度，接头错开的前提下，必须根据钢筋原材料的长度来考虑接头的布置。要充分考虑原材料被截下来的一段长度的合理使用，如果能够使一根钢筋正好分成几段钢筋的下料长度，则是最佳方案。但往往难以做到最佳，所以在配料时，要尽量使被截下的一段能够长一些，这样才不致使余料成为废料，使钢筋能得到充分利用。

(3) 钢筋配料应注意的事项。配料计算时，要考虑钢筋的形状和尺寸在满足设计要求的前提下，要有利于加工安装；配料时，要考虑施工需要的附加钢筋。如板双层钢筋中保证上二层钢筋位置的撑脚、墩墙双层钢筋中固定钢筋间距的撑铁、柱钢筋骨架增加四面斜撑等。根据钢筋下料长度计算结果和配料选择后，汇总编制钢筋配单。在钢筋配料单中必须反映出工程部位、构件名称、钢筋编号、钢筋简图及尺寸、钢筋直径、钢号、数量、下料长度、钢筋重量等。列入加工计划的配料单，将每一编号的钢筋制作一块料牌（如图 4-15 所示）作为钢筋加工的依据，并在安装中作为区别各工程部位、构件和各种编号钢筋的标志。钢筋配料单和料牌应严格校核，必须准确无误，以免返工浪费。

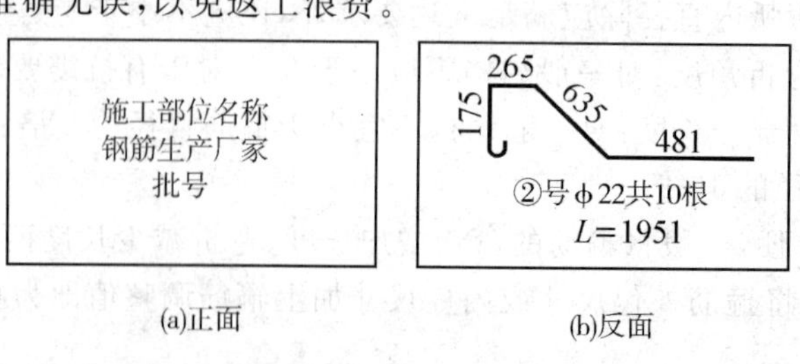

图 4-15　钢筋料牌

4.2.2　钢筋内场加工

(一) 钢筋的冷拉和冷拔

1. 钢筋冷拉

钢筋冷拉是在常温下，以超过钢筋屈服强度的拉应力拉伸钢筋，使钢筋产生塑性变形，以提高强度，节约钢材。冷拉时，钢筋被拉直，表面锈渣自动剥落，因此冷拉不但可提高强度，而且还可以同时完成调直、除锈工作。

钢筋的冷拉可采用控制应力和控制冷拉率两种方法。采用控制应力方法冷拉钢筋时，其冷拉控制应力及最大冷拉率，应符合规范规定；钢筋冷拉采用控制冷拉率方法时，冷拉率必须由试验确定。钢筋冷拉采用控制应力法能够保证冷拉钢筋的质量，用做预应力筋的冷拉钢筋宜用控制应力法。控制冷拉率法的优点是设备简单。但当材质不均匀，冷拉率波动大时，不易保证冷拉应力，为此可采用逐根取样法。不能分清炉批的热轧钢筋，不应采用控制冷拉率法。

钢筋冷拉设备由拉力设备、承力结构、测量装置和钢筋夹具等组成。拉力设备主要为卷扬机和滑轮组，如图 4-16 所示它们应根据所需的最大拉力确定。

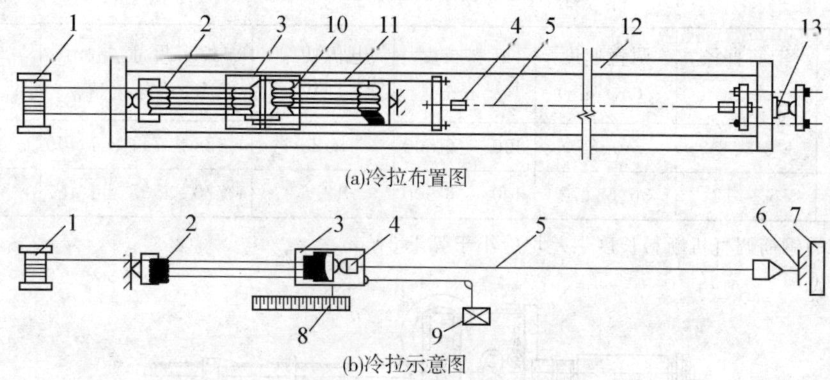

图 4-16　冷拉设备

1— 卷扬机；2— 滑轮机；3— 冷拉小车；4— 夹具；5— 被冷拉的钢筋；6— 地锚；7— 防护壁；8— 标尺；9— 回程荷重架；10— 回程滑轮组；11— 传力架；12— 槽式台座；13— 液压千斤顶

2. 钢筋冷拔

冷拔是使φ 6 ～ φ 8 的 HRB235 级钢筋通过钨合金拔丝模孔(如图 4-17 所示)进行强力拉拔，使钢筋产生塑性变形，其轴向被拉伸，径向被压缩，内部晶格变形，因而抗拉强度提高(提高 50% ～ 90%)，塑性降低，并呈硬钢特性。

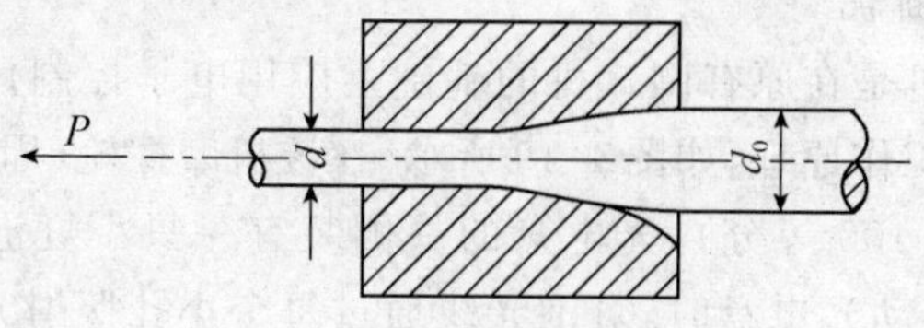

图 4-17　钢筋的冷拔

（二）钢筋的除锈

钢筋由于保管不善或存放时间过久，就会受潮生锈。在生锈初期，钢筋表面呈黄褐色，称水锈或色锈，这种水锈除在焊点附近必须清除外，一般可不处理；但是当钢筋锈蚀进一步发展，钢筋表面已形成一层锈皮，受锤击或碰撞可见其剥落，这种铁锈不能很好地与混凝土粘结，影响钢筋和混凝土的握裹力，并且在混凝土中继续发展，需要清除。

（三）钢筋的调直

钢筋在使用前必须经过调直，否则会影响钢筋受力，甚至会使混凝土提前产生裂缝，如未调直直接下料，会影响钢筋的下料长度，并影响后续工序的质量。

钢筋的机械调直可采用钢筋调直机、弯筋机、卷扬机等。钢筋调直机用于圆钢筋的调直和切断，并可清除其表面的氧化皮和污迹。此外，还有一种数控钢筋调直切断机，其利用光电管进行调直、输送、切断、除锈等功能的自动控制。

1. 钢筋调直机

钢筋调直机的技术性能，见表 4-8。图 4-18 为 GT3/8 型钢筋调直机外形。

表 4-8　钢筋调直机技术性能

机械型号	钢筋直径 /mm	调直速度 /（m/min）	断料长度 /mm	电机功率 /kW	外形尺寸 /mm 长×宽×高	机重 /kg
GT3/8	3～8	40、65	300～6 500	9.25	1 854×741×1 400	1 280
GT6/12	6～12	36、54、72	300～6 500	12.6	1 770×535×1 457	1 230

注：表中所列的钢筋调直机断料长度误差均应小于等于 3 ram。

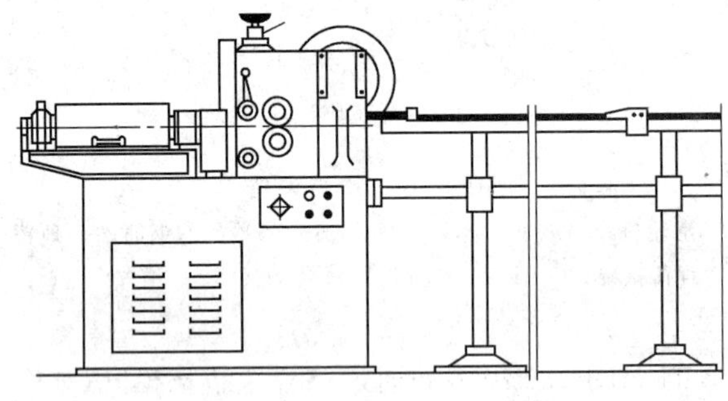

图 4-18　GT3/8 型钢筋调直机

2. 数控钢筋调直切断机

数控钢筋调直切断机是在原有调直机的基础上应用电子控制仪，准确控制钢丝断料长度，并自动计数。该机的工作原理，如图 4-19 所示。在该机摩擦轮（周长 100 mm）的同轴上装有一个穿孔光电盘（分为 100 等分），光电盘的一侧装有一只小灯泡，另一侧装有一只光电管。当钢筋通过摩擦轮带动光电盘时，灯泡光线通过每个小孔照射光电管，就被光电管接收而产生脉冲信号（每次信号为钢筋长 1 mm），控制仪长度部位数字上立即显示出相应读数。当信号积累到给定数字（即钢丝调直到所指定长度）时，控制仪立即发出指令，使切断装置切断钢丝。与此同时长度部位数字回到零，根数部位数字显示出根数，这样连续作业，当根数信号积累至给定数字时，即自动切断电源，停止运转。

钢筋数控调直切断机已在有些构件厂采用，断料精度高(偏差仅约 1 ～ 2 mm)，并实现了钢丝调直切断自动化。采用此机时，要求钢丝表面光洁，截面均匀，以免钢丝移动时速度不匀，影响切断长度的精确性。

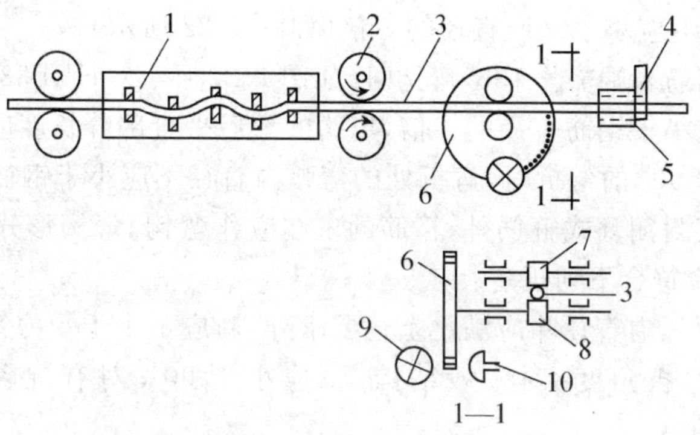

图 4-19　数控钢筋调直切断机工作简图

1— 调直装置；2— 牵引轮；3— 钢筋；4— 上刀口；5— 下刀口；6— 光电盘；7— 压轮；8— 摩擦轮；9— 灯泡；10— 光电管

(四) 钢筋切断

钢筋切断有人工剪断、机械切断、氧气切割等三种方法。直径大于 40 mm 的钢筋一般用氧气切割。钢筋切断机是用来把钢筋原材料或已调直的钢筋切断，其主要类型有机械式、液压式和手持式钢筋切断机。机械式钢筋切断机有偏心轴立式、凸轮式和曲柄连杆式等，如图 4-20 和图 4-21 所示。

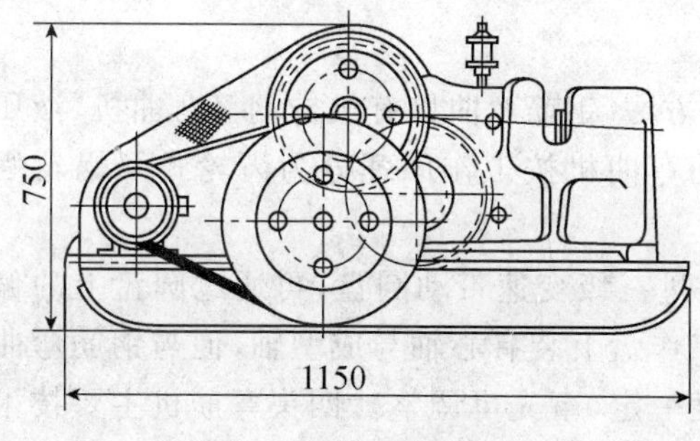

图 4-20　GQ40 型钢筋切断机

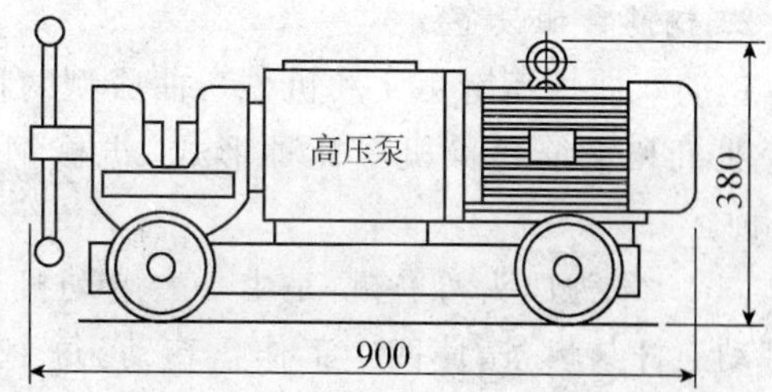

图 4-21　DYQ328 电动液压切断机

(五) 钢筋弯曲成型

钢筋变曲成型是将已切断、配好的钢筋，弯曲成所规定的形状尺寸，是钢筋加工的一道主要工序。钢筋弯曲成型要求加工的钢筋形状正确，平面上没有翘曲不平的现象，便于绑扎安装。

1. 钢筋弯钩和弯折的有关规定

(1) 受力钢筋。

①HPB235 级钢筋末端应作 180°弯钩，其弯弧内直径不应小于钢筋直径的 2.5 倍，弯钩的弯后平直部分长度不应小于钢筋直径的 3 倍(如图 4-22 所示)。

② 当设计要求钢筋末端需作 135°弯钩时(如图 4-22 所示)，HRB335 级、HRB400 级钢筋的弯弧内直径 D 不应小于钢筋直径的 4 倍，弯钩的弯后平直部分长度应符合设计要求。

③ 钢筋作不大于 90°的弯折时，弯折处的弯弧内直径不应小于钢筋直径的 5 倍。

(2) 箍筋。除焊接封闭环式箍筋外，箍筋的末端应作弯钩。弯钩形式应符合设计要求；当设计无具体要求时，应符合下列规定：

① 箍筋弯钩的弯弧内直径除应满足上述要求外，尚应不小于受力钢筋的直径。

② 箍筋弯钩的弯折角度：对一般结构，不应小于 90°；对有抗震等要求的结构应为 135°(如图 4-23 所示)。

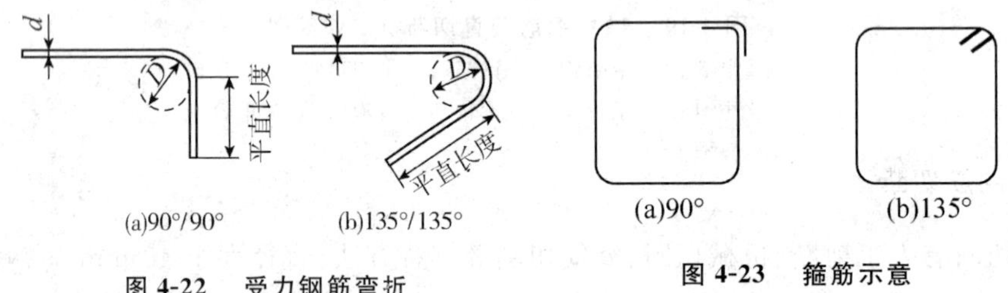

图 4-22　受力钢筋弯折

图 4-23　箍筋示意

③ 箍筋弯后的平直部分长度：对一般结构，不宜小于箍筋直径的 5 倍；对有抗震等要求的结构，不应小于箍筋直径的 10 倍。

2. 钢筋弯曲设备

钢筋弯曲成型有手工和机械弯曲成型两种方法。钢筋弯曲机有机械钢筋弯曲机、液压钢筋弯曲机和钢筋弯箍机等几种形式。机械钢筋弯曲机按工作原理分为齿轮式及蜗轮蜗杆式2 种。

图 4-24 为四头弯筋机，是由一台电动机通过三级变速带动圆盘，再通过圆盘上的偏心铰带动连杆与齿条，使四个工作盘转动。每个工作盘上装有心轴与成型轴，但与钢筋弯曲机不同的有：工作盘不停地往复运动，且转动角度一定(事先可调整)。四头弯筋机主要技术参数有：电机功率为 3 kW，转速为 960 r/min，工作盘反复动作次数为 31 r/rain。该机可弯曲 ф4 ～ф12 钢筋，弯曲角度在 0°～180°范围内变动。该机主要是用来弯制钢箍；其工效比手工操作提高约 7 倍，加工质量稳定，弯折角度偏差小。

3. 弯曲成型工艺

(1) 画线。钢筋弯曲前，对形状复杂的钢筋(如弯起钢筋)，要根据钢筋料牌上标明的尺寸，用石笔将各弯曲点位置画出。

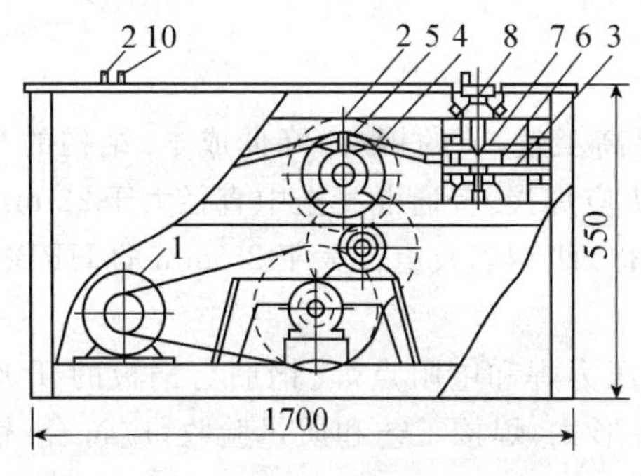

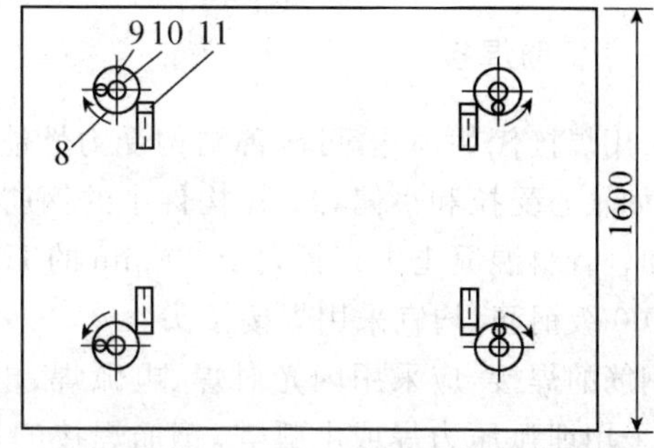

图 4-24　四头弯筋机

1— 电动机；2— 偏心圆盘；3— 偏心铰；4— 连杆；5— 齿条；6— 滑道；

7— 正齿轮；8— 工作盘；9— 成型轴；10— 心轴；11— 挡铁

画线时应注意：

① 根据不同的弯曲角度扣除弯曲调整值，其扣法是从相邻两段长度中各扣一半；② 钢筋端部带半圆弯钩时，该段长度画线时增加 0.5d(d 为钢筋直径)；③ 画线工作宜从钢筋中线开始向两边进行；两边不对称的钢筋，也可从钢筋一端开始画线，如画到另一端有出入时，则应重新调整。

(2) 钢筋弯曲成型。钢筋在弯曲机上成型时，如图 4-25 所示，心轴直径应是钢筋直径的 2.5 ~ 5.0 倍，成型轴宜加偏心轴套，以便适应不同直径钢筋弯曲的需要。弯曲细钢筋时，为了使弯弧一侧的钢筋保持平直，挡铁轴宜做成可变挡架或固定挡架(加铁板调整)。

钢筋弯曲点线和心轴的关系，如图 4-26 所示。由于成型轴和心轴在同时转动，就会带动钢筋向前滑移。因此，钢筋弯 90° 时，弯曲点线约与心轴内边缘平齐；弯 180° 时，弯曲点线距心轴内边缘为 1.0 ～ 1.5d(钢筋硬时取大值)。

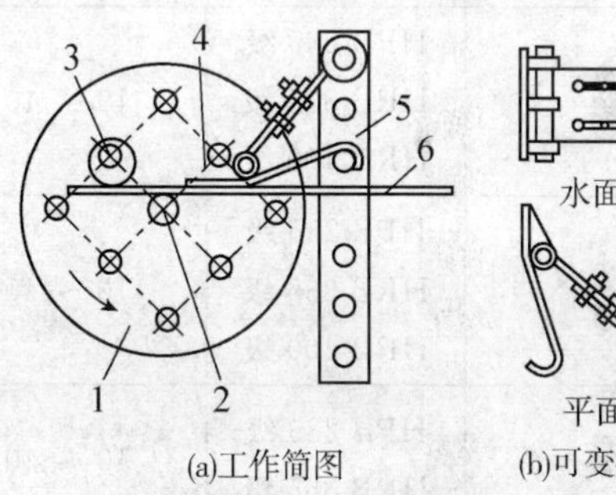

图 4-25　钢筋弯曲成型

1— 工作盘；2— 心轴；3— 成型轴；

4— 可变挡架；5— 插座；6 — 钢筋

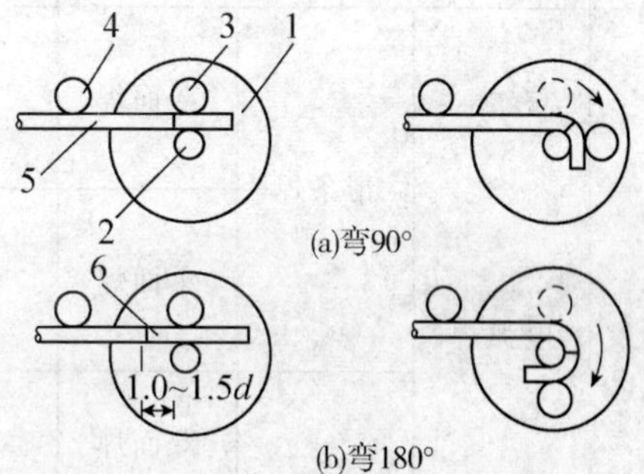

图 4-26　弯曲点线与心轴关系

1— 工作盘；2— 心轴；3— 成型轴；

4— 固定挡铁；5— 钢筋；6— 弯曲点线

4.2.3　钢筋接头的连接

钢筋接头的连接有焊接和机械连接两类。常用的钢筋焊接机械有电阻焊接机、电弧焊接机、气压焊接机及电渣压力焊机等。钢筋机械连接方法主要有钢筋套筒挤压连接、锥螺纹套筒连接等。

(一) 钢筋焊接

采用焊接代替绑扎,可改善结构受力性能,提高工效,节约钢材,降低成本。结构的某些部位,如轴心受拉和小偏心受拉构件中的钢筋接头应焊接。普通混凝土中直径大于 22 mm 的钢筋和轻骨料混凝土中直径大于 20 mm 的 HRB335 级钢筋及直径大于 25 mm 的 HRB335、HRB400 级钢筋,均宜采用焊接接头。

钢筋的焊接,应采用闪光对焊、电弧焊、电渣压力焊和电阻点焊。钢筋与钢板的 T 形连接,宜采用埋弧压力焊或电弧焊。钢筋焊接的接头形式、焊接工艺和质量验收,应符合《钢筋焊接及验收规程》的规定。焊接方法及适用范围见表 4-9。

钢筋的焊接质量与钢材的可焊性、焊接工艺有关。在相同的焊接工艺条件下,能获得良好焊接质量的钢材,称其在这种条件下的可焊性好,相反则称其在这种工艺条件下的可焊性差。钢筋的可焊性与其含碳及含合金元素的数量有关。含碳、锰数量增加,则可焊性差;加入适量的钛,可改善焊接性能。焊接参数和操作水平亦影响焊接质量,即使可焊性差的钢材,若焊接工艺适宜,亦可获得良好的焊接质量。

表 4-9　焊接方法及适用范围

项次	焊接方法			接头形式	适用范围	
					钢筋级别	直径 /mm
1	电阻点焊				HPB 235 级 HRB 335 级 冷拔低碳钢丝	6 ~ 14 3 ~ 5
2	闪光对焊			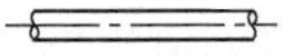	HRB 335 级 HRB 400 级	10 ~ 40
3	电弧焊	帮条焊	双面焊	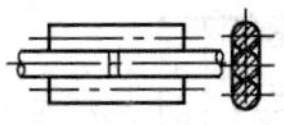	HPB 235 级 HRB 335 级 HRB 400 级	10 ~ 40
			单面焊	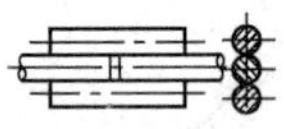	HPB 235 级 HRB 335 级 HRB 400 级	10 ~ 40
		搭接焊	双面焊	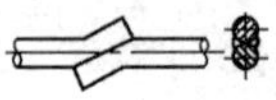	HPB 235 级 HRB 355 级	10 ~ 40
			单面焊	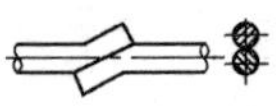	HPB 235 级 HRB 335 级	10 ~ 40

续　表

项次	焊接方法			接头形式	适用范围	
					钢筋级别	直径 /mm
3	电弧焊	熔槽帮条焊		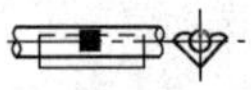	HPB 235 级 HRB 335 级 HRB 400 级	25 ～ 40
		坡口焊	平焊		HPB 235 级 HRB 335 级 HRB 400 级	18 ～ 40
			立焊		HPB 235 级 HRB 335 级 HRB 400 级	18 ～ 40
		钢筋与钢板搭接焊		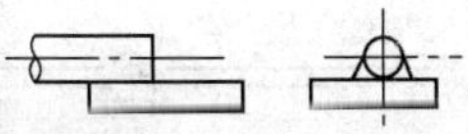	HPB 235 级 HRB 335 级	6 ～ 16
		预埋件 T 形接头电弧焊	贴角焊	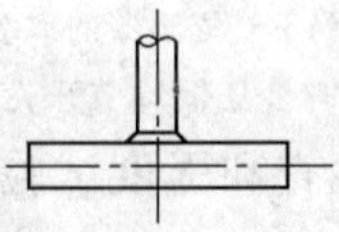	HPB 235 级 HRB 335 级	6 ～ 16
			穿孔塞焊	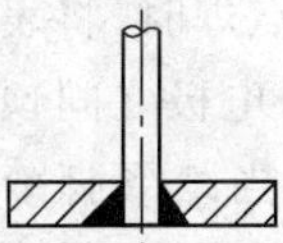	HPB 235 级 HRB 335 级	≥ 18
4	电渣压力焊			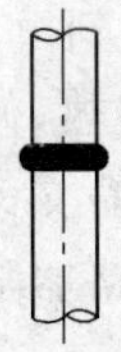	HPB 235 级 HRB 335 级	14 ～ 40
5	预埋 T 形接头埋弧压力焊			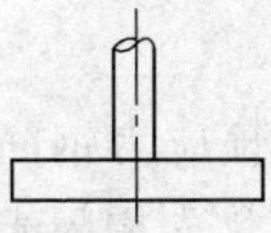	HPB 235 级 HRB 335 级	6 ～ 20

1. 钢筋点焊

电阻点焊主要用于焊接钢筋网片、钢筋骨架等(适用于直径在 6 ～ 14 mm 之间的 HPB 235、HRB 335 级钢筋和直径 3 ～ 5 mm 的冷拔低碳钢丝),其生产效率高,节约材料,应用广泛。

电阻点焊的工作原理如图4-27所示，将已除锈的钢筋交叉点放在点焊机的两电极间，使钢筋通电发热至一定温度后，加压使焊点金属焊合。常用点焊机有单点点焊机、多点点焊机和悬挂式点焊机，施工现场还可采用手提式点焊机。电阻点焊的主要工艺参数为：电流强度、通电时间和电极压力。电流强度和通电时间一般均宜采用电流强度大，通电时间短的参数，电极压力则根据钢筋级别和直径选择。

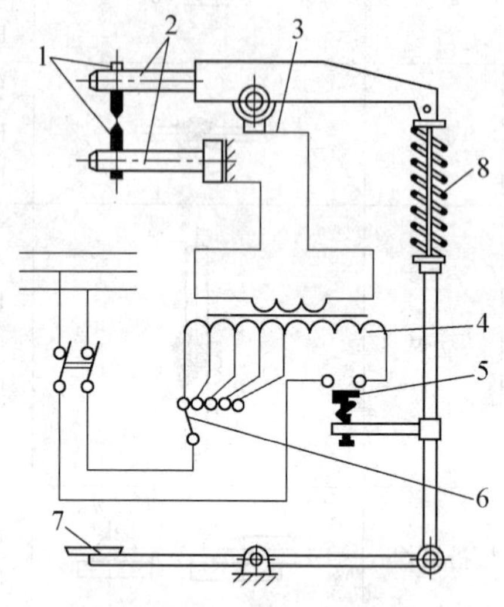

图4-27　点焊机工作原理

1—电极；2—电极臂；3—变压器的次级线圈；4—变压器的初级线圈；
5—断路器 6—变压器调节开关；7—踏板；8—压紧机构

电阻点焊的焊点应进行外观检查和强度试验，热轧钢筋的焊点应进行抗剪试验。冷处理钢筋除进行抗剪试验外，还应进行抗拉试验。点焊时，将表面清理好的钢筋叠合在一起，放在两个电极之间预压夹紧，使两根钢筋交接点紧密接触。当踏下脚踏板时，带动压紧机构使上电极压紧钢筋，同时断路器也接通电路，电流经变压器次级线圈引到电极，接触点处在极短的时间内产生大量的电阻热，使钢筋加热到熔化状态，在压力作用下两根钢筋交叉焊接在一起。当放松脚踏板时，电极松开，断路器随着杠杆下降，断开电路，点焊结束。

2. 钢筋闪光对焊

闪光对焊广泛用于钢筋接长及预应力钢筋与螺栓端杆的焊接。热轧钢筋的焊接宜优先用闪光对焊，条件不允许时才用电弧焊。

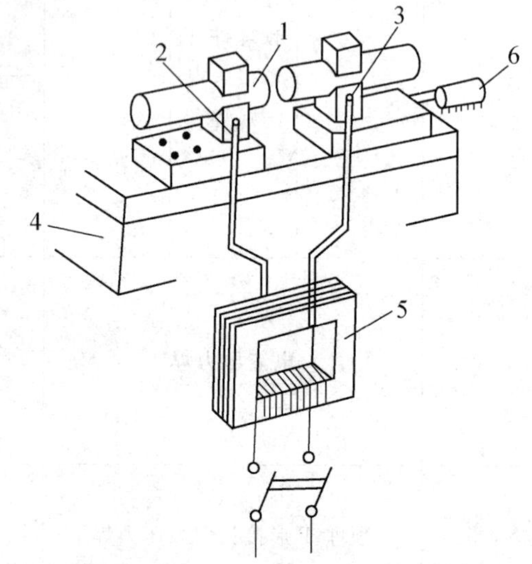

图4-28　钢筋闪光对接原理

1—焊接的钢筋；2—同定电极；3—可动电极；
4—机座；5—变压器；6—手动顶压机构

钢筋闪光对焊(如图4-28所示)是利用对焊机使两段钢筋接触，通过低电压的强电流，待钢筋被加热到一定温度变软后，进行轴向加压顶锻，形成对焊接头。钢筋闪光对焊焊接工艺应根据具体情况选择；钢筋直径较小，可采用连续闪光焊；钢筋直径较大，端面比较平整，宜采用预热闪光焊；端面不够平整，宜采用闪光 — 预热 — 闪光焊。

(1) 连续闪光焊。这种焊接工艺过程是将钢筋夹紧在电极钳口上后，闭合电源，使两钢筋端面轻微接触。由于钢筋端部不平，开始只有一点或数点接触，接触面小而电流密度和接触电阻很大，接触点很快熔化并产生金属蒸气飞溅，形成闪光现象。闪光一开始，即徐徐移动钢筋，形成连续闪光过程，同时接头也被加热。

待接头烧平、闪去杂质和氧化膜、白热熔化时，随即施加轴向压力迅速进行顶锻，使两根钢筋焊牢。

(2) 预热闪光焊。施焊时先闭合电源然后使两钢筋端面交替接触和分开。这时钢筋端NIH-1 隙中即发出断续的 lX-1 光，形成预热过程。当钢筋达到预热温度后进 AIX-1 光阶段，随后顶锻而成。

(3) 闪光 — 预热 — 闪光焊。在预热闪光焊前加一次闪光过程，目的是使不平整的钢筋端面烧化平整，使预热均匀，保证大直径、高强度钢筋焊接质量。其适用于焊接直径大于 25 mm 且端部不平整的钢筋。

3. 电弧焊接

钢筋电弧焊是以焊条作为一极，钢筋作为另一极，利用焊接电流通过产生的电弧热进行焊接的一种熔焊方法。电弧焊具有设备简单、操作灵活、成本低等特点，且焊接性能好，但工作条件差、效率低。适用于构件厂内和施工现场焊接碳素钢、低合金结构钢、不锈钢、耐热钢和对铸铁的补焊，可在各种条件下进行各种位置的焊接。电弧焊又分手弧焊、埋弧压力焊等。

(1) 手弧焊。手弧焊是利用手工操纵焊条进行焊接的一种电弧焊。手弧焊用的焊机有交流弧焊机(焊接变压器)、直流弧焊机(焊接发电机) 等。手弧焊用的焊机是一台额定电流 500 A 以下的弧焊电源：交流变压器或直流发电机；辅助设备有焊钳、焊接电缆、面罩、敲渣锤、钢丝刷和焊条保温筒等。

电弧焊是利用弧焊机使焊条与焊件之间产生高温电弧，使焊条和电弧燃烧范围内的焊件熔化，待其凝固，便形成焊缝或接头。钢筋电弧焊可分搭接焊、帮条焊、坡口焊和熔槽帮条焊四种接头形式。下面介绍帮条焊、搭接焊和坡口焊，熔槽帮条焊及其他电弧焊接方法详见《钢筋焊接及验收规程》。

① 帮条焊接头。适用于焊接直径 10 ～ 40 mm 的各级热轧钢筋。帮条宜采用与主筋同级别、同直径的钢筋制作，帮条长度见表 4-10。如帮条级别与主筋相同时，帮条的直径可比主筋直径小一个规格，如帮条直径与主筋相同时，帮条钢筋的级别可比主筋低一个级别。

表 4-10　钢筋帮条长度

项次	钢筋级别	焊接形式	帮条长度 d
1	HPB 235 级	单面焊	$> 8\ d$
		双面焊	$> 4\ d$
2	HRB 335 级	单面焊	$> 10\ d$
		双面焊	$> 5\ d$

②搭接焊接头。只适用于焊接直径 10 ～ 40 mm 的 HPB235、HRB335 级钢筋。焊接时，宜

采用双面焊，如图 4-29 所示。不能进行双面焊时，也可采用单面焊。搭接长度应与帮条长度相同。

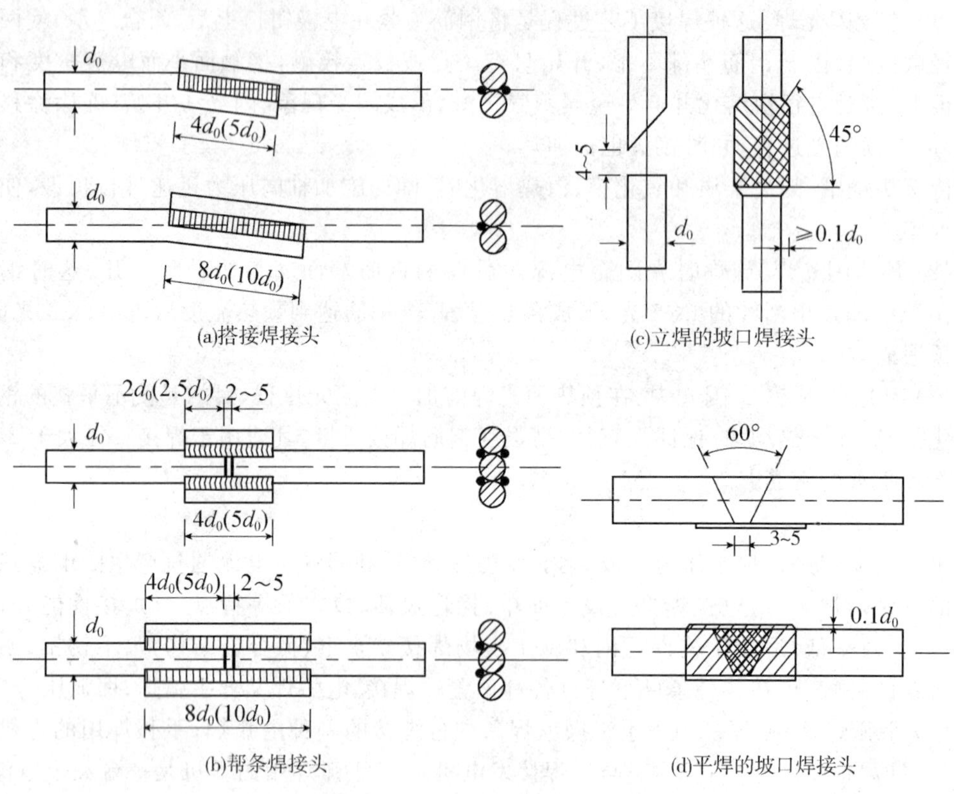

图 4-29　钢筋电弧焊的接头形式

钢筋帮条接头或搭接接头的焊缝厚度 h 应不小于 0.3 倍钢筋直径；焊缝宽度 b 不小于 0.7 倍钢筋直径，焊缝尺寸如图 4-30 所示。

③ 坡口焊接头。有平焊和立焊两种。这种接头比上两种接头节约钢材，适用于在现场焊接装配整体式构件接头中直径 18 ～ 400 mm 的各级热轧钢筋。钢筋坡口平焊时，V 形坡口角度为 60°，如图 4-29(d) 所示，坡口立焊时，坡口角度为 45°，如图 4-29(c) 所示。钢垫板长为40 ～60 mm。平焊时钢垫板宽度为钢筋直径加10 mm；立焊时，其宽度等于钢筋直径。钢筋根部间隙，平焊时为4 ～6 mm；立焊时为 3 ～ 5 mm。最大间隙均不宜超过 10 mm。焊接电流的大小应根据钢筋直径和焊条的直径进行选择。帮条焊、搭接焊和坡口焊的焊接接头，除应进行外观质量检查外，亦需抽样作拉力试验。如对焊接质量有怀疑或发现异常情况，还应进行非破损方式(X射线、Y射线、超声波探伤等) 检验。

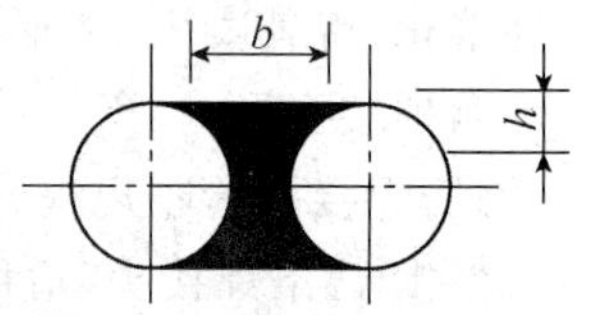

图 4-30　焊接尺寸示意图

(2) 埋弧压力焊。埋弧压力焊是将钢筋与钢板安放成 T 形形状，利用焊接电流通过时在焊剂层下产生电弧，形成熔池，加压完成的一种压焊方法。具有生产效率高、质量好等优点，适用于各种预埋件、T 形接头、钢筋与钢板的焊接。预埋件钢筋压力焊适用于热轧直径 6 ～ 25 mmHPB 235 级、HRB 335 级钢筋的焊接，钢板为普通碳素钢，厚度在 6 ～ 20 mm 之间。

埋弧压力焊机主要由焊接电源(BX2—500、AXl—500)、焊接机构和控制系统(控制箱)三部分组成。图 4-31 是由 BX2—500 型交流弧焊机作为电源的埋弧压力焊机的基本构造。其工作线圈(副线圈) 分别接入活动电极(钢筋夹头)及固定电极(电磁吸铁盘)。

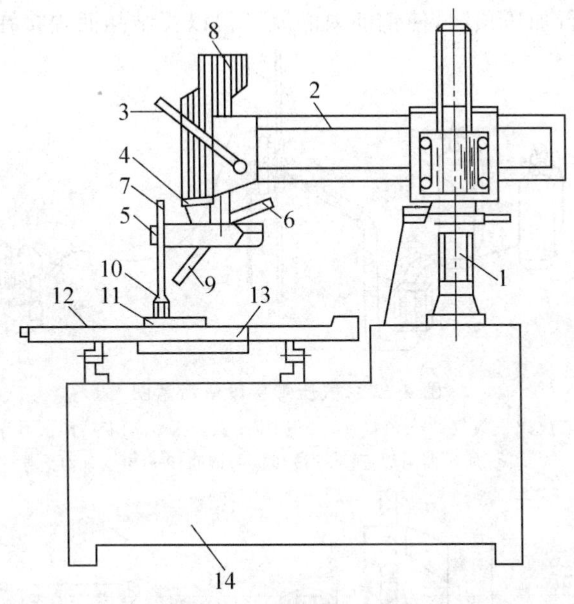

图 4-31　埋弧压力焊机

1— 立柱;2— 摇臂;3— 压柄;4— 工作头;5— 钢筋夹头;6— 手柄;
7— 钢筋;8— 焊剂料箱;9— 焊剂漏;10— 铁圈;11— 预埋钢板;
12— 工作平台;13— 焊剂储斗;14— 机座

焊机结构采用摇臂式,摇臂固定在立柱上,可作左右回转活动;摇臂本身可作前后移动,以使焊接时能取得所需要的工作位置。摇臂末端装有可上下移动的工作头,其下端是用导电材料制成的偏心夹头,夹头接工作线圈,成活动电极。工作平台上装有平面型电磁吸铁盘,拟焊钢板放置其上,接通电源,能被吸住而固定不动。

在埋弧压力焊时,钢筋与钢板之间引燃电弧之后,由于电弧作用使局部用材及部分焊剂熔化和蒸发,蒸发气体形成了一个空腔,空腔被熔化的焊剂所形成的熔渣包围,焊接电弧就在这个空腔内燃烧。

4. 气压焊接

气压焊接是利用氧气和乙炔气,按一定的比例混合燃烧的火焰,将被焊钢筋两端加热,使其达到热塑状态,经施加适当压力,使其接合的固相焊接法。钢筋气压焊接适用于 14 ~ 40 mm 热轧钢筋,也能进行不同直径钢筋间的焊接,还可用于钢轨焊接。被焊材料有碳素钢、低合金钢、不锈钢和耐热合金等。钢筋气压焊设备轻便,可进行水平、垂直、倾斜等全方位焊接,具有节省钢材、施工费用低廉等优点。

钢筋气压焊接机由供气装置(氧气瓶、溶解乙炔瓶等)、多嘴环管加热器、加压器(油泵、顶压油缸等)、焊接夹具及压接器等组成,如图 4-32、图 4-33 所示。

气压焊接钢筋是利用乙炔—氧混合气体燃烧的高温火焰对已有初始压力的两根钢筋端面接合处加热，使钢筋端部产生塑性变形，并促使钢筋端面的金属原子互相扩散，当钢筋加热到约1 250～1 350℃（相当于钢材熔点的0.8～0.9倍，此时钢筋加热部位呈橘黄色，有白亮闪光出现）时进行加压顶锻，使钢筋内的原子得以再结晶而焊接在一起。

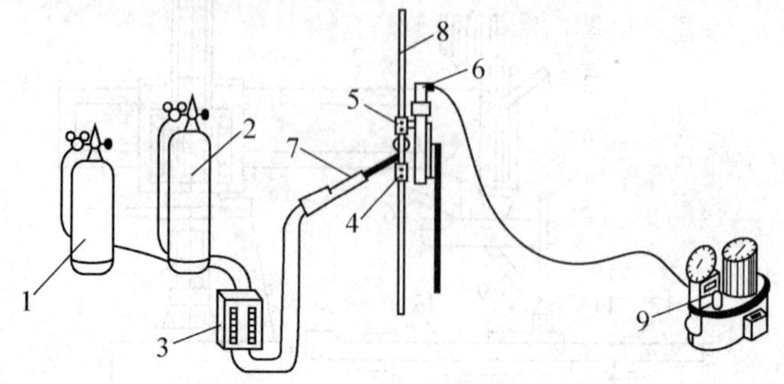

图 4-32　气压焊接设备示意图

1—乙炔；2—氧气；3—流量计；4—固定卡具；5—活动卡具；6—压节器；7—加热器与焊炬；8—被焊接的钢筋；9—电动油泵

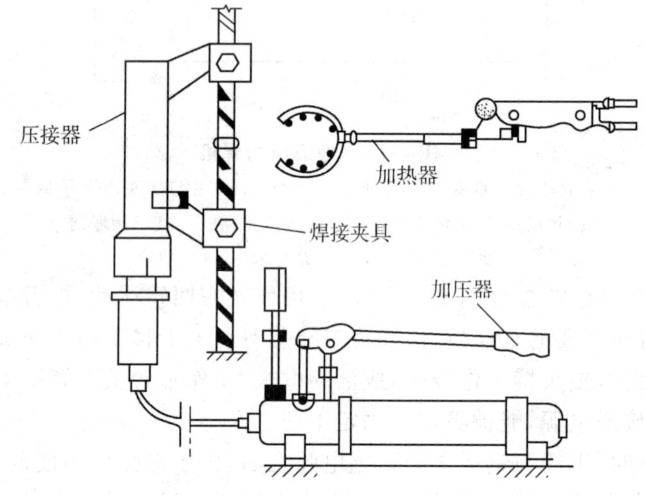

图 4-33　钢筋气压焊机

钢筋气压焊接属于热压焊。在焊接加热过程中，加热温度为钢材熔点的0.8～0.9倍，钢材未呈熔化液态，且加热时间较短，钢筋的热输入量较少，所以不会出现钢筋材质劣化倾向。

在焊接电弧热的作用下，熔化的钢筋端部和钢板金属形成焊接熔池。待钢筋整个截面均匀加热到一定温度，将钢筋向下顶压，随即切断焊接电源，冷却凝固后形成焊接接头。

加热系统中的加热能源是氧和乙炔。系统中的流量计用来控制氧和乙炔的输入量，焊接不同直径的钢筋要求不同的流量。加热器用来将氧和乙炔混合后，从喷火嘴喷出火焰加热钢筋，要求火焰能均匀加热钢筋，有足够的温度和功率并且安全可靠。

加压系统中的压力源为电动油泵(亦有手动油泵),使加压顶锻时压力平稳。压接器是气压焊的主要设备之一,要求它能准确、方便地将两根钢筋固定在同一轴线上,并将油泵产生的压力均匀地传递给钢筋达到焊接的目的。施工时压接器需反复装拆,要求其重量轻、构造简单和装拆方便。

气压焊接的钢筋要用砂轮切割机断料,不能用钢筋切断机切断,要求端面与钢筋轴线垂直。焊接前应打磨钢筋端面,清除氧化层和污物,使之出现金属光泽,并即喷涂一薄层焊接活化剂保护端面不再氧化。

钢筋加热前先对钢筋施加 30 ～ 40 MPa 的初始压力,使钢筋端面贴合。当加热到缝隙密合后,上下摆动加热器适当增大钢筋加热范围,促使钢筋端面金属原子互相渗透也便于加压顶锻。加压顶锻的压应力约 34 ～ 40 MPa,使焊接部位产生塑性变形。直径小于 22 mm 的筋可以一次顶锻成型,大直径钢筋可以进行二次顶锻。气压焊的接头,应按规定的方法检查外观质量和进行拉力试验。

5. 电渣压力焊

现浇钢筋混凝土框架结构中竖向钢筋的连接,宜采用自动或手工电渣压力焊进行焊接(直径 14 ～ 40 mm 的 HPB 235、HRB 335 级钢筋)。与电弧焊比较,它工效高、节约钢材、成本低,在高层建筑施工中得到广泛应用。

钢筋电渣压力焊是将两根钢筋安放成竖向对接形式,利用焊接电流通过两钢筋端面间隙,在焊剂层下形成电弧过程和电渣过程,产生电弧热和电阻热,熔化钢筋,加压完成的一种焊接方法。钢筋电渣压力焊机操作方便,效率高,适用于竖向或斜向受力钢筋的连接,钢筋级别为 HPB 235 级、HRB 335 级,直径为 14 ～ 40 mm。电渣压力焊设备包括电源、控制箱、焊接夹具、焊剂盒。自动电渣压力焊的设备还包括控制系统及操作箱。焊接夹具(如图 4-34 所示)应具有一定刚度,要求坚固、灵巧、

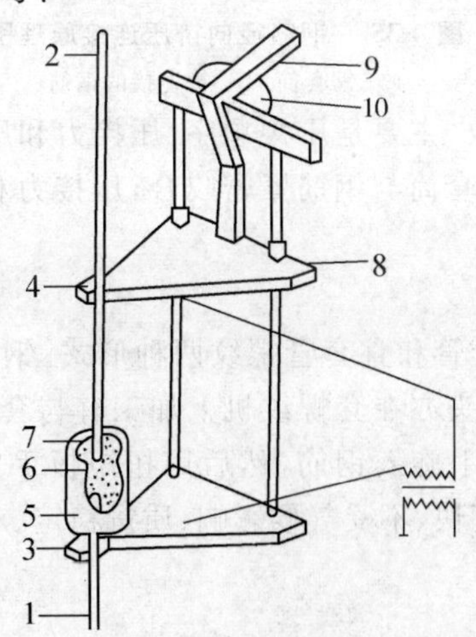

图 4-34　焊接夹具构造示意图

1— 钢筋;2— 活动电极;3— 焊剂;4— 导电焊剂;
5— 焊剂盒;6— 固定电极;7— 钢筋;8— 标尺;
9— 操纵杆;10— 变压器

上下钳口同心,上下钢筋的轴线应尽量一致。焊接时,先将钢筋端部约 120 mm 范围内的

钢筋除尽，将夹具夹牢在下部钢筋上，并将上部钢筋扶直夹牢于活动电极中，上下钢筋间放一小块导电剂（或钢丝小球），装上药盒，装满焊药，接通电路，用手炳使电弧引燃（引弧）。然后稳弧一定时间使之形成渣池并使钢筋熔化（稳弧），随着钢筋的熔化，用手柄使上部钢筋缓缓下送。稳弧时间的长短应视电流、电压和钢筋直径而定。当稳弧达到规定时间后，在断电的同时用手柄进行加压顶锻以排除夹渣气泡，形成接头。待冷却一定时间后即拆除药盒，回收焊药，拆除夹具和清除焊渣。引弧、稳弧、顶锻三个过程连续进行。

电渣压力焊的接头，应按规范规定的方法检查外观质量和进行拉力试验。

（二）钢筋机械连接

钢筋机械连接常用挤压连接和锥螺纹套管连接两种形式，是近年来大直径钢筋现场连接的主要方法。

1. 钢筋挤压连接

钢筋挤压连接亦称钢筋套筒冷压连接。它是将需连接的变形钢筋插入特制钢套筒内，利用液压驱动的挤压机进行径向或轴向挤压，使钢套筒产生塑性变形，使它紧紧咬住变形钢筋实现连接（如图 4-35 所示）。它适用于竖向、横向及其他方向的较大直径变形钢筋的连接。与焊接相比，它具有节省电能、不受钢筋可焊性能的影响、不受气候影响、无明火、施工简便和接头可靠度高等特点。

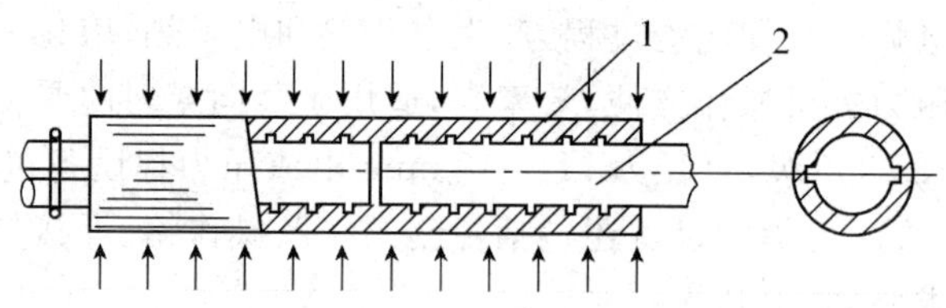

图 4-35　钢筋径向挤压连接原理图

1— 钢套筒；2— 被连接的钢筋

钢筋挤压连接的工艺参数，主要是压接顺序、压接力和压接道数。压接顺序从中间逐道向两端压接。压接力要能保证套筒与钢筋紧密咬合，压接力和压接道数取决于钢筋直径、套筒型号和挤压机型号。

2. 钢筋套管螺纹连接

钢筋套管螺纹连接分锥套管和直套管螺纹两种形式。钢套管内壁用专用机床加工有锥螺纹或直螺纹，钢筋的对接端头亦在套螺纹机上加工有与套管匹配的螺纹。连接时，在对螺纹检查无油污和损伤后，先用手旋入钢筋，然后用扭矩扳手紧固至规定的扭矩即完成连接（如图 4-36 所示）。它施工速度快、不受气候影响、质量稳定、对中性好。

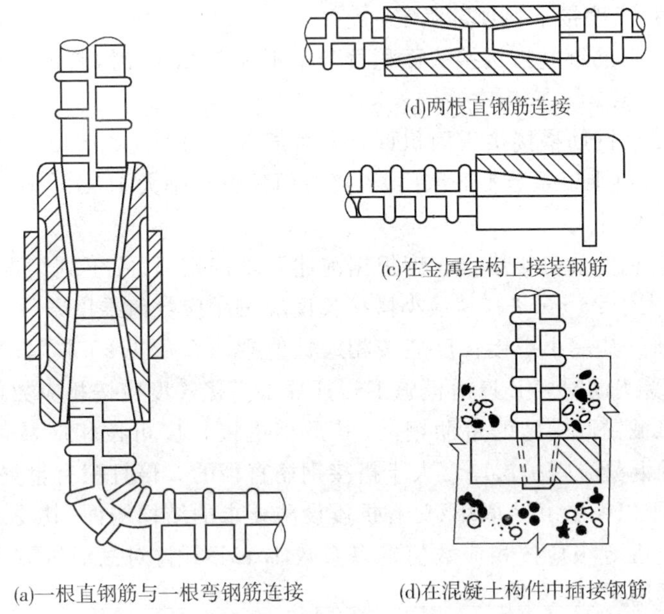

(a)一根直钢筋与一根弯钢筋连接

(d)两根直钢筋连接

(c)在金属结构上接装钢筋

(d)在混凝土构件中插接钢筋

图 4-36　钢筋锥套管螺纹连接

4.2.4　钢筋的绑扎与安装

钢筋加工后,进行绑扎、安装。钢筋绑扎、安装前,应先熟悉图样,核对钢筋配料单和钢筋加工牌,研究与有关工种的配合,确定施工方法。

钢筋的接长、钢筋骨架或钢筋网的成型应优先采用焊接或机械连接,如果不能采用焊接(如缺乏电焊机或焊机功率不够)或骨架过大过重不便于运输安装时,可采用绑扎的方法。钢筋绑扎一般采用 20 ～ 22 号铁丝,铁丝过硬时,可经退火处理。绑扎时应注意钢筋位置是否准确,绑扎是否牢固,搭接长度及绑扎点位置是否符合规范要求。板和墙的钢筋网,除靠近外围两行钢筋的相交点全部扎牢外,中间部分的相交点可相隔交错扎牢,但必须保证受力钢筋不位移。双向受力的钢筋,须全部扎牢;梁和柱的箍筋,除设计有特殊要求时,应与受力钢筋垂直设置。箍筋弯钩叠合处,应沿受力钢筋方向错开设置;柱子主筋采用圆钢筋时,角部钢筋的弯钩应与模板成 45°(多边形柱为模板内角的平分角,圆形柱应与模板切线垂直);弯钩与模板的角度最小不得小于 15°。

当受力钢筋采用机械连接接头或焊接接头时,设置在同一构件内的接头宜相互错开。同一构件中相邻纵向受力钢筋的绑扎搭接接头宜相互错开。钢筋搭接处,应在中心和两端用铁丝扎牢。在受拉区域内,HPB235 级钢筋绑扎接头的末端应做弯钩。绑扎搭接接头中钢筋的横向净距不应小于钢筋直径,且不应小于 25 mm;钢筋绑扎搭接接头连接区段的长度为 $1.3L_l$(L_l 为搭接长度),凡搭接接头中点位于该连接区段长度内的搭接接头均属于同一连接区段。同一连接区段内,纵向钢筋搭接接头面积百分率为该区段内有搭接接头的纵向受力钢筋截面面积与全部纵向受力钢筋截面面积的比值;同一连接区段内,纵向受拉钢筋搭接接头面积百分率应符合规范要求。

钢筋绑扎搭接长度按下列规定确定：

(1) 纵向受力钢筋绑扎搭接接头面积百分率不大于 25% 时，其最小搭接长度应符合表 4-2 的规定。

(2) 当纵向受拉钢筋搭接接头面积百分率大于25%，但不大于50%时，其最小搭接长度应按表 4-2 中的数值乘以系数 1.2 取用；当接头面积百分率大于50% 时，应按表 4-2 中的数值乘以系数 1.35 取用。

(3) 纵向受拉钢筋的最小搭接长度根据前述要求确定后，在下列情况时还应进行修正：带肋钢筋的直径大于25 mm时，其最小搭接长度应按相应数值乘以系数 1.1 取用；对环氧树脂涂层的带肋钢筋，其最小搭接长度应按相应数值乘以系数 1.25 取用；当在混凝土凝固过程中受力钢筋易受扰动时(YZ 口滑模施工)，其最小搭接长度应按相应数值乘以系数 1.1 取用；对末端采用机械锚固措施的带肋钢筋，其最小搭接长度可按相应数值乘以系数 0.7 取用；当带肋钢筋的混凝土保护层厚度大于搭接钢筋直径的 3 倍且配有箍筋时，其最小搭接长度可按相应数值乘以系数 0.8 取用；对有抗震设防要求的结构构件，其受力钢筋的最小搭接长度对一、二级抗震等级应按相应数值乘以系数 1.15 采用；对三级抗震等级应按相应数值乘以系数 1.05 采用。

(4) 纵向受压钢筋搭接时，其最小搭接长度应根据上面的规定确定相应数值后，乘以系数 0.7 取用。

(5) 在任何情况下，受拉钢筋的搭接长度不应小于 300 mm，受压钢筋的搭接长度不应小于 200 mm。在梁、柱类构件的纵向受力钢筋搭接长度范围内，应按设计要求配置箍筋。

钢筋安装或现场绑扎应与模板安装相配合。柱钢筋现场绑扎时，一般在模板安装前进行；柱钢筋采用预制安装时，可先安装钢筋骨架，然后安装柱模板，或先安装三面模板，待钢筋骨架安装后，再钉第四面模板。梁的钢筋一般在梁横板安装后，再安装或绑扎；断面高度较大(大于 600 mm)，或跨度较大、钢筋较密的大梁，可留一面侧模，待钢筋安装或绑扎完后再钉。楼板钢筋绑扎应在楼板模板安装后进行，并应按设计先画线，然后摆料、绑扎。钢筋保护层应按设计或规范的要求确定。工地常用预制水泥垫块垫在钢筋与模板之间，以控制保护层厚度。垫块应布置成梅花形，其相互间距不大于 1 m。上下双层钢筋之间的尺寸，可绑扎短钢筋或设置撑脚来控制。

4.3 混凝土施工

4.3.1 混凝土的制备

混凝土的制备应采用符合质量要求的原材料，接规定的配合比配料，混合料应拌和均匀，以保证结构设计所规定的混凝土强度等级，满足设计提出的特殊要求(如抗冻、抗渗等)和施工硬性要求，并应符合节约水泥、减轻劳动强度等原则。

(一) 混凝土施工配料

1. 混凝土配制强度

混凝土配制强度应按下式计算：

$$f_{cu,0} \geq f_{cu,k} + 1.645\sigma$$

式中 $f_{cu,0}$—— 混凝土配制强度，MPa；

$f_{cu,k}$—— 混凝土立方体抗压强度标准值，MPa；

σ—— 混凝土强度标准差，MPa。

混凝土强度标准差宜根据同类混凝土统计资料按下式计算确定：

$$\sigma = \frac{\sum_{i-1}^{n} f_{cu,i}^{2} - nf_{cu,m}^{2}}{n-1}$$

式中　$f_{cu,i}$—— 统计周期内同一品种混凝土第 i 组试件的强度值，N/mm^2；

$f_{cu,i}$—— 统计周期内同一品种混凝土第 n 组强度的平均值，N/mm^2；

n—— 统计周期内同一品种混凝土试件的总组数，$n \geqslant 25$。

当混凝土强度等级为 C20 和 C25，若强度标准差计算值小于 2.5 MPa 时，计算配制强度用的标准差应取不小于 2.5 MPa；当混凝土强度等级等于或大于 C30，若强度标准差计算值小于 3.0 MPa 时，计算配制强度用的标准差应取不小于 3.0 MPa。对预拌混凝土厂和预制混凝土构件厂，其统计周期可取为一个月；对现场拌制混凝土的施工单位，其统计周期可根据实际情况确定，但不宜超过三个月。

施工单位如无近期混凝土强度统计资料时，σ 可根据混凝土设计强度等级取值；当混凝土设计强度小于或等于 C20 时，取 4 N/mm^2；当 C25 ～ C40 时，取 5 N/mm^2；当大于或等于 C45 时，取 5 N/mm^2。

2. 混凝土施工配合比及施工配料

混凝土的配合比是在实验室根据混凝土的配制强度经过试配和调整而确定的，称为实验室配合比。实验室配合比所用砂、石都是不含水分的。而施工现场的沙石都含有一定的含水率，且含水率大小随气温等条件不断变化。为保证混凝土的质量，施工中应按砂、石实际含水率对原配合比进行修正。根据现场砂、石含水率调整后的配合比称为施工配合比。

设实验室配合比为：水泥∶砂∶石 $= 1:x:y$，水灰比 W/C，现场砂、石含水率分别为 W_x、W_y，则施工配合比为：水泥∶砂∶石 $= 1:x(1+W_x):y(1+W_y)$，水灰比 W/C 不变，但加水量应扣除砂、石中的含水量。

施工配料是确定每拌一次需用的各种原材料镀，它根据施工配合比和搅拌机的出料容量计算。

(二) 混凝土搅拌机选择

1. 搅拌机的选择

混凝土搅拌是将各种组成材料拌制成质地均匀、颜色一致、具备一定流动性的混凝土拌和物。如混凝土搅拌得不均匀就不能获得密实的混凝土，影响混凝土的质量，所以搅拌是混凝土施工工艺中很重要的一道工序。由于人工搅拌混凝土质量差，消耗水泥多，而且劳动强度大，所以只有在工程量很小时才采用人工搅拌，一般均采用机械搅拌。混凝土搅拌机有自落式和强制式两类，见表 4-11。

表 4-11　混凝土搅拌机类型

<table>
<tr><th colspan="3">自落式</th><th colspan="4">强制式</th></tr>
<tr><th rowspan="3">鼓筒式</th><th colspan="2">双锥式</th><th colspan="3">立轴式</th><th rowspan="3">卧轴式
（间轴双轴）</th></tr>
<tr><th rowspan="2">反转出料</th><th rowspan="2">倾翻出料</th><th rowspan="2">涡浆式</th><th colspan="2">行星式</th></tr>
<tr><th>定盘式</th><th>盘转式</th></tr>
<tr><td></td><td></td><td></td><td></td><td></td><td></td><td></td></tr>
</table>

（1）自落式混凝土搅拌机。自落式搅拌机是通过筒身旋转，带动搅拌叶片将物料提高，在重力作用下物料自由坠下，反复进行，相互穿插、翻拌、混合使混凝土各组分搅拌均匀。

① 锥形反转出料搅拌机。锥形反转出料搅拌机是中小型建筑工程常用的一种搅拌机，正转搅拌，反转出料。由于搅拌叶片呈正、反向交叉布置，拌和料一方面被提升后靠自落进行搅拌，另一方面又被迫沿轴向作左右窜动，搅拌作用强烈。

图 4-37(a) 为锥形反转、出料搅拌机外形。它主要由上料装置、搅拌筒、传动机构、配水系统和电气控制系统等组成。

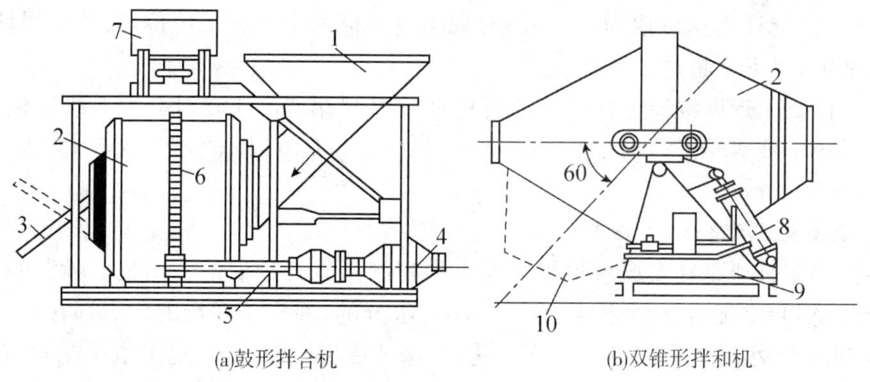

(a)鼓形拌合机　　(b)双锥形拌和机

图 4-37　自落式混凝土拌和机

1— 装料机；2— 拌和筒；3— 卸料槽；4— 电动机；5— 传动轴；6— 齿圈；7— 量水器；8— 顶；9— 机座；10— 卸料位置

② 双锥形倾翻出料搅拌机。双锥形倾翻出料搅拌机进出料在同一口，出料时由气动倾翻装置使搅拌筒下旋 50° ～ 60°，即可将物料卸出，如图 4-37(b) 所示。双锥形倾翻出料搅拌机卸料迅速，拌筒容积利用系数高，拌和物的提升速度低，物料在拌筒内靠滚动自落而搅拌均匀，能耗低，磨损小，能搅拌大粒径骨料混凝土，主要用于大体积混凝土工程。

（2）强制式混凝土搅拌机。强制式混凝土搅拌机一般筒身固定，搅拌机片旋转，对物料施加剪切、挤压、翻滚、滑动、混合使混凝土各部分搅拌均匀。

① 涡浆强制式搅拌机。涡浆强制式搅拌机是在圆盘搅拌筒中装一根回转轴，轴上装有拌和铲和刮板，随轴一同旋转，如图 4-38 所示。它用旋转着的叶片，将装在搅拌筒内的物料强行搅拌使之均匀。涡浆强制式搅拌机由动力传动系统、上料和卸料装置、搅拌系统、操纵机构

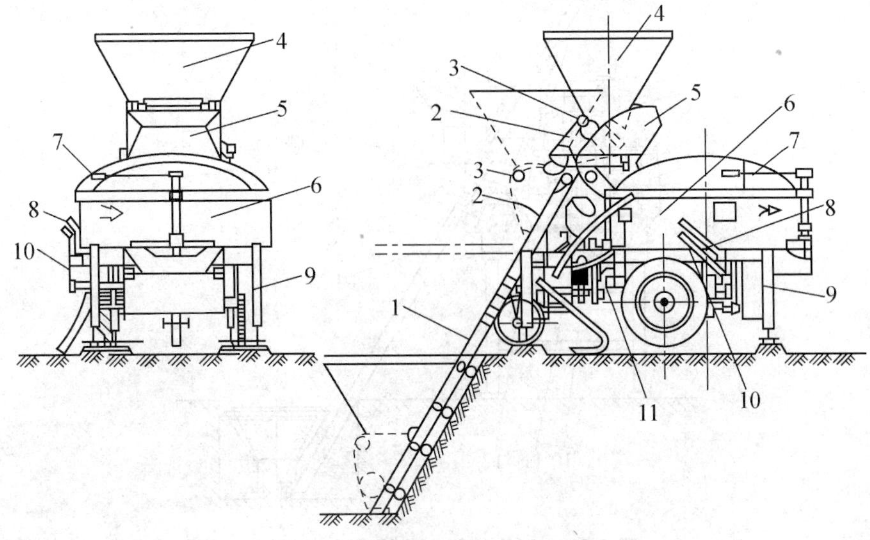

图 4-38　涡桨强制式混凝土搅拌机

1— 上料轨道；2— 上料斗底座；3— 铰链轴；4— 上料斗；5— 进料承口；6— 搅拌筒；7— 卸料手柄；8— 斜斗下降手柄；9— 撑脚；10— 上料手柄；11— 给水手柄

和机架等组成。

② 单卧轴强制式混凝土搅拌机。单卧轴强制式混凝土搅拌机的搅拌轴上装有两组叶片，两组推料方向相反，使物料既有圆周方向运动，也有轴向运动，因而能形成强烈的物料对流，使混合料能在较短的时间内搅拌均匀。它由搅拌系统、进料系统、卸料系统和供水系统等组成。

③ 双卧轴强制式混凝土搅拌机。双卧轴强制式混凝土搅拌机，如图 4-39 所示。它有两根搅拌轴，轴上布置有不同角度的搅拌叶片，工作时两轴按相反的方向同步相对旋转。由于两根轴上的搅拌铲布置位置不同，螺旋线方向相反，于是被搅拌的物料在筒内既有上下翻滚的动作，也有沿轴向的来回运动，从而增强了混合料运动的剧烈程度，因此搅拌效果更好。双卧轴强制式混凝土搅拌机为固定式，其结构基本与单卧式相似。它由搅拌系统、进料系统、卸料系统和供水系统等组成。

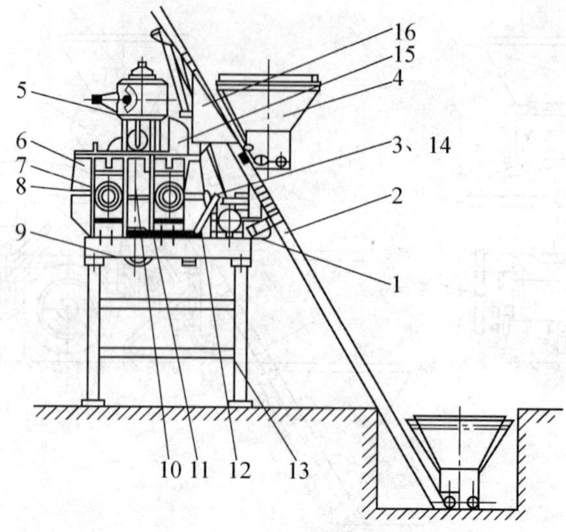

图 4-39 双卧轴强制式混凝土搅拌机

1— 上料传动装置;2— 上料架;3— 搅拌驱动装置;4— 料斗;5— 水箱;6— 搅拌筒;
7— 搅拌装置;8— 供油器;9— 卸料装置;10— 三通阀;11— 操纵杆;
12— 水泵;13— 支撑架;14— 罩盖;15— 受料斗;16— 电气箱

我国规定混凝土搅拌机以其出料容量(m3)×1 000 标定规格,现行混凝土搅拌机的系列为:50、150、250、350、500、750、1 000、1 500 和 3 000。

选择搅拌机时,要根据工程量大小、混凝土的坍落度、骨料尺寸等而定,既要满足技术上的要求,亦要考虑经济效果和节约能源。

2. 搅拌制度的确定

为了获得质量优良的混凝土拌和物,除正确选择搅拌机外,还必须正确确定搅拌制度,即搅拌时间、投料顺序和进料容量等。

(1) 搅拌时间:搅拌时间是影响混凝土质量及搅拌机生产率的重要因素之一。时间过短,拌和不均匀,会降低混凝土的强度及和易性;时间过长,不仅会影响搅拌机的生产率,而且会使混凝土和易性降低或产生分层离析现象。搅拌时间与搅拌机的类型、鼓筒尺寸、骨料的品种和粒径以及混凝土的坍落度等有关,混凝土搅拌的最短时间(即自全部材料装入搅拌筒中起到卸料止),可按表 4-12 采用。

表 4-12 混凝土搅拌的最短时间(s)

混凝土坍落度	搅拌机	搅拌机出料容量 /L		
		＜250	250～500	＞500
≤30	自落式	90	120	150
	强制式	60	90	120
＞30	自落式	90	90	120
	强制式	60	60	90

注:掺有外加剂时,搅拌时间应适当延长。

(2) 投料顺序:投料顺序应从提高搅拌质量,减少叶片、衬板的磨损,减少拌和物搅拌筒的粘接，减少水泥飞扬改善制作条件等方面综合考虑确定。常用方法有：

① 一次投料法。即在上料斗中先装石子，再加水泥和砂，然后一次投入搅拌机。在鼓筒内先加水或在料斗提升进料的同时加水，这种上料顺序使水泥夹在石子和砂中间，下料时不致飞扬，又不致粘住斗底，且水泥和砂先进入搅拌筒形成水泥砂浆，可缩短包裹石子的时间。

② 二次投料法。它又分为预拌水泥砂浆法和预拌水泥净浆法。预拌水泥砂浆法是先将水泥、砂和水加入搅拌筒内进行充分搅拌，成为均匀的水泥砂浆，再投入石子搅拌成均匀的混凝土。预拌水泥净浆法是将水泥和水充分搅拌成均匀的水泥净浆后，再加入砂和石子搅拌成混凝土。二次投料法搅拌的混凝土与一次投料法相比，混凝土强度提高约15%，在强度相同的情况下，可节约水泥约为15% ~ 20%。

③ 水泥裹砂法。此法又称为SEC法。采用这种方法拌制的混凝土称为SEC混凝土，也称做造壳混凝土。其搅拌程序是先加一定量的水，将砂表面的含水量调节到某一规定的数值后，再将石子加入与湿砂拌匀，然后将全部水泥投入，与润湿后的砂、石拌合，使水泥在砂、石表面形成一层低水灰比的水泥浆壳(此过程称为"成壳")，最后将剩余的水和外加剂加入，搅拌成混凝土。采用SEC法制备的混凝土与一次投料法比较，强度可提高20% ~ 30%，混凝土不易产生离析现象，泌水少，工作性能好。

(3) 进料容量(干料容量)：进料容量为搅拌前各种材料体积的累积。进料容量与搅拌机搅拌筒的几何容量有一定的比例关系，一般情况下为0.22 ~ 0.4。如任意超载(进料容量超过10%以上)，就会使材料在搅拌筒内无充分的空间进行拌和，影响混凝土拌和物的均匀性；如装料过少，则又不能充分发挥搅拌机的效率。进料容量可根据搅拌机的出料容量按混凝土的施工配合比计算。

使用搅拌机时，应注意安全。在鼓筒正常转动之后，才能装料入筒。在运转时，不得将头、手或工具伸入筒内。在因故(如停电)停机时，要立即设法将筒内的混凝土取出，以免凝结。在搅拌工作结束时，也应立即清洗鼓筒内外。叶片磨损面积如超过10%，就应按原样修补或更换。

3. 混凝土搅拌机的使用

(1) 搅拌机使用前的检查。搅拌机使用前应按照"十字作业法"(清洁、润滑、调整、紧固、防腐)的要求检查离合器、制动器、钢丝绳等各个系统和部位，是否机件齐全、机构灵活、运转正常，并按规定位置加注润滑油脂。检查电源电压，电压升降幅度不得超过搅拌电气设备规定的5%。随后进行空转检查，检查搅拌机旋转方向是否与机身箭头一致，空车运转是否达到要求值。供水系统的水压、水量是否满足要求。在确认以上情况正常后，搅拌筒内加清水搅拌3 min然后将水放出，方可投料搅拌。

(2) 开盘操作。在完成上述检查工作后，即可进行开盘搅拌，为不改变混凝土设计配合比，补偿粘附在筒壁、叶片上的砂浆，第一盘应减少石子约30%，或多加水泥、砂各15%。

(3) 正常运转。

① 投料顺序，普通混凝土一般采用一次投料法或两次投料法。一次投料法是按砂(石子)— 水泥 — 石子(砂)的次序投料，并在搅拌的同时加入全部拌和水进行搅拌；二次投料法是先将石子投入拌和筒并加入部分拌合用水进行搅拌，清除前一盘拌和料粘附在筒壁上的残余，然后再将砂、水泥及剩余的拌合用水投入搅拌筒内继续拌和。

② 搅拌时间，混凝土搅拌质量直接和搅拌时间有关，搅拌时间应满足要求。

③ 搅拌质量检查,混凝土拌合物的搅拌质量应经常检查,混凝土拌和物颜色均匀一致,无明显的砂粒、砂团及水泥团,石子完全被砂浆所包裹,说明其搅拌质量较好。

(4) 停机。每班作业后应对搅拌机进行全面清洗,并在搅拌筒内放入清水及石子运转10 ~15 min 后放出,再用竹扫帚洗刷外壁。搅拌筒内不得有积水,以免筒壁及叶片生锈,如遇冰冻季节应放尽水箱及水泵中的存水,以防冻裂。

每天工作完毕后。搅拌机料斗应放至最低位置,不准悬于半空。电源必须切断,锁好电闸箱,保证各机构处于空位。

(三) 混凝土搅拌站

在混凝土施工工地,通常把骨料堆场、水泥仓库、配料装置、拌合机及运输设备等,比较集中地布置,组成混凝土拌合站,或采用成套的混凝土工厂(拌和楼)来制备混凝土。一些城市建立混凝土集中搅拌站,供应半径约 15 ～ 20 km。

搅拌站根据其组成部分在竖向布置方式的不同分为单阶式和双阶式。在单阶式混凝土搅拌站中,原材料一次提升后经过储料斗,然后靠自重下落进入称量和搅拌工序。这种工艺流程,原材料从一道工序到下一道工序的时间短,效率高,自动化程度高,搅拌站占地面积小,适用于产量大的固定式大型混凝土搅拌站,如图 4-40 所示。

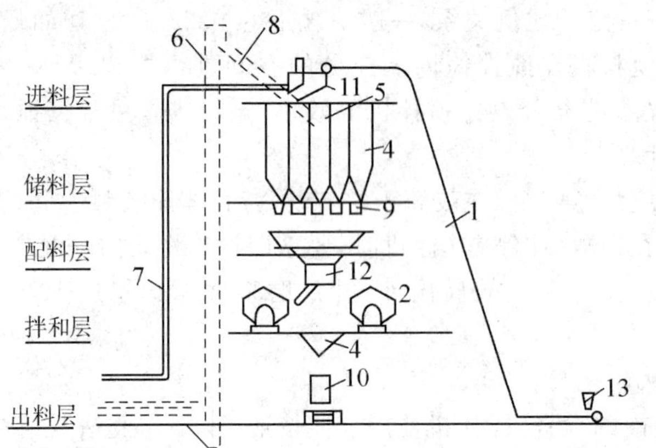

图 4-40　混凝土拌和楼布置示意图(单阶式)

1— 皮带机;2— 拌合机;3— 出料斗;4— 骨料仓;5— 水泥仓;6— 斗式提升机输送水泥;
7— 螺旋机输送水泥;8— 风送水泥管道;9— 储料斗;10— 混凝土吊罐;
11— 回转漏斗;12— 回转喂料器;13— 进料斗

在双阶式混凝土搅拌站中,原材料经第一次提升后经过储料斗下落,经称量配料后,再经过第二次提升进入搅拌机,如图 4-41 所示。

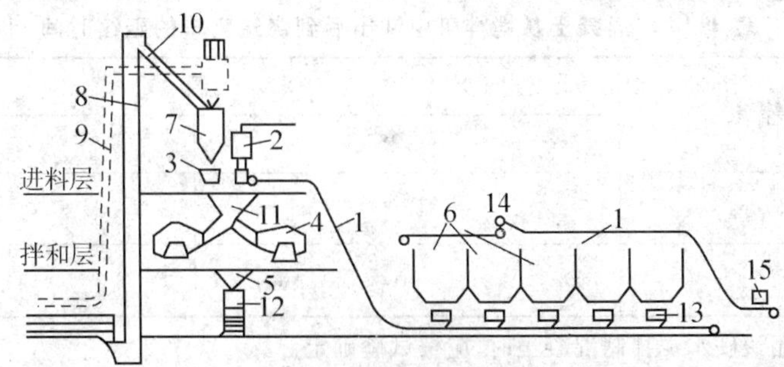

图 4-41　混凝土拌和楼布置示意图(双阶式)

1— 皮带机;2— 水箱及量水器;3— 水泥料斗及磅秤;4— 拌合机;5— 出料斗;6— 骨料仓;7 —水泥仓;8 —斗式提升机输送水泥;9 —螺旋机输送水泥;10 —风送水泥管道;11 —集料斗;12 —混凝土吊罐;13 —配料器;14 —卸料小车;15— 进料斗

4.3.2　混凝土运输

混凝土运输是整个混凝土施工中的一个重要环节,对工程质量和施工进度影响较大。由于混凝土料拌合后不能久存,而且在运输过程中对外界的影响敏感,运输方法不当或疏忽大意,都会降低混凝土质量,甚至造成废品。如供料不及时或混凝土品种错误,正在浇筑的施工部位将不能顺利进行。因此,要解决好混凝土拌合、浇筑、水平运输和垂直运输之间的协调配合问题,还必须采取适当的措施,保证运输混凝土的质量。

(一) 混凝土拌和物运输的要求

在运输过程中,应保持混凝土的均匀性,避免产生分层离析现象,混凝土运至浇筑地点,应符合浇筑时所规定的坍落度(见表 4-13);混凝土应以最少的中转次数、最短的时间,从搅拌地点运至浇筑地点,保证混凝土从搅拌机卸出后到与浇筑完毕的延续时间不超过表 4-14 的规定;运输工作应保证混凝土的浇筑工作连续进行;运送混凝土的容器应严密,其内壁应平整光洁,不吸水,不漏浆,粘附的混凝土残渣应经常清除。

表 4-13 混凝土浇筑时的坍落度

项　次	结　构　种　类	坍落度 /mm
1	基础或地面等的垫层、无配筋的厚大结构(挡土墙、基础或厚大的块体)或钢筋稀疏的结构	10 ~ 30
2	板、梁和大中型截面的柱子等	30 ~ 50
3	配筋密列的结构(薄壁、斗仓、筒仓、细柱等)	50 ~ 70
4	配筋特密的结构	70 ~ 90

注:1. 本表系指采用机械振捣的坍落度,采用人工捣实时可适当增大。
2. 需要配置大坍落度混凝土时,应掺用外加剂。
3. 曲面或斜面结构的混凝土,其坍落度值,应根据实际需要另行选定。
4. 轻骨料混凝土的坍落度,宜比表中数值减少 10 ~ 20 mm。
5. 自密实混凝土的坍落度另行规定。

表 4-14　混凝土从搅拌机中卸出后到浇筑完毕的延续时间　(单位:min)

混凝土强度等级	气温 /℃	
	≤25	＞25
C30 及 C30 以下	120	90
C30 以上	90	60

注:1. 掺外加剂或采用快硬水泥拌制混凝土时,应按试验确定。

2. 轻骨料混凝土的运输、浇筑时间应适当缩短。

3. 混凝土运输。

混凝土运输工作分为以下几种情况。

1. 水平运输

混凝土的水平运输又称为供料运输。常用的运输方式有人工、机动翻斗车、混凝土搅拌运输车、自卸汽车、混凝土泵、皮带机、机车等几种,应根据工程规模、施工场地宽窄和设备供应情况选用。

(1) 人工运输。人工运输混凝土常用手推车、架子车和斗车等。用手推车和架子车时,要求运输道路路面平整,随时清扫干净,防止混凝土在运输过程中受到强烈振动。道路的纵坡,一般要求水平,局部不宜大于 15%,一次爬高不宜超过 2 ～ 3 m,运输距离不宜超过 200 m。用窄轨斗车运输混凝土时,窄轨(轨距 610 mm) 车道的转弯半径以不小于 10 m 为宜。轨道尽量为水平,局部纵坡不宜超过 4%,尽可能铺设双线;以便轻、重车道分开。如为单线要设避车岔道。容量为 0.60 m^3 的斗车一般用人力推运,局部地段可用卷扬机牵引。

(2) 机动翻斗车。机动翻斗车是混凝土工程中使用较多的水平运输机械。它轻便灵活、转弯半径小、速度快且能自动卸料。车前装有容量为 476 L 的翻斗,载重量约 lT,最高时速 20 km/h,适用于短途运输混凝土或砂石料。

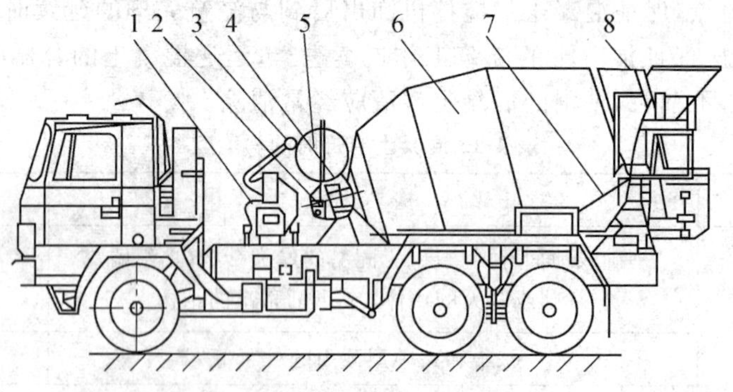

图 4-42　混凝土搅拌运输车

1— 泵连接组件;2— 减速机总成;3— 液压系统;4— 机架;
5— 供水系统;6— 搅拌筒;7— 操纵系统;8— 进出料装置

(3) 混凝土搅拌运输车。混凝土搅拌运输车(如图 4-42 所示) 是运送混凝土的专用设备。它的特点是在运量大、运距远的情况下,保证混凝土的质量均匀。一般在混凝土制备点(商品混凝土站) 与浇筑点距离较远时使用。它的运送方式有两种:一是在 10 km 范围内作短距离运送时，只作运输工具使用，即将拌合好的混凝土运送至浇筑点，在运输途中为防止混凝土分离，让搅拌筒只作低速搅动，使混凝土拌合物不致分离、凝结；二是在运距较长时，搅拌运输两者兼用，即先在混凝土拌合站将干料——砂、石、水泥按配比装入搅拌鼓筒内，并将水注入配水箱，开始只作干料运送，然后在到达距使用点 10～15 min 路程时，启动搅拌筒回转，并向搅拌筒注入定量的水，这样在运输途中边运输边搅拌成混凝土拌合物，送至浇筑点卸出。

2. 垂直运输

混凝土的垂直运输，目前多用塔式起重机、井架，也可采用混凝土泵。

(1) 塔式起重机。塔式起重机又称塔机，是在门架上装置高达数 10 m 的钢塔，用于增加起重高度。其起重臂多是水平的，起重小车(带有吊钩)可沿起重臂水平移动，用以改变起重幅度，如图 4-43 所示。塔机可靠近建筑物布置，沿着轨道移动，利用起重小车变幅，所以控制范围是一个长方形的空间。塔式起重机运输的优点是在地面运输、垂直运输和楼面运输时都可以采用。混凝土在地面由水平运输工具或搅拌机直接卸入吊斗吊起运至浇筑部位进行浇筑。

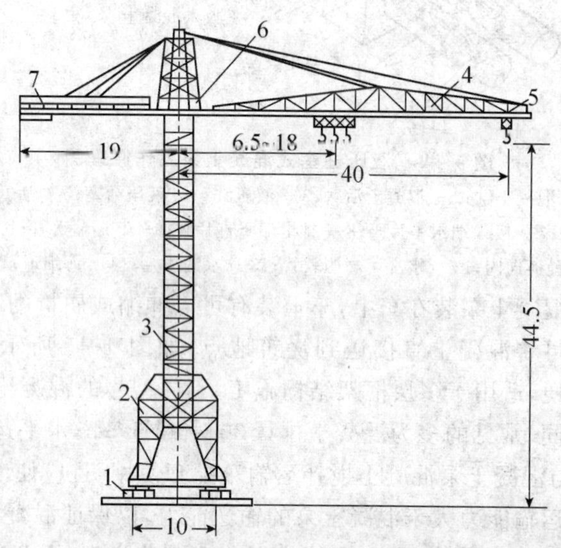

图 4-43　10/2St 塔式起重机

1— 车轮；2— 门架；3— 塔身；4— 起重臂；
5— 起重小车；6— 回转塔架；7— 平衡重

(2) 井架运输。混凝土的垂直运送，除采用塔式起重机之外，还可使用井架。混凝土在地面用双轮手推车运至井架的升降平台上，然后井架将双轮手推车提升到楼层上，再将手推车沿铺在楼面上的跳板推到浇筑地点。另外，井架可以兼运其他材料，利用率较高。由于在浇筑混凝土时，楼面上已立好模板，扎好钢筋，因此需铺设手推车行走用的跳板。为了避免压坏钢筋，跳板可用马凳垫起。手推车的运输道路应形成回路，避免交叉和运输堵塞。

(3) 混凝土泵运输。混凝土泵是一种有效的混凝土运输工具，它以泵为动力，沿管道输送混凝土，可以同时完成水平和垂直运输，将混凝土直接运送至浇筑地点。混凝土泵根据驱动方式分为柱塞式混凝土泵和挤压式混凝土泵。柱塞式混凝土泵根据传动机构不同，又分为机械传动和液压传动两种，图 4-44 为液压柱塞式混凝土泵的工作原理图。它主要由料斗、液压缸和柱塞、混凝土缸、分配阀、Y 形输送管、冲洗设备、液压系统和动力系统等组成。柱塞泵工作时，搅拌机卸出的或由混凝土搅拌运输车卸出的混凝土倒入料斗后，吸入端分配阈移开，排出端分配阀关闭，柱塞在液压作用下，带动柱塞左移，混凝土在自重及真空力作用下，进入混凝土缸内，然后移开混凝土被压入管道，将混凝土输送到浇筑地点。单缸混凝土泵的出料是脉冲式的，所以一般混凝土泵有两个混凝土缸并列交替进料和出料，通过 Y 形输料管，送入同一管道使出料较为稳定。

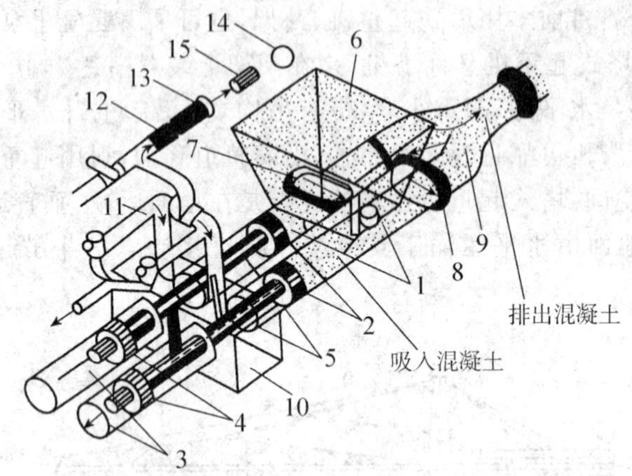

图 4-44　液压柱塞式混凝土泵工作原理图

1— 混凝土缸；2— 混凝土活塞；3— 液压缸；4— 液压活塞；5— 活塞杆；
6— 料斗；7— 吸入端水平片阀；8— 排出端竖直片阀；9—Y 形输送管；10— 水箱；
1— 水洗装置换向阀；12— 水洗用高压软管；13— 水洗法兰；14— 海绵球；15— 清洗活塞

混凝土泵车是将混凝土泵装在车上，车上装有可以伸缩或屈折的“布料杆”，管道装在杆内，末端是一段软管，可将混凝土直接送到浇筑地点（如图 4-45 所示）。这种泵车布料范围广、机动性好、移动方便，适用于多层框架结构施工。不同型号的混凝土泵，其排量不同，水平运距和垂直运距也不同。常见的多为混凝土排量 30 ～ 90 m^3/h，水平运距 200 ～ 500 m，垂直运距 50 ～ 100 m。宜与混凝土泵混凝土搅拌运输车配套使用，且应使混凝土搅拌站的供应能力和混凝土搅拌车的运输能力大于混凝土泵的输送能力，以保证混凝土泵能连续工作。

混凝土泵在输送混凝土前，管道应先用水泥浆或砂浆润滑。泵送时要连续工作，如中断时间过长，混凝土将出现分层离析现象，这时应将管道内混凝土清除，以免堵塞，泵送完毕要立即将管道冲洗干净。

3. 混凝土辅助运输设备

运输混凝土的辅助设备有吊罐、集料斗、溜槽、溜管等。用于混凝土装料、卸料和转运入仓，对于保证混凝土质量和运输工作顺利进行起着相当大的作用。

(1) 溜槽与振动溜槽。溜槽为钢制槽子（钢模），可从皮带机、自卸汽车、斗车等受料，将混凝土转送入仓。其坡度可由试验确定，常采用 45° 左右。当卸料高度过大时，可采用振动溜槽。振动溜槽装有振动器，单节长 4 ～ 6 m，拼装总长可达 30 m，其输送坡度由于振动器的作用可放缓至 15° ～ 20°。采用溜槽时，应在溜槽末端加设 1 ～ 2 节溜管或挡板（如图 4-46 所示），以防止混凝土料在下滑过程中分离。利用溜槽转运入仓，是大型机械设备难以控制部位的有效入仓手段。

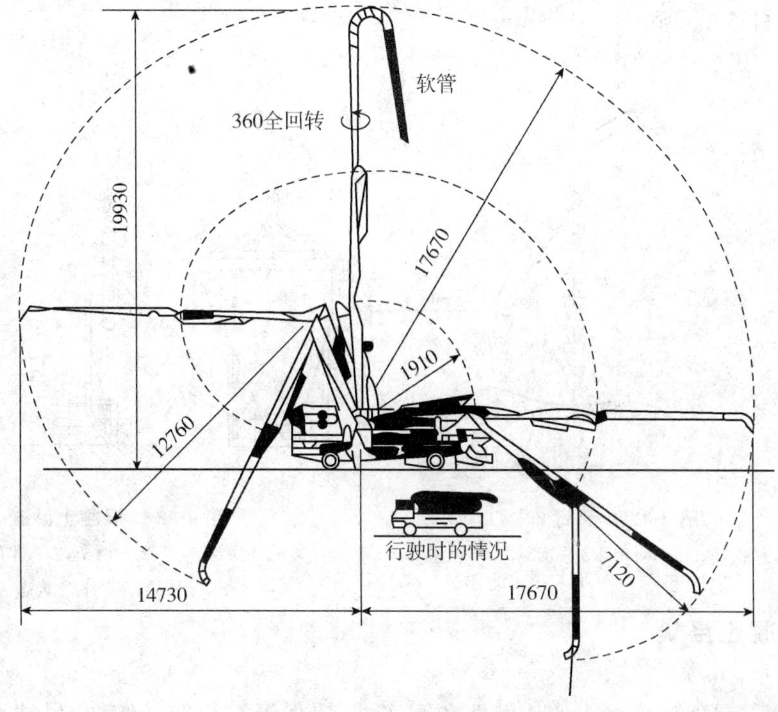

图 4-45　三折叠式布料车浇筑范围

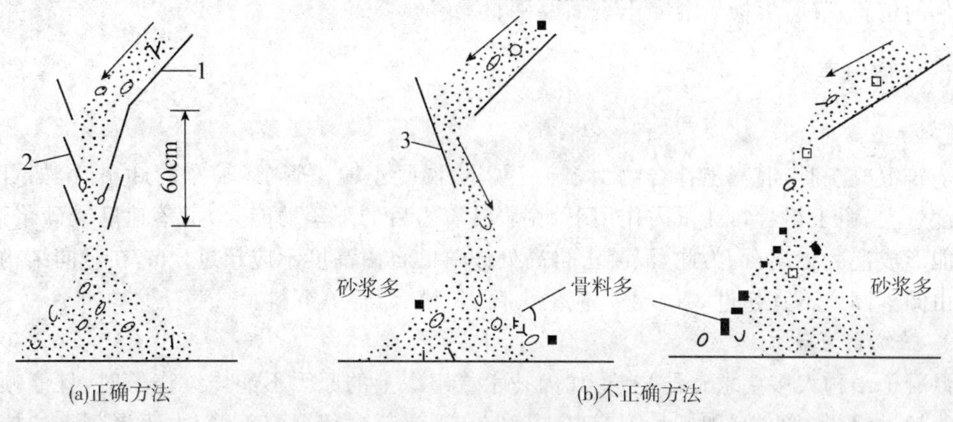

(a)正确方法　(b)不正确方法

图 4-46　溜槽卸料

1— 溜槽；2— 溜筒；3— 挡板

(2) 溜管与振动溜管。溜管(溜筒)由多节铁皮管串挂而成。每节长 0.8 ～ 1 m，上大下小，相邻管节铰挂在一起，可以拖动，如图 4-47 所示。采用溜管卸料可起到缓冲消能作用，以防止混凝土料分离和破碎。

溜管卸料时，其出口离浇筑面的高差应不大于 1.5 m，并利用拉索拖动均匀卸料，但应使溜管出口段约 2 m 长与浇筑面保持垂直，以避免混凝土料分离。随着混凝土浇筑面的上升，可逐节拆卸溜管下端的管节。

溜管卸料多用于断面小、钢筋密的浇筑部位，其卸料半径为 1 ～ 1.5 m，卸料高度不大于 10 m。振动溜管与普通溜管相似，但每隔 4 ～ 8 m 的距离装有一个振动器，以防止混凝土料中途堵塞，其卸料高度可达 10 ～ 20 m。

(3) 吊罐。其示意图如图 4-48 所示。

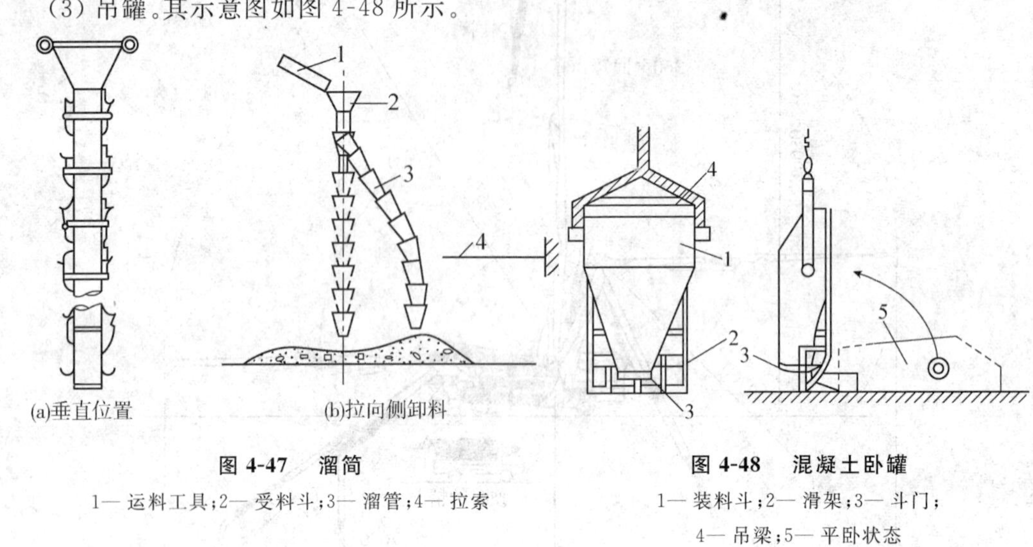

图 4-47　溜筒

1— 运料工具；2— 受料斗；3— 溜管；4— 拉索

图 4-48　混凝土卧罐

1— 装料斗；2— 滑架；3— 斗门；4— 吊梁；5— 平卧状态

4.3.3　混凝土浇筑

混凝土浇筑要保证混凝土的均匀性和密实性，要保证结构的整体性、尺寸准确和钢筋、预埋件的位置正确，拆模后混凝土表面要平整、光洁。

(一) 浇筑要求

1. 防止离析

浇筑混凝土时，混凝土拌合物由料斗、漏斗、混凝土输送管、运输车内卸出时，如自由倾落高度过大，由于粗骨料在重力作用下，克服粘着力后的下落动能大，下落速度较砂浆快，因而可能形成混凝土离析。为此，混凝土自高处倾落的自由高度不应超过 2 m，在竖向结构中限制自由倾落高度不宜超过 3 m，否则应沿串筒、斜槽、溜管等下料。

2. 正确留置施工缝

混凝土结构大多要求整体浇筑。如因技术或组织上的原因不能连续浇筑时，且停顿时间有可能超过混凝土的初凝时间，则应事先确定在适当位置留置施工缝。由于混凝土的抗拉强度约为其抗压强度的 1/10，因而施工缝是结构中的薄弱环节，宜留在结构剪力较小的部位，同时要方便施工。

(1) 施工缝的留设位置。施工缝设置的原则，一般宜留在结构受力（剪力）较小且便于施工的部位；柱子的施工缝宜留在基础与柱子交接处的水平面上，或梁的下面，或吊车梁牛腿、吊车梁、无梁楼盖柱帽的下面，如图 4-49 所示；高度大于 1 m 的钢筋混凝土梁的水平施工缝，应留在楼板底面下 20 ～ 30 mm 处，当板下有梁托时，留在梁托下部；单向平板的施工缝，可留在平行于短边的任何位置处；对于有主次梁的楼板结构，宜顺着次梁方向浇筑，施工缝应留在次梁跨度的中间 1/3 范围内，如图 4-50 所示。

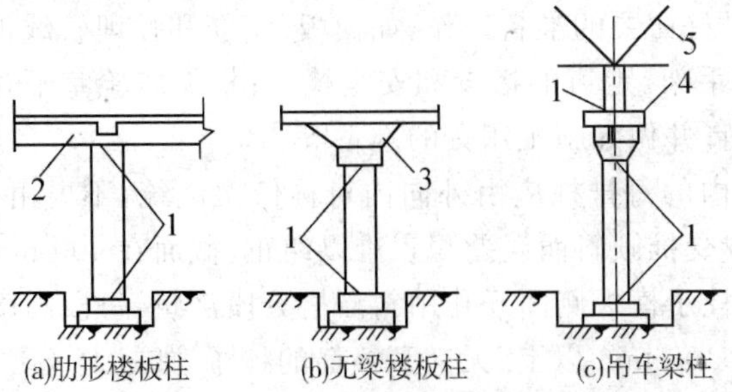

图 4-49　柱子施工缝的位置

1— 施工缝；2— 梁；3— 柱帽；4— 吊车梁；5— 屋架

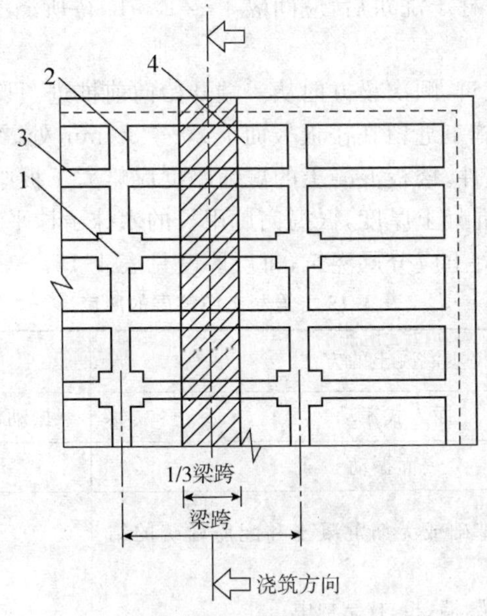

图 4-50　有梁板的施工缝位置

1— 柱；2— 主梁；3— 次梁；4— 板

(2) 施工缝的处理。施工缝处继续浇筑混凝土时，应待混凝土的抗压强度不小于 1.2 MPa 方可进行；施工缝浇筑混凝土之前，应除去施工缝表面的水泥薄膜、松动石子和软弱的混凝土层，处理方法有风砂枪喷毛、高压水冲毛、风镐凿毛或人工凿毛，并加以充分湿润和冲洗干净，不得有积水；浇筑时，施工缝处宜先铺水泥浆(水泥:水—10:4)，或与混凝土成分相同的水泥砂浆一层，厚度为 30 ～ 50 mm，以保证接缝的质量；浇筑过程中，施工缝应细致捣实，使其紧密结合。

(二) 浇筑方法

1. 多层钢筋混凝土框架结构的浇筑

浇筑这种结构首先要划分施工层和施工段，施工层一般按结构层划分，而每一施工层如何划分施工段，则要考虑工序数量、技术要求、结构特点等。做到木工在第一施工层安装完模板，准备转移到第二施工层的第一施工段上时，该施工段所浇筑的混凝土强度应达到允许工人在其上操作的强度(1.2 MPa)。

混凝土浇筑前应做好必要的准备工作，如模板、钢筋和预埋管线的检查和清理以及隐蔽工程的验收；浇筑用脚手架、走道的搭设和安全检查；根据实验室下达的混凝土配合比通知单准备和检查所需材料；并做好施工用具的准备等。

浇筑柱时，施工段内的每排柱应由外向内对称依次浇筑，不要由一端向另一端推进，预防柱子模板因湿胀造成受推倾斜而误差积累难以纠正。截面在 400 mm×400 mm 以内，或有交叉箍筋的柱子，应在柱子模板侧面开孔用斜溜槽分段浇筑，每段高度不超过 2 m。

截面在 400 mm×400 mm 以上、无交叉箍筋的柱子，如柱高不超过 4.0 m，可从柱顶浇筑；如用轻骨料混凝土从柱顶浇筑，则柱高不得超过 3.5 m。柱子开始浇筑时，底部应先浇筑一层厚 50～100 mm 与所浇筑混凝土成分相同的水泥砂浆。浇筑完毕，如柱顶处有较大厚度的砂浆层，则应加以处理。柱子浇筑后，应间隔 1～1.5 h，待所浇混凝土拌和物初步沉实后，再浇筑上面的梁板结构。

梁和板一般应同时浇筑，顺次梁方向从一端开始向前推进。只有当梁高大于 1 m 时才允许将梁单独浇筑，此时的施工缝留在楼板板面下 20～30 mm 处。梁底侧面注意振实，振动器不要直接触及钢筋和预埋件。楼板混凝土的虚铺厚度应略大于板厚，用表面振动器或内部振动器振实，用铁插尺检查混凝土厚度，振捣完后用长的木抹子抹平。

为保证捣实质量，混凝土应分层浇筑，每层厚度见表 4-15。

表 4-15　混凝土浇筑层的厚度

项次	捣实混凝土的方法		浇筑层厚度 /m
1	插入式振动		振动器作用部分长度的 1.25 倍
2	表面振动		200
3	人工捣实	(1) 在基础或无筋混凝土和配筋稀疏的结构中 (2) 在梁、墙、板、柱结构中 (3) 在配筋密集的结构中	250 200 150
4	轻骨料混凝土	插入式振动表面振动(振动时需加荷)	300 200

浇筑叠合式受弯构件时，应按设计要求确定是否设置支撑，且叠合面应根据设计要求预留凸凹差(当无要求时，凸凹差为 6 mm)，形成延期粗糙面。

2. 大体积混凝土结构浇筑

大体积混凝土结构在工业建筑中多为设备基础、高层建筑基础等。在高层建筑工地中多为厚大的桩基承台或基础底板等，整体性要求较高，往往不允许留施工缝，要求一次连续浇筑完毕。根据结构特点不同，可分为全面分层、分段分层、斜面分层等浇筑方案(如图 4-51 所示)。

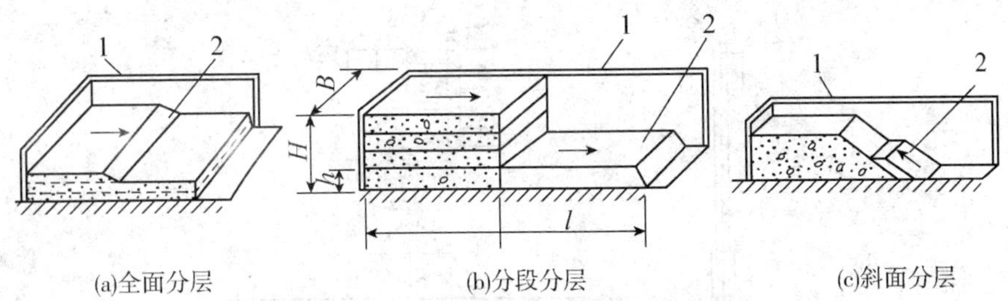

图 4-51　大体积混凝土浇筑方案图

1— 模板；2— 新浇筑的混凝土

(1) 全面分层。当结构平面面积不大时，可将整个结构分为若干层进行浇筑，即第一层全部浇筑完毕后，再浇筑第二层，如此逐层连续浇筑，直到结束。为保证结构的整体性，要求次层混凝土在前层混凝土初凝前浇筑完毕。若结构平面面积为 $A(\mathrm{m}^2)$，浇筑分层厚为 $h(\mathrm{m})$，每小时浇筑量为 $Q(\mathrm{m}^3/\mathrm{h})$，混凝土从开始浇筑至初凝的延续时间为 T(h 一般等于混凝土初凝时间减去运输时间)，为保证结构的整体性，则应满足：

$$h \leqslant QT$$

故

$$A \leqslant QT/h$$

即采用全面分层时，结构平面面积应满足上式的条件。

(2) 分段分层。当结构平面面积较大时，全面分层已不适应，这时可采用分段分层浇筑方案。即将结构划分为若干段，每段又分为若干层，先浇筑第一段各层，然后浇筑第二段各层，如此逐层连续浇筑，直至结束。为保证结构的整体性，要求次段混凝土应在前段混凝土初凝前浇筑并与之捣实成整体。若结构的厚度为 $H(\mathrm{m})$，宽度为 $b(\mathrm{m})$，分段长度为 $L(\mathrm{m})$，为保证结构的整体性，则应满足：

$$L \leqslant QT/b(H-b)$$

(3) 斜面分层。当结构的长度超过厚度的 3 倍时，可采用斜面分层的浇筑方案。这里，振捣工作应从浇筑层斜面下端开始，逐渐上移，且振动器应与斜面垂直。

(三) 混凝土密实成型

混凝土浇入模板以后是较疏松的，里面含有空气与气泡。而混凝土的强度、抗冻性、抗渗性以及耐久性等，都与混凝土的密实程度有关。目前主要是用人工或机械捣实混凝土使混凝土密实。人工捣实是用人力的冲击来使混凝土密实成型，只有在缺乏机械、工程量不大或机械不便工作的部位采用。

混凝土振捣主要采用振捣器进行，振捣器产生小振幅、高频率的振动，使混凝土在其振动的作用下，内摩擦力和粘结力大大降低，使干稠的混凝土获得了流动性，在重力的作用下骨料互相滑动而紧密排列，空隙由砂浆所填满，空气被排出，从而使混凝土密实，并填满模板内部空间，且与钢筋紧密结合。

1. 混凝土振捣器

混凝土振捣器的类型，按振捣方式的不同，分为插入式、外部式、表面式和振动台等，如图 4-52 所示。其中，外部式只适用于柱、墙等结构尺寸小且钢筋密的构件；表面式只适用于薄层混凝土的捣实(如渠道衬砌、道路、薄板等)；振动台多用于实验室。

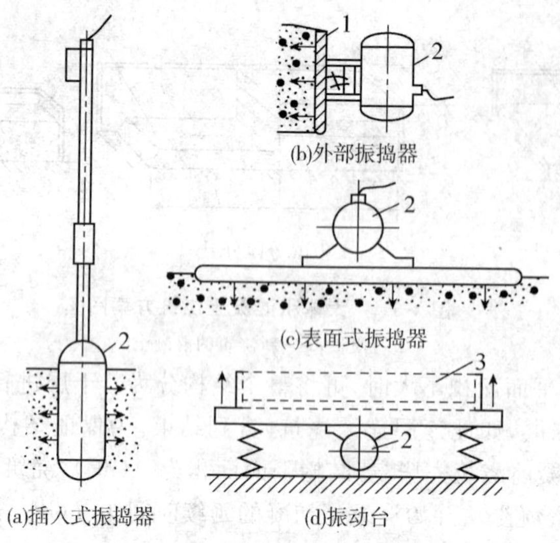

图 4-52 混凝土振捣器

1— 模板；2— 电动机；3— 构件

(1) 插入式振捣器。根据使用的动力不同，插入式振捣器有电动式、风动式和内燃机式三类。内燃机式仅用于无电源的场合。风动式因其能耗较大、不经济，同时风压和负载变化时会使振动频率显著改变，因而影响混凝土振捣密实质量，逐渐被淘汰。因此，一般工程均采用电动式振捣器。电动插入式振捣器又分为三种，见表 4-16。

表 4-16 电动插入式振捣器

序号	名称	构造	适用范围
1	串激式振捣器	串激式电机拖动，直径 18 ~ 50 mm	小型构件
2	软轴振捣器	有偏心式、外滚道行星式、内滚道行星式振捣棒直径 25 ~ 100 mm	除薄板以外各种混凝土工程
3	硬轴振捣器	直联式，振捣棒直径 80 ~ 133 mm	大体积混凝土

① 电动软轴插入式振捣器。电动机和机械增速器(齿轮机构) 安装在底盘上，通过软轴(由钢丝股制成) 带动振动棒内的偏心轴高速旋转而产生振动，如图 4-53 所示。偏心轴式软轴振捣器，由于偏心轴旋转的振动频率受到制造上的限制，故振动频率不高，应用在钢筋密集、结构单薄的部位。

② 电动硬轴插入式振捣器。电动机装在振动棒内部，直接与偏心块振动机构相连，如图 4-54 所示。同时采用低压变频装置代替机械增速器，以保证工人安全操作和提高振捣器的振动频率。

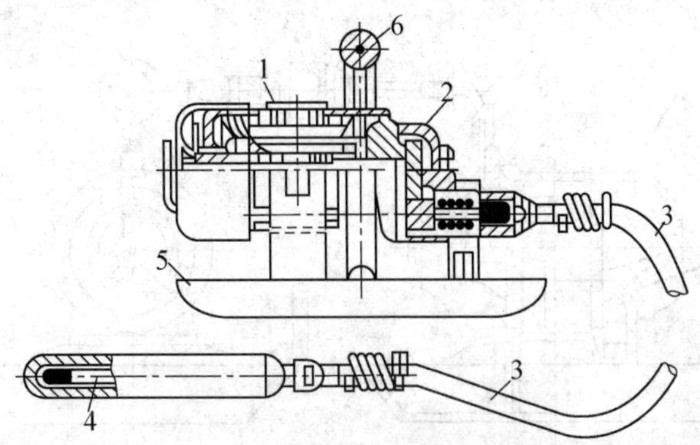

图 4-53　电动软轴插入式振动器

1— 电动机；2— 机械增速器；3— 软轴；
4— 振动棒；5— 底盘；6— 手柄

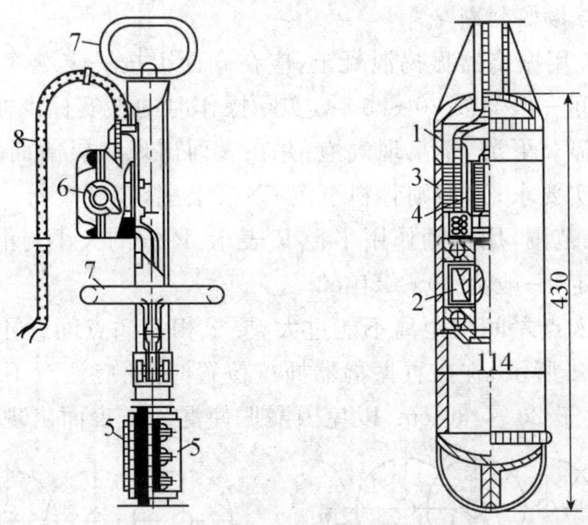

图 4-54　插入式电动硬轴振捣器

1— 振棒外壳；2— 偏心块；3— 电动机定子；4— 电动机转子；
5— 橡皮弹性连接器；6— 电路开关；7— 把手；8— 外接电源

硬轴振捣器构造比较简单，使用方便，其振动影响半径大(35 ～ 60 cm)，振捣效果好，故在大体积混凝土浇筑中应用最普遍。常见型号有国产 HZ6P — 800、HZ6X — 30 型，电动机电压为 30—42 V。

(2) 外部式振捣器。外部式振捣器包括附着式、平板(梁) 式及振动台三种类型。平板(梁) 式振捣器有两种形式：一是在上述附着式振捣器底座上用螺栓紧固一块木板或钢板(梁)，通过附着式振捣器所产生的激振力传递给振板，迫使振板振动而振实混凝土，如图 4-55 所示；另一类是定型的平板(梁) 式振捣器，振板为钢制槽形(梁形) 振板，上有把手，便于边振捣、边拖行，更适用于大面积的振捣作业。

(3) 振动台。混凝土振动台，又称台式振捣器。它是一种使混凝土拌合物振动成型的机械。其机架一般支撑在弹簧上，机架下装有激振器，机架上安置成型制品的钢模板，模板内装有混凝土拌合物。在激振器的作用下，机架连同模板及混合料一起振动，使混凝土拌合物密实成型。

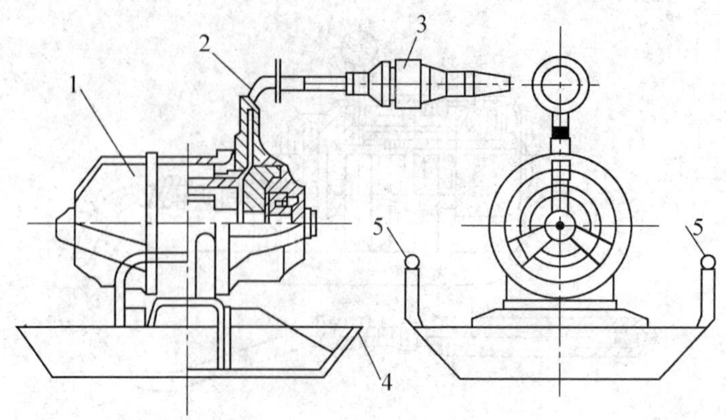

图 4-55　槽形平板式振捣器

1— 振动电动机；2— 电缆；3— 电缆接头；4— 钢制槽形振板；5— 手柄

2. 振捣器的使用与振实判断

(1) 插入式振捣器。用振捣器振捣混凝土，应在仓面上按一定顺序和间距，逐点插入进行振捣。每个插点振捣时间一般需要 20 ～ 30 s，实际操作时的振实标准是按以下一些现象来判断：即混凝土表面不再显著下沉，不出现气泡；并在表面出现一层薄而均匀的水泥浆。如振捣时间不够，则达不到振实要求；过振则骨料下沉、砂浆上翻，产生离析。

振捣器的有效振动范围，用振动作用半径 R 表示。R 值的大小与混凝土坍落度和振捣器性能有关，可经试验确定，一般为 30 ～ 50 cm。

为了避免漏振，插入点之间的距离不能过大。要求相邻插点间距不应大于其影响半径的 1.5 ～ 1.75 倍；如图 4-56 所示。在布置振捣器插点位置时，还应注意不要碰到钢筋和模板。但离模板的距离也不要大于 20 ～ 30 cm，以免因漏振使混凝土表面出现蜂窝麻面。

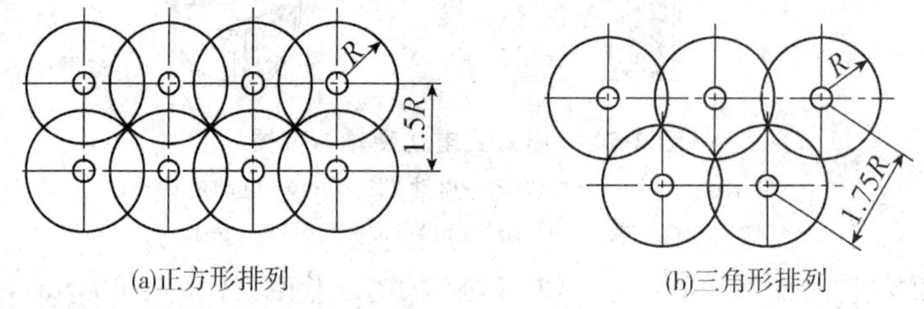

图 4-56　振捣器插入点排列示意图

在每个插点进行振捣时，振捣器要垂直插入，快插慢拔，并插入下混凝土 5 ～ 10 cm，以保证上、下混凝土结合。

(2) 外部式振捣器。附着式振捣器安装时应保证转轴水平或垂直，如图 4-57 所示。在一个模板上安装多台附着式振捣器同时进行作业时，各振捣器频率必须保持一致，相对安装的振捣器的位置应错开。振捣器所装置的构件模板，要坚固牢靠，构件的面积应与振捣器的额定振动板面积相适应。

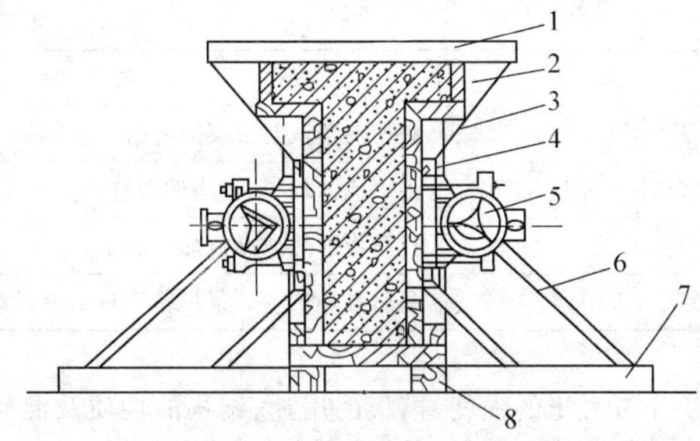

图 4-57　附着式振捣器的安装

1— 模板面卡；2— 模板；3— 角撑；4— 夹木枋；
5— 附着式振动器；6— 斜撑；7— 底横枋；8— 纵向底枋

混凝土振动台是一种强力振动成型的机械装置，必须安装在牢固的基础上，地脚螺栓应有足够的强度并拧紧。在振捣作业中，必须安置牢固可靠的模板锁紧夹具，以保证模板和混凝土与台面一起振动。

(四) 混凝土的养护与拆模

1. 混凝土的养护

混凝土浇筑完毕后，在一个相当长的时间内，应保持其适当的温度和足够的湿度，以造成混凝土良好的硬化条件，这就是混凝土的养护工作。混凝土表面水分不断蒸发，如不设法防止水分损失，水化作用未能充分进行，混凝土的强度将受到影响，还可能产生干缩裂缝。因此，混凝土养护的目的，一是创造有利条件，使水泥充分水化，加速混凝土的硬化；二是防止混凝土成型后因暴晒、风吹、干燥等自然因素影响，出现不正常的收缩、裂缝等现象。混凝土的养护方法分为自然养护和热养护两类，见表 4-17。养护时间取决于当地气温、水泥品种和结构物的重要性。

表 4-17　混凝土的养护

类　别	名　称	说　明
自然养护	洒水(喷雾) 养护	在混凝土面不断洒水(喷雾)，保持其表面湿润
	覆盖浇水养护	在混凝土面覆盖湿麻袋、草袋、湿砂、锯末等，不断洒水保持其表面湿润
	围水养护	四周围成土埂，将水蓄在混凝土表面
	铺膜养护	在混凝土表面铺上薄膜，阻止水分蒸发
	喷膜养护	在混凝土表面喷上薄膜，阻止水分蒸发

续　表

类　别	名　称	说　明
热养护	蒸汽养护	利用热蒸汽对混凝土进行湿热养护
	热水(热油)养护	将水或油加热,将构件搁置在其上养护
	电热养护	对模板加热或微波加热养护
	太阳能养护	利用各种罩、窑、集热箱等封闭装置对构件进行养护

2. 混凝土的拆模

模板拆除日期取决于混凝土的强度、模板的用途、结构的性质及混凝土硬化时的气温。不承重的侧模,在混凝土强度能保证其表面棱角不因拆除模板而受损坏时,即可拆除。承重模板,如梁、板等底模,应待混凝土达到规定强度后,方可拆除。结构的类型跨度不同,其拆模强度不同,底模拆除时对混凝土强度要求,见表 4-1。

已拆除承重模板的结构,应在混凝土达到规定的强度等级后,才允许承受全部设计荷载。拆模后应由监理(建设)单位、施工单位对混凝土的外观质量和尺寸偏差进行检查,并做好记录。如发现缺陷,应进行修补。对面积小、数量不多的蜂窝或露石的混凝土,先用钢丝刷或压力水洗刷基层,然后用 1:2 ～ 1:2.5 的水泥砂浆抹平;对较大面积的蜂窝、露石、露筋应按其全部深度凿去薄弱的混凝土层,然后用钢丝刷或压力水冲刷,再用比原混凝土强度等级高一个级别的细骨料混凝土填塞,并仔细捣实。对影响结构性能的缺陷,应与设计单位研究处理。

4.3.4　混凝土的质量检查与缺陷防治

(一) 混凝土的质量检查

(1) 混凝土质量检查包括施工过程中的质量检查和养护后的质量检查。

(2) 施工过程中的质量检查,即在混凝土制备和浇筑过程中对原材料的质量、配合比、坍落度等的检查,每一工作班至少检查两次,如遇特殊情况还应及时进行抽查。混凝土的搅拌时间应随时检查。

(3) 混凝土养护后的质量检查,主要是指混凝土的立方体抗压强度检查。混凝土的抗压强度应以标准立方体试件(边长 150 mm),在标准条件下(温度 20℃ ± 3℃ 和相对湿度 90% 以上的湿润环境) 养护 28 d 后测得的具有 95% 保证率的抗压强度。

(4) 结构混凝土的强度等级必须符合设计要求。

(5) 现浇混凝土结构的允许偏差,应符合规范规定;当有专门规定时,应符合相应的规定。

(6) 混凝土表面外观质量要求:不应有蜂窝、麻面、孔洞、露筋、缝隙及夹层、缺棱掉角和裂缝等。

(二) 现浇湿混凝土结构质量缺陷及产生原因

1. 现浇结构的外观质量缺陷的确定

现浇结构的外观质量缺陷,应由监理(建设) 单位、施工单位等各方根据其对结构性能和使用功能影响的严重程度，按规范确定。

2. 混凝土质量缺陷产生的原因

混凝土质量缺陷产生的原因主要如下：

(1) 蜂窝。由于混凝土配合比不准确，浆少而石子多，或搅拌不均造成砂浆与石子分离，或浇筑方法不当，或振捣不足，以及模板严重漏浆。

(2) 麻面。模板表面粗糙不光滑，模板湿润不够，接缝不严密，振捣时发生漏浆。

(3) 露筋。浇筑时垫块位移，甚至漏放，钢筋紧贴模板，或者因混凝土保护层处漏振或振捣不密实而造成露筋。

(4) 孔洞。混凝土结构内存在空隙，砂浆严重分离，石子成堆，砂与水泥分离。另外，有泥块等杂物掺入也会形成孔洞。

(5) 缝隙和薄夹层。主要是混凝土内部处理不当的施工缝、温度缝和收缩缝，以及混凝土内有外来杂物而造成的夹层。

(6) 裂缝。构件制作时受到剧烈振动，混凝土浇筑后模板变形或沉陷，混凝土表面水分蒸发过快，养护不及时等，以及构件堆放、运输、吊装时位置不当或受到碰撞。

3. 产生混凝土强度不足的原因

(1) 配合比设计方面有时不能及时测定水泥的实际活性，影响了混凝土配合比设计的正确性；另外，套用混凝土配合比时选用不当及外加剂用量控制不准等，都有可能导致混凝土强度不足。分离或浇筑方法不当，或振捣不足，以及模板严重漏浆。

(2) 搅拌方面任意增加用水量，配合比称料不准，搅拌时颠倒加料顺序及搅拌时间过短等造成搅拌不均匀，导致混凝土强度降低。

(3) 现场浇捣方面主要是施工中振捣不实，以及发现混凝土有离析现象时，未能及时采取有效措施来纠正。

(4) 养护方面主要是不按规定的方法、时间对混凝土进行妥善的养护，以致造成混凝土强度降低。

(三) 混凝土质量缺陷的防治与处理

(1) 表面抹浆修补。对数量不多的小蜂窝、麻面、露筋、露石的混凝土表面，主要是保护钢筋和混凝土不受侵蚀，可用1:2～1:2.5水泥砂浆抹面修整。

(2) 细石混凝土填补。当蜂窝比较严重或露筋较深时，应取掉不密实的混凝土，用清水洗净并充分湿润后，再用比原强度等级高一级的细石混凝土填补并仔细捣实。

(3) 水泥灌浆与化学灌浆。对于宽度大于0.5 mm的裂缝，宜采用水泥灌浆；对于宽度小于0.5 mm的裂缝，宜采用化学灌浆。

4.4 装配式钢筋混凝土工程施工

4.4.1 预制混凝土构件施工

(一) 预制混凝土构件制作工艺

预制构件的制作过程包括模板的制作与安装，钢筋的制作与安装，混凝土的制备、运输，构件的浇筑振捣和养护、脱模与堆放等。

根据生产过程中组织构件成型和养护的不同特点，预制构件制作工艺可分为台座法、机组流水法和传送带法三种。

(1) 台座法。台座是表面光滑平整的混凝土地坪、胎模或混凝土槽。构件的成型、养护、脱模等生产过程都在台座上进行。

(2) 机组流水法。机组流水法是在车间内，根据生产工艺的要求将整个车间划分为几个工段，每个工段皆配备相应的工人和机具设备，构件的成型、养护、脱模等生产过程分别在有关的工段循序完成。

(3) 传送带法。模板在一条呈封闭环形的传送带上移动，各个生产过程都是在沿传送带循序分布的各个工作区中进行。

(二) 预制混凝土构件模板

现场就地制作预制构件常用的模板有胎模、重叠支模、水平拉模等。预制厂制作预制构件常用的模板有固定式胎模、拉模、折页式钢模等。

(1) 胎模。胎模是指用砖或混凝土材料筑成构件外形的底模，它通常用木模作为边模。多用于生产预制梁、柱、槽形板及大型屋面板等构件，如图 4-70 所示。

(2) 重叠支模。重叠支模如图 4-70(a) 所示，即利用先预制好的构件作底模，沿构件两侧安装侧模板后再制作同类构件。对于矩形、梯形柱和梁以及预制桩，还可以采用间隔重叠法施工，以节省侧模板，如图 4-70(b) 所示。

(3) 水平拉模。拉模由钢制外框架、内框架侧模与芯管、前后端头板、振动器、卷扬机抽芯装置等部分组成。内框架侧模、芯管和前端头板组装为一个整体，可整体抽芯和脱膜。

(三) 预制混凝土构件的成型

预制混凝土构件常用的成型方法有振动法、挤压法、离心法等。

(1) 振动法。用台座法制作构件，使用插入式振动器和表面振动器振捣。加压的方法分为静态加压法和动态加压法。前者用一压板加压，后者是在压板上加设振动器加压。

(2) 挤压法。用挤压法连续生产空心板有两种切断方法：一种是在混凝土达到可以放松预应力筋的强度时，用钢筋混凝土切割机整体切断；另一种是在混凝土初凝前用灰铲手工操作或用气割法、水冲法把混凝土切断。

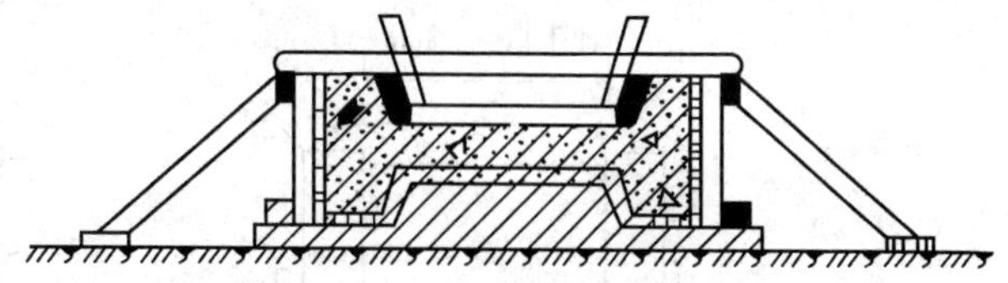

(a)工字形柱砖胎模型

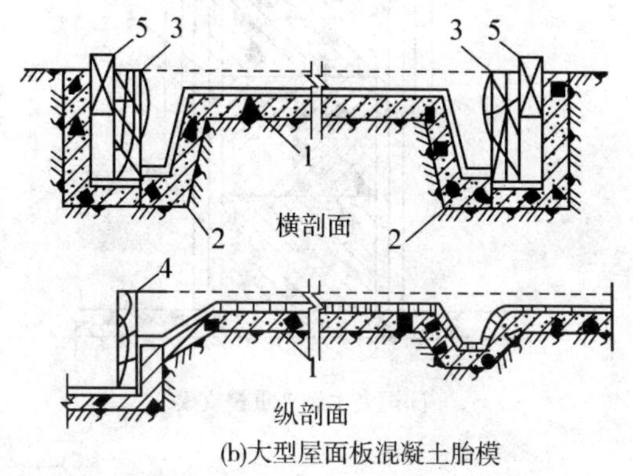

(b)大型屋面板混凝土胎模

图 4-70　胎模

1— 胎模；2—65×5 方木；3— 侧模，
4— 端模；5— 木楔

(3) 离心法。离心法是将装有混凝土的模板放在离心机上，使模板以一定转速绕自身的纵轴旋转，模板内的混凝土由于离心力作用而远离纵轴，均匀分布于模板内壁，并将混凝土中的部分水分挤出，使混凝土密实。

(四) 预制混凝土构件的养护

预制构件的养护方法有自然养护、蒸汽养护、热拌混凝土热模养护、太阳能养护、远红外线养护等。自然养护成本低，简单易行，但养护时间长，模板周转率低，占用场地大，我国南方地区的台座法生产多用自然养护。蒸汽养护可缩短养护时间，模板周转率相应提高，占用场地大大减少。蒸汽养护是将构件放置在有饱和蒸汽或蒸汽与空气混合物的养护室(或窑)内，在较高温度和湿度的环境中进行养护，以加速混凝土的硬化，使之在较短的时间内达到规定的强度标准值。

(五) 预制混凝土构件成品堆放

混凝土强度达到设计强度后方可起吊。先用撬棍将构件轻轻撬松脱离底模，然后起吊归堆。构件的移运方法和支撑位置，应符合构件的受力情况，防止损伤。构件堆放应符合下列要求：

(1) 堆放场地应平整夯实，并有排水措施。

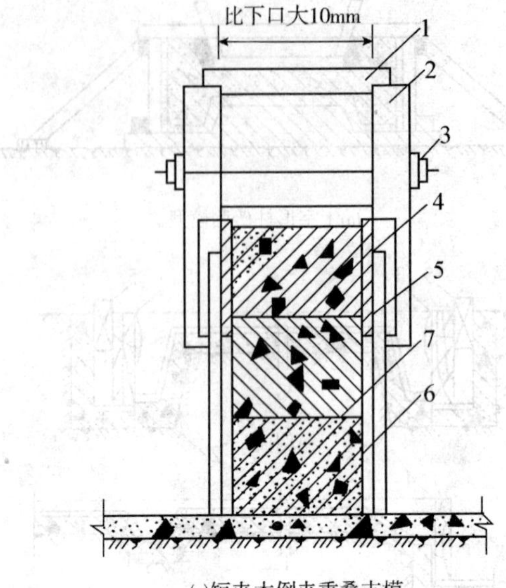

(a)短夹木倒夹重叠支模

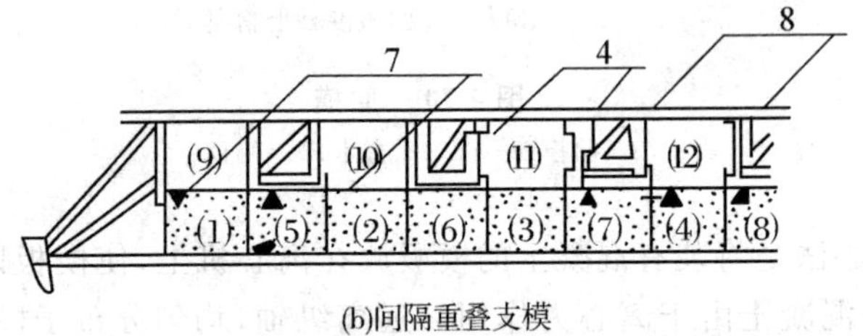

(b)间隔重叠支模

图 4-71　重叠支模法

1— 临时撑头;2— 短夹木;3—M12 螺栓;

4— 侧模;5— 支脚;6— 已捣构件;

7— 隔离剂或隔离层;8— 卡具

(2) 构件应按吊装顺序,以刚度较大的方向堆放稳定。

(3) 重叠堆放的构件,标志应向外,堆垛高度应按构件强度、地面承载力、垫木强度及堆垛的稳定性确定,各层垫木的位置,应在同一垂直线上。

(六) 预制混凝土构件质量检验

现场的预制构件,其外观质量、尺寸偏差应符合标准图或设计的要求。预制构件的外观质量不宜有一般缺陷,对已经出现的一般缺陷,应按技术处理方案进行处理,并重新检查验收。抽样数量为全数检查。预制构件的尺寸偏差应符合有关规定。抽样数量:同一工作班生产的同类型构件,抽查 5% 且不少于 3 件。预制构件与结构之间的连接应符合设计要求。

预制构件应进行结构性能检验。其抽样数量对成批生产的构件,应按同一工艺正常生产的不超过 1 000 件且不超过 3 个月的同类型产品为一批。检验内容包括钢筋混凝土构件和允许出现裂缝的预应力混凝土构件进行承载力、挠度和裂缝宽度检验;不允许出现裂缝的预应力混凝土构件进行承载力、挠度和抗裂检验;预应力混凝土构件中的非预应力杆件按钢筋混凝土构件的要求进行检验。

4.4.2　混凝土结构吊装

(一) 吊装机具

1. 吊索具

(1) 绳索。常用绳索有白棕绳、钢丝绳等。前两者适用于起重量不大的吊装工程或作辅助性绳索，后者强度高、韧性好、耐磨，广泛应用于吊装工程中。

① 白棕绳。白棕绳是用麻纤维经机械加工制成的。白棕绳的强度只有钢丝绳的 10% 左右，由于强度低，耐久性差，且易磨损，特别是在受潮后其强度会降低 50%，因此仅用于手动提升的小型构件(1 000 kg 以下)或作吊装临时牵引控制定位绳。捆绑构件时应用柔软垫片包角保护，以防被构件边角磨损。

② 钢丝绳。吊装用钢丝绳多用六股钢丝束和一根浸油麻绳芯组成，其中绳芯用以增加钢丝绳的挠性和弹性，绳芯中的油脂能润滑钢丝绳和防止钢丝生锈。一般分为 6 × 19、6 × 37、6 ×61 等几种，6 × 37 表示钢丝绳由 6 股钢丝束组成，每股含 37 根钢丝，其余类推。每股钢丝束所含的钢丝数越多其直径越小，且越柔软，但不耐磨损。6 × 19 的钢丝绳较硬，宜用于不受弯曲或可能遭到磨损的地方，如做风缆绳和拉索；6×37 和 6×61 的钢丝绳较柔软，可用做穿滑轮组的起重绳和制作捆物体用的千斤绳。当钢丝绳磨损起刺，在任一截面中检查断丝数达到总丝数的 1/6 时，则该钢丝绳应作报废处理。经燃烧、通电等而发生过高温的钢丝绳，强度削减很大，不宜再用做起重吊装。

使用钢丝绳时应注意：捆绑有棱角的构件，应用木板或草袋等衬垫，避免钢丝绳磨损；起吊前应检查绳扣是否牢固，起吊时如发现打结，要随时拨顺，以免钢丝产生永久性扭弯变形；定期对钢丝绳加润滑油，以减少磨损；存放在仓库里的钢丝绳应成圈排列，避免重叠堆放，库中应保持干燥，防止受潮锈蚀。

(2) 滑车及滑车组。滑车又称滑轮或葫芦，分定滑车和动滑车。定滑车安装在固定位置，只起改变绳索方向的作用；动滑车安装在运动的轴上，其吊钩与重物同时变位，起省力作用。定滑车和动滑车联合工作而成为滑车组，普遍用于起重机构中。

(3) 链条滑车。链条滑车又称神仙葫芦、倒链、手动葫芦或差动葫芦，由钢链、蜗杆或齿轮传动装置组成。装有自锁装置，能保持所吊物体不会自动下落，工作安全。适用于吊装构件，起重量有 1 t、2 t、3 t、5 t、7 t 及 10 t 等，如图 4-72 所示。

(4) 吊具。在吊装工程中，最常用的吊具有吊钩、卸甲、绳卡、绳圈(鸭舌、马眼)等。为便于吊装各种构件，尽量使各种构件受力均匀和保持完好，可自制一些特制吊具，如吊梁(钢扁担)、蝴蝶铰、钢桁架、钢拉杆、钢吊轴等，如图 4-73 所示。这些吊具都要进行力学验算和试吊。

(5) 卷扬机。卷扬机有手摇式和电动式两种。一般常用电动式。电动卷扬机是电动机通过齿轮的传动变速机构来驱动卷筒，并设有磁吸式或手动的制动装置。卷扬机按拽引速度可分为快速和慢速两种。快速卷扬机一般拽引速度为 30 ～ 50 m/min，多用于混凝土、钢筋等的吊运；慢速卷扬机拽引速度为 7 ～ 15 m/min，主要用于设备安装作业。

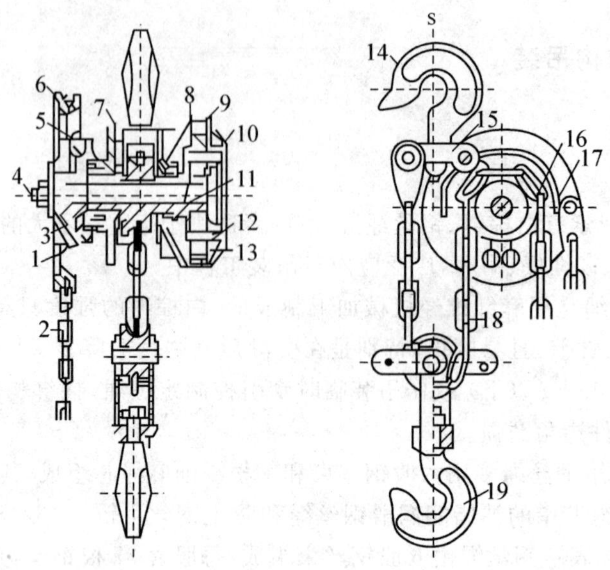

图 4-72　齿轮式链条滑车

1— 摩擦垫圈;2— 手链;3— 圆盘;4— 链轮轴;5— 棘轮圈;6— 牵引链轮;7— 夹板;
8— 传动轮;9— 齿圈;10— 驱动装置;11— 齿轮;12— 轴心;13— 行星齿轮;
14— 挂钩;15— 横梁;16— 起重星轮;17— 保险簧;18— 吊钩

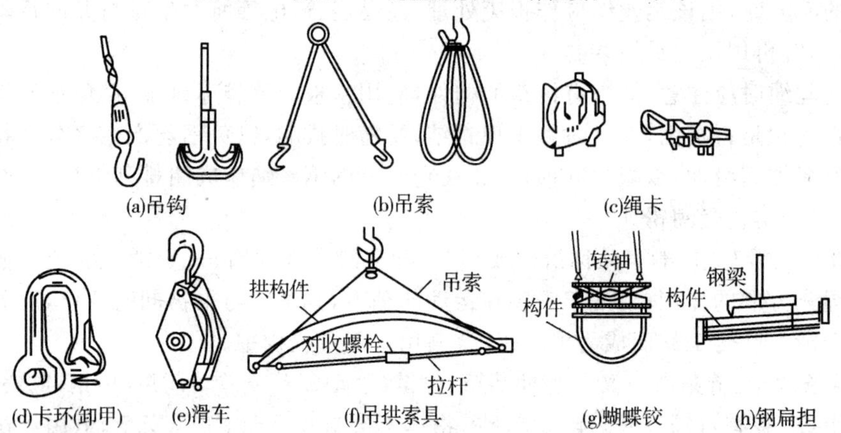

图 4-73　吊具

卷扬机与支撑面的安装定位,应平整牢固;卷扬机卷筒与导向滑轮中心线应对中。卷筒轴心线与滑轮轴心线的距离:光卷筒不应小于卷筒长的 20 倍;有槽卷筒不应小于卷筒长的 15 倍;钢丝绳应从卷筒下方卷入,卷扬机工作前,应检查钢丝绳、离合器、制动器、棘轮棘爪等,可靠无异常,方可开始吊运;重物长时间悬吊时,应用棘爪支住;吊运中突然停电时,应立即断开总电源,手柄扳回零位,并将重物放下,对无离合器手控制动的,应监护现场,防止意外事故。

(6) 锚碇。锚碇又称地锚或地龙,用来固定卷扬机、绞盘、缆风等,为起重机构稳定系统中的重要组成部分。

2. 起重机械

结构吊装中常用的起重机械有自行杆式(履带式、汽车式或轮胎式)、塔式和桅杆式起重机三大类型。前两种已在前面作了介绍,桅杆式起重机是在缺少其他机械的情况下因地制宜,根据施工现场地形、构件形式和重量等条件自制简易的起重机构。

(1) 履带式起重机。履带式起重机是一种具有履带行走装置的全回转起重机,它利用两条面积较大的履带着地行走,由行走装置、回转机构、机身及起重臂等部分组成,如图 4-74 所示。

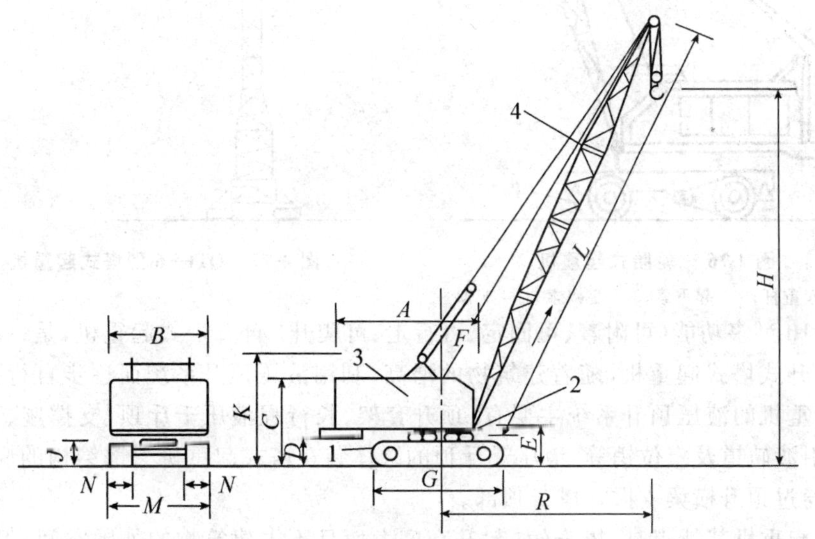

图 4-74　履带式起重机

1— 行走装置;2— 回转机构;3— 机身;4— 起重臂

(2) 汽车式起重机。汽车式起重机是自行式全回转起重机,起重机构安装在汽车的通用或专用底盘上,如图 4-75 所示。

图 4-75　汽车式起重机

(3) 轮胎式起重机。轮胎式起重机是把起重机构安装在加重轮胎和轮轴组成的特制底盘上的全回转起重机,如图 4-76 所示。

(4) 塔式起重机。塔式起重机有一般式塔式起重机、附着式自升塔式起重机、爬升式起重机等形式。QTl—6 型为上回转动臂变幅式塔式起重机,适用于结构吊装及材料装卸工作,如图 4-77 所示。QT－60/80 型为上回转动臂变幅式塔式起重机,适于较高建筑的结构吊装。自升式塔式起重机的型号较多,如 QTZ50、QTZ60、QTZl00、QTZl20 等。

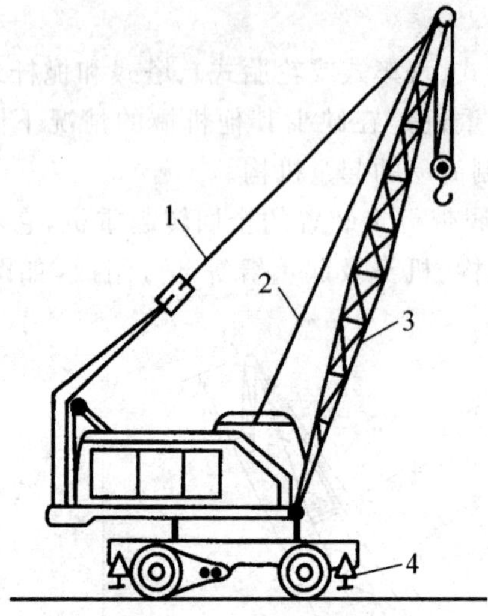

图 4-76　轮胎式起重机

1— 起重杆；2— 起重索；3— 变幅索；4— 支脚

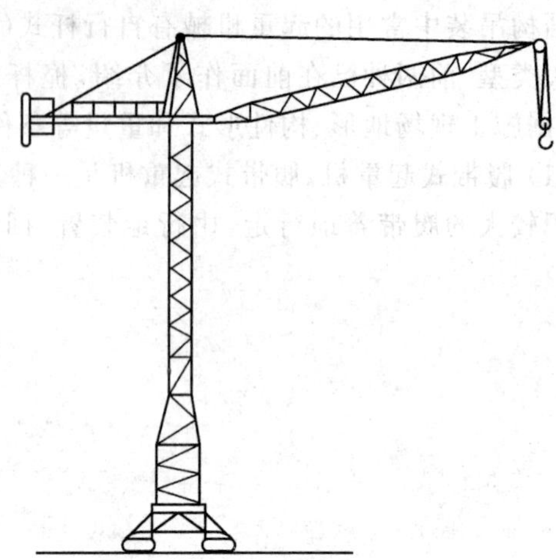

图 4-77　QTl—6 型塔式起重机

QT4—10 型多功能(可附着、可固定、可行走、可爬升) 自升塔式起重机，是一种上旋转、小车变幅自升式塔式起重机，随着建筑物的增高，利用液压顶升系统而逐步自行接高塔身。自升塔式起重机的液压顶升系统主要有：顶升套架、长行程液压千斤顶、支撑座、顶升横梁、引渡小车、引渡轨道及定位销等。液压千斤顶的缸体装在塔式起重机上部结构的底端支撑座上，活塞杆通过顶升横梁支撑在塔身顶部。

爬升式起重机其特点是：塔身短，起升高度大而且不占建筑物的外围空间；但驾驶员作业时看不到起吊过程，全靠信号指挥，施工完成后拆塔工作处于高空作业等。图 4-78 为爬升式起重机的爬升示意图。主要型号有 QT5—4/40 型、QT5—4/60 型、QT3—4 型等。

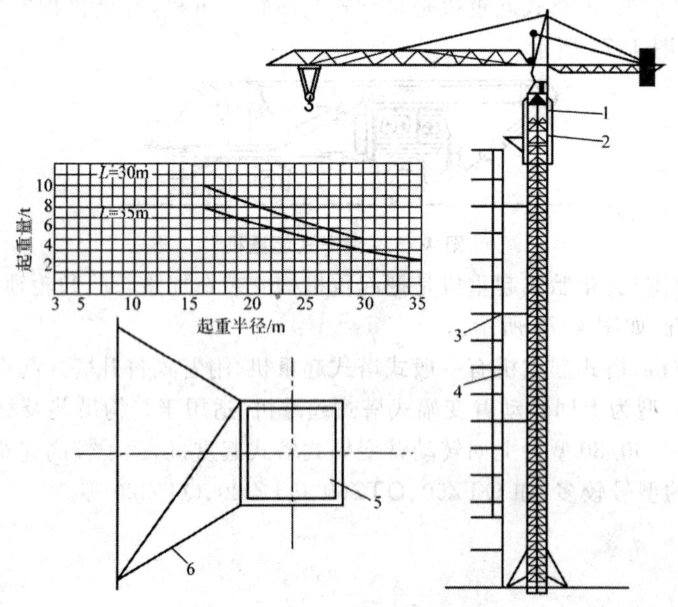

图 4-78　QT4—10 型塔式起重机

1— 液压千斤顶；2— 顶升套架；3— 锚固装置；4— 建筑物；5— 塔身；6— 附着杆

(5) 桅杆式起重机。建筑工程中，常用的桅杆式起重机有独脚把杆、人字把杆、悬臂把杆和牵缆式起重机等。桅杆式起重机制作简单，装拆方便，起重量较大，受地形限制小，能用于其他起重机械不能安装的一些特殊工程和设备；但这类机械的服务半径小，移动困难，需要较多的缆风绳，如图 4-79 所示。

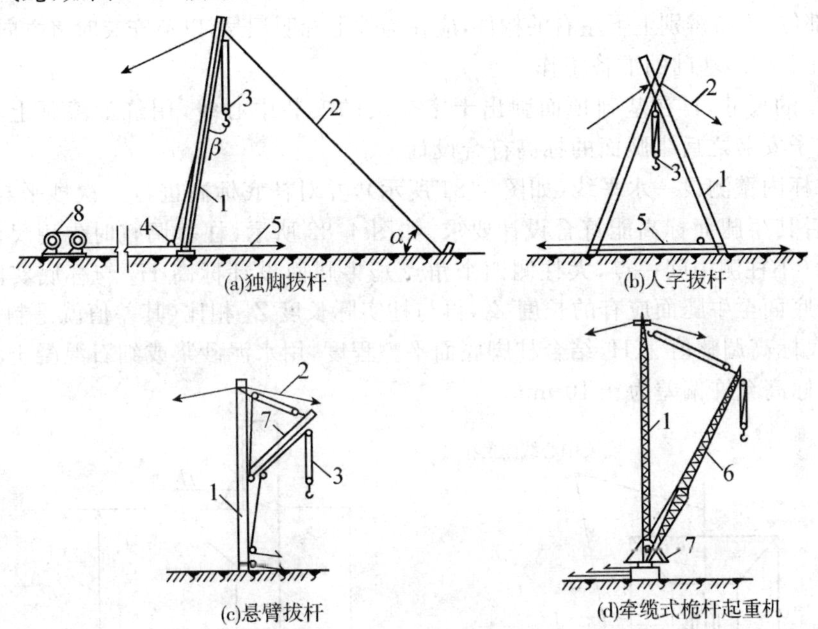

图 4-79　桅杆式起重机

1— 拔杆；2— 缆风绳；3— 起重滑轮组；4— 导向装置；5— 拉索；
6— 起重臂；7— 回转盘；8— 卷扬机

(二) 单层工业厂房结构安装

1. 准备工作

准备工作主要有场地清理，道路修筑，基础准备，构件运输、排放，构件拼装加固、检查清理、弹线编号，以及机械、机具的准备工作等。

(1) 构件的检查与清理

① 检查构件的型号与数量。

② 检查构件截面尺寸。

③ 检查构件外观质量(变形、缺陷、损伤等)。

④ 检查构件的混凝土强度。

⑤ 检查预埋件、预留孔的位置及质量等，并作相应清理工作。

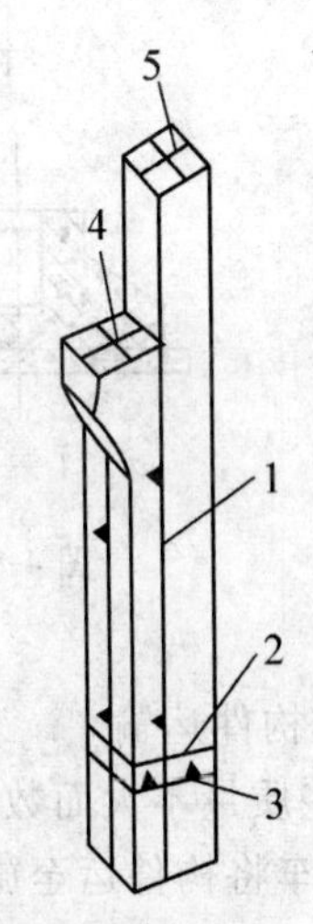

图 4-80　柱子弹线

1— 柱子中心线；2— 地坪标高线；
3— 基础顶面线；4— 吊车梁对位线；
5— 柱顶中心线

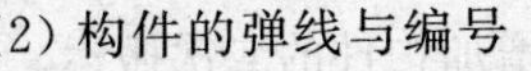

(2) 构件的弹线与编号

① 柱子要在三个面上弹出安装中心线(如图 4-80 所示)，所弹中心线的位置应与柱基杯口面上的安装中心线相吻合。此外，在柱顶与牛腿面上还要弹

出屋架及吊车梁的安装中心线。

② 屋架上弦顶面应弹出几何中心线，并从跨度中央向两端分别弹出天窗架、屋面板的安装位置线，在屋架的两个端头，弹出屋架的纵横安装中心线。

③ 梁：在梁的两端及顶面弹出安装中心线。在弹线的同时，应按图样对构件进行编号，号码要写在明显部位。不易辨别上下左右的构件，应在构件上标明记号，以免安装时将方向搞错。

(3) 混凝土杯形基础的准备工作

检查杯口的尺寸，再在基础顶面弹出十字交叉的安装中心线，用红油漆画上三角形标志。为保证柱子安装之后牛腿面的标高符合设计

要求，在杯内壁测设一水平线(如图 4-81 所示)，并对杯底标高进行一次抄平与调整，以使柱子安装后其牛腿面标高能符合设计要求。如图 4-82 所示，柱基调整时先用尺测出杯底实际标高 H_1(小柱测中间一点，大柱测四个角点)。牛腿面设计标高 H_2 与杯底实际标高之差，就是柱脚底面至牛腿面应有的长度 Z_0，再与柱实际长度 Z_2 相比(其差值就是制作误差)，即可算出杯底标高调整值 $\triangle H$，结合柱脚底面平整程度，用水泥砂浆或细石混凝土将杯底垫至所需高度。标高允许偏差为 ± 10 mm。

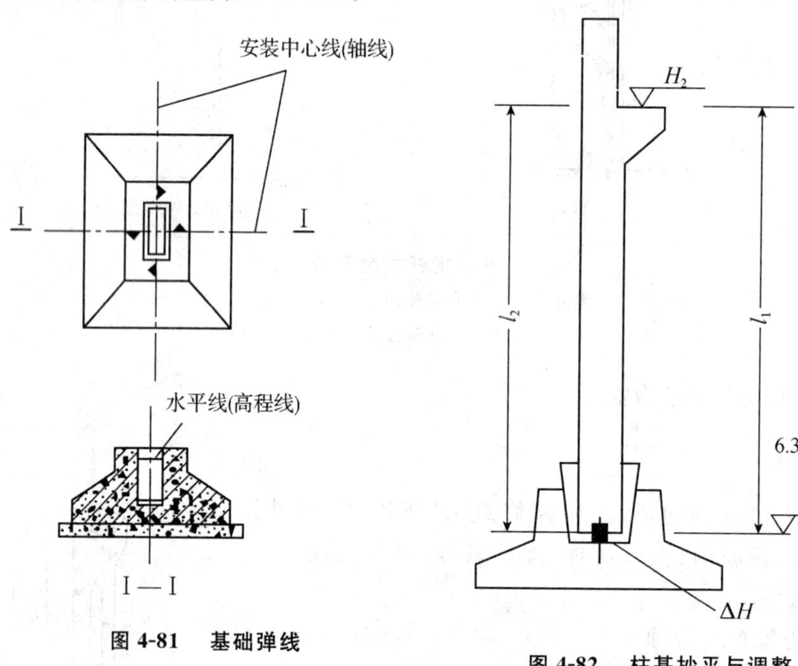

图 4-81　基础弹线

图 4-82　柱基抄平与调整

(4) 构件运输

一些质量不大而数量较多的定型构件，如屋面板、连系梁、轻型吊车梁等，宜在预制厂预制，用汽车将构件运至施工现场。起吊运输时，必须保证构件的强度符合要求，吊点位置符合设计规定；构件支垫的位置要正确，数量要适当，每一构件的支垫数量一般不超过 2 个支撑处，且上下层支垫应在同一垂线上。运输过程中，要确保构件不倾倒、不损坏、不变形。构件的运输顺序、堆放位置应按施工组织设计的要求和规定进行，以免增加构件的二次搬运。

2. 构件的吊装工艺

装配式单层工业厂房的结构安装构件有柱子、吊车梁、基础梁、连系梁、屋架、天窗架、屋

面板及支撑等。构件的吊装工艺包括绑扎、吊升、对位、临时固定、校正、最后固定等工序。

(1) 柱子吊装

① 绑扎。柱的绑扎方法、绑扎位置和绑扎点数，应根据柱的形状、长度、截面、配筋、起吊方法和起重机性能等确定。常用的绑扎方法有一点绑扎斜吊法(如图 4-83 所示)、一点绑扎直吊法、两点绑扎斜吊法、两点绑扎直吊法。

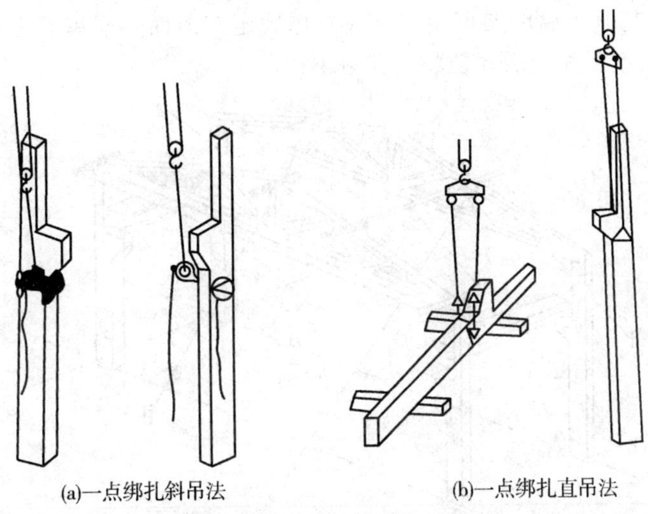

(a)一点绑扎斜吊法　　(b)一点绑扎直吊法

图 4-83　柱子一点绑扎法

② 吊升。柱子的吊升方法，应根据柱子的重量、长度、起重机的性能和现场条件而定。单机吊装时，一般有旋转法和滑行法两种。

③ 就位和固定。柱的就位与临时固定的方法是当柱脚插入杯口后，并不立即降至杯底，而是停在离杯底 30 ~ 50 mm 处。此时，用八只楔块从柱的四边放入杯口，并用撬棍撬动柱脚，使柱的吊装准线对准杯口上的准线，并使柱基本保持垂直。对位后，将八只楔块略加打紧，放松吊钩，让柱靠自重下沉至杯底，如准线位置符合要求，立即用大锤将楔块打紧，将柱临时固定。然后起重机即可完全放钩，拆除绑扎索具。

柱的位置经过检查校正后，应立即进行最后固定。方法是在柱脚与杯口的空隙中灌筑细石混凝土，所用混凝土的强度等级可比原构件混凝土强度等级提高一级。混凝土的浇筑分两次进行。第一次浇筑混凝土至楔块下端，当混凝土强度达到 25% 设计强度时，即可拔去楔块，将杯口浇满混凝土并认真捣实。

(2) 吊车梁安装

吊车梁的安装必须在柱子杯口浇筑的混凝土强度达到 70% 以后进行。吊车梁一般基本保持水平吊装就位后，要校正标高、平面位置和垂直度。吊车梁的标高如果误差不大，可在吊装轨道时，在吊车梁上面用水泥砂浆找平。平面位置，可根据吊车梁的定位轴线拉钢丝通线，用撬棍分别拨正。吊车梁的垂直度则可在梁的两端支撑面上用斜垫铁纠正。吊车梁校正之后，应立即按设计图样用电焊最后固定。

(3) 屋架安装

屋架多在施工现场平卧浇筑，在屋架吊装前应当将屋架扶直、就位。钢筋混凝土屋架的侧面刚度较差，扶直时极易扭曲，造成屋架损伤，必须特别注意。扶直屋架时起重机的吊钩应对准屋架中心,吊索应左右对称,吊索与水平面的夹角不小于 45°。

屋架起吊后应基本保持平衡。吊至柱顶后,应使屋架的端头轴线与柱顶轴线重合,然后落位并加以临时固定。

第一榀屋架的临时固定必须十分可靠,因为它是单片结构,且第二榀屋架的临时固定还要以第一榀屋架作为支撑。第一榀屋架的临时固定,一般是用 4 根缆风绳从两边把屋架拉牢(如图 4-84 所示)。其他各榀屋架可用工具式支撑固定在前面一榀屋架上,待屋架校正后固定,并安装了若干大型屋面板后才能将支撑取下。

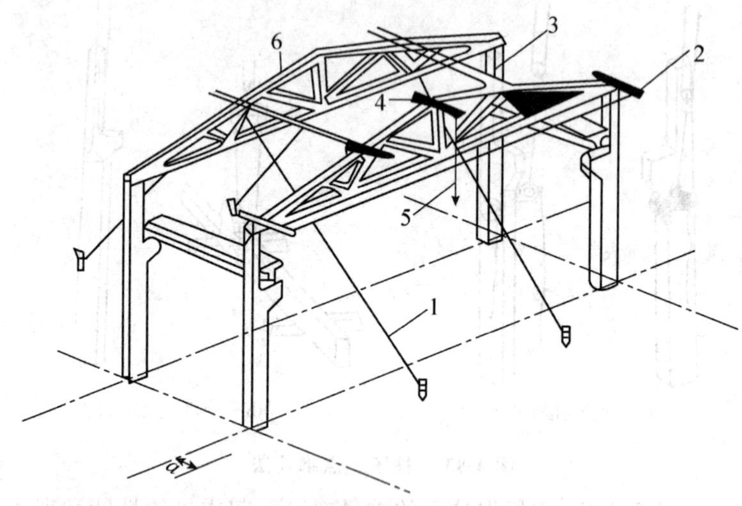

图 4-84　屋架的临时固定

1— 缆风绳;2、3— 线木尺;4— 屋架校正器;5— 线锤;6— 屋架

(4) 屋面板的安装。屋面板一般埋有吊环,起吊时应使四根吊索拉力相等,使屋面板保持水平。屋面板安装时,应自两边檐口左右对称地逐块铺向屋脊,避免屋架承半边荷载。屋面板就位后,应立即进行电焊固定。

(三) 多层装配式框架结构安装

多层装配式框架结构可分为全装配式框架结构和装配整体式框架结构。全装配式框架结构是指柱、梁、板等均由装配式构件组成的结构,按其主要传力方向的特点可分为横向承重框架结构和纵向承重框架结构两种。

装配整体式框架结构又称半装配框架体系,其主要特点是柱子现浇,梁、板等预制。装配整体式框架的施工有以下三种方案:

(1) 先现浇每层柱,拆模后再安装预制梁、板,逐层施工。

(2) 先支柱模和安装预制梁,浇筑柱子及梁柱节点处的混凝土,然后安装预制楼板。

(3) 先支柱模,安装预制梁和预制板后浇筑柱子混凝土及梁柱节点和梁板节点的混凝土。

1. 起重机械的选择

装配式框架结构吊装时,起重机械的选择要根据建筑物的结构形式、高度(构件最大安装高度)、构件质量及吊装工程量等条件决定。

多层装配式框架结构吊装机械常采用塔式起重机、履带式起重机、汽车式起重机、轮胎式起重机等。5 层以下的房屋结构可采用 Wl—100 型履带式起重机或 Q2—32 型汽车式起重机吊装，通常跨内开行。一些重型厂房（如电厂）宜采用 15 ～ 40 t 的塔式起重机吊装，高层装配式框架结构宜采用附着式、爬升式塔式起重机吊装。塔式起重机的型号主要根据建筑物的高度及平面尺寸、构件的质量以及现有设备条件来确定。

目前，10 层以下的民用建筑结构安装通常采用 QTl—6 型轨道式塔式起重机。

2. 起重机械的平面布置及构件吊装方法

(1) 起重机械的平面布置。起重机的平面布置方案主要根据房屋形状及平面尺寸、现场环境条件、选用的塔式起重机性能及构件质量等因素来确定。

一般情况下，起重机布置在建筑物外侧，有单侧布置及双侧（或环形）布置两种方案，如图 4-85 所示。房屋宽度较小，构件也较轻时，塔式起重机可单侧布置。房屋宽度较大或构件较重时，单侧布置起重力矩不能满足最远的构件的吊装要求，起重机可双侧布置。其布置方式有跨内单行布置及跨内环形布置两种，如图 4-86 所示。

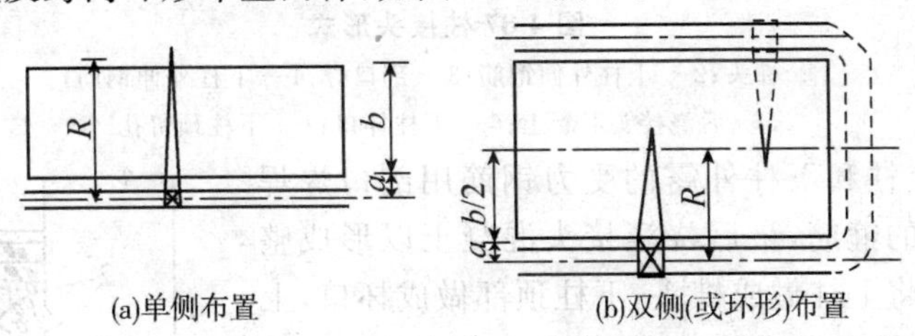

图 4-85 塔式起重机在跨外布置

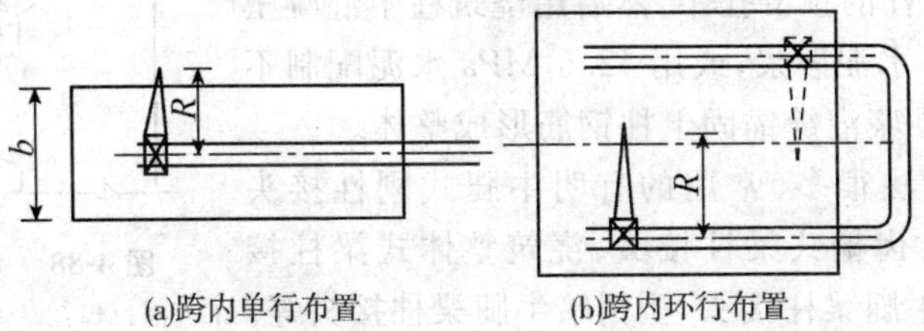

图 4-86 塔式起重机在跨内布置

(2) 结构吊装方法。分件吊装法是起重机每开行一次吊装一种构件，如先吊装柱，再吊装梁，最后吊装板。分件吊装法又分为分层分段流水作业及分层大流水两种。

采用综合吊装法吊装构件时，一般以一个节间或几个节间为一个施工段，以房屋的全高为一个施工层来组织各工序的施工，起重机把一个施工段的所有构件按设计要求安装至房屋的全高后，再转入下一施工段施工。

3. 构件吊装工艺

多层装配式框架结构的结构形式有梁板式结构和无梁楼盖结构两类。梁板式结构是由柱、主梁、次梁、楼板组成。主梁（框架梁）沿房屋横向布置，与柱形成框架；次梁（纵梁）沿房屋纵向布置，在施工时起纵向稳定作用。多层装配式框架结构柱一般为方形或矩形截面。柱的吊装工艺为：

(1) 绑扎。普通单根柱（长 10 m 以内）采用一点绑扎直吊法；"十"字形柱绑扎时，要使柱起吊后保持垂直；T 形柱的绑扎方法与"十"字形柱基本相同。

(2) 起吊。柱的起吊方法与单层工业厂房柱吊装相同，一般采用旋转法。

(3) 柱的临时固定及校正。上节柱吊装在下节柱的柱头上时，视柱的质量不同，采用不同的临时固定和校正方法。

(4) 柱接头施工。柱接头的形式如图 4-87 所示，有榫式接头、插入式接头和浆锚式接头三种。

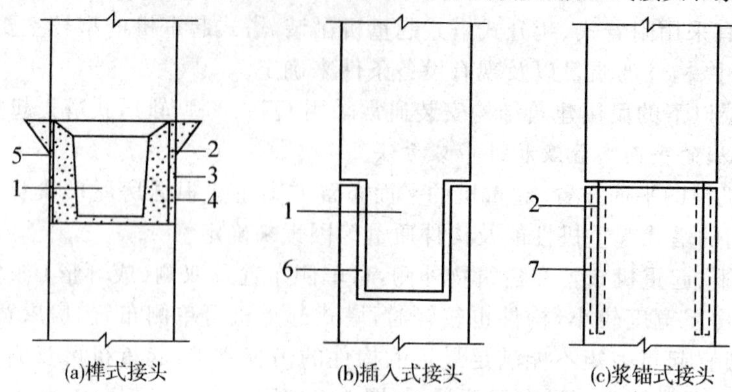

图 4-87 柱接头形式

1— 榫头；2— 上柱外伸钢筋；3— 剖口焊；4— 下柱外伸钢筋；
5— 后浇接头混凝土；6— 下柱杯口；7— 下柱预留孔

榫式接头是上柱和下柱外露的受力钢筋用剖口焊焊接，配置一定数量的箍筋，最后浇灌接头混凝土以形成整体；插入式接头是将上柱做成榫头，下柱顶部做成杯口，上柱插入杯口后用水泥砂浆灌筑填实；浆锚式接头是将上柱伸出的钢筋插入下柱的预留孔中，然后用浇筑柱子混凝土所用水泥配制 1∶1 水泥砂浆，或用 42.5 MPa 水泥配制不低于 M30 的水泥砂浆灌缝锚固上柱钢筋形成整体。

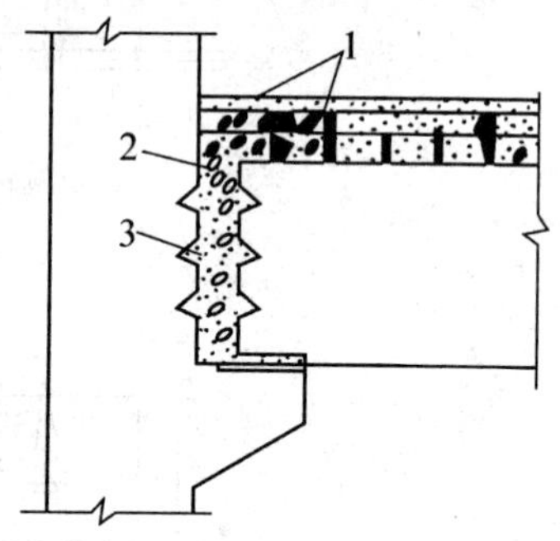

图 4-88　明牛腿式刚性接头

1— 剖口焊；2— 后浇细石混凝土；3— 齿槽

梁柱接头的做法很多，常用的有明牛腿式刚性接头(如图 4-88 所示)、齿槽式梁柱接头、浇筑整体式梁柱接头、钢筋混凝土暗牛腿梁柱接头、型钢暗牛腿梁柱接头等。

4. 预制构件的平面布置

多层装配式框架结构的柱子较重，一般在施工现场预制。相对于塔式起重机的轨道，柱子预制阶段的平面布置有平行布置、垂直布置、斜向布置等几种方式。其布置原则与单层工业厂房构件的布置原则基本相同。

4.5　钢筋与钢筋混凝土工程的冬期和雨期施工

4.5.1　钢筋与钢筋混凝土工程的冬期施工

(一) 钢筋工程

由于在负温条件下钢筋的力学性能要发生变化，即屈服点和抗拉强度增加，而伸长率及抗冲击韧性降低，脆性增加，称为冷脆性。

焊接应尽量在室内进行，对焊接工作间应采暖，使焊接接头不会突然下降温度。在负温时闪光对焊，宜选用预热闪光焊或闪光 — 预热 — 闪光焊接的工艺。要求焊接时调伸增加 10% ～ 20%，以利增大加热范围；变压器级数应降低 1 ～ 2 级；闪光前可将钢筋多次接触，使钢筋温度上升；烧化过程中期的速度应适当减慢；预热时的接触压力适当提高，预热间歇时间适当增长。电弧焊接，应先从接头中部引弧，再向两端运弧；焊缝可采用分层控温施焊；焊接时电流应略微增大，焊接速度适当减慢。所有焊接接头，焊完后可放在炉灰渣中让其慢慢降温，不得马上拿到室外。在室外的焊接，则必须使环境温度不低于20℃，同时应有挡风、防雨雪的措施；焊后的接头严禁立刻碰到冰雪。室外竖向钢筋气压焊，要增长预热时间，压接后要小火回复降温加热2～3 min，使接头慢慢由红变成暗灰色。

室外竖向电渣压力焊，要适当调整焊接参数，其中电流的大小，应根据钢筋直径和环境温度而定，比常温应适当增加电流，并应适当加大通电时间。焊接后，接头的药盒要比常温时延长2 min左右再拆，接头处的焊渣壳，应延长5 min后再去渣，施工时应进行检查观察并按规定进行取样送检。

(二) 混凝土工程

新浇混凝土在养护初期遭受冻结，当气温恢复到正温后，即使正温养护到一定龄期，也不能达到其设计强度，这就是混凝土的早期冻害。混凝土的早期冻害是由于混凝土内部的水结冰所致。

混凝土允许受冻而不致使其各项性能遭到损害的最低强度称为混凝土受冻临界强度。我国现行规范规定：冬期浇筑的混凝土抗压强度，在受冻前，硅酸盐水泥或变通硅酸盐水泥配制的混凝土不得低于其设计强度标准值的30%；矿渣水泥配制的混凝土不得低于其设计强度标准值的40%；C10及C10以下的混凝土不得低于5.0 N/ mm^2。掺防冻剂的混凝土，温度降低到防冻剂规定温度以下时，混凝土的强度不得低于3.5 N/ mm^2。

防止混凝土早期冻害的措施有两项：

(1) 早期增强，主要提高混凝土早期强度，使其尽快达到混凝土受冻临界强度。

(2) 改善混凝土内部结构，如增加混凝土的密实度、掺用外加剂等。

在一般情况下，混凝土冬期施工要求正温浇筑、正温养护。对原材料的加热，以及混凝土的搅拌、运输、浇筑和养护进行热工计算，并据此施工。混凝土冬期施工的工艺要求如下：

1. 对材料和材料加热的要求

(1) 冬期施工中配制混凝土用的水泥，应优先选用活性高、水化热量大的硅酸盐水泥和普通硅酸盐水泥，不宜用火山灰质硅酸盐水泥和粉煤灰硅酸盐水泥。蒸汽养护时用的水泥品种经试验确定。水泥的强度等级不应低于42.5，最小水泥用量不宜少于300 kg/m^3，水灰比不应大于0.6。水泥不得直接加热，使用前1～2 d运入暖棚存放，暖棚温度宜在5℃以上。因为水的比热是砂、石骨料的5倍左右，所以冬期拌制混凝土时应先采用加热水的方法，但加热温度不得超过有关规定。水的加热方法有三种：用锅烧水，用蒸汽加热水，用电极加热水。

(2) 骨料要求提前清洗和储备，做到骨料清洁，无冻块和冰雪。冬期骨料所用储备场地应选择地势较高不积水的地方。冬期施工拌制混凝土的砂、石温度要符合热工计算需要的温度。骨料加热的方法有：将骨料放在铁板上面，低下燃烧直接加热；或者通过蒸汽管、电热线加热等。但不得用火焰直接加热骨料。加热的方法可因地制宜，但以蒸汽加热法为宜。其优点是加热温度均匀，热效率高。缺点是骨料中的含水量增加。

(3) 原材料不论用何种方法加热，在设计加热设备时，必须先求出每天的最大用料量和要求达到的温度，根据原材料的初温和比热，求出需要的总热量。同时考虑加热过程中热量的损失有了要求的总热量，就可以决定采用热源的种类、规模和数量。

(4) 钢筋冷拉可在负温下进行，但温度不得低于－20℃。如采用控制应力方法时，冷拉控制应力较常温下提高 30 N/ mm^2；采用冷拉率控制方法时，冷拉率与常温相同。钢筋的焊接可在室内进行。如必须在室外焊接，其最低温度不低于－20℃，且应有防雪和防风措施。钢焊接的接头严禁立即碰到冰雪，避免造成冷脆现象。

2. 混凝土的搅拌、运输和浇筑

(1) 混凝土不宜露天搅拌，应尽量搭设暖棚，优先选用大容量的搅拌机，以减少混凝土的热量损失。搅拌前，用热水或蒸汽冲洗搅拌机。混凝土的拌和时间比常温规定时间延长50%。由于水泥和 80℃ 左右的水拌和会发生骤凝现象，所以材料投放时，应先将水和砂石投入拌和，然后加入水泥。若能保证热水不和水泥直接接触，水可以加热到 100℃。

(2) 混凝土的运输时间和距离应保证混凝土不离析、不丧失塑性。采取的主要措施为减少运输时间和距离；使用大容积的运输工具并加以适当的保温。

(3) 混凝土在浇筑前，应清除模板和钢筋上的积雪和污垢，尽量加快混凝土的浇筑速度，防止热量散失过多。混凝土拌和物的出机温度不宜低于 10℃，入模温度不得低于 5℃。采用加热养护时，混凝土养护前的温度不低于 2℃。

(4) 在施工操作上要加强混凝土的振捣，尽可能提高混凝土的密实程度。冬期振捣混凝土要采用机械振捣，振捣时间应比常温时有所增加。

(5) 加热养护整体式结构时，施工缝的位置应设置在温度应力较小处。加热温度超过 40℃ 时，由于温度高，势必在结构内部产生温度应力。因此，在施工之前应征求设计单位的意见，在跨内适当设置施工缝。留施工缝处，在水泥终凝后立即用 3～5 个大气压的气流吹除结合面的水泥膜、污水和松动石子。继续浇筑时，为使新老混凝土牢固结合，不产生裂缝，要对旧混凝土表面进行加热，使其温度和新浇筑混凝土入模温度相同。

(6) 为了保证新浇筑混凝土与钢筋的可靠粘接，当气温在 －15℃ 以下时，直径大于 25 mm 的钢筋和预埋件，可喷热风加热至 5℃，并清除钢筋上的污土和锈渣。

(7) 冬期不得在强冻胀性地基上浇筑混凝土。这种土冻胀变形大，如果地基土遭冻，必然引起混凝土的冻害及变形。在弱冻胀性地基上浇筑时，地基上应进行保温，以免遭冻。

混凝土冬期施工常用的施工方法有蓄热法、外加剂和早强水泥法、外部加热法以及综合蓄热法。在选择施工方法时，要根据工程特点，首先保证混凝土尽快达到临界强度，避免遭受冻害；其次，承重结构的混凝土要迅速达到出模强度，保证模板周转。

① 蓄热法。蓄热法就是利用对混凝土组成材料（水、砂、石）预加的热量和水泥水水化热，再加以适当的覆盖保温，从而保证混凝土能够在正温下达到规范要求的临界强度。

用蓄热法施工时，最好使用活性高、水化热大的普通硅酸盐水泥和硅酸盐水泥。当室外最低温度不低于－15℃ 时，地面以下工程或表面系数（即结构冷却的表面积与其全部结构之比）不大于－1 m^{-1} 的结构，应优先采用蓄热法养护。蓄热法适用于气温不太寒冷的地区或是初冬和冬末季节。

当符合下列情况时，也可优先考虑蓄热法：

a. 混凝土拆模时所需强度较小；

b. 室外温度高，风力小；

c. 水泥强度等级高，水泥发热量大的结构。

由于蓄热法施工简单，冬期施工费用低廉，较易保证质量。蓄热法施工前应进行热工计算。

② 综合蓄热法。综合蓄热法是在蓄热保温的基础上，充分利用水泥的水化热和掺加相应的外加剂或者进行短时加热等综合措施，创造加速混凝土硬化的条件，使混凝土的浇筑温度降低到冰点温度之前尽快达到受冻前的临界强度。

综合蓄热法一般分为低蓄热养护和高蓄热养护两种。低蓄热养护过程主要以使用早强水泥或掺加负温外加剂等冷操作方法为主，使混凝土在缓慢冷却至冰点前达到允许受冻的临界强度。这两种方法的选择取决于施工和气温条件。一般日平均气温不低于 －15℃、表面系数为 6 ～ 12 且选用高效保温材料时，宜采用低蓄热养护；当日平均气温低于 －15℃、表面系数大于 13 时，宜用短时加热的高蓄热养护。

③ 采用外加剂和早强水泥方法。掺外加剂法是指在冬期施工的混凝土中加入一定剂量的外加剂，以降低混凝土中的液相冰点，保证水泥在负温环境下能继续水化，从而使混凝土在负温下能达到抗冻害的临界强度。掺外加剂法常与蓄热法一起应用，以充分利用混凝土的初始热量及水泥在水化过程中所释放出来的热量，加快混凝土强度的增长。

4.5.2 钢筋与钢筋混凝土工程的雨期施工

(1) 模板隔离层在涂刷前要及时掌握天气预报，以防隔离层被雨水冲掉。

(2) 遇到大雨应停止浇筑混凝土，已浇部位应加以覆盖。现浇混凝十应根据结构情况和可能，多考虑几道施工缝的留设位置。

(3) 雨期施工时，应加强对混凝土粗细骨料含水量的测定，及时调整用水量。

(4) 大面积的混凝土浇筑前，要了解 2 ～ 3 d 的天气预报，尽量避开大雨。混凝土浇筑现场要预备大量防雨材料，以备浇筑时突然遇雨。

(5) 模板支撑下回填要夯实，并加好垫板，雨后及时检查有无下沉。

(6) 构件堆放地点要平整坚实，周围要做好排水工作，严禁构件堆放区积水、浸泡，防止泥土沾到预埋件上。

(7) 塔式起重机路基，必须高出自然地面 15 cm，严禁雨水浸泡路基。

(8) 雨后吊装时，要先做试吊，将构件吊至 1 m 左右，往返上下数次稳定后再进行吊装工作。

4.6 钢筋混凝土工程施工安全技术

在现场安装模板时，所用工具应装在工具包内；当上下交叉作业时，应戴安全帽。垂直运输模板或其他材料时，应有统一指挥，统一信号。高空作业人员应经过体格检查，不合格者不得进行高空作业。模板在安全系统未钉牢固之前，不得上下；未安装好的梁底板或挑檐等模板的安装与拆除，必须有可靠的技术措施，确保安全。非拆模人员不准在拆模区域内通行。拆除后的模板应将朝天钉向下，并及时运至指定的堆放地点，然后拔除钉子，分类堆放整齐。

在高空绑扎和安装钢筋时，需注意不要将钢筋集中堆放在模板或脚手架的某一部分，以保安全；特别是悬臂构件，还要检查支撑是否牢固。在脚手架上不要随便放置工具、箍筋或短钢筋，避免放置不稳滑下伤人。搬运钢筋的工人需带帆布垫角、围裙及手套；除锈工人应戴口罩及风镜；电焊工应戴防护镜并穿工作服。300 ～ 500 mm 的钢筋短头禁止用机器切割。在有电线通过的地方安装钢筋时，必须特别小心谨慎，勿使钢筋触碰电线。

在进行混凝土施工前，应仔细检查脚手架、工作台和马道是否绑扎牢固，如有空头板应及时搭好，脚手架应设保护栏杆。搅拌机、卷扬机、皮带运输机和振动器等接电要安全可靠，绝缘接地装置良好，并应进行试运转。搅拌机应由专人操作，中途发生故障时，应立即切断电源进行修理；运转时不得将铁锹伸入搅拌筒内卸料；其机械传动外露装置应加保护罩。采用井字架和拔杆运输时，应设专人指挥；井字架上卸料人员不能将头或脚伸入井字架内，起吊时禁止在拔杆下站人。

复习思考题

一、简答题

1. 定型组合钢模板由哪几部分组成？
2. 模板安装的程序是怎样的？包括哪些内容？
3. 模板在安装过程中，应注意哪些事项？
4. 模板拆除时要注意哪些内容？
5. 钢筋下料长度应考虑哪几部分内容？
6. 钢筋切断有哪几种方法？
7. 钢筋弯曲成型有几种方法？
8. 钢筋的接头连接分为几类？
9. 钢筋焊接有几种形式？
10. 钢筋的冷加工有哪几种形式？钢筋机械冷拉的方式有哪几种？
11. 钢筋的安设方法有哪几种？
12. 钢筋的搭接有哪些要求？
12. 钢筋现场绑扎的基本程序有哪些？
14. 钢筋安装质量控制的基本内容有哪些？
15. 混凝土工程施工缝的处理要求有哪些？
16. 混凝土浇筑前应对模板、钢筋及预埋件进行哪些检查？
17. 普通混凝土投料要求有哪些？
18. 混凝土搅拌质量如何进行外观检查？
19. 混凝土料在运输过程中应满足哪些基本要求？
20. 混凝土的水平运输方式有哪些？
21. 混凝土的垂直运输方式有哪些？
22. 振捣器如何进行操作？
23. 预制混凝土构件的预制方法有哪些？
24. 预制混凝土构件的养护要求有哪些？
25. 试述先张法预应力混凝土构件的生产流程。
26. 后张法预应力混凝土构件生产的张拉控制应力和张拉程序有哪些要求？
27. 后张法预应力筋的下料长度如何计算？
28. 后张法预应力施工孔道如何留设？
29. 单层工业厂房吊车梁如何吊装？

30. 单层工业厂房屋架如何吊装?

31. 单层工业厂房屋面板如何吊装?

32. 多层装配式框架结构吊装方案有哪些?

二、计算题

1. 钢筋配料计算。一钢筋混凝土梁,高 500 mm,宽 250 ram,长 4 800 mm,保护层厚度为 25 mm,梁内钢筋的规格及形状见下图。试计算每根钢筋的下料长度。

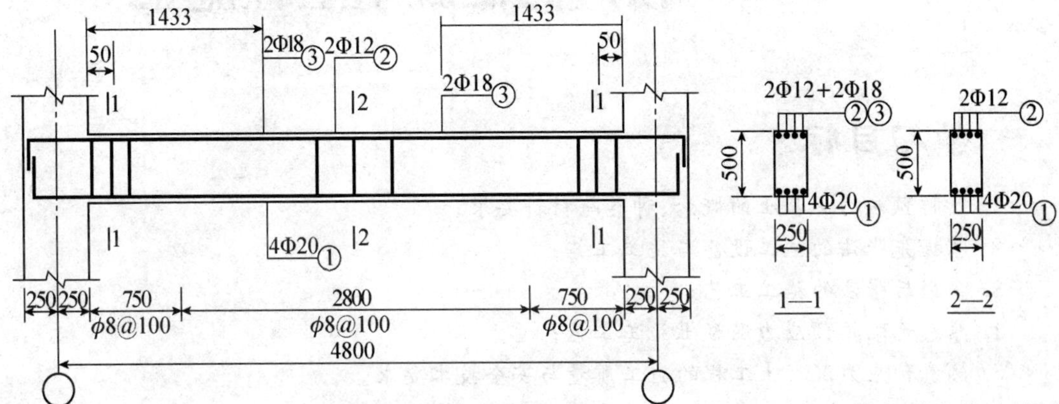

2. 已知 C20 混凝土的试验室配合比为:1∶2.52∶4.24,水灰比为 0.50,经测定砂的含水率为 2.5%,石子的含水率为 1%,每 1 m^3 混凝土的水泥用量 340 kg,则施工配合比为多少?工地采用 JZ350 型搅拌机拌和混凝土,出料容量为 0.35 m^3,则每搅拌一次的装料数量为多少?

3. 三个建筑工地生产的混凝土,实际平均强度均为 24.0 MPa,设计要求的强度等级均为 C20,三个工地的强度变异系数 C_v 值分别为 0.103、0.155 和 0.251。问三个工地生产的混凝土强度保证率(P) 分别是多少?并比较三个工地施工质量控制水平。

4. 某工程设计要求的混凝土强度等级为 C30,要求强度保证率 $P = 95\%$。

试求:(1) 当混凝土强度标准差 $a = 5.5$ MPa 时,混凝土的配制强度应为多少?

(2) 若提高施工管理水平,σ 降为 3.0 MPa 时,混凝土的配制强度为多少?

(3) 若采用普通硅酸盐水泥 42.5 和卵石配制混凝土,用水量为 160 kg/m^3,水泥富余系数 $K_。= 1.10$。问从 5.5 MPa 降到 3.0 MPa,每立方米混凝土可节约水泥多少?

5. 某高层建筑承台板长宽高分别为 60 m×15 m×1 m,混凝土强度等级 C30,用 42.5 普通硅酸盐水泥,水泥用量为 386 kg/ms,试验室配合比为 1∶2.18∶3.82,水灰比为 0.40,若现场砂的含水率为 1.5%,石子的含水率为 1%,试确定各种材料的用量。

6. 一高层建筑基础底板长宽高分别为 60 m×20 m×2.5 m,要求连续浇筑混凝土,施工条件为现场混凝土最大供应量为 60 m^3/h,若混凝土运输时间为 1.5 h,掺用缓凝剂后混凝土初凝时间为 4.5 h,若每浇筑层厚度 300 mm,试确定:

(1) 混凝土浇筑方案(若采用斜面分层方案,要求斜面坡度不小于 1∶6)。

(2) 求每小时混凝土浇筑量。

(3) 求完成浇筑任务所需的时间。

第5章 预应力混凝土工程施工

学习目标

1. 了解预应力混凝土的概念、种类与材料要求；
2. 掌握先张法的施工设备与施工工艺；
3. 掌握后张法的施工工艺；
4. 熟悉无粘接预应力混凝土施工工艺；
5. 熟悉预应力混凝土工程的施工质量与安全技术要求。

5.1 概　述

5.1.1 概　念

预应力混凝土是在结构或构件受拉区域，通过对钢筋进行张拉后将钢筋的回弹力施加给混凝土，使混凝土受到一个预压应力，产生一定的压缩变形。当该构件受力后，受拉区混凝土的拉伸变形，首先与压缩变形抵消，然后随着外力的增加，混凝土才逐渐被拉伸，明显推迟了裂缝出现时间。

预应力混凝土与普通钢筋混凝土相比，能够充分发挥钢筋和混凝土各自的特性，且有效地利用高强度钢筋和高强度等级的混凝土。其具有构件截面小、自重轻、刚度大、抗裂度高、耐久性好、节省钢材、降低工程成本等特点，有良好的综合经济效益，在现代结构中具有广阔的发展前景。

在建筑工程中，预应力混凝土技术，除大量用于平板、空心板、小梁、T形板梁、V形折板、马鞍形壳板等单个构件外，还应用于装配整体预应力板柱结构、无粘接预应力现浇板结构、预应力薄板叠合板结构、大跨度部分预应力框架结构、竖向预应力剪力墙结构；此外，在桥梁、管道、水塔、水池、电杆和轨枕等方面也被广泛应用。

5.1.2 分　类

混凝土的预压应力是通过张拉预应力筋来实现的。

按施工方式的不同，预应力混凝土可分为预制预应力混凝土、现浇预应力混凝土和叠合预应力混凝土等。

预应力混凝土按施工方法不同可为先张法和后张法两大类。

先张法是在混凝土构件浇筑前张拉钢筋，预应力是靠钢筋与混凝土之间的粘接力传递给混凝土。

后张法是在混凝土构件达到一定强度后张拉钢筋，预应力靠锚具传递给混凝土。后张法按预应力钢筋粘接状态不同又可分为有粘接预应力混凝土和无粘接预应力混凝土。

按钢筋的张拉方式不同分为机械张拉、电热张拉和自应力张拉等。

5.1.3　预应力混凝土对材料的要求

(一) 钢筋

预应力混凝土结构的钢筋有预应力钢筋和非预应力钢筋。

(1) 预应力钢筋：宜采用预应力钢绞线、钢丝(刻痕、碳素、甲级冷拔钢丝)等高强度钢筋，也可采用热处理钢筋、冷拉 HRB335 及 HRB400 级钢筋和精轧螺纹钢筋。

(2) 非预应力钢筋：可采用 HRB335、HRB400、RRB400 级钢筋和乙级冷拔低碳钢丝。

(二) 混凝土

预应力混凝土结构构件所用的混凝土，需满足下列要求：

(1) 收缩、徐变小。主要为了减少因收缩、徐变引起的预应力损失。

(2) 快硬、早强。可尽量施加预应力，加快台座、锚具、平具的周转弯，以利加速施工进度。

(3) 高强度。与钢筋混凝土不同，预应力混凝土必须采用强度高的混凝土。因为强度高的混凝土对采用先张法的构件可提高钢筋与混凝土之间的粘接力，对采用后张法的构件，可提高锚固端的局部承压承载力。

因此，《混凝土结构设计规范》规定，预应力混凝土构件的混凝土强度等级不应低于 C30。对采用钢丝、钢绞线、热处理钢筋作预应力钢筋的构件，特别是大跨度结构，混凝土强度等级不宜低于 C40。

5.2　先张法施工

先张法是在浇筑混凝土之前，先张拉预应力钢筋，并将预应力筋临时固定在台座或钢模上，然后浇筑混凝土，待混凝土达到一定强度后，混凝土与预应力筋具有一定的粘接力时，放松预应力筋，借助混凝十与预应力筋的粘筋力，在预应力筋弹性回缩时，使混凝土构件受拉区的混凝土获得预压应力。先张法一般用于中小型预制预应力混凝土构件的生产。如图 5-1 所示为先张法施工示意图。

先张法生产可采用台座法和机组流水法。

台座法是在台座上生产预应力混凝土构件，即预应力钢筋的张拉、固定，混凝土的浇筑、养护及预应力钢筋放松等工序均在台座上进行，预应力钢筋放松前，其拉力由台座承受。

机组流水法又称台模法或传送带生产法，是构件连同钢模板通过固定的机组，按流水方式完成预应力混凝土构件各工序生产过程。预应力钢筋放松前的拉力由钢模板承受。

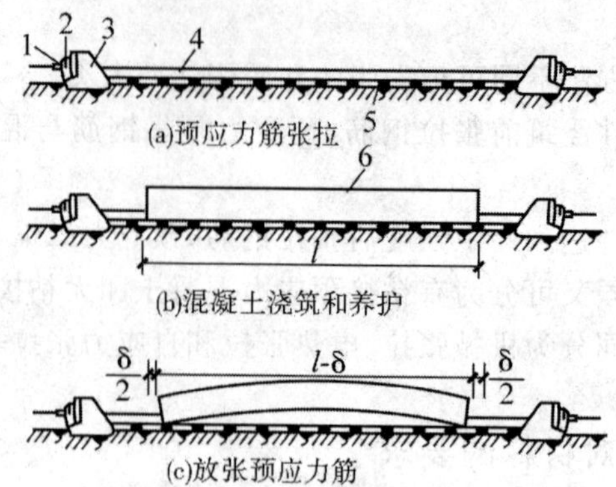

图 5-1　先张法施工示意图

1— 夹具;2— 横梁;3— 台座;4— 预应力筋;5— 台面;6— 构件

本节主要介绍台座法生产预应力混凝土构件的施工方法。

5.2.1　施工设备与张拉工具

(一) 台座

台座是先张法长线生产构件时张拉和临时固定预应力钢筋或钢丝的支撑结构,它承受预应力筋全部张拉力。因此对台座的要求是:必须具有足够的强度、刚度和隐定性。同时还应满足构件生产工艺方面的要求。台座按长度大小,分有长线台座和短线台座。长线台座一般在 60 m 长以上,一次可生产多个构件。台座按构造形式分有墩式台座和槽式台座。

1. 墩式台座

墩式台座由台墩、台面和横梁组成,如图 5-2 所示,多用来生产板类构件。整个台座的长度和宽度,视场地大小和构件生产情况而定,一般长度不超过 150 m,以 100 m 左右为宜,宽度随生产线数量而定。

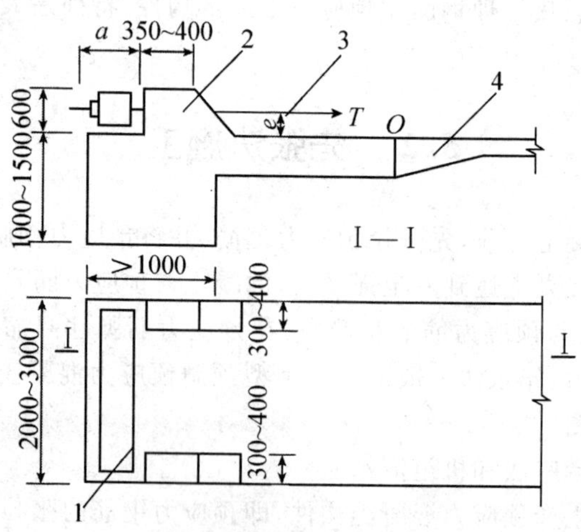

图 5-2　墩式台座

1— 钢横梁;2— 混凝土墩;3— 预应力筋;4— 局部加厚的台面

(1) 台墩。台墩是承力结构，一般由钢筋混凝土浇筑而成。

台墩应具有足够的强度、刚度和稳定性。稳定性验算一般包括抗倾覆验算与抗滑移验算。台墩的抗倾覆验算的计算简图如图 5-3 所示，按式(5—1) 计算：

$$K = \frac{M_1}{M} = \frac{GL + E_p e_2}{N e_1} \tag{5—1}$$

式中　K—— 台座的抗倾覆安全系数，不应小于 1.50；

M—— 由预应力筋张拉力产生的倾覆力矩；

N—— 预应力筋张拉力合力；

e_1—— 张拉力合力 N 的作用点至倾覆点的力臂；

e_2—— 被动土压力合力至倾覆点的力臂；

M_1—— 由台座自重和土压力等产生的抗倾覆力矩；

G—— 台墩的自重；

L—— 台墩重心至倾覆点的力臂；

E_p—— 台墩后面的被动土压力合力，当台墩埋置深度较浅时，可忽略不计。

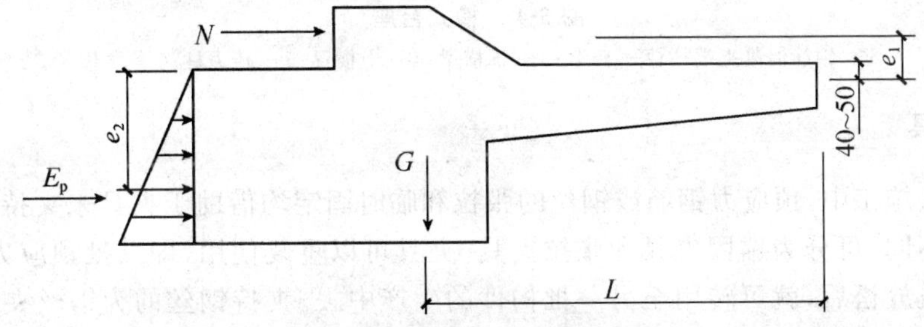

图 5-3　台墩稳定性验算简图

台墩倾覆点的位置，对于台面共同工作的台墩，按理论计算，倾覆点应在混凝土台面的表面处，但考虑到台墩的倾覆趋势使得台面端部顶点出现局部应力集中和混凝土抹面层的施工质量的影响，因此倾覆点的位置宜取在混凝土台面往下 40 ~ 50 mm 处。

台墩抗滑移能力按式(5—2) 验算：

$$K_c = \frac{N_1}{N} \tag{5—2}$$

式中　K_c—— 抗滑移安全系数，不应小于 1.30；

N—— 预应力筋张拉力合力；

N_1—— 抗滑移力，对于独立的台墩，由侧壁上压力和底部摩阻力等产生。

对于台面共同工作的传力墩，可不作抗滑移计算，而应验算台面的承载力。台面的承载力 ρ，可按下式计算

$$\rho = \frac{\varphi A f_c}{K_1 K_2} \tag{5—3}$$

式中　φ—— 轴向受压纵向弯曲系数，取 $\varphi = 1$；

A—— 台面截面面积，mm^2；

f_c—— 混凝土轴心抗压强度设计值，MPa；

K_1—— 超载系数，取 1.25；

K_2—— 附加安全系数，取 1.5。

(2) 台面。台面是预应力构件成型的胎模，要求地基坚实平整，它是在厚 150 mm 夯实碎石垫层上，浇筑 60～80 mm 厚 C20 混凝土面层，原浆压实抹光而成。台面要求竖硬、平整、光滑，沿其纵向有 3% 的排水坡度。

(3) 横梁。横梁以墩座牛腿为支承点安装在台墩上，是锚固夹具临时固定预应力筋的支承点，也是张拉机械张拉预应力筋的支座。横梁常采用型钢或钢筋混凝土制作。

2. 槽式台座

槽式台座由端柱、传力柱、横梁和砖墙组成(见图 5-4)。它既可承受拉力，又可做蒸汽养护槽，适用于张拉吨位较大的大型构件，如屋架、吊车梁等。

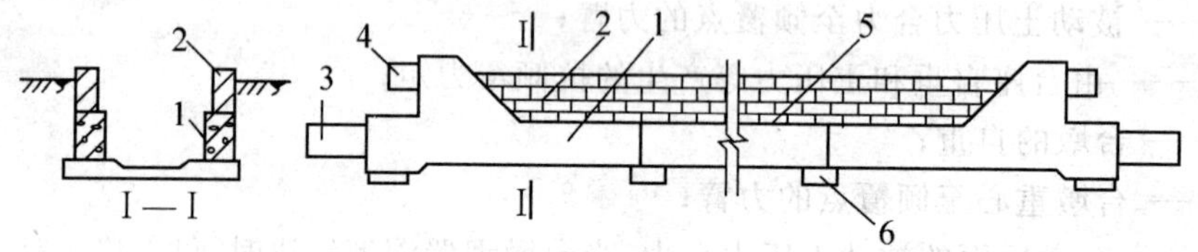

图 5-4　槽式台座

1— 钢筋混凝土端柱；2— 砖墙；3— 下横梁；4— 上横梁；5— 传力柱；6— 柱垫

(二) 夹具

在先张法施工中，预应力钢筋或钢丝的张拉和临时固定均借助于夹具来夹持和固定。夹具按其用途不同，可分为锚固夹具和张拉夹具。夹具可以重复使用，即一批预应力混凝土构件预应力筋被放松后，就可转用至另一批构件的生产中去。夹持钢丝的为钢丝夹具，夹持钢筋的为钢筋夹具。

1. 锚固夹具

锚固夹具(如图 5-5 所示)可分为钢丝锚固夹具和钢筋锚固夹具。

(1) 钢丝锚固夹具。常用的有钢质锥形夹具和墩头夹具。

(2) 钢筋锚固夹具。常用圆套筒两片式或三片式夹具，由套筒和夹片组成，其型号有 YJ12、YJ14。

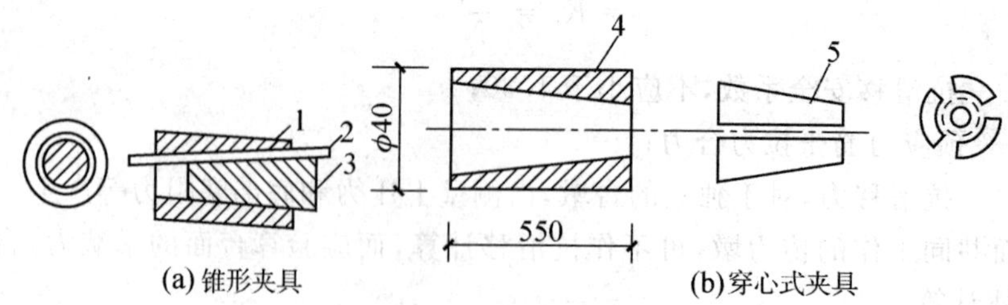

图 5-5　锚固夹具

1— 套筒；2— 钢丝；3— 锥体；4— 套筒；5— 夹片

2. 张拉夹具

张拉夹具是将预应力钢筋与张拉设备连接起来进行预应力张拉的工具，常用的张拉夹具有楔形夹具、钳式夹具和偏心式夹具等，如图 5-6 所示。

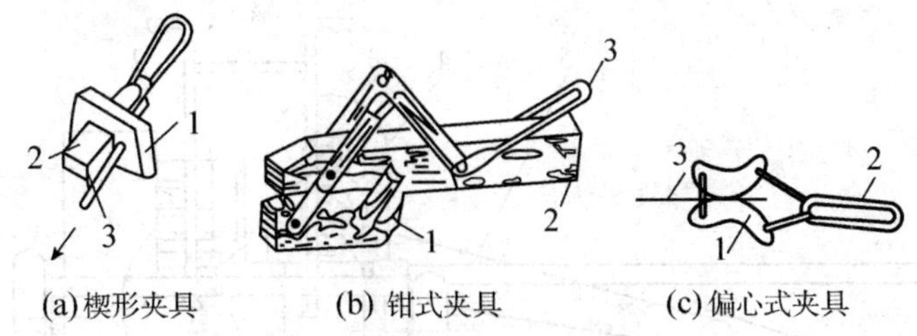

图 5-6　张拉夹具

1— 锚板；2— 楔块；3— 钢筋

1— 倒齿形夹板；2— 拉柄；3— 拉环

1— 偏心块；2— 环；3— 钢筋

(三) 张拉机具

先张法张拉机具常用的有油压千斤顶、电动卷扬张拉机、电动螺杆张拉机等。

1. 油压千斤顶

油压千斤顶可用于张拉单根或成组的预应力钢筋，可直接从油压表的读数求得张拉应力值。施工中常用油压千斤顶与圆套筒三片式夹具配合张拉直径 12 ～ 20 mm 的单根冷拉 HRB335、HGB400、RRB400 级钢筋，也可用于钢绞线或钢丝束的张拉。图 5-7 为 YC-20 型穿心式千斤顶张拉过程示意。

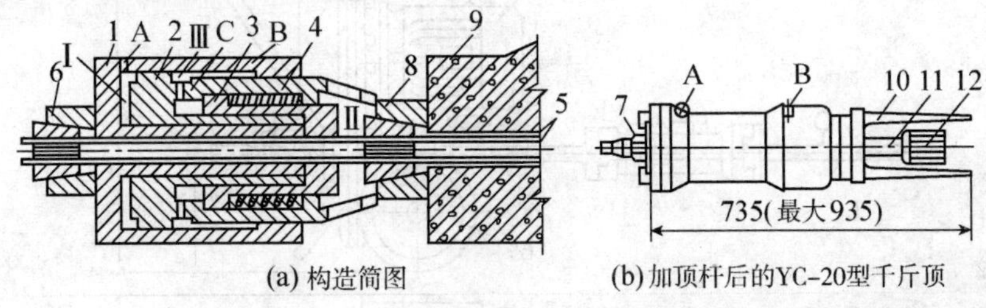

图 5-7　YC-20 型穿心式千斤顶工作过程及构造示意图

1— 张拉油缸；2— 张拉活塞；3— 顶压活塞；4— 弹簧；5— 顶应力筋；6— 工具工锚具；

7— 螺帽；8— 工作锚具；9— 混凝土构件；10— 顶杆；11— 拉杆；12— 连接器；

Ⅰ— 张拉工作油室；Ⅱ— 顶压工作油室；Ⅲ— 张拉回程油室；

A— 张拉缸油嘴；B— 顶压缸油嘴；C— 油孔

2. 电动卷扬张拉机

在台座上生产构件多进行单根张拉，由于张拉力较小，一般用小型电动卷扬机张拉，以弹簧、杠杆等简易设备测力。用弹簧测力时宜设置行程开关，以便张拉到规定的拉力时能自行停车。电动卷扬张拉机如图 5-8 所示。

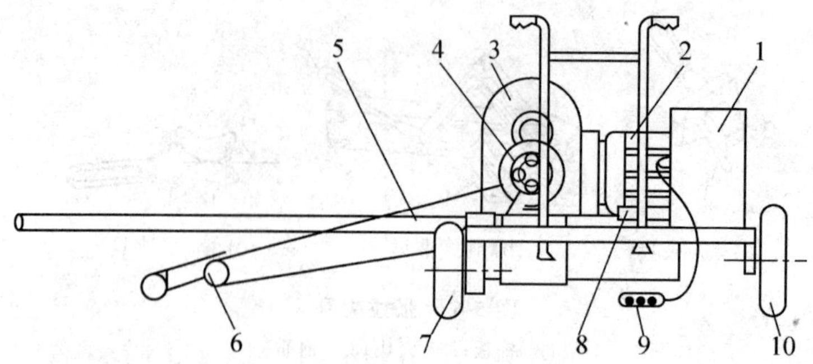

图 5-8　LYZ-1A 型电动卷扬张拉机

1— 电气箱；2— 电动机；3— 减速箱；4— 卷筒；5— 撑杆；
6— 夹钳；7— 前轮；8— 测力计；9— 开关；10— 后轮

3. 电动螺杆张拉机

电动螺杆张拉机由张拉螺杆、变速箱、拉力架、承力架和张拉夹具等组成，如图 5-9 所示。最大张拉力为 300 ～ 600 kN，张拉行程 800 mm。为了便于转移和工作，将其装置在轮的小车上。电动螺杆张拉机可以张拉顶预应力钢筋也可以张拉顶预应力钢丝。

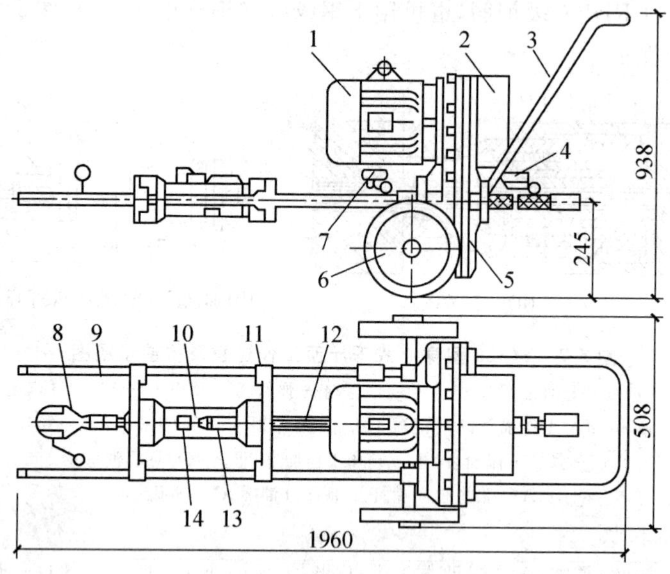

图 5-9　DL_1 型电动螺杆张拉机

1— 电动机；2— 配电箱；3— 手柄；4— 前限位开关；5— 减速箱；6— 胶轮；7— 后限位开关；
8— 钢丝钳；9— 支撑杆；10— 弹簧测力计；11— 滑动架；12— 滑动架；13— 计量标尺；14— 微动开关

5.2.2　先张法施工工艺

先张法预应力混凝土构件在台座上生产时，其工艺流程如图 5-10 所示。

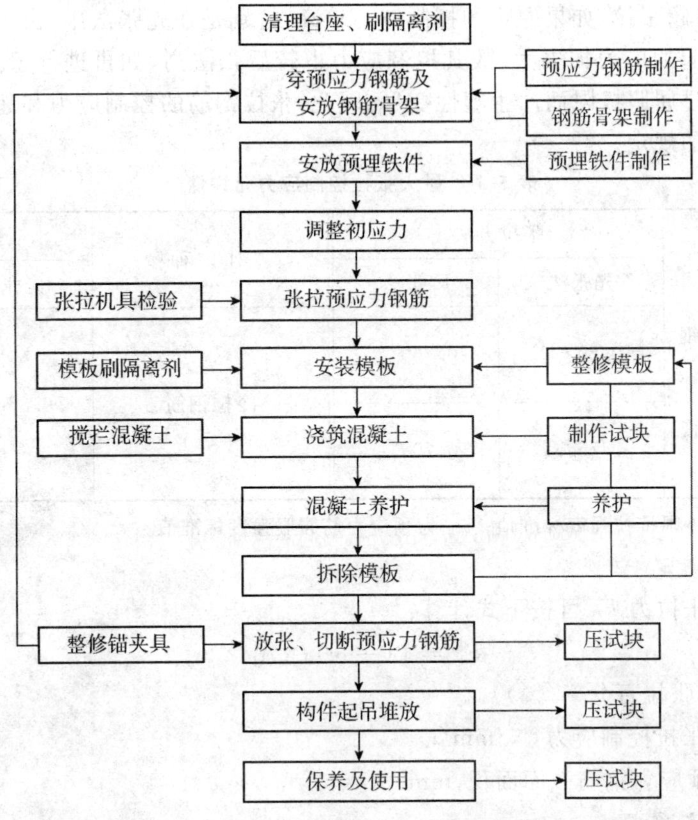

图 5-10　先张法施工工艺流程图

(一) 预应力钢筋的张拉

预应力钢筋的张拉应根据设计要求，采用合适的张拉应力、张拉力、张拉程序、张拉顺序和方法进行，并应有可靠的质量保证措施和安全技术措施。

1. 张拉程序

预应力钢筋的张拉程序一般采用下列两种张拉程序之一进行：

程序一　$0 \rightarrow 1.05\sigma_{con} \xrightarrow{\text{持荷 2 min}} \sigma_{con}$；

程序二　$0 \rightarrow 1.03\sigma_{con}$。

预应力筋进行超张拉主要是为了减少松弛引起的应力损失值。所谓应力松弛是指钢材在常温高应力作用下，由于塑性变形而使应力随时间延续而降低的现象。这种现象在张拉后的头几分钟内发展得特别快，往后则趋于缓慢。例如，超张拉 5% 并持荷 2 分钟，再回到控制应力，松弛可以完成 50% 以上。

2. 张拉控制应力

预应力筋张拉时的控制应力应按设计要求采用。因为，控制应力直接影响预应力的效果。控制应力高，构件中建立的预应力值大，其抗裂性提高。但如果控制应力过高，构件中的预应力筋经常处于高应力状态，构件破坏前无明显的预兆，这种情况是不允许的。此外，当控制应力过高时，由于预应力筋松弛而引起的应力损失也相应增加；当预应力筋的配置较多而控制应力又过高时，也会使混凝土徐变引起的应力损失增大。施工中往往为了弥补某些应力损失，一般要进行超张拉，如果原定的控制应力较高，特别是在先张法中，由于混凝土收缩徐变和弹性压缩引起的应力损失大，故其控制应力也较后张法高，如再进行超张拉，就有可能使钢筋的应力超过屈服极限而产生塑性变形。因此，张拉钢筋的控制应力和超张拉最大应力不应超过表 5-1 的规定。

表 5-1　最大张拉控制应力允许值

<table>
<tr><th rowspan="2">钢　种</th><th colspan="2">张拉方法</th><th rowspan="2">钢　种</th><th colspan="2">张拉方法</th></tr>
<tr><th>先张法</th><th>后张法</th><th>先张法</th><th>后张法</th></tr>
<tr><td>碳素钢丝、刻痕钢丝、钢绞丝</td><td>$0.80f_{ptk}$</td><td>$0.75f_{ptk}$</td><td rowspan="2">冷拉钢筋</td><td rowspan="2">$0.85f_{pyk}$</td><td rowspan="2">$0.90f_{pyk}$</td></tr>
<tr><td>热处理钢丝、冷拔低碳钢丝</td><td>$0.75f_{ptk}$</td><td>$0.70f_{ptk}$</td></tr>
</table>

注：f_{ptk} 为预应力筋极限抗拉强度标准值；f_{pyk} 为预应力筋屈服强度标准值。

3. 张拉力的计算

预应力钢筋张拉力 F_P 可按下式计算：

$$F_P = (1+m)\sigma_{con}A_P \tag{5-4}$$

式中　m—— 超张拉百分率(%)

σ_{con}—— 张拉控制应力，N/mm^2；

A_P—— 预应力钢筋截面面积，mm^2。

4. 张拉方法与要求

预应力钢筋的张拉可采用单根张拉或整体张拉。预应力钢筋张拉时应注意以下要求：

(1) 预应力钢筋张拉前，应对预应力钢筋、张拉设备与夹具进行检查和检验，且对张拉设备进行配套校验，以确定张拉力与仪表读数的关系曲线，保证张拉力的准确。

(2) 在确定预应力钢筋张拉顺序时，应考虑尽可能减少台座的倾覆力矩和偏心力，先张拉靠近台座截面重心处的预应力钢筋。

(3) 预应力钢筋整体张拉时，应预先调整初应力，使其相互之间的应力一致。

(4) 张拉过程中预应力钢筋发生断裂或滑脱的预应力钢筋应予以更换。

(5) 施工中应注意安全。张拉时，台座两端及沿台座长度方向应有防护设施，两端严禁站人，也不准进入台座。

(6) 张拉过程中，张拉、锚固预应力钢筋应专人操作，并作好预应力钢筋张拉记录。

(二) 混凝土的浇筑与养护

1. 混凝土的浇筑

为了减少混凝土的收缩和徐变引起的预应力损失，在确定混凝土配合比时，应优先选用干缩性小的水泥，采用低水灰比、控制水泥用量和级配良好的骨料等技术措施。

在预应力钢筋张拉、绑扎、预埋铁件安装及立模工作完成后，应立即浇筑混凝土，每条生产线应一次连续浇筑完成。混凝土浇筑时，振动器不得碰撞预应力钢筋并保证混凝土振捣密实。混凝土未达到一定强度前，不允许碰撞或踩动预应力钢筋。

2. 混凝土的养护

混凝土可采用自然养护或蒸汽养护。在台座上生产的构件，如用蒸汽养护时，当温度升高后，预应力筋膨胀，而台座的长度并无变化，因而预应力筋应力减少。如果在这种情况下，混凝土逐渐凝结，则在混凝土硬化前预应力由于温度升高而引起的应力减小，将永远不能恢复。为减少温差所引起的预应力损失，则应采取二次升温法，即初次升温，应控制温差不超过 20℃；当构件混凝土强度达到 7.5 ～ 10 MPa 时，再按一般规定继续升温养护。以机组流水法用钢模生产的构件，因蒸汽养护时钢模与预应力筋同步伸缩，故不会引起温差预应力损失。

(三) 预应力钢筋的放张

1. 放张要求

放张预应力钢筋时，混凝土必须达到设计要求的强度；若设计无要求，则应不得低于混凝土强度标准值的 75%。同时，应保证预应力钢筋与混凝土之间具有足够粘接力。

2. 放张顺序

其放张顺序应符合设计要求，或遵照下列规定：

(1) 对承受轴心预压力的构件(如压杆、桩等)，所有预应力筋同时放松；

(2) 对承受偏心预压力的构件，应先同时放张预压力较小区域的预应力筋，再同时放张预压力较大区域的预应力筋；

(3) 当不能按上述规定放张时，应分阶段、对称、相互交错地放张，以防止放张过程中构件发生翘曲、裂纹及预应力筋断裂等现象。

3. 放张方法

预应力钢筋放张时，应缓慢放松锚固装置，使各根预应力钢筋缓慢放松。施工中可采用千斤顶、砂箱和楔块等方法，如图 5-11、图 5-12 所示。

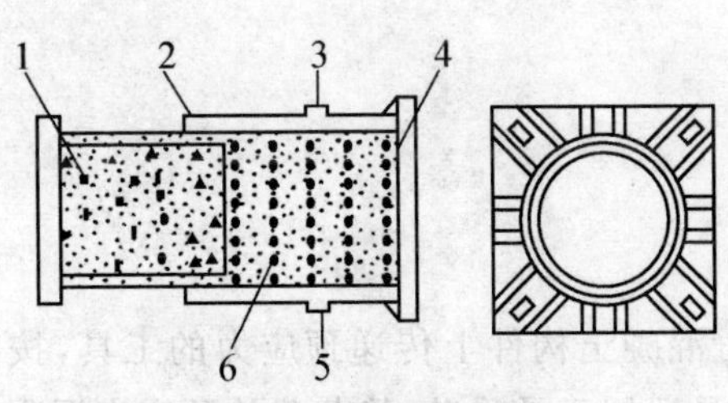

图 5-11　砂箱装置

1— 活塞；2— 钢套箱；3— 进砂口；

4— 钢套箱底板；5— 出砂口；6— 砂子

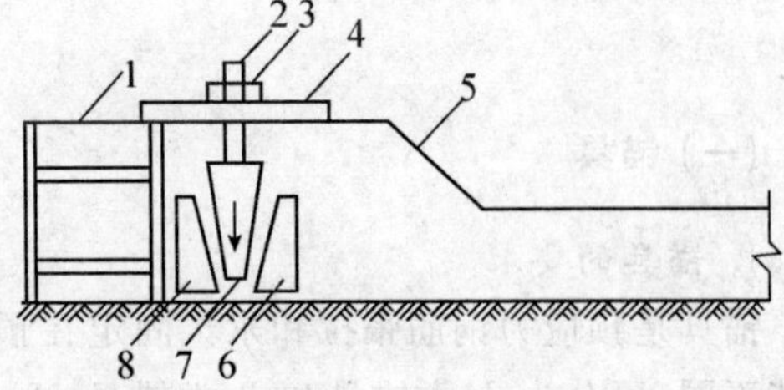

图 5-12　楔块放张

1— 横梁；2— 螺杆；3— 螺母；4— 承力板；

5— 台座；6、8— 钢块；7— 钢楔块

5.3 后张法施工

后张法是先制作混凝土构件，并在预应力筋的位置预留出相应孔道，待混凝土强度达到设计规定的数值后，穿入预应力筋进行张拉，并利用锚具把预应力筋锚固，最后进行孔道灌浆。图 5-13 所示为预应力混凝土后张法示意图。

后张法施工由于直接在混凝土构件上进行张拉，所以不需要固定的台座设备，不受地点限制，适用于在施工现场生产大型预应力混凝土构件，特别是大跨度构件。

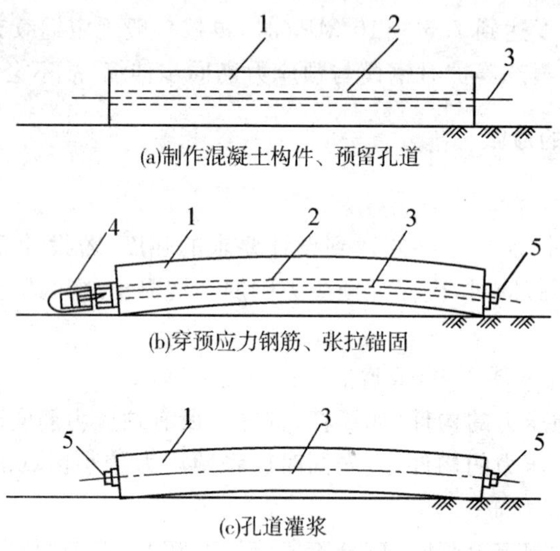

图 5-13 预应力混凝土后张法生产示意

1— 混凝土构件；2— 预留孔道；3— 预应力钢筋；
4— 千斤顶；5— 锚具

5.3.1 锚具及张拉设备

(一) 锚具

1. 锚具的要求

锚具是预应力钢筋张拉和永久固定在预应力混凝土构件上传递预应力的工具，按锚固性能不同，可分为 Ⅰ 类锚具和 Ⅱ 类锚具。Ⅰ 类锚具适用于承受动、静荷载的预应力混凝土结构；Ⅱ 类锚具仅适用于有粘接预应力混凝土结构，且锚具处于预应力变化不大的部位。锚具除必须满足承载锚固性能外，尚应具有下列性能：

(1) 在预应力锚具组装件达到实际破断拉力时，全部零件均不得出现裂缝和破坏(设计规定者除外)。

(2) 除能满足分级张拉和补张拉外，宜具有能放松预应力钢筋的性能。

(3) 锚具或其附件上宜设置灌浆孔，灌浆孔应有足够的截面面积，以保证浆液畅通。

2．锚具的种类

(1) 单根粗钢筋用锚具

预应力钢筋的张拉端一般采用螺丝杆锚具，如图5-14所示。该锚具由螺丝端杆、螺母和垫板组成，适用于锚固HPB235、HRB335级钢筋。固定端可用帮条锚具和镦粗头锚具，帮条锚具是由一块垫板与三段和预应力筋直径相等的钢筋焊在预应力筋的端头而成；镦头锚具是在预应力筋的端头采用垫镦、冷镦或煅打而成，使用时再配用一块厚为15 mm的钢垫板。精轧螺纹钢筋用锚具与连接器，精轧螺纹钢筋的外形为无纵肋而横肋不相连的螺扣，螺母与连接器的内螺纹应匹配，防止钢筋从中拉脱。螺母分为平面螺母和锥形螺母两种。锥形螺母可通过锥体与锥孔的配合，保证预应力筋的正确对中；开缝的作用是增加螺母对预应力筋骨的夹持作用。

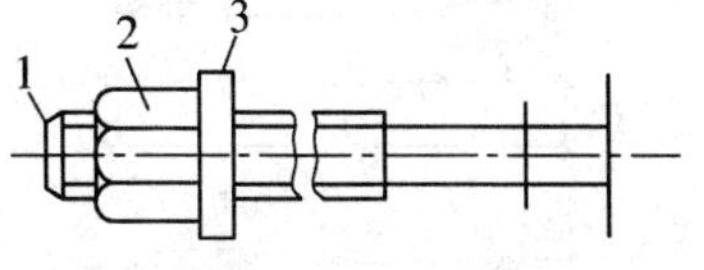

图5-14　螺丝端杆锚具

(2) 钢丝束用锚具

钢丝束一般是由几根或几十根直径3～5 mm平行的碳素钢丝组成，其常用锚具有钢质锥形锚具、锥形螺杆锚具如图5-15、图5-16所示和钢丝束镦头锚具。使用时采用参照锚具的构造和说明，根据钢丝束根数，选用配套锚具设备。

(3) 钢筋束、钢绞线束锚具

钢筋束、钢绞线束具有强度高和柔性好的优点。目前，常用的锚具有JM型锚具、KT-Z型锚具、XM型锚具、QM型锚具和镦头锚具。

①JM型锚具：由锚环和夹片组成，是一种利用楔块原理锚固多根预应力钢筋的锚具，其构造如图5-17所示。它既可作为张拉端锚具，亦可作为固定端锚具，适用于锚固3～6根Φ12的钢筋束或5～6根Φ12的钢绞线束。

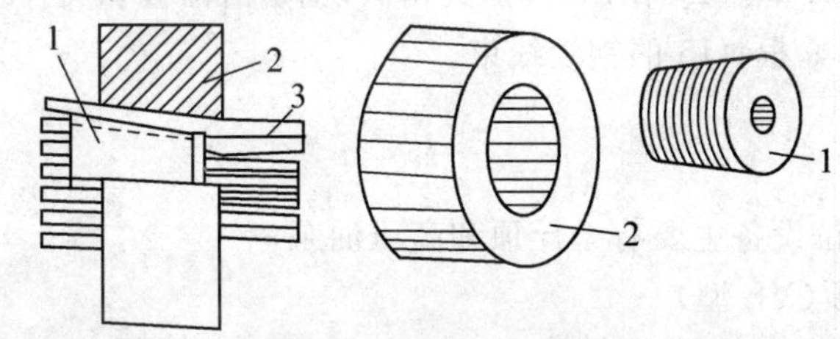

图5-15　钢质锥形锚具

1—锚塞；2—锚环；3—钢丝束

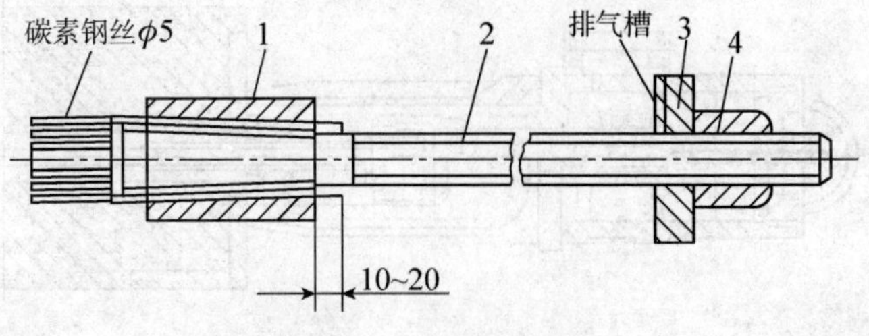

图5-16　锥形螺杆锚具

1—套筒；2—锥形螺杆；3—垫板；4—螺母

②KT-Z型锚具：由锚塞和锚环组成，为可锻铸铁锥形锚具，其构造如图5-18所示。KT-Z

型锚具可用于锚固 3 ～ 6 根ϕ12 的钢筋束或钢绞线束。

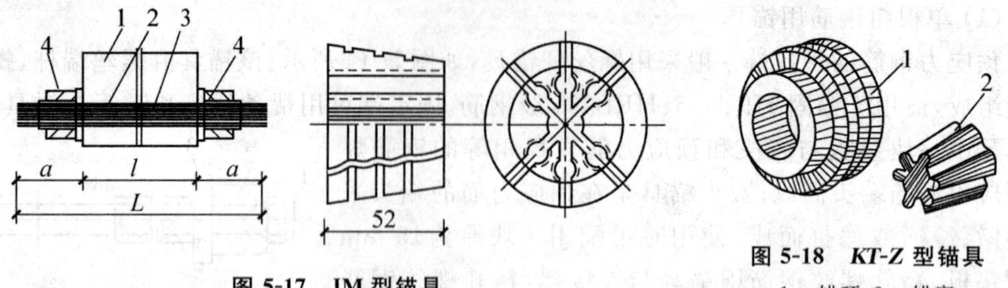

图 5-17 JM 型锚具

1— 混凝土构件；2— 孔道；3— 钢筋束；4—JM-6 型锚具的夹片

图 5-18 KT-Z 型锚具

1— 锚环；2— 锚塞

③XM 型锚具：由锚板与三片夹片组成，属新型大吨位群锚体系锚具，有单孔锚具和多孔锚具，其构造如图 5-19 所示。它既可锚固单根预应力钢筋，又可锚固多根预应力钢筋；当

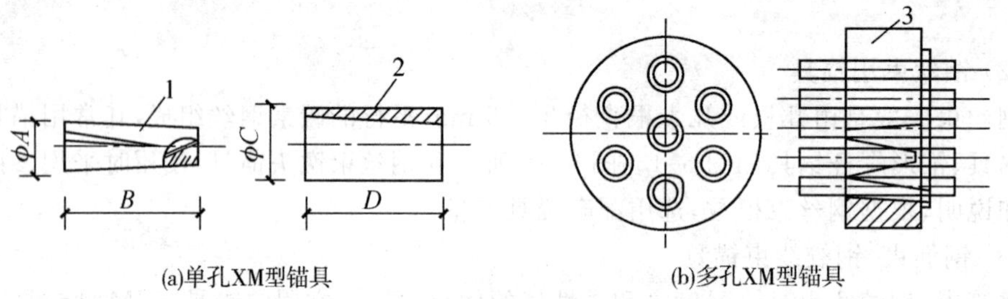

图 5-19 XM 型锚具

1— 夹片；2— 锚环；3— 锚板

锚固多根预应力钢筋时，既可单根张拉、逐根锚固，又可成组张拉，成组锚固；既可用做工作锚具，又可用做工具锚具。其具有通用性强、性能可靠、施工方便等特点。

④QM 型锚具：QM 型锚具与 XM 型锚具相似，也是由锚板和夹片组成的。其适用于锚固 4 ～ 31 根ϕʲ12 和 3 ～ 9 根ϕʲ15 的钢绞线束。

（二）张拉设备

后张法使用的张拉设备主要有千斤顶和高压油泵。

（1）拉杆式千斤顶（YL 型）

拉杆式千斤顶主要用于张拉带有螺丝端杆锚具的粗钢筋，锥形螺杆锚具钢丝束及镦头锚具的钢丝束。其构造如图 5-20 所示。

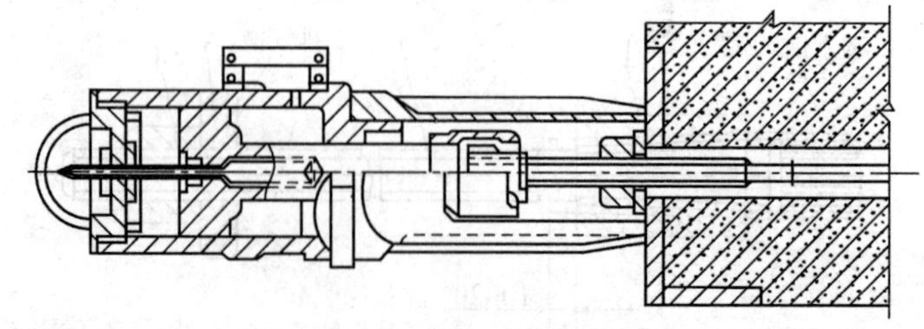

图 5-20 拉杆式千斤顶

（2）锥锚式千斤顶（YZ 型）

锥锚式千斤顶主要用于张拉 KT-Z 型锚具锚固的钢筋束、钢绞线束和使用锥形锚具锚固

的预应力钢丝束。其构造如图 5-21 所示。

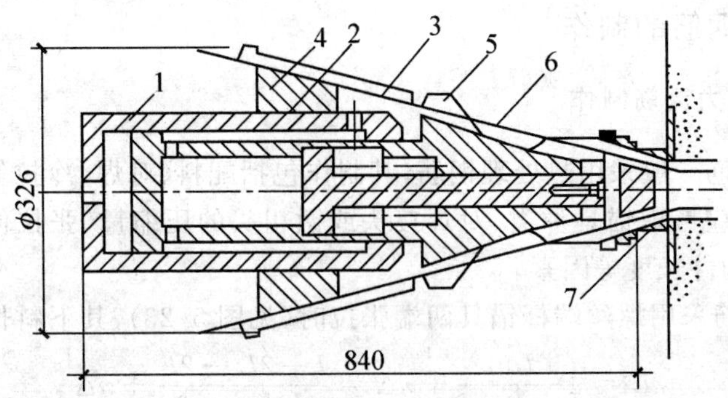

图 5-21　锥锚式千斤顶

1— 主缸；2— 副缸；3— 模块；4— 锥形卡环；5— 退楔翼片；6— 钢丝；7— 锥形锚头

(3) 穿心式千斤顶

穿心式千斤顶是一种适应性较强的千斤顶，它既适用于 JM12 型、QM 型、XM 型和 KT-Z 型锚具，配上撑脚、拉杆等附件后，也可作为拉杆式千斤顶使用，根据使用功能不同可分为 YC 型、YC—D 型与 YCQ 型系列产品。YC—60 型千斤顶的构造如图 5-22 所示。

(4) 高压油泵

高压油泵是向液压千斤顶各油缸供油，使其活塞按照一定速度伸出和收缩的主要设备。高压油泵与千斤顶一起工作组成预应力张拉机组。油泵的额定压力应等于或大于千斤顶的额定压力。采用千斤顶张拉预应力筋时，张拉力的大小通过油泵上的油压表的读数来控制。油压表的读数表示千斤顶活塞单位面积的油压力。若已知张拉力 N，活塞面积 A，则可求出张拉时油表的相应读数 P，即

$$P = \frac{N}{A} \tag{5-5}$$

实际张拉力往往比理论计算值小，因油缸与活塞之间的摩擦阻力抵消一部分张拉力，为保证预应力筋张拉应力的准确性，应定期校验千斤顶与油表读数的关系；校验期一般不超过 6 个月。校正后的千斤顶与油表必须配套使用。

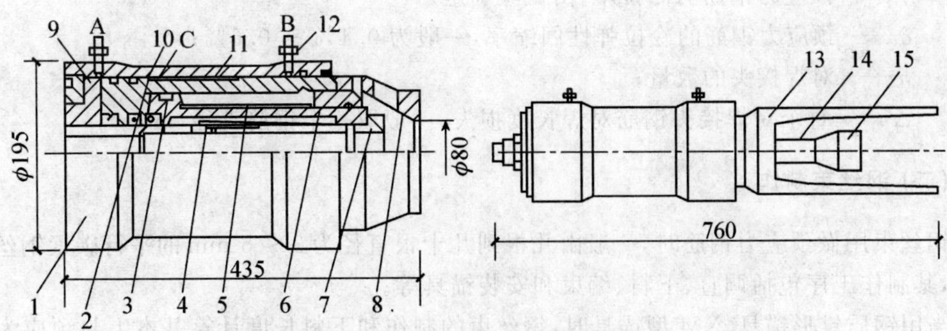

图 5-22　YC—60 型千斤顶构造示意

1— 大缸缸体；2— 穿心套；3— 顶压活塞；4— 护套；5— 回程弹簧；6— 连接套；7— 顶压套；8— 撑套；9— 堵头；10— 密封圈；11— 两缸缸体；12— 油嘴；13— 撑脚；14— 拉杆；15— 连接套筒

5.3.2 预应力钢筋的制作

(一) 单根预应力钢筋制作

单根预应力钢筋一般采用热处理钢筋,其制作包括配料、对焊、冷拉等工序。预应力钢筋的下料长度计算时应考虑锚具种类、对焊接头或镦粗头的压缩量、张拉伸长值、冷拉的冷拉率和弹性回缩率、构件长度等因素。

(1) 预应力钢筋采用螺丝端杆锚具两端张拉时(见图 5-23),其下料长度为:

$$L=\frac{L_0}{1+\gamma-\delta}+n\Delta=\frac{l+2l_2-2l_1}{1+\gamma-\delta}+n\Delta \tag{5-6}$$

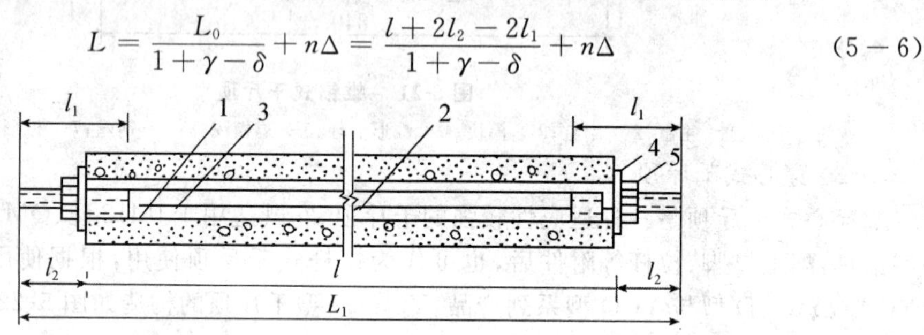

图 5-23　粗钢筋下料长度计算简图

1— 螺丝端杆;2— 预应力钢筋;3— 对焊接头;4— 垫板;5— 螺母

(2) 预应力钢筋一端采用螺丝端杆锚具张拉,固定端采用帮条锚具或镦头锚具时,其下料长度为:

$$L=\frac{l+l_2+l_3-2l_1}{1+\gamma-\delta}+n\Delta \tag{5-7}$$

式中　l—— 构件的孔道长度,mm;

l_1—— 螺丝端杆长度,mm,一般为 320 mm;

l_2—— 螺丝端杆伸出构件外的长度,mm,一般为 120 ～ 150 mm;

l_3—— 帮条或镦头锚具所需钢筋长度,mm;

γ—— 预应力钢筋的冷拉率(由试验确定);

δ—— 预应力钢筋的冷拉弹性回缩率,一般为 0.4% ～ 0.6%;

n—— 对焊接头的数量;

Δ—— 每个对焊接头钢筋对焊长度损失,一般取一个钢筋直径,mm。

(二) 钢丝束制作

钢丝束用做预应力钢筋时,一般由几根到几十根直径为 3 ～ 5 mm 的平行碳素钢丝编束而成,其制作工序包括调直、下料、编束和安装锚具等。

当用钢质锥形锚具、XM 型锚具时,钢丝束的制作和下料长度计算基本上与预应为钢筋束、钢绞线束相同。当采用镦头锚具一端张拉时,应考虑钢丝束张拉锚固后螺母位于锚环中部,钢丝的下料长度 L 可按下式计算(如图 5-24)

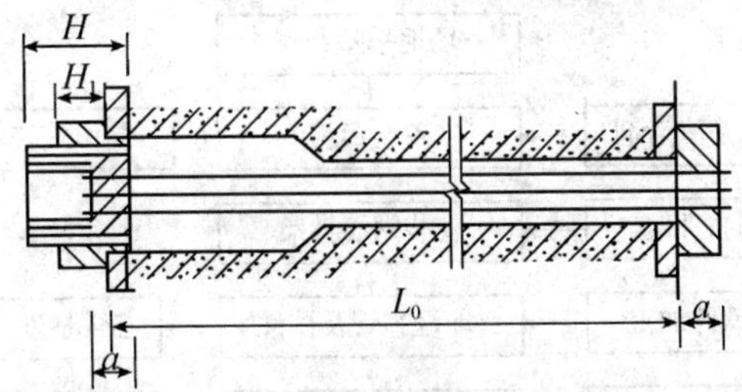

图5-24　采用镦头锚具钢丝下料长度计算简图

$$L = L_0 + 2a + 2\delta - 0.5(H - H_1) - \Delta L - C \quad (5-8)$$

式中　L_0—— 构件的孔道长度，mm；

a—— 锚杯底部厚度或锚板厚度，mm；

δ—— 钢丝镦头流量，mm；

H—— 锚板高度，mm；

H_1—— 螺母高度，mm；

ΔL—— 钢丝束张拉伸长值，mm；

C—— 张拉时构件混凝土的弹性压缩值，mm。

(三) 钢筋束、钢绞线束

钢筋束由直径为 12 mm 的细钢筋编束而成，钢绞线束由直径为 12 mm 或 15 mm 的钢绞线编束而成，每束 3 ～ 6 根，一般不需对焊接长。制作工序为开盘、下料、编束。采用夹片锚具，以穿心式千斤顶在构件上张拉时，下料长度如图 5-25 所示。如下式

两端张拉时：
$$L = l + 2(l_1 + l_2 + l_3 + 100) \quad (5-9)$$

一端张拉时：
$$L = l + 2(l_1 + 100) + l_2 + l_3 \quad (5-10)$$

式中　l—— 构件的孔道长度，mm；

l_1—— 夹片式工作锚厚度；mm；

l_2—— 穿心式千斤顶长度，mm；

l_3—— 夹片式工作锚厚度。

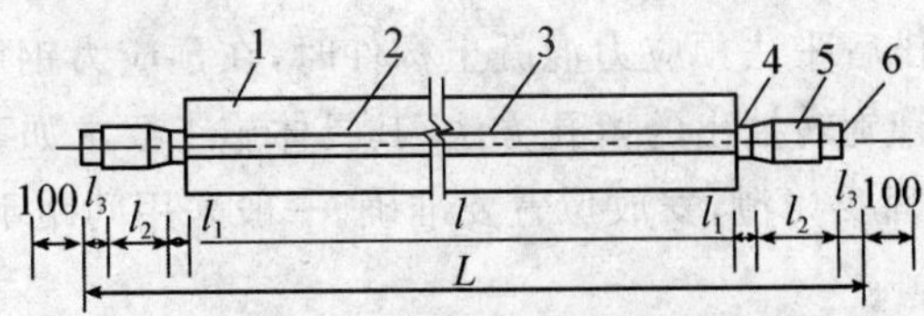

图 5-25　钢绞线下斜长度计算简图

1— 混凝土构件；2— 孔道；3— 钢绞线；4— 夹片式工作锚；5— 穿心式千斤顶；6— 夹片式工作锚

5.3.3　后张法施工工艺

后张法施工工艺与预应力施工有关的是孔道留设、预应力钢筋张拉和孔道灌浆三部分。后张法施工的工艺流程如图 5-26 所示。

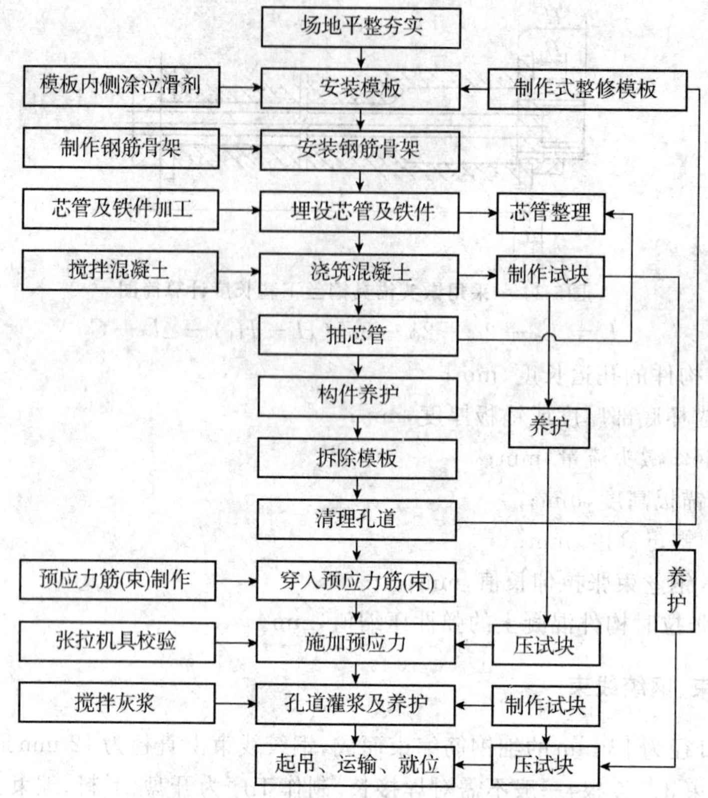

图 5-26　后张法生产工艺流程示意图

(一) 孔道留设

孔道留设是有粘接预应力后张法构件制作中的关键工作。孔道留设方法有钢管抽芯法、胶管抽芯法和预埋波纹管法。在留设孔道的同时还要在设计规定位置留设灌浆孔，一般在构件两端和中间每隔 12 m 留一个直径 20 mm 的灌浆孔，并在构件两端各设一个排气孔。

1. 钢管抽芯法

钢管抽芯法是在制作后张法预应力混凝土构件时，在预应力钢筋位置处预先埋设钢管，待混凝土初凝后再将钢管旋转抽出的留孔方法。其具体施工要求如下：

(1) 钢管应平直，表面要光滑，安放位置要准确。一般采用间距不大于 1 m 的钢筋井字架固定钢管位置。

(2) 每根钢管的长度不宜超过 15 m，较长构件则用两根钢管，中间用 0.5 mm 厚的铁皮套管连接(见图 5-27)。

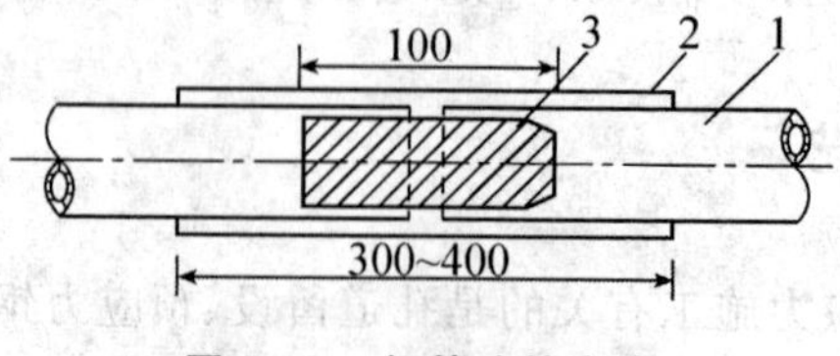

图 5-27　钢管连接方式

1— 钢管；2— 铁皮套管；3— 硬木塞

(3) 在混凝土浇筑后，每隔一定时间慢慢转动钢管，防止钢管与混凝土粘接。

(4) 恰当掌握抽管时间，过早会坍孔，太晚则抽管困难。一般在初凝后、终凝前，以手指按压混凝土不粘浆且无明显印痕时可抽管。

(5) 抽管顺序宜先上后下，抽管应边抽边转，速度均匀，与孔道成一直线。

2. 胶管抽芯法

胶管采用 5 ～ 7 层帆布夹层，壁厚 6 ～ 7 mm 的普通橡胶管，适用于直线、曲线或折线孔道成型。使用前，胶管一端密封，另一端接上阀门，安放在孔道设计位置上，在浇筑混凝土前，胶管中充入压力为 0.8 ～ 1.0 MPa 的压缩空气或压力水，待混凝土初凝后、终凝前，将胶管阀门打开放水(或放气) 降压，胶管回缩与混凝土自行脱离，随即抽出胶管，形成孔道。胶管穿入钢筋骨架后，应每隔 300 ～ 500 mm 设一定位架固定其位置，定位架用电焊焊牢在钢筋骨架上。抽管顺序一般应先上后下，先曲后直。

3. 预埋管法

预埋管法是利用与孔道直径相同的金属管或波纹管埋在构件中成孔，无需抽出。波纹管又有金属波纹管和塑料波纹管两种，当预应力筋密集或曲线配筋、或抽管有困难时均采用此法。使用时应注意：

① 波纹管起吊用专门的尼龙软吊索，禁止使用钢丝绳，以免损伤波纹管。

② 波纹管应密封良好并有一定的轴向刚度，接头应严密，不得漏浆。

③ 固定波纹管的钢筋井字架间距不宜大于 0.8 m，曲线孔道应加密。

(二) 预应力筋的张拉

张拉前，将预应力筋穿入钢筋的预留孔道。混凝土应有一定的强度，张拉过早将使混凝土收缩徐变产生的预应力损失增大。因此，张拉时混凝土的强度应符合设计规定，如设计无规定时，不应低于设计强度等级的 75%。用块体拼装的预应力构件，其拼装立缝处混凝土或砂浆的强度如无规定时，不应低于块体混凝土设计强度的 40%，且不低于 15 MPa。

1. 张拉控制应力

后张法施工时，张拉控制应力应符合设计规定，其张拉控制应力一般不宜超过表 5-1 的规定。施工中为了抵消由于应力松弛、摩擦、钢筋分批张拉及温度变形等因素产生的预应力损失，其最大张拉控制应力可按设计值提高 5%。

2. 张拉方法

张拉方法有一端张拉和两端张拉。两端张拉的目的是减少预应力筋与孔壁之间的摩擦造成的预应力损失。

对于抽芯成形孔道，曲线预应力筋和长度大于 24 m 的直线预应力筋，应采用两端同时张拉的方法。长度不大于 24 m 的直线预应力筋，可一端张拉，但张拉端宜分别设置在构件两端。

对预埋波纹管孔道，曲线预应力筋和长度大于 30 m 的直线预应力筋宜在两端张拉，长度不大于 30 m 的直线预应力筋可在一端张拉。

安装张拉设备时，应使直线预应力筋张拉力的作用线与孔道中心线重合，曲线预应力筋张拉力的作用线与孔道中心线末端的切线重合。

3. 张拉顺序

预应力钢筋张拉顺序的确定，应考虑混凝土不产生超应力、构件不扭转与侧弯、结构不变位等因素。因此，当设计无规定时，应采取分批、分阶段、对称张拉。

平卧重叠浇筑的预应力混凝土构件，预应力钢筋的张拉顺序是先上后下，逐层进行。为了减少上下层之间因摩擦引起的预应力损失，可逐层加大张拉力。

后张法施工预应力钢筋的张拉程序、张拉力计算及伸长值验算与先张法相同。

(三) 孔道灌浆

1. 孔道灌浆的作用

孔道灌浆是在预应力筋处于高应力状态，对其进行永久性保护的工序，所以应在预应力筋张拉后尽量进行孔道灌浆，孔道内水泥浆应饱满、密实。

孔道灌浆的作用是保护预应力筋，防止其锈蚀，并使预应力筋与结构混凝土形成整体，增加结构的抗裂性和耐久性。

2. 灌浆材料

(1) 孔道灌浆应采用强度等级不低于 32.5 的普通硅酸盐水泥配制的水泥浆，水灰比不应大于 0.45。

(2) 水泥浆应有足够的强度和流动性。水泥浆的抗压强度不应小于 30 N/mm^2，3 h 泌水率不应大于 3%。

(3) 为改善水泥浆性能，可掺缓凝减水剂。严禁掺入各种含氯化物或对预应力钢筋有腐蚀作用的外加剂。

3. 灌浆施工顺序

(1) 灌浆前孔道应湿润、洁净。灌浆顺序宜先下层孔道。

(2) 灌浆应缓慢均匀地进行，不能中断，直至出浆口排出的浆体稠度与进浆口一致，灌满孔道后，应再继续加压 0.5 ～ 0.6 MPa，稍后封闭灌浆孔。不掺外加剂的水泥浆，可采用二次灌浆法。封闭顺序是沿灌注方向依次封闭。

(3) 灌浆工作应在水泥浆初凝前完成。每工作班留一组边长为 70.7 mm 的立方体试件，标准养护 28 d，作抗压强度试验，抗压强度为一组 6 个试件组成，当一组试件中抗压强度最大值或最小值与平均值相差 20% 时，应取中间 4 个试件强度的平均值。

5.4 预应力混凝土工程施工质量验收与安全技术

5.4.1 施工质量验收

(一) 一般规定

(1) 浇筑混凝土前，应对预应力工程进行隐蔽工程验收。

(2) 预应力工程的施工应由具有相应资质等级的预应力专业施工单位承担。

(3) 预应力钢筋张拉机具设备及仪表应定期维护和校验。使用过程中出现反常现象时或在千斤顶检修后，应重新标定。

（二）原材料

(1) 预应力钢筋的外观及力学性能应符合国家标准。

(2) 锚具、夹具和连接器应按设计要求选用，其外观、硬度、静载锚固性能应符合国家规范。

(3) 水泥、外加剂等原材料应具有产品合格证；使用的外加剂应符合质量要求和标准规定，严禁使用含氯化物外加剂。

(4) 预应力混凝土用金属螺旋管的尺寸和性能应符合国家现行标准《预应力混凝土用金属旋管》(JT/T3013—94) 的规定。在使用前应进行外观检查，其内外表面应清洁，无锈蚀，不应有油污、孔洞和不规则的褶皱，咬口不应有开裂或脱扣。

(5) 无粘接预应力钢筋的涂包质量应符合无粘接预应力钢绞线标准的规定。

（三）预应力钢筋的制作与安装

(1) 浇筑混凝土前穿入孔道的后张法有粘接预应力钢筋宜采取防止锈蚀的措施。

(2) 施工过程中应避免电火花损伤预应力钢筋，受损伤的预应力钢筋应予以更换。

(3) 后张法有粘接预应力钢筋预留孔道的规格、数量、位置、间距和形状应符合设计要求。

(4) 预应力钢筋安装时，其品种、级别、规格、数量必须符合设计要求。

(5) 预应力钢筋下料长度必须经过计算，当需要搭接和接长时，必须符合规范要求。

(6) 预应力钢筋应采用砂轮锯或切断机切断，不得采用电弧切割。

（四）预应力钢筋的张拉和放张

(1) 预应力钢筋张拉和放张时，应严格遵守张拉和放张程序、顺序的规定，并防止断裂和滑脱，断裂和滑脱的数量应在规范规定范围以内。

(2) 预应力钢筋张拉锚固后实际建立的预应力值与工程设计规定检验值的相对允许偏差为±5%。

(3) 预应力钢筋的张拉应符合控制应力规定。

(4) 预应力钢筋张拉和放张时混凝土强度必须符合设计要求与相关规定。

（五）灌浆和封锚

(1) 灌浆应遵循灌浆程序和灌浆压力控制规定。

(2) 锚具的封闭和保护应符合设计要求和相关规定。

(3) 后张法预应力钢筋锚固后的外露部分宜采用机械方法切割，其外露长度不宜小于预应力钢筋直径的1.5倍，且不宜小于30 mm。

(4) 后张法有粘接预应力钢筋张拉后应尽早进行孔道灌浆，孔道内水泥浆应饱满、密实。

5.4.2　预应力混凝土工程施工安全技术

(1) 钢丝、钢绞线、热处理钢筋、冷轧带肋钢筋和冷拉 HRB335、HRB400 钢筋，严禁采用电弧切割，应使用砂轮锯或切断机切断。施工过程中应避免电火花损伤预应力筋，因为预应力筋遇电火花损伤，容易在张拉阶段脆断。

(2) 操作人员上岗必须戴防护眼镜或防护面罩，防止高压油泄漏伤害眼睛。

(3) 操作千斤顶和测量伸长值的人员，要严格遵守操作规程，应站在千斤顶侧面操作。油泵开运过程中，不得擅自离开岗位，如需离开，必须把油阀门全部松开，并切断电路。

(4) 先张法施工安全技术。

① 拆除锚具夹片时，应对准夹片轻轻敲击，对称进行；

② 高压油泵必须放在张拉台座的侧面；

③ 打竖夹具时，作业人员应站在横梁上面或侧面，击打夹具中心；

④ 预应力筋就位后，严禁使用电弧焊在钢筋上和模板等部位进行切割或焊接，防止短路火花灼伤预应力筋；

⑤ 预应力筋放张时应拆除侧模，保证放松时构件能自由伸缩；

⑥ 先张法施工中，张拉机具与预应力筋应在一条直线上；顶紧锚塞时，用力不要过猛，以防钢丝折断；

⑦ 张拉台座两端必须设置防护墙，沿台座外侧纵向每隔 4～5 m 设置一个防护架；张拉时台座两端严禁有人，任何人不得进入张拉区域。

(5) 后张法施工安全技术。

① 钢丝、钢绞线、热处理钢筋及冷拉 Ⅳ 级钢筋，严禁采用电弧切割；

② 张拉时不得用手摸或脚踩被张拉钢筋，张拉和锚固端严禁站人；

③ 穿束时应均匀、慢速牵引，遇到异常应停止，经检查处理确认合格后，方可继续牵引。严禁使用机动翻斗车、推土机等牵引钢束；

④ 后张法施工中，张拉预应力筋时，任何人不得站在预应力筋两端，同时在千斤顶后面设立防护装置；张拉阶段严禁非工作人员进入防护挡板与构件之间；

⑤ 负责灌浆的操作工必须佩戴防护镜和手套、穿胶靴。堵浆孔的操作工严禁站在浆孔迎面。

复习思考题

1. 什么是预应力混凝土？有何优点？
2. 简述预应力混凝土对材料的要求。
3. 试述预应力混凝土先张法施工工艺及其特点。
4. 试述预应力混凝土后张法施工工艺及其特点。
5. 为什么要进行孔道灌浆？施工中应注意哪些问题？

第6章 装饰工程施工

学习目标

1. 熟悉一般抹灰、装饰抹灰的质量要求；

2. 掌握一般抹灰、装饰抹灰的施工要点与施工质量验收标准及检测方法；

3. 掌握饰面工程、地面工程、吊顶工程、隔墙工程、涂料与刷浆工程、门窗工程的施工方法、施工要点和施工质量验收标准；

4. 熟悉装饰工程熟悉冬季与雨季施工的措施。

6.1 抹灰工程

抹灰是将各种砂浆、装饰性石屑浆、石子浆涂抹在建筑物的墙面、顶棚、地面等表面上，除了保护建筑物外，还可以作为饰面层起到装饰作用。

抹灰工程按使用材料和装饰效果分为一般抹灰和装饰抹灰。一般抹灰适用于石灰砂浆，水泥砂浆、混合砂浆、聚合物水泥砂浆、膨胀珍珠岩水泥砂浆、麻刀灰、纸筋灰、石膏灰等抹灰工程。装饰抹灰的底层和中层与一般抹灰做法基本相同，其面层主要有水刷石、水磨石、斩假石、干粘石、喷涂、滚涂、弹涂、仿石和彩色抹灰等。

6.1.1 一般抹灰施工

抹灰一般分三层、即底层、中层和面层(或罩面)，如图 6-1 所示。底层主要起与基层粘接作用，厚度一般为 5 ～ 9 mm，要求砂浆有较好的保水性，其稠度较中层和面层大，砂浆的组成材料要根据基层的种类不同而选用相应的配合比。底层砂浆的强度不高于基层强度，以免抹灰砂浆在凝结过程中产生较强的收缩应力，破坏强度较低的基层，从而产生空鼓、裂缝、脱落等质量问题；中层起找平的作用，砂浆的种类基本与底层相同，只是稠度稍小，中层抹灰较厚时应分层，每层厚度应控制在 5 ～ 9 mm；面层起装饰作用，要求涂抹光滑、洁净，因此要求用细砂，或用麻刀、纸筋灰浆。各层砂浆的强度要求应为底层 > 中层 > 面层，并不得将水泥砂浆抹在石灰砂浆或混合砂浆上，也不得把罩面石膏灰抹在水泥砂浆层上。

抹灰层的平均厚度，不得大于下列规定：

(1) 顶棚：板条、空心砖、现浇混凝土 ——15 mm，预制混凝土 ——18 mm，金属网

——20 mm；

(2) 内墙：普通抹灰 ——18 mm ～ 20 mm，高级抹灰 ——25 mm；

(3) 外墙 ——20 mm，勒脚及突出墙面部分 ——25 mm；

(4) 石墙 ——35 mm；

(5) 当抹灰厚度 ≥ 35 mm，应采取加强措施。

涂抹水泥砂浆每遍厚度宜为 5 ～ 7 mm；涂抹石灰砂浆和水泥混合砂浆每遍厚度宜为 7 ～ 9 mm。

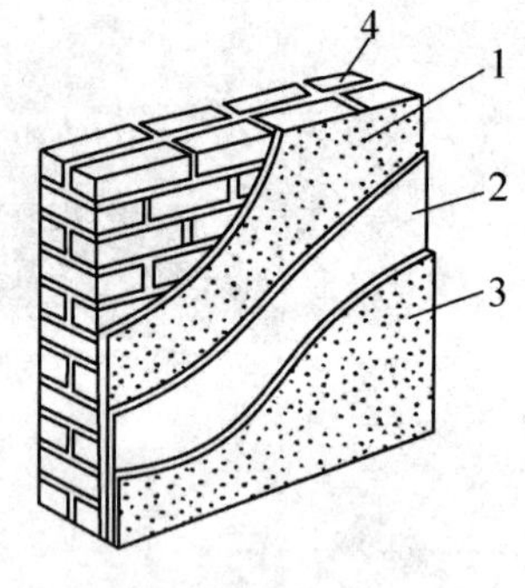

图 6-1　抹灰层构造

1— 底层；2— 中层；3— 面层；4— 基层

面层抹灰经赶平压实后的厚度，麻刀石灰不得大于 3 mm；纸筋石灰、石膏灰不得大于 2 mm。

(一) 质量要求

一般抹灰按质量要求分为普通抹灰和高级抹灰两个等级。普通抹灰为一道底层和一道面层或一道底层、一道中层和一道面层，要求表面光滑、洁净、接槎平整、分隔缝应清晰。

高级抹灰为一道底层、数层中层和一道面层组成，要求表面光滑、洁净、颜色均匀无抹纹、分隔缝和灰线应清晰美观。

抹灰层与基层之间及各抹灰层之间必须粘接牢固，抹灰层应无脱落层、空鼓，面层应无爆灰和裂缝。

(二) 材料准备

抹灰前准备材料时，石灰膏应用块状生石灰淋制，使用未经熟化的生石灰或过火石灰，会发生爆灰和开裂，俗称“出天花”“生石灰泡”的质量问题。因此石灰浆应在储灰池中常温熟化不少于 15 天，罩面用的磨细石灰粉的熟化期不应少于 3 天。在熟化期间，石灰浆表面应保留一层水，以使其与空气隔开而避免碳化。同时应防止冻结和污染。生石灰不宜长期存放，保质期不宜超过一个月。

抹灰用的砂子应过筛，不得含有杂物。抹灰用的砂一般用中砂，也可采用粗砂与中砂混合掺用，但对于有抗渗要求的砂浆，要求以颗粒坚硬洁净的细砂为好。

抹灰用纸筋麻刀应坚韧、干燥、不含杂质。

(三) 基层处理

1. 墙面抹灰的基层处理

(1) 抹灰前应对砖石、混凝土及木基层表面作处理，清除灰尘、污垢、油渍和碱膜等，并洒水润湿。表面凹凸明显的部位，应事先剔平或用 1:3 水泥砂浆补平，对于平整光滑的混凝土表面拆模时随即作凿毛处理，或用铁抹子满刮水灰比为 0.37 ～ 0.4(内掺水重 3% ～ 5% 的 108 胶) 水泥砂浆一遍，或用混凝土界面处理剂处理。

(2) 抹灰前应检查门、窗框位置是否正确，与墙连接是否牢固。连接处的缝隙应用水泥砂浆或水泥混合砂浆(加少量麻刀) 分层嵌塞密实。

(3) 凡室内管道穿越的墙洞和楼板洞，凿剔墙后安装的管道，墙面的脚手洞均应用 1∶3

水泥砂浆填嵌密实。

(4) 不同基层材料(如砖石与木,混凝土结构)相接处应铺钉金属网并绷紧牢固,金属网与各结构的搭接宽度从相接处起每边不少于100 mm。

(5) 为控制抹灰层的厚度和墙面的平整度,在抹灰前应先检查基层表面的平整度,并用与抹灰层相同砂浆设置50 mm×50 mm的标志或宽约100 mm的标筋。

(6) 抹灰工程施工前,对室内墙面、柱面和门洞的阳角,宜用1:2水泥砂浆做护角,其高度不低于2 m,每侧宽度不少于50 mm。对外墙窗台、窗楣、雨篷、水槽的深度和宽度均不应小于10 mm,要求整齐一致。

2. 棚顶抹灰的基层处理

预制混凝土楼板顶棚在抹灰前应检查其板缝大小,若板缝较大,应用细石混凝土灌实;板缝较小,可用1:0.3:3的水泥石灰混合砂浆勾实,否则抹灰后将顺缝产生裂缝。预制混凝土板或钢模现浇混凝土顶棚拆模后,构件表面为光滑、平整,并常粘附一层隔离剂。当隔离剂为滑石粉或其他粉状物时,应先用钢丝刷刷除,再用清水冲干净,当隔离剂为油脂类时,先用浓度为10%的大碱溶液洗刷干净,再用清水冲洗干净。

板条顶棚(单层板条)抹灰前,应检查半条缝是否合适,一般要求间隙为7～10 mm。

3. 一般抹灰的施工要点

(1) 墙面抹灰:待标筋砂浆有七成至八成后,就可以进行底层砂浆抹灰。

抹底灰可用托灰板(大板)盛砂浆,用力将砂浆推抹到墙面上,一般应从上而下进行,在两标筋之间的墙面砂浆抹满后,即用长刮尺两头靠着标筋,从下而上进行刮灰,使抹上的底层灰与标筋面相平。再用木抹来回抹压,去高补低,最后再用铁抹压平一遍。

中层砂浆抹灰应待水泥砂浆(或水泥混合砂浆)底层凝结后或石灰砂浆底层灰七、八成干后,方可进行。

中层砂浆抹灰时,应先在底层灰上洒水,待其收水后,即可将中层砂浆抹上去,一般应从上而下,自左而右涂抹,不用再标志及标筋,整个墙面抹满后,用木抹来回搓抹,去高补低,再用铁抹压抹一遍,使抹灰层平整、厚度一致。

面层灰应待中层灰凝固后才进行。先在中层灰上洒水润湿,将面层砂浆(或灰浆)均匀地抹上去,一般应从上而下,自左向右涂抹整个墙面,抹满后,即用铁抹分遍压抹使面层灰平整、光滑,厚度一致。铁抹运行方向应注意:最后一遍抹压宜是垂直方向,各分遍之间应互相垂直抹压。墙面上半部与墙面下半部面层灰接头处压抹理顺,不留抹印。

两墙面相交的阴角、阳角抹灰方法,一般按下述步骤进行。

① 用阴角方尺检查阴角的直角度;用阳角方尺检查阳角的直角度。用线锤检查阴角或阳角的垂直度。根据直角度及垂直度的误差,确定抹灰层厚薄。阴、阳角处洒水润湿。

② 将底层灰抹于阴角处,用木阴角器压住抹灰层并上下搓动,使阴角的抹灰基本上达到直角。如靠近阴角处有已结硬的标筋,则木阴角器应沿着标筋上下搓动,基本搓平后,再用阴角抹子上下抹压,使阴角线垂直。

③ 将底层灰抹于阳角处,用木阳角器压住抹灰层并上下搓动,使阳角的抹灰基本上达到直角。再用阳角抹子上下抹压,使阳角线垂直。

④ 在阴角、阳角处底层灰凝结后,洒水润湿,将面层灰抹于阴角、阳角处,分别用阴角抹、阳角抹上下抹压,使中层灰达到平整光滑。

阴阳角找平应与墙面抹灰同时进行，即墙面抹底层灰时，阴、阳角抹底层找方。

(2) 顶棚抹灰：钢筋混凝土楼板下的顶棚抹灰，应待上层楼地面面层完成后才能进行。板条、金属网顶棚抹灰，应待板条、金属网装钉完成，并经检查合格后，方可进行。

顶棚抹灰不用做标志、标筋，只要在顶棚周围的墙面弹出顶棚抹灰层的面层标高线，此标高线必须从地面量起，不可从顶棚底向下量。

顶棚抹灰宜从房间里开始，向门口进行，最后从门口退出。

顶棚抹灰应搭设满堂里脚手架。脚手板面至顶棚的距离以操作方便为准。

抹底层灰前，应扫尽钢筋混凝土楼板底的浮灰、砂浆残渣，去除油污及隔离剂剩料，并喷水湿润楼板底。

在钢筋混凝土楼板底抹底层灰，铁抹抹压方向应与模板纹路或预制板拼缝相垂直；在板条、金属网顶棚上抹底层灰，铁抹抹压方向应与板条长度方向相垂直，在板条缝处要用力压抹，使底层灰压入板条缝或网眼内，形成转脚以使结合牢固。底层灰要抹得平整。

抹中层灰时，铁抹抹压方向宜与底层灰抹压方向垂直。高级顶棚抹灰，应加钉长350～450 mm 的麻束，间距为 400 mm，并交错布置，分遍按放射状梳理抹进中层灰内，所以中层抹灰应抹得平整、光洁。

抹面层灰时，铁抹抹压方向宜平行于房间进光方向。面层抹灰应抹得平整、光滑，不见抹印。

顶棚抹灰应待前一层灰凝结后才能抹上后一层灰，不可紧接进行。顶棚面积较小时，整个顶棚抹上灰后在进行压平、压光；顶棚面积较大时，可分段分块进行抹灰、压平、压光，但接合处必须理顺；底层灰全部抹压后，才能抹中层灰，中层灰全部抹压后，才能抹面层灰。

6.1.2 装饰抹灰施工

装饰抹灰与一般抹灰的区别在于两者具有不同的装饰面层，其底层和中层的做法与一般抹灰基本相同，下面介绍几种主要装饰面层的施工工艺。

(一) 水刷石施工

水刷石饰面，是将水泥石子浆罩面中尚未干硬的水泥用水刷掉，使各色石子外露，形成具有“绒面感”的表面。水刷石是石粒类材料饰面的传统做法，这种饰面耐久性强，具有良好的装饰效果，造价低，是传统的外墙装饰做法之一。

水刷石面层施工的操作方法及施工要点如下：

(1) 水泥石子浆大面积施工前，为防止面层开裂，须在中层砂浆六、七成干时，按设计要求弹线、分格，钉分格条时木分格条事先应在水中浸透。用以固定分格条的两侧八字形纯水泥浆，应抹成 45° 角。

水刷石面层施工前，应根据中层抹灰的干燥程度浇水湿润。紧接着用铁抹子满刮水灰比 0.37～0.4 的水泥浆(内掺 3%～5% 水重的 108 胶)一道，随即抹水泥石子浆面层。面层厚度视石子粒径而定，通常为石子粒径的 2.5 倍。水泥石子浆的稠度以 5～7 cm 为宜，用铁抹子一次抹平、压实。

每一块分格内抹灰顺序应自下而上，同一平面的面层要求一次完成，不宜留施工缝。如必须留施工缝时，应留在分格条位置上。

(2) 修整。罩面灰收水后，用铁抹子溜一遍，将遗留的空隙抹平。然后用软毛刷蘸水刷去表面灰浆，再拍平；阳角部位要往外刷，水刷石罩面应分遍拍平压实，石子应分布均匀、紧密。

(3) 喷刷、冲洗。喷刷、冲洗是水刷石施工的重要工序，喷刷、冲洗不干净会使水刷石表面色泽灰暗或明暗不一致罩面灰浆初凝后，达到刷不掉石子程度时，即可开始喷刷，喷刷时可以两个人配合操作；一个人用毛刷蘸水轻轻刷掉罩面灰浆，另一个人用喷雾器，或用手压喷浆机紧跟喷刷，先将分格四周喷湿，然后由上而下喷水，喷射要均匀，喷头至罩面距离 10 ～ 20 cm。不仅要将表面的水泥浆冲掉，还要将石渣间的水泥冲出来，使得石渣露出灰浆表面 1 ～2 mm，甚至露出粒径的 1/2，使之清晰可见，均匀密布。然后用清水从上而下全部冲洗干净。

(4) 起分格条。喷刷后，即可用抹子柄敲击分格条，用抹尖扎入木条上下活动，轻轻取出分格条，然后修饰分隔缝并描好颜色。

水刷石是一项传统工艺，由于其操作技术要求较高，洗刷浪费水泥，墙面污染后不易清洗，故现今较少采用。

(二) 干粘石施工

干粘石是将干石子直接粘在砂浆层上的一种装饰抹灰做法。装饰效果与水刷石差不多，但湿作业量小，节约材料，又能明显提高工效。

干粘石面层操作方法和施工要点如下：

(1) 抹粘接层。待中层水泥砂浆干至七成左右，洒水润湿后，粘分格条，待分格条粘牢后，在墙面刷水泥砂浆一遍，随后按格抹砂浆粘接层(1:3 水泥砂浆，厚度 4 ～ 6 mm，砂浆稠度 ≤ 8 cm)，粘接层砂浆一定要抹平，不显抹纹，按分格大小，一次抹一块或数块，应避免在块中甩槎。

(2) 甩石子。干粘石所选石子的粒径比水刷石要小些，一般为 4 ～ 6 mm。粘接砂浆抹平后，应立即甩石子，先甩四周易干部位，然后甩中间，要做到大面均匀，边角和分格条两侧不漏粘，由上而下快速进行。石子使用前应用水冲洗干净晾干，甩时用托盘盛装，托盘底部用窗纱钉成，以便筛净石子中的残留粉末。如发现饰面上石子有不均匀或过稀现象，应用抹子或手直接贴补，否则会使墙面出现死坑或裂缝。

(3) 压石子。当粘接砂浆表面均匀地粘上一层石子后，用抹子或辊子轻轻压一下，使石子嵌入砂浆的深度不小于 1/2 的石子粒径。拍压后石子表面应平整竖实，拍压时用力不宜过大，否则当一侧石子粘上后再粘另一侧时不易粘上，出现明显的接槎黑边。

干粘石也可用机械喷石代替手工甩石，施工时利用压缩空气和喷枪将石子均匀有力地喷射到粘接层上。喷头对准墙面距墙约 300 ～ 400 mm，气压以 0.6 ～ 0.8 MPa 为宜。在粘接层硬化期间，应洒水养护，保持湿润。

(4) 起分格条与修整。干粘石墙面达到表面平整，石子饱满，即可将分格条取出，取分格条应注意不要掉石子。如局部石子不饱满，可立即刷 108 胶水溶液，再甩石子补齐。将分格条取出后，随用小溜子和素水泥浆将分隔缝修补好，达到顺直清晰。

干粘石操作简便，但日久经风吹雨打易产生脱粒现象，现在已不多采用。

(三) 斩假石施工

斩假石又称剁斧石，是在水泥砂浆基层上涂抹水泥石子浆，待硬化后，用剁斧、齿斧及各种凿子等工具剁出有规律的石纹，使其类似天然花岗岩、玄武石、青条石的表面形态，即为斩假石。

斩假石面层施工要点如下：

(1) 在凝固的底层灰上上弹出分格线，洒水湿润，按分格线将木分格条用稠水泥砂浆粘贴在墙面上。

(2) 待分格条粘牢后，在各分格区内刮一道水灰比为 0.37 ～ 0.4 的水泥砂浆(内掺水重 3% ～ 5% 的 108 胶)，随即抹上 1∶1.25 水泥石子浆，并压实抹平。隔 24 小时后，洒水养护。

(3) 待面层水泥石子浆养护到试剁不掉石屑时，就可开始斩剁。斩剁采用各式剁斧，从上而下进行。边角处斩剁成横向纹道或留出窄条不剁。其他中间部位宜斩剁成竖向纹道。剁的方向应一致，剁纹要均匀，一般要斩剁两遍成活。已剁好的分格周围就可起出分格条。

(4) 全部斩剁完后，清扫斩假石表面。

(四) 聚合物水泥砂浆的喷涂、滚涂与弹涂施工

(1) 喷涂是把聚合物水泥砂浆用砂浆泵或喷斗将砂浆喷涂于外墙面形成的装饰抹灰。

材料要求：浅色面层用白水泥，深色面层用普通水泥；细骨料用中砂或浅色石屑，含泥量不大于 3%，过 3 mm 孔筛。

聚合物砂浆应用砂浆搅拌机进行拌合。先将水泥、颜料、细骨料干拌均匀，再边搅边顺序加入木质素磺酸钠(先溶于少量水中)、108 胶和水，直至全部拌匀为止。如是水泥石灰砂浆，应先将石灰膏用少量水调稀，再加入水泥与细骨料的干拌料中。拌合好的聚合物砂浆，宜在 2 h 内用完。

喷涂聚合物砂浆的主要机具设备有：空气压缩机(0.6 m^3/min)、加压罐、灰浆泵、振动筛(5 mm 筛孔)、喷枪、喷斗、胶管(25 mm)、输气胶管等。

波面喷涂使用喷枪(如图 6-2)。第一遍喷到底层灰变色即可，第二遍喷至出浆不流为度，第三遍喷至全部出浆，表面均匀呈波状，不挂流，颜色一致。喷涂时枪头应垂直于墙面，相距约 30 ～ 50 cm，其他工作压力，在用挤压式灰浆泵时为 0.1 ～ 0.15 MPa，空压机压力为 0.4 ～ 0.6 MPa。喷涂必须连续进行，不宜接槎。

粒状喷涂使用喷斗(如图 6-3)。第一遍满喷盖住底层，收水后开足气门喷布碎点，快速移动喷斗，勿使出浆，第 2、3 遍应有适当间隔，以表面布满细碎颗粒、颜色均匀不出浆为原则。喷斗应与墙面垂直，相距约 30 ～ 50 cm。

喷涂时应注意：

① 门窗和不做喷涂的部位应事先遮盖，防止污染。

② 干燥的底层灰，在喷涂前应洒水湿润。在底层灰面上刷涂层 108 胶水溶液后应随即进行喷涂。

③ 喷涂时环境温度不宜低于 －5℃。

④ 大面积喷涂，宜在墙面上预先粘贴分格条，分格区内喷涂应连续进行。面层结硬后取出分格条，用水泥砂浆勾缝。

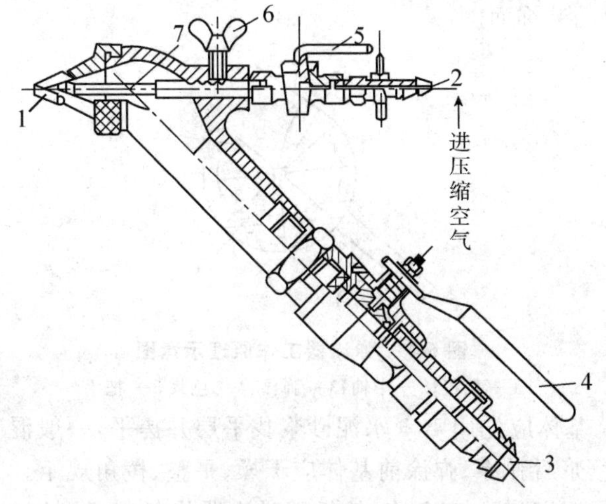

图 6-2 喷枪

1— 喷嘴；2— 压缩空气接头；3— 砂浆皮管接头；4— 砂浆控制阀；5— 压缩空气控制阀；6— 顶丝；7— 喷气嘴

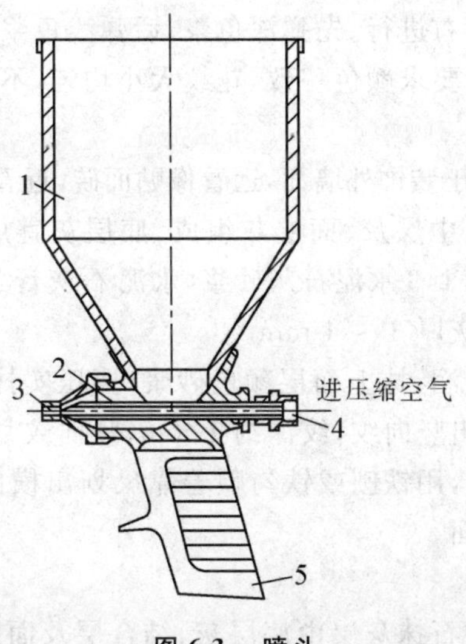

图 6-3 喷斗

1— 砂浆斗；2— 喷管；3— 喷嘴；4— 压缩空气接头；5— 手柄

⑤ 喷涂面层的厚度宜控制在 3 ～ 4 mm。面层干燥后应涂甲基硅醇钠憎水剂一遍。

(2) 滚涂施工。滚涂是将 2 ～ 3 mm 厚带色的聚合物水泥砂浆均匀地涂抹在底层上，用平面或刻有花纹的橡胶、泡沫塑料滚子在罩面上直上直下施滚涂拉，并一次成活滚出所需花纹。

滚涂饰面的底、中层抹灰与一般抹灰相同。中层一般用 1∶3 水泥砂浆，表面搓平实。然后根据图纸要求，将尺寸分匀以确定分格条位置，弹线后贴分格条。

抹灰面干燥后，喷涂有机硅溶液一遍。滚涂操作有干滚和湿滚两种。干滚法是滚子不蘸水，滚子上下来回后再向下滚一遍，达到表面均匀拉毛即可，滚出的花纹较粗，但工效高；湿滚法为滚子蘸水上墙，并保持整个表面水量一致，滚出的花纹较细，但比较费工。

(3) 弹涂施工。弹涂是利用弹涂器将不同色彩的聚合物水泥砂浆弹在色浆面层上，形成有类似于干粘石效果的装饰面。

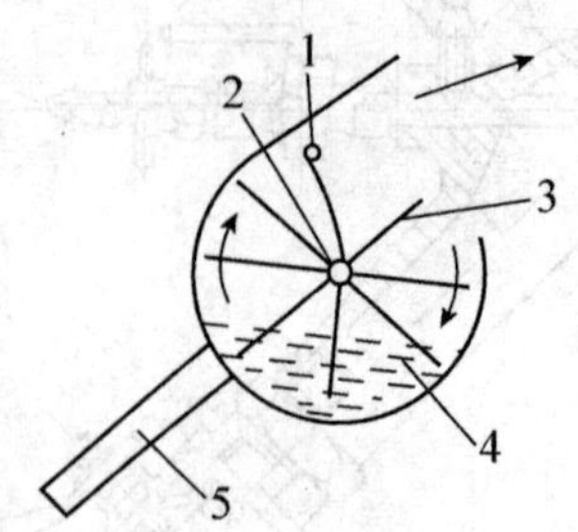

图 6-4　弹涂器工作原理示意图

1— 挡棍；2— 中轴；3— 弹棒；4— 色浆 5— 把手

弹涂基层除砖墙基体应先用 1:3 水泥砂浆找平层并搓平，一般混凝土等表面较为平整的基体，可直接刷底色浆后弹涂。弹涂前基体应干燥、平整、棱角规矩。

弹涂时，先将基层湿润(喷) 底色浆，然后用弹涂器将色浆弹到墙面上，形成直径为 1 ～ 3 mm 大小的图形花点，弹涂面层厚为 2 ～ 3 mm，一般 2 ～ 3 遍成活，每遍色浆不宜太厚，不得流坠，第一遍应覆盖 60% ～ 80%，最后罩一遍甲基硅醇钠憎水剂。

弹涂应自上而下，从左向右进行。先弹深色浆，后弹浅色浆。

喷涂、滚涂、弹涂饰面层，要求颜色一致，花纹大小均匀，不显接槎。

(五) 假面砖

假面砖又称仿面砖，适用于装饰外墙面，远看像贴面砖，近看才是彩色砂浆抹灰层上分格。

假面砖抹灰层由底层灰、中层灰、面层灰组成。底层灰宜用 1:3 水泥砂浆，中层灰宜用 1:1 水泥砂浆，面层灰宜用 5:1:9 水泥石灰砂浆(水泥:石灰膏:细砂)，按色彩需要掺入适量矿物颜料，成为彩色砂浆。面层灰厚 3 ～ 4 mm。

待中层灰凝固后，洒水湿润，抹上面层颜色砂浆，要压实抹平。带面层灰收水后，用铁梳或铁辊顺着靠尺由上而下划出竖向纹，纹深约 1 mm，竖向纹划完后，再按假面砖尺寸，弹出水平线，将靠尺靠在水平线上，用铁刨或铁勾顺着靠尺划出横向沟，沟深约 3 ～ 4 mm。全部划好纹、沟后，清扫假面砖表面。

(六) 仿石

仿石适用于装饰外墙。仿石抹灰层由底层灰、结合层及面层灰组成。底层灰用 12 mm 厚 1:3 水泥砂浆，结合层用水泥浆(内掺水重 3% ～ 5% 的 108 胶)，面层用 10 mm 厚 1:0.5:4 水泥石灰砂浆。

仿石施工要点：

(1) 底层灰凝固后，在墙面上弹出分块线，分块线按设计图案而定，使每一分块呈不同尺寸的矩形或多边形。

(2) 洒水湿润墙面按照分块线，将木分格条用稠水泥将粘贴在墙面上。

(3) 在各分块涂刷水泥浆结合层，随即抹上水泥石灰砂浆面层灰，用刮尺沿分格条刮平，再用木抹搓平。

(4) 待面层稍收水后，用短直尺紧靠在分格条上，用竹丝帚将面灰扫出清晰的条纹。各分块之间的条纹应一块横向、一块竖向，竖横交替。若相邻两块条纹方向相同，则其中一块可不扫条纹。

(5) 扫好条纹后，应立即起出分格条，用水泥砂浆勾缝，进行养护。

(6) 面层干燥后，扫去浮灰，再用胶漆刷涂两遍，分格缝不刷漆。

6.1.3　一般抹灰、装饰抹灰质量的允许偏差

一般抹灰、装饰抹灰质量的允许偏差，应符合表6-1和表6-2的规定。

表6-1　一般抹灰质量的允许偏差

项次	项目	允许偏差(mm)		检验方法
		普通抹灰	高级抹灰	
1	立面垂直度	4	3	用2 m垂直检测尺检查
2	表面平整度	4	3	用2 m靠尺和塞尺检查
3	阴、阳角方正	4	3	用直角检测尺检查
4	分格条(缝)直线度	4	3	拉5 m线，不足5 m拉通线，用钢直尺检查
5	墙裙、勒脚上口直线度	4	3	拉5 m线，不足5 m拉通线，用钢直尺检查

注：1. 普通抹灰，本表第3项阴角方正可不检查。

2. 顶棚抹灰，本表第2项表面平整度可不检查，但应顺平。

表6-2　装饰抹灰质量的允许偏差

项次	项目	允许偏差(mm)				检验方法
		水刷石	斩假石	干粘石	假面石	
1	立面垂直度	5	4	5	5	用2 m垂直检测尺检查
2	表面平整度	3	3	5	4	用2 m靠尺和塞尺检查
3	阴、阳角方正	3	3	4	4	用直角检测尺检查
4	分格条(缝)直线度	3	3	3	3	拉5 m线，不足5 m拉通线，用钢直尺检查
5	墙裙、勒脚上口直线度	3	3	—	—	拉5 m线，不足5 m拉通线，用钢直尺检查

6.2　饰面材料施工

饰面工程是指将块料面层镶嵌(或安装)在墙柱表面以形成装饰层。饰面材料的种类基本可以分为饰面砖和饰面板两大类。饰面砖分有釉和无釉两种，包括：釉面瓷砖、外墙面砖、陶瓷锦砖、玻璃锦砖、劈离砖以及耐酸砖等。饰面板包括：天然石饰面板(如大理石、花岗岩和青石板等)、人造石饰面板(如预制水磨石板、合成石饰面板等)、金属饰面板(如不锈钢板、涂

层钢板、铝合金饰面板等)、玻璃饰面、木质饰面板(如胶合板、木条板等)等。

6.2.1 饰面砖镶贴施工

(一) 施工准备

饰面砖的基层处理和找平层砂浆的涂抹方法与装饰抹灰基本相同。

饰面砖在镶贴前,应根据设计对釉面砖和外墙砖进行选择,要求挑选规格一致,形状平整方正,不缺棱掉角,不开裂和脱釉,无凹凸扭曲,颜色均匀的面砖及各种配件。按标准尺寸检查饰面砖,分出符合标准尺寸和大于或小于标准尺寸三种规格的饰面砖,同一类尺寸应用于同一层间或同一面墙上,以做到接缝均匀一致。陶瓷锦砖应根据设计要求选择好色彩和图案,统一编号,便于镶贴时依号施工。

釉面砖和外墙面砖镶贴前应先清扫干净,然后置于清水中浸泡。釉面砖浸泡到不冒气泡为止,一般约 2 ~ 3 小时。外墙面砖则需隔夜浸泡、取出晾干,以饰面砖表面有潮湿感,手按无水迹为准。

饰面砖镶贴前应进行预排,预排时应注意同一墙面的横竖排列,均不得有一行以上的非整砖。非整砖应排在最不醒目的部位或阴角处,用接缝宽度调整。

外墙面砖预排时应根据设计图纸尺寸,进行排砖分格并绘制大样图。一般要求水平缝应与碹脸、窗台平齐,竖向要求阴角及窗口处均为整砖,分格按整块分好中心线、水平分格线和阴阳角垂直线。

(二) 釉面砖镶贴

(1) 釉面砖镶贴方法。釉面砖的排列方法有竖直通缝排列和错缝排列两种(如图 6-5 所示)。

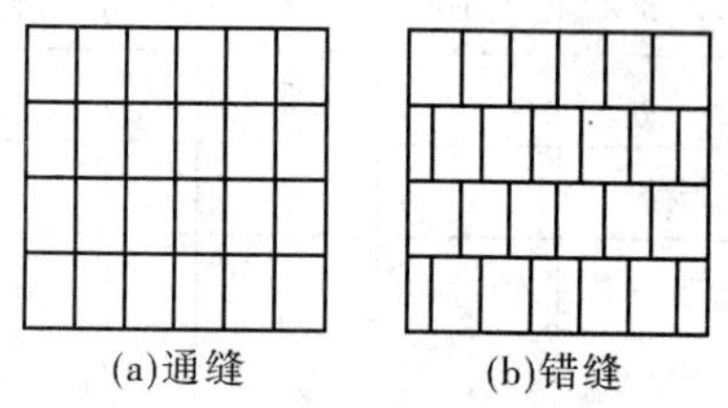

图 6-5 内墙面砖密缝排列

① 在清理干净的找平层上,依照室内标准水平线,校核地面标高和分格线。

② 以所弹地平线为依据,设置支撑釉面砖的地面木托板,加木托板的目的是为防止釉面砖因自重向下滑移,木托板表面应加工平整,其高度为非整砖的调节尺寸。整砖的镶贴,就从木托板开始自下而上进行。每行的镶贴宜以阳角开始,把非整砖留在阴角。

③ 调制糊状的水泥浆,其配合比为水泥:砂 = 1:2(体积比) 另掺水泥重量 3% ~ 4% 的 108 胶;掺时先将 108 胶用两倍的水稀释,然后加在搅拌均匀的水泥配置纯水泥浆进行镶贴。镶贴时,用铲刀将水泥浆或水泥浆均匀涂抹在釉面砖背面(水泥砂浆厚度 6 ~ 10 mm,水泥浆厚度 2 ~ 3 mm 为宜),四周刮成斜面,按就位后,用手轻压,然后用橡皮锤或小铲把轻轻敲击,使其与中层贴紧,确保釉面砖四周砂浆饱满,并用从下往上从第二行开始,在已贴的釉面

砖口间拉上准线(用细铁丝),横向各行釉面砖依准线镶贴。

釉面砖镶贴完毕后,用清水或棉纱,将釉面砖表面擦洗干净。室外接缝应用水泥浆或水泥砂浆勾缝,室内接缝宜用与釉面砖相同颜色的石灰膏或白水泥色浆擦嵌密实,并将釉面砖表面擦净。全部完工后,根据污染的不同程度,用棉纱或稀盐酸刷洗并及时用清水冲洗。

镶贴墙面时,应先贴大面,后贴阴阳角、凹槽等难度较大、耗工较多的部位。

(2) 顶棚镶贴方法。镶贴前,应把墙上的水平线翻到墙顶交接处(四边均弹水平线),校核顶棚方正情况,阴阳角应找直,并按水平线将顶棚找平。如果墙与顶棚均贴釉面砖时,则房间要求规方,阴阳角都需方正,墙与顶棚成 90° 直角,排砖时,非整砖应留在同一方向,使墙顶砖缝交圈。镶贴时应先贴标志块,间距一般为 1.2 m,其他操作与墙面镶贴相同。

(三) 外墙釉面砖镶贴

外墙釉面砖镶贴由底层灰、中层灰、结合层及面层组成。

外墙釉面砖的镶贴形式由设计而定。矩形釉面砖宜竖向镶贴;釉面砖的接缝宜采用离缝(如图 6-6 所示),缝宽不大于 10 mm;釉面砖一般应对缝排列,不宜采用错缝排列。

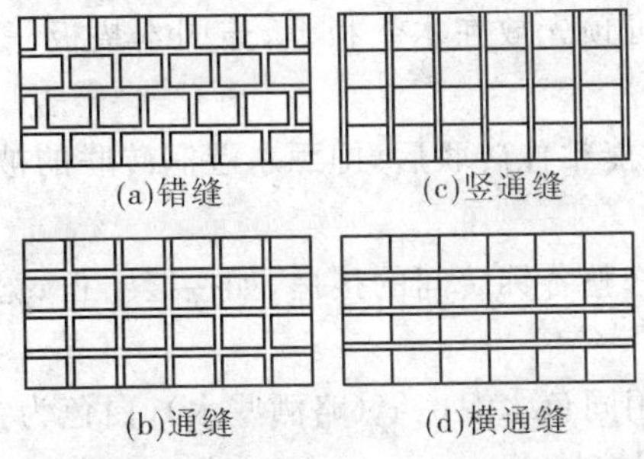

图 6-6　外墙面砖排砖示意图

(1) 外墙面贴釉面砖应从上而下分段,每段内应自下而上镶贴。

(2) 在整个墙面两头各弹一条垂直线,如墙面较长,在墙面中间部位再增弹几条垂直线,垂直线之间距离应为釉面砖宽的整倍数(包括接缝宽),墙面两头垂直线应距墙阳角(或阴角)为一块釉面砖的宽度。垂直线作为竖行标准。

(3) 在各分段分界处各弹一条水平线,作为贴釉面砖横行标准。各水平线的距离应为釉面砖高度(包括接缝)的整数倍。

(4) 清理底层灰面,并浇水润湿,刷一道素水泥浆,紧接着抹上水泥石灰砂浆,随即将釉面砖对准位置镶贴上去,用橡胶锤轻敲,使其贴实平整。

(5) 每个分段中宜先沿水平线贴横向一行砖,再沿垂直线贴竖向几行砖,从下往上第二行开始,应在垂直线处已贴的釉面砖上口间拉上准线,横向各行釉面砖依准线镶贴。

(6) 阳角处正面的釉面砖应盖住侧面的釉面砖的端边,即将接缝留在侧面,或在阳角处留成方口,以后用水泥砂浆勾缝。阴角处应使釉面砖的接缝正对阴角线。

(7) 镶贴完一段后,即把釉面砖的表面擦洗干净,用水泥细砂浆勾缝,待其干硬后,再擦洗一遍釉面砖面。

(8) 墙面上如有突出的预埋件时,此处釉面砖的镶贴,应根据具体尺寸用整砖裁割后贴上去,不得用碎块传拼贴。

(9) 同一墙面应用同一品种、同一色彩、同一批号的釉面砖，并注意花纹倒顺。

(四) 外墙锦砖(马赛克)镶贴

外墙贴锦砖可采用陶瓷锦砖或玻璃锦砖。锦砖镶贴由底层灰、中层灰、结合层及面层等组成。

锦砖的品种、颜色及图案选择由设计而定。锦砖是成联供货的，所镶贴墙面的尺寸最好是砖联尺寸的整数倍，尽量避免将联拆散。

外墙镶贴锦砖施工要点：

(1) 外墙镶贴锦砖应自上而下进行分段，每段内从下而上镶贴。

(2) 底层灰凝固后，清理墙面使其干净。按砖联排列位置，在墙面上弹出砖联分格线。根据图案形式，在各分格内写上砖联编号，相应在砖联纸背上也写上砖联编号，以便对号镶贴。

(3) 清理各砖联的粘贴面(即锦砖背面)，按编号顺序预排就位。

(4) 在底层灰面上洒水湿润，刷上水泥浆一道(中层灰)，接着涂抹纸筋石灰膏水泥混合灰结合层，紧跟着将砖联对准位置镶贴上去并用木垫板压住，再用橡胶锤全面轻轻敲打一遍，使砖联贴实平整。砖联可预先放在木垫板上，连同木垫板一齐贴上去，敲打木垫板即可。砖联平整后即取下木垫板。

(5) 待结合层的混合灰能粘住砖联后，即洒水湿润砖联的被纸，轻轻将其揭掉。要将纸背撕揭干净，不留残纸。

(6) 在混合灰初凝前，修整各锦砖间的接槎，如接缝不正、宽窄不一，应予拨正。如有锦砖掉粒，应予补贴。

(7) 在混合灰终凝后，用同色水泥擦缝(略洒些水)。白色为主的锦砖应用白水泥擦缝；深色为主的锦砖应用普通水泥擦缝。

(8) 擦缝水泥干硬后，用清水擦洗锦砖面。

(9) 非整砖联处，应根据所镶贴的尺寸，预先将砖联裁割，去掉不需要的部分(连同背纸)，再镶贴上去，不可将锦砖块从背纸上剥下来，一块一块地贴上去。

(10) 如结合层所用的混合灰中未掺入 108 胶，应在砖联的粘贴面随贴随刷一道混凝土界面处理剂，以增强砖联与结合层的粘结力。

(11) 每个分段内的锦砖宜连续贴完。

(12) 墙及柱的阳角处，不宜将一面锦砖凸出去盖住另一面锦砖接缝，而应各自贴到阳角线处，缺口处用水泥细砂浆勾缝。

6.2.2 大理石板、花岗岩板、青石板等饰面板的安装

(一) 小规格饰面板的安装

小规格大理石板、花岗岩板、青石板，板材尺寸小于 300 mm×300 mm，板厚 8～12 mm，粘贴高度低于 1 m 的踢脚线板、勒脚、窗台板等，可采用水泥砂浆粘贴的方法安装。

1. 踢脚线粘贴

用 1∶3 水泥砂浆打底，找规矩，厚约 12 mm，用刮尺刮平，划毛。待底子灰凝固后，将经过湿润的饰面板背面均匀地抹上厚 2～3 mm 的素水泥浆，随即将其贴于墙面，用木锤轻敲，使

其与基层粘接紧密。随之用靠尺找平,使相邻各块饰面板接缝齐平,高差不超过 0.5 mm,并将边口和挤出拼缝的水泥擦净。

2. 窗台板安装

安装窗台板时,先校正窗台的水平,确定窗台的找平层厚度,在窗口两边按图纸要求的尺寸在墙上剔槽。多窗口的房屋剔槽时要拉通线,并将窗口找平。

清除窗台上的垃圾杂物,洒水湿润。用1:3干硬性水泥砂浆或细石混凝土抹找平层,用刮尺刮平,均匀地撒上干水泥,待水泥充分吸水呈水泥浆状态,再将湿润后的板材平稳地安上,用木锤轻轻敲击,使其平整并与找平层有良好粘接。在窗口两侧墙上的剔槽处要先浇水湿润,板材伸入墙面的尺寸(进深与左右)要相等。板材放稳后,应用水泥砂浆或细石混凝土将嵌入墙的部分塞密堵严。窗台板接槎处注意平整,并与窗下槛同一水平。

若有暗炉片槽,且窗台板长向由几块拼成,在横向挑出墙面尺寸较大时,应先在窗台板下预埋角铁,要求角铁埋置的高度、进出尺寸一致,其表面应平整,并用较高强度等级的细石混凝土灌注,过一周后再安装窗台板。

3. 碎拼大理石

大理石厂生产光面和镜面大理石时,裁割的边角废料,经过适当的分类加工,可作为墙面的饰面材料,能取得较好的装饰效果。如矩形块料、冰裂状块料、毛边碎块等各种形体的拼贴组合,都会给人以乱中有序、自然优美的感觉。主要是采用不同的拼法和嵌缝处理,来求得一定的饰面效果。

(1) 矩形块料:对于锯割整齐而大小不等的正方形大理石边角块料,以大小搭配的形式镶拼在墙面上,缝隙间距 1 ~ 1.5 mm,镶贴后用同色水泥色浆嵌缝,可嵌平缝,也可嵌凸缝,擦净后上蜡打光。

(2) 冰状块料:将锯割整齐的各种多边形大理石板碎料,搭配成各种图案。缝隙可做成凹凸缝,也可做成平缝,用同色水泥色浆嵌抹,擦净后上蜡打光。平缝的间隙可以稍小,凹凸缝的间隙可在 10 ~ 12 mm,凹凸约为 2 ~ 4 mm。

(3) 毛边碎料:选取不同规则的毛边碎块,因不能密切吻合,故镶拼的接缝比以上两种块料为大,应注意大小搭配,乱中有序,生动自然。

(二) 湿法铺贴工艺

湿法铺贴工艺适用于板材厚为 20 ~ 30 mm 的大理石、花岗岩或预制水磨石板,墙体为砖墙或混凝土墙。

湿法铺贴工艺是传统的铺贴方法,即在竖向基体上预挂钢筋网(如图 6-7),用铜丝或镀锌钢丝绑扎板材并灌水泥砂浆粘牢。这种方法的优点是牢固可靠,缺点是工艺繁琐,卡箍多样,板材上钻孔易损坏,特别是灌注砂浆易污染面板和使板材移位。

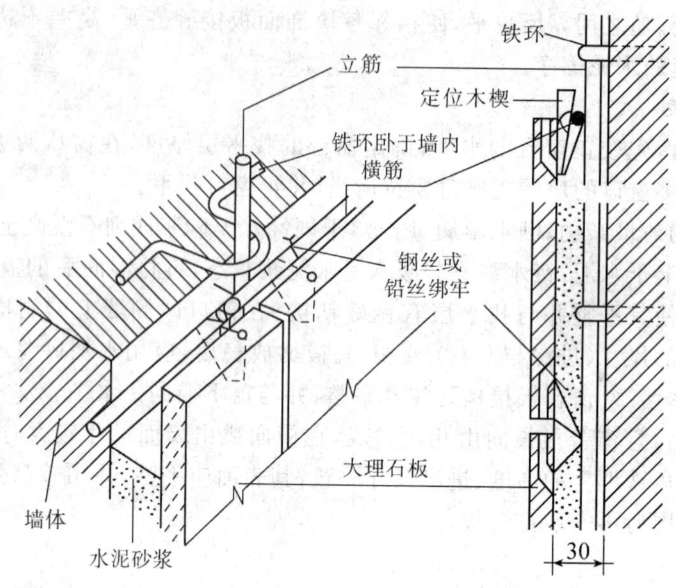

图 6-7　饰面板钢筋网片固定及安装方法

采用湿法铺贴工艺，墙体应设置锚固体。砖墙体应在灰缝中预埋 $\varphi6$ 钢筋钩，钢筋钩中距为 500 mm 或按板材尺寸，当挂贴高度大于 3 m 时，钢筋钩改用 $\varphi10$ 钢筋，钢筋钩埋入墙体内深度应不小于 120 mm，伸出墙面 30 mm，混凝土墙体可射入 $\varphi3.7\times62$ 的射钉，中距宜为 500 mm 或按板材尺寸，射钉打入墙体内 30 mm，伸出墙面 32 mm。

挂贴饰面板之前，将 $\varphi6$ 钢筋网焊接或绑扎于锚固件上。钢筋网双向中距为 500 mm 或按板材尺寸。

在饰面板上、下边各钻不少于两个 $\varphi5$ 的孔，孔深 15 mm。清理饰面板地背面。用双股 18 号铜丝穿过钻孔，把饰面板绑牢于钢筋网上。饰面板的背面距离墙面应不小于 50 mm。

饰面板的接缝宽度可垫木楔调整，应确保饰面板外表面平整、垂直及板的上沿平顺。

每安装好一行横向饰面板后，即进行灌浆。灌浆前，应浇水将饰面板背面及墙体表面湿润，在饰面板的竖向接缝内填塞 15 ～ 20 mm 深的麻丝或泡沫塑料条以防漏浆（光面、镜面和水磨石饰面板的竖缝，可用石膏灰临时封闭，并在缝内填塞泡沫料条）。

拌合好 1:2.5 水泥砂浆，将砂浆分层灌注到饰面板背面与墙面之间的空隙内，每层灌注高度为 150 ～ 200 mm，且不得大于板高的 1/3，并插捣密实。待砂浆初凝后，应检查板面位置，如有移动错位应拆除重新安装；若无移位，方可安装上一行板。施工缝应留在饰面板水平接缝以下 50 ～ 100 mm 处。

突出墙面的勒脚饰面板安装，应待墙面饰面板安装完工后进行。

待水泥砂浆硬化后，将填缝材料清除。饰面板表面清洗干净。光面和镜面的饰面经清洗晾干后，方可打蜡擦亮。

（三）干法铺贴工艺

干法铺贴工艺，通常称为干挂法施工，即在饰面板材上直接打孔或开槽，用各种形式的连接件与结构基体用膨胀螺栓或其他架设金属连接而不需要灌注砂浆或细石混凝土。饰面板与墙体之间留出 40 ～ 50 mm 的空腔。这种方法适用于 30 m 以下的钢筋混凝土结构基体上，不适用于砖墙和加气混凝土墙。

干法铺贴工艺的主要优点是：

(1) 在风力和地震作用时，允许产生适量的变位，而不致出现裂缝和脱落。

(2) 冬季照常施工，不受季节限制。

(3) 没有湿作业的施工条件，既改善了施工环境，也避免了浅色板材透底污染问题以及空鼓、脱落等问题的发生。

(4) 可以采用大规模的饰面石材铺贴，从而提高了施工效率。

(5) 可自上而下拆换、维修，无损于板材和连接件，使饰面工程拆改翻修方便。

干法铺贴工艺主要采用扣件固定法(如图 6-8)。

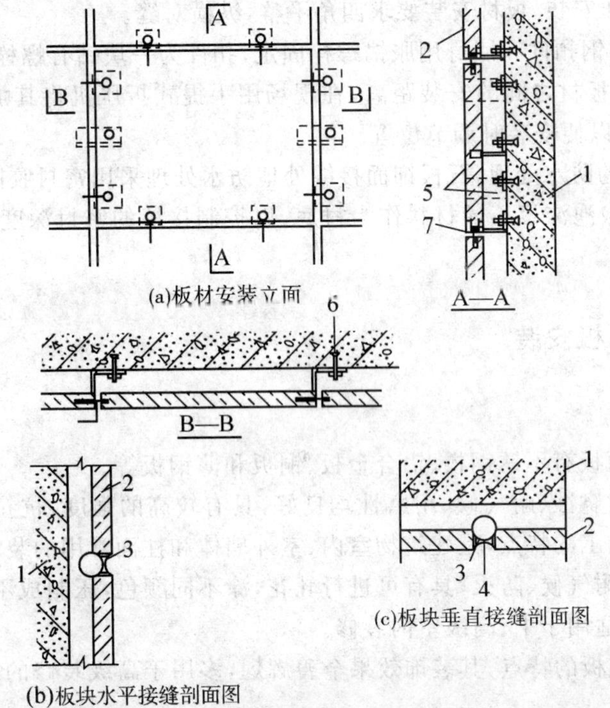

图 6-8　用扣件固定大规模石材饰面板的赶作业做法

1— 混凝土外墙；2— 饰面石板；
3— 泡沫聚乙烯嵌条；4— 密封硅胶；
5— 钢扣件；6— 胀锚螺栓；7— 销钉

扣件固定法的安装施工步骤如下：

(1) 板材切割。按照设计图纸要求在施工现场进行切割，由于板块规格较大，宜采用石材切割机切割，注意保持板块边角的挺直和规矩。

(2) 磨边。板材切割后，为使其边角光滑，可采用手提式磨光机进行打磨。

(3) 钻孔。相邻板块采用不锈钢销钉连接固定，销钉插在板材侧面孔内。孔径 $\varphi 5$ mm，深度 12 mm，用电钻打孔。由于它关系到板材的安装精度，因而要求钻孔位置准确。

(4) 开槽。由于大规模石板的自重大，除了由钢扣件将板块下口托牢以外，还需在板块中部开槽设置承托扣件以支撑板材的自重。

(5) 涂防水剂。在板材背面涂刷一层丙烯酸防水涂料，以增强外饰面的防水性能。

(6) 墙面修整。如果混凝土外墙表面有局部凸出处会影响扣件安装时，须进行凿平修整。

(7) 弹线。从结构中引出露面标高和轴线位置，在墙面上弹出安装板材的水平和垂直控制线，并做出灰饼以控制板材安装的平整度。

(8) 墙面涂刷防水剂。由于板材与混凝土墙身之间不填充砂浆，为了防止因材料性能或施工质量可能造成的渗漏，在外墙面上涂刷一层防水剂，以加强外墙的防水性能。

(9) 板材安装。安装板块的顺序是自下而上进行，在墙面最下一排板材安装位置的上下口拉两条水平控制线，板材从中间或墙面阳角开始就位安装。先安装好第一块最为基准，其平整度以事先设置的灰饼为依据，用线锤吊直，经校准后加以固定。一排板材安装完毕，再进行上一排扣件固定和安装。板材安装要求四角平整，纵横对缝。

(10) 板材固定。钢扣件和墙身用胀锚螺栓固定，扣件为一块钻有螺栓安装孔和销钉孔的平钢板，根据墙面与板材之间的安装距离，在现场用手提式折压机将其加工成角型钢。扣件上的空洞均呈圆形，以便安装时调节位置。

(11) 板材接缝的防水处理。石板饰面接缝处地防水处理采用密封胶嵌缝。嵌缝之前先在缝隙内嵌入柔性条状泡沫聚乙烯材料作为衬底，以控制接缝的密封深度和加强密封胶的粘接力。

6.2.3 金属饰面板安装

(一) 金属板材

常用的金属饰面板有不锈钢板、铝合金板、铜板和薄钢板等。

不锈钢板材料耐腐蚀、耐气候、耐磨性均良好，具有较高的强度，抗拉能力强，并且具有质软、韧性强、便于加工的特点，是建筑物室内、室外墙体和柱面常用的装饰材料。

铝合金耐腐蚀、耐气候、防火，具有可进行轧花，涂不同颜色，压制成不同波纹、花纹和平板冲孔的加工特性，适用于中、高级室内装修。

铜板具有不锈钢板的特点，其装饰效果金碧辉煌，多用于高级装修的柱、门厅入口、大堂等建筑布局。

(二) 不锈钢板、铜板施工

不锈钢、铜板比较薄，不能直接固定于柱、墙面上，为了保证安装后表面平整、光洁无钉孔，需用木方、胶合板做好胎膜，组合固定于墙、柱面上。

1. 柱面不锈钢、铜板饰面安装

将柱面清理干净，按设计弹好胎膜位置边框线。胎膜尺度：竖向按板材长度确定，宽度根据柱型决定，方柱每个柱面为一个胎膜，圆柱一般以半圆柱面或 1/3 圆柱面为一个胎膜；以柱外表尺寸为饰面胎膜内径尺寸，胎膜之间留出 10 mm 左右的构造缝，用中密度板按柱外型裁出胎膜，中密度板间距 300 ～ 400 mm。中密度板的外缘开槽固定木方尺寸为 40 mm × 40 mm 或 40 mm × 30 mm，木方与中密度板形成胎膜骨架，骨架的外表面要满足平整度、弧度和垂直度的要求；然后外侧铺钉一层三夹板，三夹板的钉距为 80 ～ 150 mm；固定木条的钉帽应事先打扁，铺钉时钉帽钉入板条内 0.5 ～ 1 mm，钉眼用油漆底色腻子抹平。最后在三夹板表面包铜板或不锈钢板，将预先压好的板边钉在木胎侧方上。

2. 墙面不锈钢板、铜板安装

清理好基层，按设计弹好骨架位置纵横线；在墙面钉骨架时，其大小以饰面板而定基本单元，用膨胀螺钉将木骨架固定于墙面上，接缝处设双排立筋、横筋，间距不大于 50 mm。骨架符合质量要求后，在表面钉一层夹板作为贴面板衬材，夹板边不超出骨架。不锈钢、铜板预先按设计压好四边，尺寸准确；沿骨架缝隙四边罩于外表面，板边与骨架边缘卡紧。最后用胶密封纵横缝。板缝外侧用木条临时固定，待胶干后，撤除木条。

（三）铝合金板施工

铝合金饰面板常用固定方法有两大类：一类是将饰面板用螺钉拧到型钢或木骨架上；另一类是将饰面板卡在特制的龙骨架上。其施工工艺为：放线、固定骨架的连接件、固定骨架、安装铝合金饰面板、收口构造处理。

1. 放线

放线就是将骨架的位置弹到基层上，以保证骨架施工的准确性。放线最好一次放完，如有差错，可随时进行调整。

2. 固定骨架的连接件

骨架的横竖杆件是通过连接件与基层固定，而连接件可与基层结构的预埋件焊接，亦可打膨胀螺栓，要求连接件固定牢固、位置准确而不易锈蚀。

3. 固定骨架

骨架应预先进行防腐处理，安装位置要准确，结合要牢固，横杆标高一致，骨架表面要平整。

4. 安装铝合金饰面板

板的安装要牢固、平整，无翘起、卷边等现象。板与板之间的间隙一般为 10 ～ 20 mm，用橡胶条或密封胶等弹性材料处理。安装完毕后，在易于被污染的部位，要用塑料薄膜覆盖保护；易被碰撞的部位，应设安全栏杆保护。

5. 收口构造处理

收口构造处理系指饰面板安装后对水平部位的压顶，端部的收口、伸缩缝、沉降缝的处理，以及两种不同材料交接处的处理。因这些部位往往是饰面施工的重点，直接影响美观和功能，所以必须用特制的铝合金板进行妥善处理。

6.2.4　饰面工程的质量要求

饰面所用的材料品种、规格、颜色、图案以及镶贴方法应符合设计要求；饰面工程的表面不得有变色、起碱、污点、砂浆留痕和显著的光泽受损处；突出的管线、支承物等部位镶贴的饰面砖，应套割吻合；饰面板和饰面砖不得有歪斜、翘曲、空鼓、缺楞、掉角、裂缝等缺陷；镶贴墙裙、门窗贴脸的饰面板、饰面砖，其突出墙面的厚度应一致。

饰面工程质量的允许偏差应符合表 6-3 规定。

表 6-3 饰面工程质量允许偏差

<table>
<tr><td rowspan="4">项次</td><td rowspan="4">项目</td><td colspan="9">允许偏差(mm)</td><td rowspan="4">检查方法</td></tr>
<tr><td colspan="7">饰面板安装</td><td colspan="2">饰面板粘贴</td></tr>
<tr><td colspan="3">天然石</td><td rowspan="2">资板</td><td rowspan="2">木材</td><td rowspan="2">塑料</td><td rowspan="2">金属</td><td rowspan="2">外墙面砖</td><td rowspan="2">内墙面砖</td></tr>
<tr><td>光面</td><td>剁斧石</td><td>蘑菇石</td></tr>
<tr><td>1</td><td>立面垂直度</td><td>2</td><td>3</td><td>3</td><td>2</td><td>1.5</td><td>2</td><td>2</td><td>3</td><td>2</td><td>用 2 m 垂直检测尺检查</td></tr>
<tr><td>2</td><td>表面平整度</td><td>2</td><td>3</td><td>—</td><td>1.5</td><td>1</td><td>3</td><td>3</td><td>4</td><td>3</td><td>用 2 m 靠尺和塞尺检查</td></tr>
<tr><td>3</td><td>阴阳角方正</td><td>2</td><td>4</td><td>4</td><td>2</td><td>1.5</td><td>3</td><td>3</td><td>3</td><td>3</td><td>用直角检测尺检查</td></tr>
<tr><td>4</td><td>接缝直线度</td><td>2</td><td>4</td><td>4</td><td>2</td><td>1</td><td>1</td><td>1</td><td>3</td><td>2</td><td>拉 5 m 线,不足 5 m 拉通线,用钢尺检查</td></tr>
<tr><td>5</td><td>墙裙、勒脚上口直线度</td><td>2</td><td>3</td><td>3</td><td>2</td><td>2</td><td>2</td><td>2</td><td>—</td><td>—</td><td>拉 5 m 线,不足 5 m 拉通线,用钢尺检查</td></tr>
<tr><td>6</td><td>接缝高低差</td><td>0.5</td><td>3</td><td>—</td><td>0.5</td><td>0.5</td><td>1</td><td>1</td><td>1</td><td>0.5</td><td>用钢直尺和塞尺检查</td></tr>
<tr><td>7</td><td>接缝宽度</td><td>1</td><td>2</td><td>2</td><td>1</td><td>1</td><td>1</td><td>1</td><td>1</td><td>1</td><td>用钢直尺检查</td></tr>
</table>

6.3 地面施工

6.3.1 地面的组成及分类

(一) 楼地面的组成

楼地面主要由基层、垫层和面层构成。

(二) 地面的分类

按面层材料分有:土、灰土、三合土、菱苦土、水泥砂浆、混凝土、水磨石、陶瓷锦砖、木、砖和塑料地面等。

按面层结构分有:整体面层(如灰土、菱苦土、三合土、水泥砂浆、混凝土、现浇水磨石、沥青砂浆和沥青混凝土等),块料面层(如拼花木地板、陶瓷锦砖、水泥花砖、预制水磨石块、大理石板材、花岗石板材、塑料地板等)和涂布地面等。

6.3.2 基层施工

(1) 抄平弹线,统一标高。检测各个房间的地坪标高,并将统一水平标高线弹在各房间四壁上,离地面 500 mm 处。

(2) 楼面的基层是楼板,应做好楼板板缝灌浆、堵塞工作和面板清理工作。

(3) 地面的基层多为土。地面下的填土应采用素土分层夯实。土块的粒径不得大于 50 mm，每层虚铺厚度：用机械压实不应大于 300 mm，用人工夯实不应大于 200 mm，每层夯实后的干密度应符合设计要求。回填土的含水率应按照最佳含水率进行控制，太干的土要洒水湿润，太湿的土应晾晒后使用，遇到橡皮土必须挖除更换，或将其表面挖松 100 ～ 150 mm，掺入适量的生石灰(其粒径小于 5 mm，每平方米约掺 6 ～ 8 kg)，然后再夯实。

用碎石、卵石或碎砖等作地基表面处理时，直径应为 40 ～ 60 mm，并应将其铺成一层，采用机械压进适当湿润的土中，其深度不应小于 400 mm，在不能使用机械压实的部位，可采用夯打压实。

淤泥、腐殖土、冻土、耕植土、膨胀土和有机含量大于 8% 的土，均不得用作地面下的填土。

地面下的基土经夯实后的表面应平整，用 2 m 靠尺检查，要求其土表面凹凸不大于 15 mm，标高应符合设计要求，其偏差应控制在 0 ～ 50 mm 之间。

6.3.3　垫层施工

(一) 刚性垫层

刚性垫层指用水泥混凝土、水泥碎砖混凝土、水泥炉渣混凝土和水泥石灰炉渣混凝土等各种低强度等级混凝土做的垫层。其强度高，整体性好。

混凝土垫层的厚度一般为 60 ～ 100 mm。混凝土强度等级不低于 C10，粗骨粒径不应超过 50 mm，并不得超过垫层厚度的 2/3，混凝土配合比按普通混凝土配合比设计进行试配。其施工要点如下：

(1) 清理基层，检测弹线。

(2) 浇筑混凝土垫层前，基层应洒水润湿。

(3) 浇筑大体积混凝土垫层时，应纵横每 6 ～ 10 m 设中间水平桩，以控制厚度。

(4) 大面积浇筑宜采用分仓浇筑的方法，要根据变形缝位置、不同材料面层的链接部位或设备基础位置情况进行分仓，分仓距离一般为 3 ～ 4 m。

(二) 半刚性垫层

半刚性垫层主要有灰土垫层、三合土垫层和石灰炉渣垫层等。

灰土垫层是用熟化石灰和黏性土在最佳含水量情况下，充分拌合，分层回填夯实或压实而成的。其厚度一般不小于 100 mm，适用于不受地下水浸湿的地基上。灰土拌合料的体积比宜为 3:7 或按设计要求配料。

三合土垫层是用石灰、砾石和砂的拌合料铺设而成，其厚度一般不小于 100 mm。石灰应采用消石灰，三合土的配合比(体积比)一般为 1:2:4 或 1:3:6(消石灰:砂:砾石)。拌合均匀后，每层虚铺厚度不大于 150 mm，铺平后夯实，夯实厚度一般为虚铺厚度的 3/4。三合土可用人工或机械夯实，夯打应密实，表面平整。最后一遍夯打时，宜浇浓石灰浆，待表面灰浆晾干后进行下一道施工。

(三) 柔性垫层

柔性垫层包括土、砂、石和炉渣等散装材料经压实的垫层。砂垫层厚度不小于 60 mm,应适当浇水并用平板振动器振实;砂石垫层的厚度不小于 100 mm,要求粗粒混合摊铺均匀,浇水使砂石表面湿润,碾压或夯实不少于三遍至不松动为止。

根据需要可在垫层上做水泥砂浆、混凝土、沥青砂浆或沥青混凝土找平。

6.3.4 整体楼地面施工

(一) 水泥砂浆楼地面施工

水泥砂浆楼地面面层的厚度应不小于 20 mm,一般用硅酸盐水泥、普通硅酸盐水泥,用中砂或粗砂配制,配合比为 1:2 ～ 1:2.5(体积比)。

地面面层施工前,先按设计要求测定地坪面层标高,校正门框,将垫层清扫干净,洒水湿润,表面比较光滑的基层,应进行凿毛,并用清水冲洗干净。铺抹砂浆前,应在四周墙上弹涂一道水平基准线,作为确定水泥砂浆面层标高的依据。面积较大的房间,应根据水平基准线在四周墙角处每隔 1.5 ～ 2 m 用 1:2 水泥砂浆抹标志块,以标志块的高度做出纵横方向通长的标筋来控制面层厚度。

地面面层铺抹前,先刷一道含 4% ～ 5% 的 108 胶水泥浆,随即铺抹水泥砂浆,用刮尺赶平,并用木抹子压实,在砂浆初凝后、终凝前,用铁抹子反复压光三遍。砂浆终凝后铺盖草袋,锯末等浇水养护。当施工大面积的水泥砂浆面层时,应按设计要求留分格缝,防止砂浆面层产生不规则裂缝。

水泥砂浆面层强度小于 5 MPa 之前,不准上人行走或进行其他作业。

(二) 细石混凝土面层

细石混凝土面层可以克服水泥砂浆面层干缩较大的弱点。这种面层强度高,干缩值小。与水泥砂浆面层相比,它的耐久性更好,但厚度较大,一般为 30 ～ 40 mm。混凝土强度等级不低于 C20,所用粗骨料要求级配适当,粒径不大于 15 mm,且不大于面层厚度的 2/3,用中砂或粗砂配制。

细石混凝土面层施工的基层处理和找规矩的方法与水泥砂浆面层施工相同。

铺细石混凝土时,应由里向门口方向进行铺设,按标志厚度刮平拍实,稍待收水后,即用钢抹子预压一遍,待进一步收水,然后用铁滚筒滚压 3 ～ 5 遍或用表面振动器振捣密实,直到表面泛浆为止,然后进行抹平压光。细石混凝土面层与水泥砂浆基本相同,必须在水泥初凝前完成抹平工作,终凝前完成压光工作,要求其表面色泽一致,光滑无抹子印迹。

钢筋混凝土现浇楼板或强度等级不低于 C15 的混凝土垫层兼表面层时,可用随捣随抹的方法施工,在混凝土楼地面浇捣完毕,表面略有吸水后即进行抹平压光。混凝土面层的压光和养护时间和方法与水泥砂浆面层同。

(三) 现制水磨石地面

水磨石地面构造层(如图 6-9)。

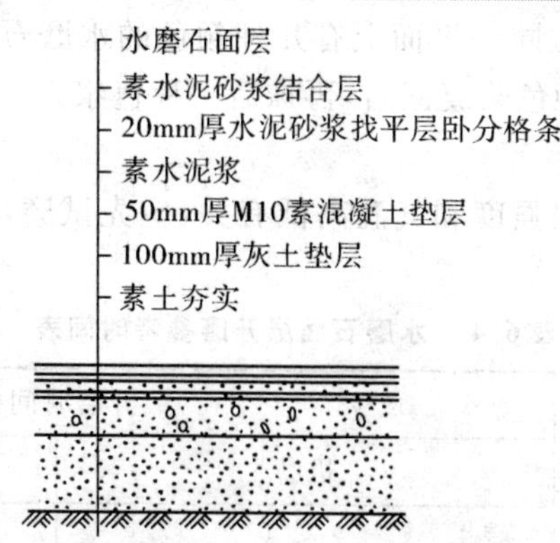

图 6-9　水磨石地面层次构造

水磨石地面面层施工，一般是在完成顶棚、墙面等抹灰后进行，也可以在水磨石楼、地面磨光两遍后再进行顶棚、墙面抹灰，但对于水磨石面层应采取保护措施。

水磨石地面施工工艺流程如下：

基层清理 → 浇水冲洗湿润 → 设置标筋 → 铺水泥砂浆找平层 → 养护 → 嵌分格条 → 铺抹水泥石子浆 → 养护 → 研磨 → 打蜡抛光。

水磨石面层所用的石子应用质地密实、磨面光亮，如硬度不大的大理石、白云石、方解石或质地较硬的花岗岩、玄武岩、辉绿岩等。石子应洁净无杂质，石子粒径一般为 4 ～ 12 mm；白色或浅色的水磨石面层，应采用白色硅酸盐水泥，深色的水磨石面层应采用普通硅酸盐水泥或矿渣硅酸盐水泥，其标号不低于 42.5 级，水泥中掺入的颜料应选用遮盖力强、耐光性、耐气候性、耐水性和耐酸性碱性好的矿物颜料。掺量不大于水泥用量的 12% 为宜。

1. 嵌分格条

在找平层上按设计要求的图案弹出墨线，然后按墨线固定分格条（如图 6-10），铜条或玻璃条，嵌条宽度与水磨石面层厚度相同，分格条正确的粘嵌方法是纯水泥粘嵌玻璃条八分角，略大于分格条的 1/2 高度，水平方向以 30° 角为准。分格条交叉处应留出 15 ～ 20 mm 的空隙不填水泥浆，这样在铺设水泥石子浆时，石子能靠近分格条交叉处。分格条应平直、牢固、接头严密。

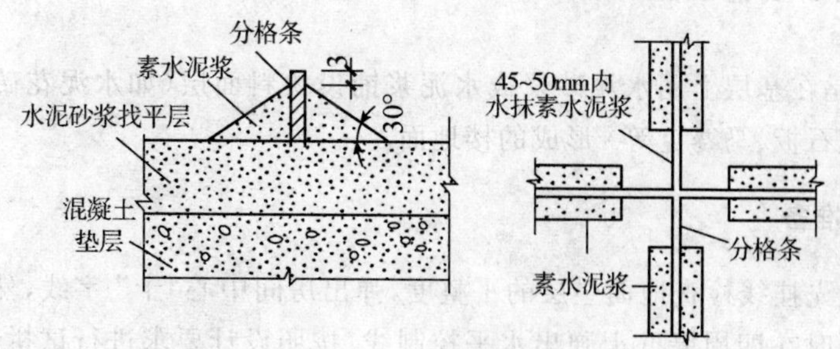

图 6-10　分格嵌条设置

2. 铺水泥石子浆

分格条粘嵌养护 3 ～ 5 d 后，将找平层表面清理干净，刷素水泥浆一道，随刷随铺面层水泥石子浆。水泥石子浆的虚铺厚度比分格条高 3 ～ 5 mm，以防在滚压时压弯铜条或压碎玻璃条。铺好后，用滚筒压密实，待表面出浆后，再用抹子抹平。在滚压过程中，如发现表面石子偏少，可补撒石子并拍平。如在同一平面上有几种颜色的水磨石，应先做好深色，后做浅色；先做大面，后做镶边。待前一种色浆凝固后，再抹后一种色浆。

3. 研磨

水磨石的开研时间与水泥强度和气温高低有关，应先试磨，在石子不松动方可开磨。一般开磨时间见表 6-4。

表 6-4　水磨石面层开磨参考时间表

平均温度(℃)	开磨时间(d)	
	机磨	人工磨
20 ～ 30	2 ～ 3	1 ～ 2
10 ～ 20	3 ～ 4	1.5 ～ 2.5
5 ～ 10	5 ～ 6	2 ～ 3

大面积施工宜用磨石机研磨，小面积、边角处，可用小型湿式磨光机研磨或手工研磨，研磨石磨盘下边磨应边加水，对磨下的石灰浆应及时清除。

水磨石面一般采用“二浆三磨”法，即整修研磨过程中磨光三遍，补浆二次。第一遍先用 60 ～ 80 号粗金刚石粗磨，磨石机走“8”字形，边磨边加水冲洗，并用同色水泥浆涂抹，填补研磨过程中出现的小空隙和凹痕，洒水养护 2 ～ 3 d。第二遍用 120 ～ 150 号金刚石再平磨，方法同第一遍，磨光后再补一次浆。第三遍用 180 ～ 240 号金刚石精磨，要求打磨光滑，无砂眼细孔，石子颗颗显露，高级水磨石面层应适当增加磨光遍数及提高油石号数。

4. 抛光

在影响水磨石面层质量的其他工序完成后，将地面冲洗干净，涂上 10% 浓度的草酸溶液，随即用 280 ～ 320 号油石进行细磨或把布卷固定在磨石机上进行研磨，表面光滑为止。用水冲洗、晾干后，在水磨石面层上涂满一层蜡，稍后再用磨光机研磨，或用钉有细帆布的木块代替油石，装在磨石机上研磨出光亮后，再涂蜡研磨一遍，直到光滑洁亮为止。

6.3.5　板块面层铺设施工

块料地面是在基层上用水泥砂浆或水泥浆铺设块料面层(如水泥花砖、预制水磨石板、花岗石板、大理石板、马赛克等) 形成的楼地面。

(一) 施工准备

铺贴前，应先挂线检查地面垫层的平整度，弹出房间中心“十”字线，然后由中央向四周弹出分块线，同时在四周墙壁上弹出水平控制线。按照设计要求进行试拼试排，在块材背面编号，以便安装时对号入座，根据试排结果，在房间的主要部位弹上互相垂直的控制线并引至墙上，用以检查和控制板块的位置。

(二) 大理石板、花岗石板及预制水磨石板地面铺贴

(1) 板材浸水。施工前应将板材(特别是预制水磨石板) 浸水湿润，并阴干码好备用，铺

贴时，板材的底面以内潮外干为宜。

(2) 摊铺结合层。现在基层或找平层上刷掺有4%～5%的107胶的素水泥浆，水灰比为0.4～0.5。随刷随铺水泥砂浆结合层，厚度10～15 mm，每次铺2～3块板面积为宜，并对照拉线将砂浆刮平。

(3) 铺贴。正式铺贴时，要将板块四角同时着浆，四角平稳下落，对准纵横缝后，用木槌敲击中部使其密实、平整，准确就位。大理石、花岗石不大于1 mm，预制水磨石板不大于2 mm。

(4) 灌缝。要求嵌铜条的地面板材铺贴，先将相邻两块板铺贴平整，留出嵌条缝隙，然后向缝内灌水泥砂浆，将铜条敲入缝隙内，使其外露部分略高于板面即可，然后擦净挤出的砂浆。

对于不设镶条的地面，应在铺完24 h后洒水养护，2 d后进行灌缝，灌缝力求达到紧密。

(5) 上蜡磨亮。板块铺贴完工，待结合层砂浆强度达到60%～70%即可打蜡抛光，3天内禁止上人走动。

(三) 陶瓷锦砖地板施工

(1) 铺贴。结合层砂浆养护2～3 d后开始铺贴，先将结合层表面用清水湿润，刷素水泥浆一道，边刷边按控制线铺陶瓷锦砖，从房屋地面中间向两边铺贴。

(2) 拍实。整个房间铺完后，由一端开始用小槌或拍板依次拍实拍平所铺陶瓷锦砖，拍至水泥浆填满陶瓷锦砖缝隙为宜。

(3) 揭纸。面层铺贴完毕30 min后，用水润湿背纸，15 min后，即可把纸揭掉并用铲刀清理干净。

(4) 灌缝、拨缝。揭纸后应及时灌缝拨缝，先用1:1水泥细砂(砂要过窗纱筛)把缝隙灌满扫严。适当淋水后，用橡皮锤和拍板拍平。拍板要前后左右平移找平，将陶瓷锦砖拍至要求高度，然后用刀先调整竖缝后拨横缝，边拨边拍实。最后用板拍一遍并局部调拨不均匀的缝隙，然后用棉纱轻轻擦掉余浆，如湿度太大，可用干水泥扫一遍，用锯木屑擦净。

(5) 养护。面层铺贴24小时后应铺锯木屑等养护，4～5 d后方可上人。

(四) 陶瓷铺地砖与墙地砖面层施工

铺贴前应先将地砖浸水湿润后阴干备用，阴干时间一般3～5 d，以地砖表面有潮湿感但手按无水迹为准。

(1) 铺结合层砂浆。提前一天在楼地面基体表面浇水湿润后，铺1:3水泥砂浆结合层。

(2) 弹线定位。根据设计要求弹出标高线和平面中线，施工时用尼龙线或棉线在墙地面拉出标高线和垂直交叉的定位线。

(3) 铺贴地砖。用1:2水泥砂浆摊抹于地砖背面，按定位线的位置铺于地面结合层上，用木槌敲击地砖表面，使之与地面标高线吻合贴实，边贴边用水平尺检查平整度。

(4) 擦缝。整幅地面铺贴完成后，养护2 d后进行擦缝，擦缝时用水泥(或白水泥)调成干团，在缝隙上擦抹，使地砖的拼缝内填满水泥，再将砖面擦净。

6.3.6 木质地面施工

木质地面施工通常有架铺和实铺两种。架铺是在地面上先做出木搁栅，然后在木搁栅上铺贴基面板，最后在基面板上镶铺面层木地板。实铺是在建筑地面上直接拼铺木地板（如图 6-11）。

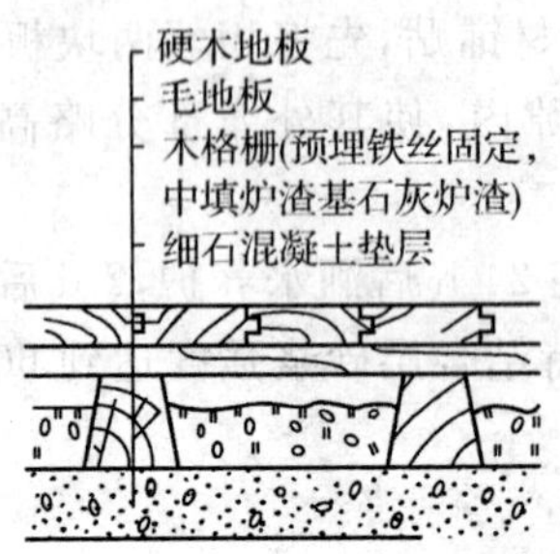

图 6-11 实铺木地板构造

（一）基层施工

1. 高架木地板基层施工

(1) 地垄墙或砖墩。地垄墙应用水泥砂浆砌筑，砌筑时要根据地面条件设地垄墙的基础。每条地垄墙、内横墙和暖气沟墙均需预留 120 mm×120 mm 的通风洞两个，而且要在一条直线上，以利通风。暖气沟墙的通风洞口可采用缸瓦管与外界相通。外墙每隔 3～5 m 应预留不小于 180 mm×180 mm 的通风孔洞，洞口下皮距室外地坪标高不小于 200 mm，孔洞应安设箅子。如果地垄不易做通风处理，需在地垄顶部铺设防潮油毡。

(2) 木搁栅。木搁栅通常是方框或长方框结构，木搁栅制作时，与木地板基板接触的表面一定要刨平，主次木方的连接可用榫结构或钉、胶结台的固定方法。无主次之分的木搁栅，木方的连接可用半槽式扣接法。通常在砖墩上预留木方或铁件，然后用螺栓或骑马铁件将木搁栅连接起来。

2. 一般架铺地板基层施工

一般架铺地板是在楼面上或已有水泥地坪的地面上进行(图 6-12)。

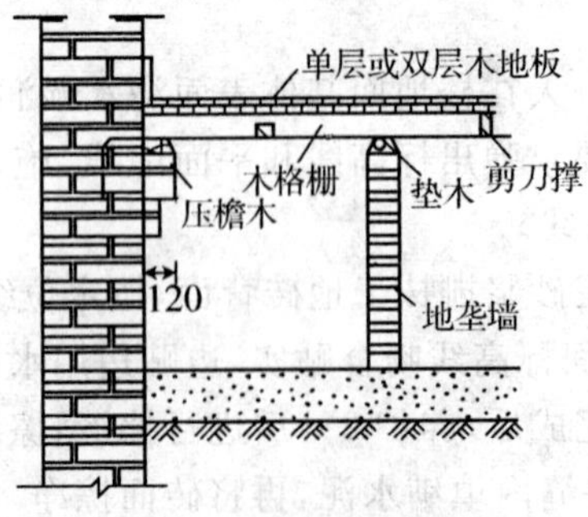

图 6-12 架空木地板构造

(1) 地面处理。检查地面的平整度，做水泥砂浆找平层，然后在找平层上刷两遍防水涂料或乳化沥青。

(2) 木搁栅。直接固定于地面的木搁栅所用的木方,可采用截面尺寸为 30 mm × 40 mm 或 40 mm × 50 mm 的木方。组成木搁栅的木方统一规格,其连接方式通常为半槽扣接,并在两木方的扣接处涂胶加钉。

(3) 木搁栅与地面的固定。木搁栅直接与地面的固定常用埋木楔的方法,即用 Φ16 的冲击电钻在水泥地面或楼板上钻洞,孔洞深 40 mm 左右,钻孔位置应在地面弹出的木搁栅位置线上,两孔间隔 0.8 m 左右。然后向孔洞内打入木楔。固定木方时可用长钉将木搁栅固定在打入地面的木楔上。

3. 实铺木地板的基层要求

木地板直接铺贴在地面时,对地面的平整度要求较高,一般地面应采用防水水泥砂浆找平或在平整的水泥砂浆找平层上刷防潮层。

(二) 木地板面层铺设

木地板铺在基面或基层板上,铺设方法有钉接式和粘接式两种。

1. 钉接式

木地板面层有单层和双层两种。单层木地板面层是在木搁栅上直接钉直条企口板;双层木地板面层是在木搁栅架上先钉一层毛地板,再钉一层企口板。

双层木地板的下层毛地板,其宽度不大于 120 mm,铺设时必须清除其下方空间内的刨花等杂物。毛地板应与木搁栅成 30° 或 45° 斜面钉牢,板间的缝隙不大于 3 mm,以免起鼓,毛地板与墙之间留 8 ~ 12 mm 的缝隙,每块毛地板应在其下的每根木搁栅上各用两个钉固结,钉的长度应为板厚的 2.5 倍,面板铺钉时,其顶面要刨平,侧面带企口,板宽不大于 120 mm,地板应与木搁栅或毛地板垂直铺钉,并顺进门方向。接缝均应在木搁栅中心部位,且间隔错开。木板应材心朝上铺钉。木板面层距墙 8 ~ 12 mm,以后逐块紧铺钉,缝隙不超过 1 mm,圆钉长度为板厚 2.5 倍,钉帽砸扁,钉从板的侧边凹角处斜向钉入(图 6-13),板与搁栅交处至少钉一颗。钉到最后一块,可用明铺钉牢,钉帽砸扁冲入板内 30 ~ 50 mm。硬木地板面层铺钉前应先钻圆钉直径 0.7 ~ 0.8 倍的孔,然后铺钉。双层板面层铺钉前应在毛板上先铺一层沥青油纸或油毡隔潮。

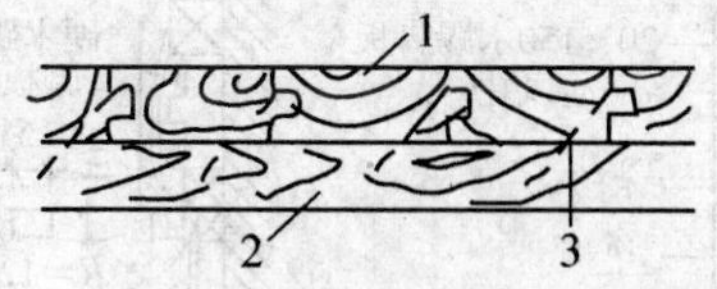

图 6-13　企口板钉设

1— 毛地板;2— 木搁栅;3— 圆钉

木板面层铺完后,清扫干净。先按垂直木纹方向粗刨一遍,再顺木纹方向细刨一遍,然后磨光,待室内装饰施工完毕后再进行油漆并上蜡。

2. 粘接式

粘接式木地板面层,多用实铺式,将加工好的硬木地板块材用粘接材料直接粘贴在楼地面基层上。

拼花木地板粘贴前,应根据设计图案和尺寸进行弹线,对于成块制作好的木地板块材,应按所弹施工线试铺，以检查其拼缝高低、平整度、对缝等。符合要求后进行编号，施工时按编号从房中间向四周铺贴。

(1) 沥青胶铺贴法。先将基层清扫干净，用大号鬃板刷在基层上涂刷一层薄而匀的冷底子油待一昼夜后，将木地板背面涂刷一层薄而匀的热沥青，同时在已涂刷冷底子油的基层上涂刷热沥青一道，厚度一般为 2 mm，随涂随铺。木地板应水平状态就位，同时要用力与相邻的木地板压得严密无缝隙，相邻两块木地板的高差不应超过 ＋1.5 ～－1 mm，缝隙不大于 0.3 mm，否则重铺。铺贴时要避免热沥青溢出表面，如有溢出应及时刮除并擦拭干净。

(2) 胶粘剂铺贴法。先将基层表面清扫干净，用鬃刷在基层上涂刷一层薄而匀的底子胶。底子胶应采用原粘剂配制。待底子胶干燥后，按施工线位置沿轴线由中央向四面铺贴。其方法是按预排编号顺序在基层上涂刷一层厚约 1 mm 左右的胶粘剂，再在木地板背面涂刷一层厚约 0.5 mm 的胶粘剂，待表面不粘手时，即可铺贴。铺贴时，人员随铺贴随往后退，要用力推紧、压平，并随即用砂袋等物压 6 ～ 24 h，其质量要求与前述沥青胶粘接法相同。

目前，可用于粘贴木地板的胶粘剂较多，可根据实际需要选择，如专用的木地板胶水、万能胶、白乳胶等。

地板粘贴后应自然养护，养护期内严禁上人走动。养护期满后，即可进行刮平、磨光、油漆和打蜡工作。

(三) 木踢脚板的施工

木地板房间的四周墙脚处应设木踢脚板，踢脚板一般高 100 ～ 200 mm，常用 150 mm、厚 20 ～ 25 mm。所用木板一般也应与木地板面层所用的材质品种相同。踢脚板应预先刨光，上口刨成线条。为防止翘曲，在靠墙的一面应开成凹槽，当踢脚板高 100 mm 时开一条凹槽，150 mm 时开两条凹槽，超过 150 mm 时开三条凹槽，凹槽深度为 3 ～ 5 mm。为了防潮通风，木踢脚板每隔 1 ～ 1.5 m 设一组通风孔，一般采用 φ6 孔。在墙内每隔 400 mm 砌入防腐木砖，在防腐木砖上钉防腐木垫块。一般木踢脚板与地面转角处安装木压条或安装圆角成品木条，其构造做法如图 6-14 所示。

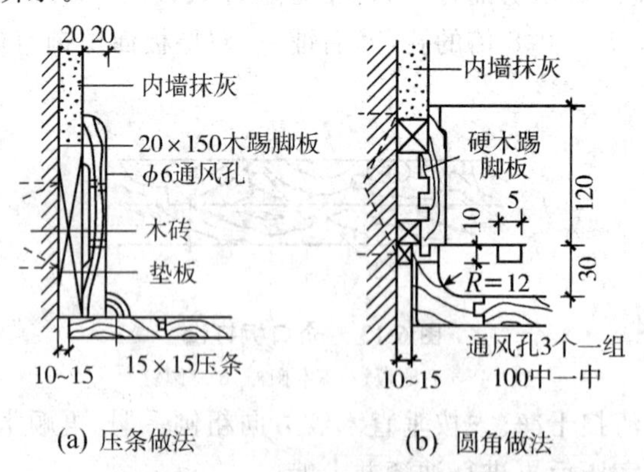

图 6-14　木踢脚板做法示意图

木踢脚板应在木地板刨光后安装。木踢脚板接缝处应做暗榫或斜坡压碴，在 90° 转角处可做成 45° 斜角接缝。接缝一定要在防腐木块上。安装时木踢脚板与立墙贴紧，上口要平直，用明钉钉牢在防腐木块上，钉帽要砸扁并冲入板内 2 ～ 3 mm。

(四) 木质地面面层的允许偏差和检验方法

木质地面面层的允许偏差和检验方法见表6-5。

表6-5 木质地面面层的允许偏差和检验方法

项次	项目	允许偏差(mm)				检验方法
		实木地板面层			实木复合地板、中密度(强化)复合地板面层、竹地板面层	
		松木地板	硬木地板	拼花地板		
1	面板缝隙宽度	1.0	0.5	0.2	0.5	用钢尺检查
2	表面平整度	3.0	2.0	2.0	2.0	用2 m靠尺和塞尺检查
3	踢脚线上口平齐	3.0	3.0	3.0	3.0	拉5 m线,不足5 m拉普通线用钢尺检查
4	板面拼缝平直	3.0	3.0	3.0	3.0	
5	相邻板材高差	0.5	0.5	0.5	0.5	用钢尺和塞尺检查
6	踢脚线与面层的接缝	1.0				用塞尺检查

6.4 吊顶与轻质隔墙施工

6.4.1 吊顶工程

吊顶是现代室内装饰的重要组成部分,它直接影响整个建筑空间的装饰风格与效果,同时还起着吸收和反射音响、照明、通风、防火等作用。

(一) 吊顶的形式和种类

1. 种类

吊顶按骨架材料可分为木龙骨吊顶、金属龙骨吊顶;按饰面材料可分为石膏板吊顶、无机纤维板吊顶(矿棉吸声板、玻璃棉吸声板)、木质板吊顶(胶合板和纤维板等)、塑料板吊顶(钙塑装饰板、聚氯乙烯塑料板)和金属装饰板吊顶(条形板、方板、格栅板)、采光板吊顶(玻璃、阳光板)等;按安装方式可分为直接式吊顶和悬吊式吊顶。

吊顶指悬吊式装饰顶棚,采用龙骨杆件作骨架同时配以吊挂和紧固措施,然后在骨架上安装吊顶板材,是现代建筑物所必须具备的室内上部空间的构造装饰手法。

2. 组成

悬吊式吊顶由吊筋(吊杆、吊头等)、龙骨(格栅)、面板(板条)和饰面四部分组成。

(1) 吊筋:φ6 ~ φ10 钢筋、长杆螺栓。

① 对于现浇钢筋混凝土楼板,一般在混凝土中预埋或以 8 号镀锌铁丝作为吊筋。

② 预制楼板一般在板缝中预埋 φ6 钢筋或 8 号镀锌铁丝作为吊筋。

③ 坡屋顶是用 φ6 钢筋 8 号镀锌铁丝吊在屋架下弦作为吊筋。

吊筋中距约为 1 m。

(2) 龙骨的种类:木质、型钢和铝合金等。

(3) 板材面层:现在主要使用纸质吸音板、矿棉吸音板、纸面石膏板、夹板、金属压型吊顶板等,当饰面和基层一致时,即为饰面板。

(4) 饰面:即装饰层,如壁纸、涂料面层等。

吊顶龙骨安装前,应按设计要求对房间净高、洞口标高和吊顶内管道、设备及其支架的标高进行交接检验。

(二) 轻钢龙骨吊顶施工

轻钢龙骨多用于铝合金吊顶和轻钢楼板吊顶,有 U 型、T 型和 L 型等。每根轻钢长度为 2 ~3 m,在现场用拼接器拼装,接头应相互错开。U45 型系列吊顶轻钢楼板的主要配件(如图 6-15)。U 型龙骨吊顶安装示意(如图 6-16)。

(1) 吊顶龙骨安装之前,要在墙上四周弹出水平线,以作为吊顶安装的标志;对于较大的房间,吊顶应起拱,起拱度一般为房间短向跨度的 3% ~ 5%;吊顶龙骨的安装顺序为先大龙骨,后小龙骨,再横木。

(2) 各种板材均用钉子或胶粘剂固定在小龙骨与横木组成的方格上。板与板之间应留 5 ~10 mm 的空隙以调整位置。木丝板和刨花板等应该用 25 ~ 30 mm 宽的压条压缝,并刷浅色油漆。压条可用木质、铝合金、硬塑料等材料,也可用带色的铝板及塑料浮雕花压角。边缘整齐的板材也可不用压条,以明缝安装。

U45 型系列(不上人)

名　称	主　体	配　体		
	龙　骨	吊挂件	接插件	挂插件
BD 大龙骨	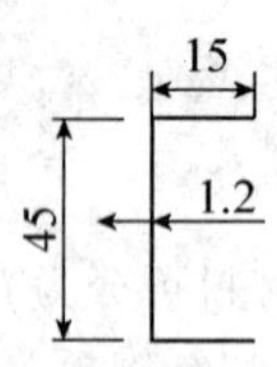 15；45；1.2	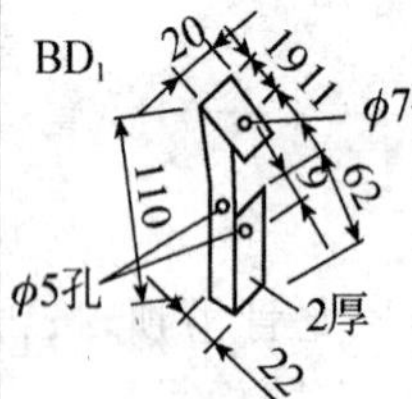 BD_1；20；19；11；φ7孔；110；62；φ5孔；2厚；22	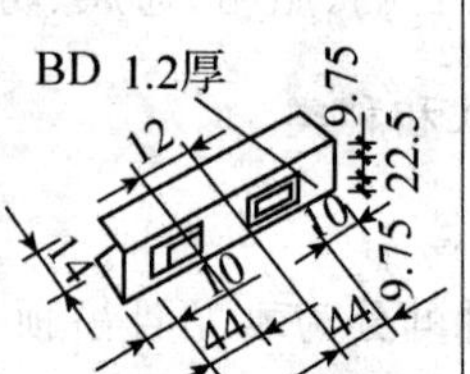 BD 1.2厚；12；9.75；22.5；14；10；10；9.75；44；44	

续　表

名　称	主　体	配　体		
	龙　骨	吊挂件	接插件	挂插件
UZ 中龙骨	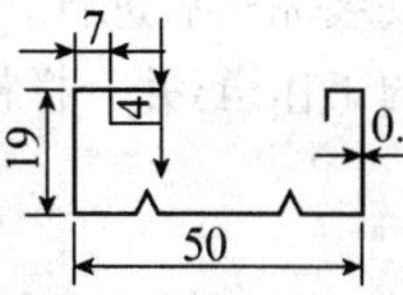 7　4　19　0.5　50	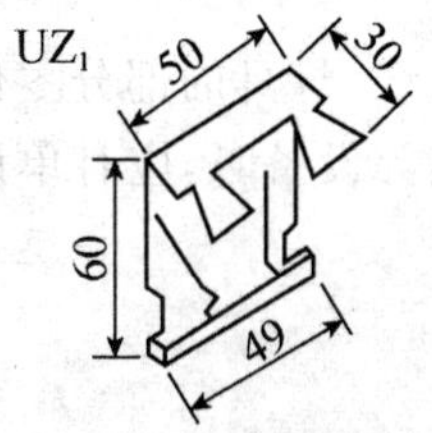 UZ_1　50　30　60　49	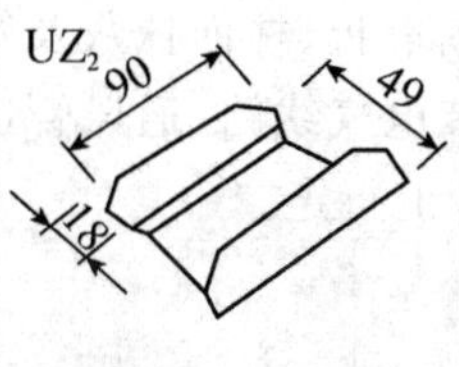 UZ_2　90　49　18	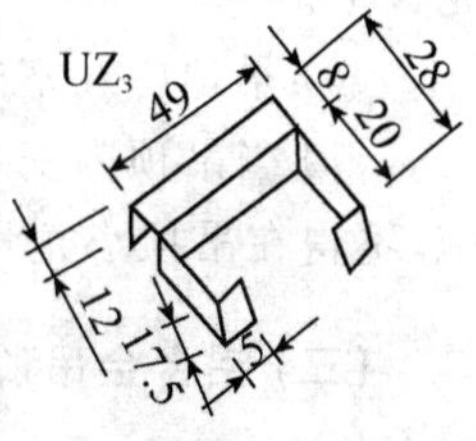 UZ_3　49　28　8　20　12　17.5　5
UX 小龙骨	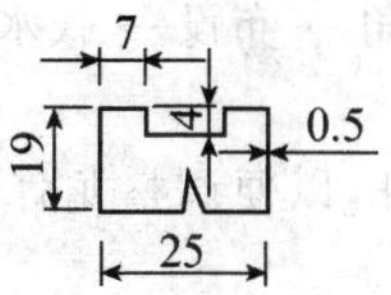 7　4　19　0.5　25	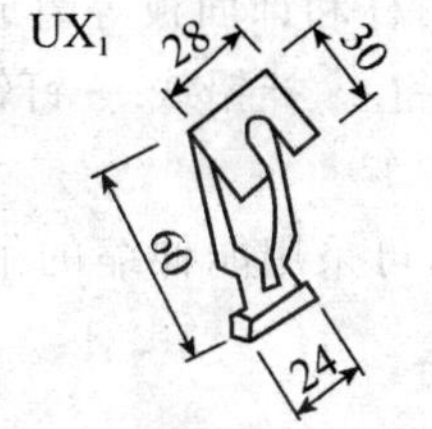 UX_1　28　30　60　24	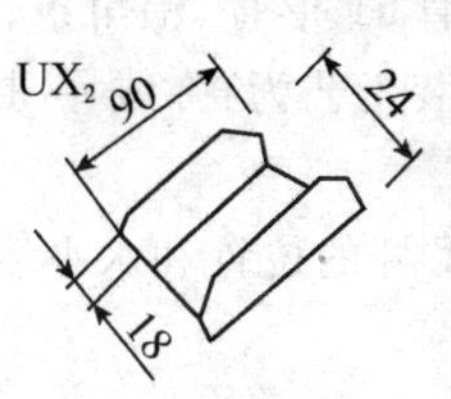 UX_2　90　24　18	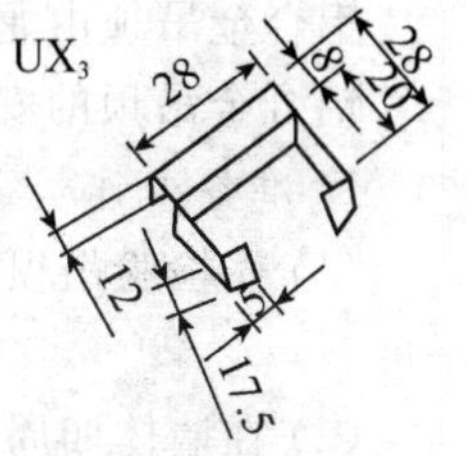 UX_3　28　28　8　20　12　5　17.5

注：BD 上 φ7 孔配 φ6 吊杆，φ6 孔配 $M4 \times 24$ 螺栓。

图 6-15　U45 型系列吊顶轻钢楼板的主要配件(单位：mm)

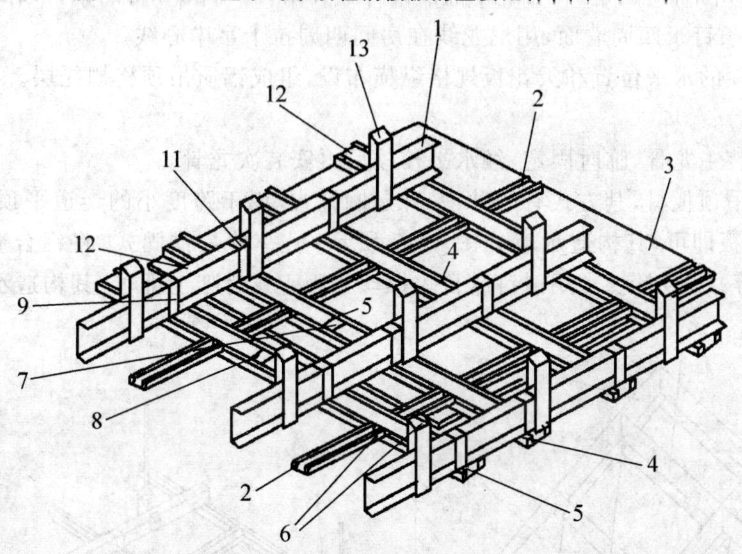

图 6-16　型龙骨吊顶安装示意

1—BD 大龙骨；2—UZ 横撑龙骨；3— 吊顶板；4—UZ 龙骨；5—UX 龙骨；6—UZ3 支托连接；
7—UZ2 连接件；8—UX2 连接件；9—BD2 连接件；10—UZ1 吊挂；
11—UX1 吊挂；12—BDl 吊件；13— 吊杆 φ8 ～ φ10

(3) 板材的尺寸是一定的，所以应按室内长和宽的净尺寸来安排。每个方向都应有中心线，板材必须对称于中心线。若板材为单数，则对称于中间一行板材的中线；若板材为双数，则对称于中间的缝，不足一块的余数分摊在两边。安装小龙骨和横木时的方法是从中心向 4 个方向推进，且不可由一边向另一边分格。

(4) 当吊顶上设有开孔的灯具和通风排气孔的安装时，应通盘考虑如何组成对称的图案排列，这种顶棚都有设计图纸可依循。

(5) 当有吊扇、吊灯等较重设备时，应穿过吊顶面层固定在屋架或梁上，不得悬挂在吊顶龙骨上。

(6) 吊顶应在室内墙板、柱面抹灰及管线、灯具的部分零件安装完毕后进行。

(7) 当吊顶内安装电气线路、通风管道等设备时，应有单设的工作道，并有栏杆等保护措施，不得在吊顶小龙骨上行走。

(三) 铝合金吊顶

铝合金吊顶由龙骨、T 形骨、铝角条、吊杆和饰面板等组成。

铝合金吊顶的安装工艺为：弹线 → 打钉 → 挂铅线 → 钉铝角 → 布设 → 找水平 → 铺板。

1. 准备工作

(1) 先检验吊顶吊杆的位置和水平度，可采用能伸缩的吊杆，以便调整龙骨的高度和水平度。

(2) 在墙体四周弹水平线。

(3) 在混凝土天棚和梁底上按设计要求沿龙骨走向每隔 900 ～ 1 200 ram 用射钉枪射一枚带孔的 50 mm 钢钉，通过 18 号铅丝将钢钉与龙骨系住，用 25 mm 的钢钉以 500 ～ 600 mm 的间距把铝角条钉于四周墙面，用尼龙线在房间四周拉十字中心线。

(4) 按吊顶的水平位置和天花板规格纵横布设，组成铝质吊顶格栅托层。

2. 操作要点

(1) 先安装主龙骨，临时固定，经水平校核后再安装次龙骨。

(2) 铺设吊顶板材，其方式有两种：一种是搁置式，用于跨度小的走道平顶，直接在龙骨架上搁置饰面板即可，其构造示意如图 6-17 所示；另一种是锚固式，将铝合金条板或板材（纸面石膏板等）按设计要求用射钉或自攻螺丝锚固于龙骨架上即可。其构造示意如图 6-18 所示。

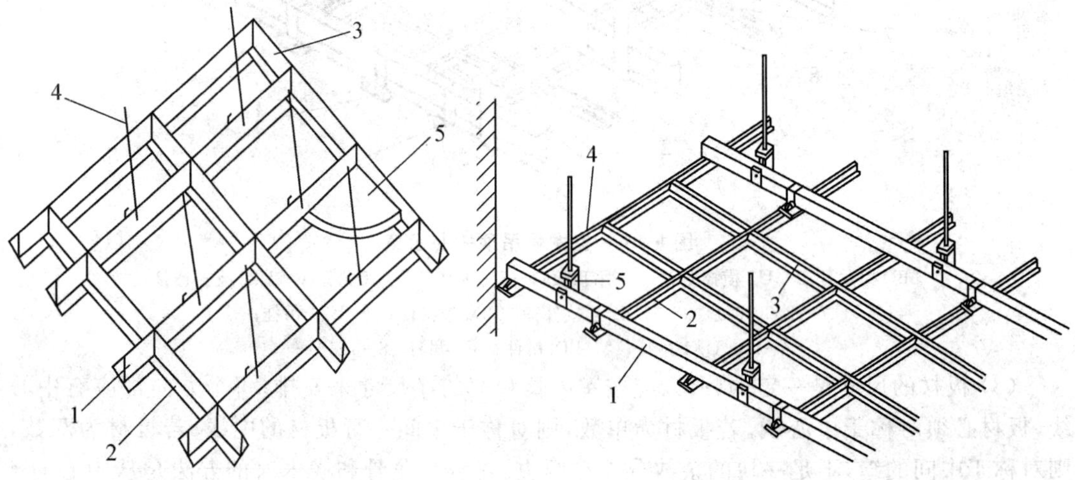

图 6-17 铝合金吊顶(搁置式)

1— 大 T；2— 小 T；3— 角条；4— 吊件

图 6-18 铝合金吊顶(锚固式)

1— 大龙骨；2— 大 T；3— 小 T；4— 角条；5— 大吊挂件

(3) 铝合金吊顶的龙骨必须扎牢固,并应互相交错拉牵,以加强吊顶的稳定性。

(4) 吊顶的水平面拱度要均匀、平整,不能有起伏现象。

(5) T形骨纵横都要平直,四周铝角条应水平。

(四) 木龙骨吊顶

1. 木龙骨吊顶主要材料的质量要求

吊顶工程所用材料的品种、规格和颜色应符合设计要求。木吊杆、木龙骨的含水率应符合国家现行标准的有关规定,应使用无扭曲的红、白松;不得使用黄花松。应按设计要求选用难燃木材成品或对龙骨构件(包括有关罩面板)进行防火处理;饰面板、金属龙骨应有产品合格证书。其表面应平整,边缘应整齐、颜色应一致。穿孔板的孔距应排列整齐;胶合板、木质纤维板、大芯板不应脱胶、变色;防火涂料应有产品合格证书及使用说明书。

2. 施工操作要点

(1) 弹线

弹线包括弹吊顶标高线、吊顶造型位置线、吊挂点定位线、大中型灯具吊点定位线。

(2) 木龙骨处理

① 防腐处理:建筑装饰工程中所用的木质龙骨材料,应按规定选材并实施在构造上的防潮处理,同时亦应涂刷防虫药剂。

② 防火处理:工程中木构件的防火处理,一般是将防火涂料涂刷或喷于木材表面,也可把木材置于防火涂料槽内浸渍。防火涂料据其胶结性质分为油质防火涂料(内掺防火剂)与氯乙烯防火涂料、可赛银(酪素)防火涂料、硅酸盐防火涂料。

(3) 龙骨架的分片拼接

为方便安装,木龙骨吊装前多先在地面进行分片拼接。

① 确定吊顶骨架需要分片或可以分片安装的位置和尺寸,根据分片的平面尺寸选取龙骨尺寸。

② 先拼接组合大片的龙骨骨架,再拼接小片的局部骨架。拼接组合的面积不可过大,否则不便安装。

③ 骨架的拼接按凹槽对凹槽的方法咬口拼接,拼口处涂胶并用圆钉固定(如图 6-19)。

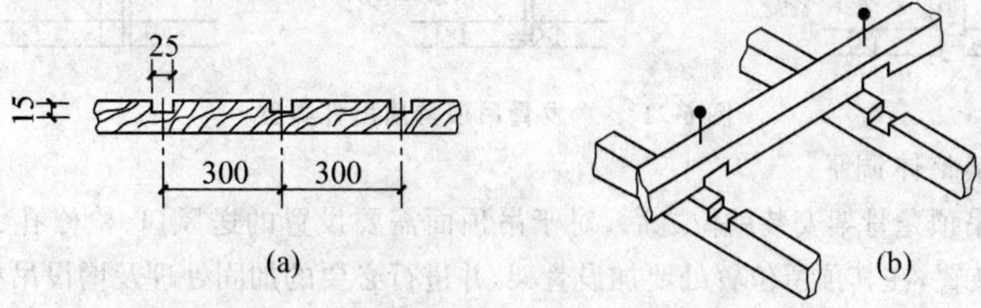

图 6-19　木龙骨利用槽口拼接示意(单位:mm)

(4) 安装吊点紧固件及固定沿墙边龙骨

① 安装吊点紧固件:吊顶吊点的紧固方式较多,如果有预埋钢筋、钢板,则吊杆与预埋钢筋、钢板连接,无预埋者可用射钉或胀锚螺栓将角钢块固定于楼板底面作为与吊杆的连接件(如图 6-20),也可采用一端带有胀锚螺栓的吊筋。

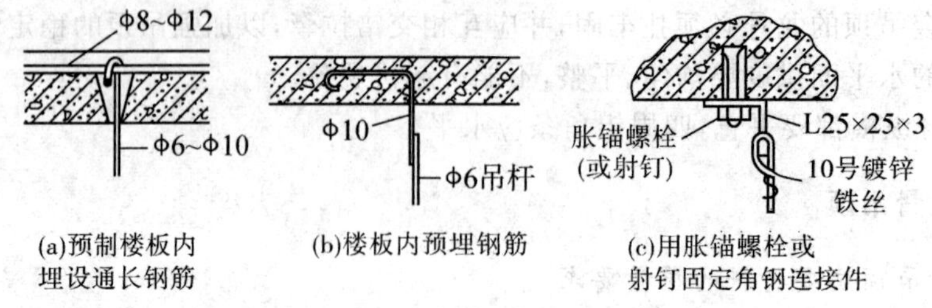

图 6-20　木龙骨吊顶的吊点紧固件安装(单位:mm)

② 固定沿墙边龙骨:沿吊顶标高线固定边龙骨的方法在木骨架施工中常有两种做法,一种是沿标高线以上 10 mm 处在墙面钻孔,间距为 0.5 ～ 0.8 m,在孔内打入木楔,然后将沿墙木龙骨钉固于墙内木楔上;另一种做法是先在木龙骨上打小孔,再用水泥钉通过小孔将边龙骨钉固于混凝土墙面(此法不宜用于砖砌墙体)。不论用何种方式固定沿墙龙骨,均应保证牢固可靠,其底面必须与吊顶标高线保持齐平。

(5) 龙骨架吊装

① 分片吊装:将拼接组合好的木龙骨架托起至吊顶标高位置,先做临时固定。临时固定的方法有:一是用高度定位杆作支撑,临时固定高度低于 3 m 的吊顶骨架;二是用铁丝在吊点上临时固定高度超过 3 m 的吊顶骨架。然后根据吊顶标高线拉出的纵横水平基准线,进行整片龙骨架调平,然后将其靠墙部分与沿墙边龙骨钉接。

② 龙骨架与吊点固定:木龙骨架吊顶的吊杆,常采用的有木吊杆、角钢吊杆和扁铁吊杆(如图 6-21)。当采用木吊杆时,截取的木方吊杆料应长于吊点与龙骨架实际间距 100 mm 左右,以便于调整高度。当采用角钢作吊杆时,在其端头钻 2 ～ 3 个孔以便调整高度;与木骨架的连接点可选择骨架的角位,用两枚木螺钉固定。当采用扁铁作吊杆时,其端头也应打出 2 ～3 个调节孔;扁铁与吊点连接件的连接可用 M6 螺栓,与木骨架用两枚木螺钉连接固定。吊杆的下部端头最终都应按准确尺寸截平,不得伸出木龙骨架底面。

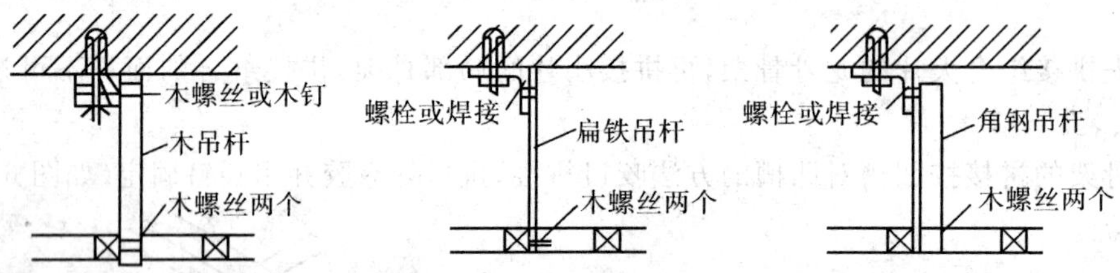

图 6-21　木龙骨吊顶常用吊杆类型

(6) 龙骨架整体调平

在各分片吊顶龙骨架安装就位之后,对于吊顶面需要设置的送风口、检修孔、内嵌式吸顶灯盘及窗帘盒等装置,在其预留位置处要加设骨架,并进行必要的加固处理及增设吊杆等。全部按设计要求到位后,即在整个吊顶面下拉十字交叉的标高线,用以检查吊顶面的整个平整度。

对于吊顶骨架面的下凸部位,要重新拉紧吊杆;对于其上凹部位,可用木杆下顶,尺寸准确后须将杆件的两端固定。吊顶常采用起拱的方法以平衡饰面板的重力,并减少视觉上的下坠感,一般 7 ～ 10 m 跨度按 3/1 000 起拱,10 ～ 15 m 跨度按 5/1 000 起拱。

(7) 木吊顶面板安装

① 材料选择。吊顶面板一般选用加厚的三夹板或五夹板,也可选用其他人造板材,如木

丝板、刨花板、纤维板等。吊顶罩面胶合板应按设计要求的品种、规格尺寸，及其顶棚装饰艺术的拼接分格图案要求进行选用。

② 板材处理如下：

弹面板装钉线：按照吊顶龙骨分格情况，以骨架中心线尺寸，在挑选好的胶合板正面上画出装钉线，以保证能将面板准确地固定于木龙骨上。

板块切割：根据设计要求，如果需将板材分格分块装钉，则应按画线切割胶合面板。当设计要求钻孔并形成图案时，应先做样板，按样板制作。

修边倒角：在胶合板块的正面四周，用手工细刨或电动刨刨出 45° 倒角，宽度为 2 ～ 3 mm。对于有留缝装饰要求的吊顶面板，可用木工修边机根据图纸要求进行修边处理。

防火处理：对有防火要求的木龙骨吊顶，其面板在以上工序完毕后应进行防火处理。做法是在面板反面涂刷或喷涂 3 遍防火涂料，晾干备用。对木骨架的表面应做同样的处理。

③ 罩面板安装前，应根据设计规定分块弹线。对于整板罩面的吊顶，罩面板宜由顶棚中间向两边对称排列，将裁割板置于边缘部位；或将整幅板材安排在重要的大面，将裁割板块安装在顶棚面不显著部位。无论如何布置和安装罩面板材，均要求整体平整（表面平整度偏差不大于 2 mm）、接缝顺直、接缝高低偏差不大于 0.5 mm。顶棚与墙面的接缝应交圈一致；罩面板与墙面、窗帘盒、灯具等交接处应严密，不得有漏缝现象。

④ 安装铺钉胶合板可采用 25 ～ 35 mm 长的普通圆钢钉，钉距为 80 ～ 150 mm，钉帽打扁冲入板面 0.5 ～ 1.0 mm，钉眼用油性腻子抹平。也可使用电动或气动打钉枪，进行固定。

3. 细部处理

(1) 板面处理：板面按需要可进行喷色浆、油漆，也可以裱糊塑料纸或锦缎。此外，当要做吸声构造时，可在板材表面钻孔，并在上部铺设吸声材料，如矿棉、玻璃布等。板材孔可按各种图案进行，孔眼直径和间距由声学要求来确定。

(2) 板缝处理：板缝拼接处一般处理成立槽缝或斜槽缝，也可以不留缝槽用纱布或棉纸粘贴缝痕。

(3) 吊顶端部处理：可结合照明灯具、空调风口、音响器材等设备设施的布置需要和空间造型处理的需要，做成各种形式的布局，与吊顶的总体可以采用持平、下沉或内凹 3 种处理方式（如图 6-22）。如果吊顶端部采取与大面积持平，一般需在与墙面交接处加装饰线脚做收口处理。

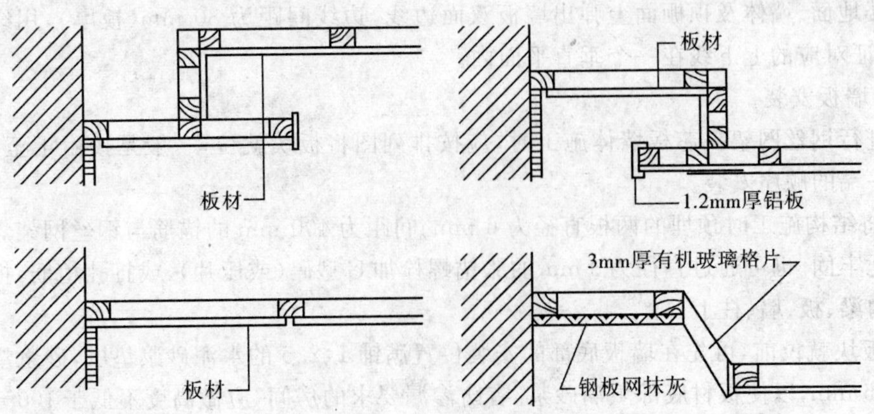

图 6-22　罩面板端部处理

6.4.2 轻质隔墙工程

轻质隔墙是指非承重轻质内隔墙,多用于建筑物室内空间的分隔和临时隔断。下面就常用的几种轻质隔墙的施工进行介绍。

(一) 钢丝网架夹芯板隔墙

钢丝网架夹芯墙板是以三维构架式钢丝网为骨架,以膨胀珍珠岩、阻燃型聚苯乙烯泡沫塑料、矿棉、玻璃棉等轻质材料为芯材,由工厂制成面密度为 4 ～ 20 kg/m^2 的钢丝网架夹芯板,然后在其两面喷抹 20 mm 厚水泥砂浆面层的新型轻质墙板(如图 6-23)。

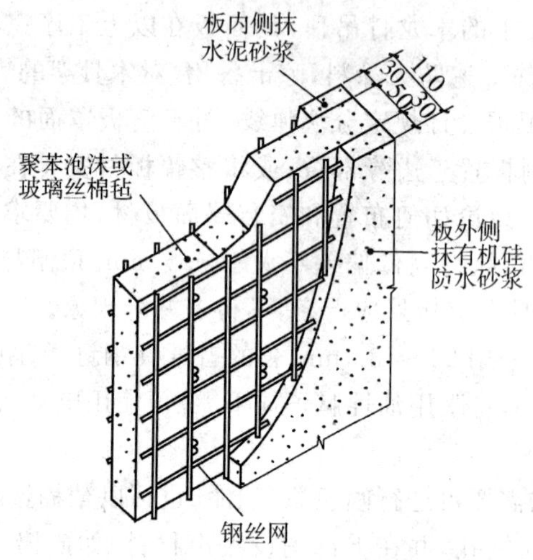

图 6-23 钢丝网架夹芯墙板(单位:mm)

1. 施工工艺流程

钢丝网架夹芯板隔墙的施工工艺流程为:清理 → 弹线 → 墙板安装 → 墙板加固 → 管线敷设 → 墙面粉刷。

2. 施工操作要点

(1) 弹线

在楼地面、墙体及顶棚面上弹出墙板双面边线,边线间距为 80 mm(板厚),用线坠吊垂直,以保证对应的上下线在一个垂直平面内。

(2) 墙板安装

当进行钢丝网架夹芯板墙体施工时,应按排列图将板块就位,一般是按由下至上、从一端向另一端的顺序安装。

① 将结构施工时预埋的两根直径为 6 mm、间距为 400 mm 的锚筋与钢丝网架焊接或用钢丝绑扎牢固。也可通过直径为 8 mm 的胀锚螺栓加 U 型码(或压片),或打孔植筋,把板材固定在结构梁、板、墙、柱上。

② 板块就位前,可先在墙板底部的安装位置满铺 1:2.5 的水泥砂浆垫层,砂浆垫层厚度不小于 35 mm,以使板材底部填满砂浆。有防渗漏要求的房间,应做高度不低于 100 mm 的细石混凝土墙垫,待其达到一定强度后,再进行钢丝网架夹芯板的安装。

③ 墙板拼缝、墙体阴阳角、门窗洞口等部位，均应按设计构造要求采用配套的钢网片覆盖或槽形网加强，用箍码固定或用钢丝绑牢。钢丝网架边缘与钢网片相交点用钢丝绑扎紧固，其余部分相交点可相隔交错扎牢，不得有变形、脱焊现象。

④ 板材拼接时，接头处芯材若有空隙，应用同类芯材补充、填实、找平。门窗洞口应按设计要求进行加强，一般洞口周边设置的槽形网（300 mm）和洞口四角设置的 45° 角加强钢网片（可用长度不小于 500 mm 的之字条）应与钢网架用金属丝捆扎牢固。如果设置洞边加筋，则应与钢丝网架用金属丝绑扎定位；如果设置通天柱，则应与结构梁、板的预留锚筋或预埋件焊接固定。门窗框安装，应与洞口处的预埋件连接固定。

⑤ 墙板安装完成后，检查板块间以及墙板与建筑结构之间的连接，确定是否符合设计规定的构造要求及墙体稳定性的要求，并检查暗设管线、设备等隐蔽部分的施工质量以及墙板表面平整度是否符合要求；同时对墙板安装质量进行全面检查。

(3) 安装暗管、暗线和暗盒

安装暗管、暗线和暗盒等，应与墙板安装相配合，在抹灰前进行。按设计位置将板材的钢丝剪开，剔除管线通过位置的芯材，把管、线或设备等埋入墙体内，上、下用钢筋码与钢丝网架固定，周边填实。埋设处表面另加钢网片覆盖补强，钢网片与钢丝网架用点焊连接或用金属丝绑扎牢固。

(4) 水泥砂浆面层施工

钢丝网架夹芯板墙体安装完毕并通过质量检查后，即可进行墙面抹灰。

① 将钢丝网架夹芯板墙体四周与建筑结构连接处（25 ～ 30 mm 宽缝）的缝隙用 1:3 的水泥砂浆填实。清理好钢丝网架与芯材结构的整体稳定效果，墙面做灰饼、设标筋；重要的阳角部位应按国家标准规定及设计要求做护角。

② 水泥砂浆抹灰层的施工可分 3 遍完成，底层厚 12 ～ 15 mm；中层厚 8 ～ 10 mm；罩面层厚 2 ～ 5 mm。水泥砂浆抹灰层的平均总厚度不小于 25 mm。

③ 可采用机械喷涂抹灰。当人工抹灰时，以自下而上为宜。底层抹灰后，应用木抹子反复揉槎，使砂浆密实并与墙体的钢丝网及芯材紧密粘接，且使抹灰表面保持粗糙。待底层砂浆终凝后，适当洒水润湿，即抹中层砂浆，表面用刮板找平、挫毛。两层抹灰均应采用同一配合比的砂浆。水泥砂浆抹灰层的罩面层，应按设计要求的装饰材料抹面。当罩面层需掺入其他防裂材料时，应经试验合格后方可使用。当在钢丝网架夹芯墙板的一面喷灰时，注意防止芯材位置偏移。尚应注意，每一水泥砂浆抹灰层的砂浆终凝后，均应洒水养护；墙体两面抹灰的时间间隔，不得小于 24 h。

(二) 木龙骨隔墙

采用木龙骨作墙体骨架，以 4 ～ 25 mm 厚的建筑平板作罩面板，组装而成的室内非承重轻质墙体，称为木龙骨隔墙。

1. 木隔墙的种类

木隔墙分为全封隔墙、有门窗隔墙和隔断 3 种，其结构形式不尽相同。

(1) 大木方构架结构的木隔墙，通常用 50 mm × 80 mm 或 50 mm × 100 mm 的大木方作主框架，框体规格为 @500 的方框架或 500 mm × 800 mm 的长方框架，再用 4 ～ 5 mm 厚的木夹板作基面板。该结构多用于墙面较高较宽的隔墙。

(2) 为使木隔墙有一定的厚度,常用 25 mm × 30 mm 的带凹槽木方做成双层骨架的框体,每片规格为 @300 或 @400,间隔为 150 ram,用木方横杆连接。

(3) 单层小木方构架常用 25 mm > 30 mm 的带凹槽木方组装,框体规格为 @300,多用于 3 m 以下的隔墙或隔断。

2. 施工工艺流程

木龙骨隔墙的施工工艺流程:弹线 → 钻孔 → 安装木骨架 → 安装饰面板 → 饰面处理。

3. 施工操作要点

(1) 弹线、钻孔

在需要固定木隔墙的地面和建筑墙面上弹出隔墙的边缘线和中心线,画出固定点的位置,间距为 300 ~ 400 mm,打孔深度在 45 mm 左右,用膨胀螺栓固定。如果用木楔固定,则孔深应不小于 50 mm。

(2) 木骨架安装

木骨架的固定通常是在沿墙、沿地和沿顶面处。对隔断来说,主要是靠地面和端头的建筑墙面固定。如果端头无法固定,常用铁件来加固端头,加固部位主要是在地面与竖木方之间。对于木隔墙的门框竖向木方,均应用铁件加固,否则会使木隔墙颤动、门框松动以及木隔墙松动。

如果隔墙的顶端不是建筑结构而是吊顶,那么处理方法区分不同情况而定。对于无门隔墙,只需相接缝隙小、平直即可;对于有门的隔墙,考虑到振动和碰动,所以顶端必须加固,即隔墙的竖向龙骨应穿过吊顶面,再与建筑物的顶面进行固定。

木隔墙中的门框是以门洞两侧的竖向木方为基体,配以挡位框、饰边板或饰边线条组合而成;大木方骨架隔墙门洞的竖向木方较大,其挡位框可直接固定在竖向木方上;小木方双层构架的隔墙,因其木方小,应先在门洞内侧钉上厚夹板或实木板之后,再固定挡位框。

木隔墙中的窗框是在制作时预留的,然后用木夹板和木线条进行压边定位;隔断墙的窗也分固定窗和活动窗,固定窗是用木压条把玻璃板固定在窗框中,活动窗与普通活动窗一样。

(3) 饰面板安装

墙面木夹板的安装方式主要有明缝和拼缝两种。明缝固定是在两板之间留一条有一定宽度的缝,当图纸无规定时,缝宽以 8 ~ 10 mm 为宜;明缝如果不加垫板,则应将木龙骨面刨光,明缝的上下宽度应一致,在锯割木夹板时,应用靠尺来保证锯口的平直度与尺寸的准确性,并用 0 号砂纸修边。当采用拼缝固定时,要对木夹板正面四边进行倒角处理($45^\circ \times 3$ mm),以使板缝平整。

(三) 轻钢龙骨隔墙

采用轻钢龙骨作墙体骨架,以 4 ~ 25 mm 厚的建筑平板作罩面板组装而成的室内非承重轻质墙体,称为轻钢龙骨隔墙。

1. 材料要求

隔墙所用的轻钢龙骨主件及配件、紧固件(包括射钉、膨胀螺栓、镀锌自攻螺栓、嵌缝料等)均应符合设计要求;轻钢龙骨还应满足防火及耐久性要求。

2. 施工工艺流程

轻钢龙骨隔墙的施工工艺流程：基层处理 → 定位放线 → 安装沿顶龙骨和沿地龙骨 → 安装竖向龙骨 → 安装横向龙骨 → 安装通贯龙骨(采用通贯龙骨系列时)、横撑龙骨、水电管线 → 安装门窗洞口部位的横撑龙骨 → 各洞口的龙骨加强及附加龙骨安装 → 检查骨架安装质量，并调整校正 → 安装墙体 → 侧罩面板 → 板面钻孔安装管线固定件 → 安装填充材料 → 接缝处理 → 墙面装饰。

3. 施工操作要点

(1) 施工前应先完成基本的验收工作，石膏罩面板安装应在屋面、顶棚和墙抹灰完成后进行。

(2) 弹线定位：墙体骨架安装前，按设计图纸检查现场，进行实测实量，并对基层表面予以清理。在基层上按龙骨的宽度弹线，弹线应清晰、位置准确。

(3) 安装沿地、沿顶龙骨及边端竖龙骨：沿地、沿顶龙骨及边端竖龙骨可根据设计要求及具体情况采用射钉、膨胀螺栓或按所设置的预埋件进行连接固定。沿地、沿顶龙骨的固定射钉或胀铆螺栓固定点间距一般为 600 ~ 800 ram。边框竖龙骨与建筑基体表面之间，应按设计规定设置隔声垫或满嵌弹性密封胶。

(4) 安装竖龙骨：竖龙骨的长度应比沿地、沿顶龙骨内侧的距离尺寸短 15 mm。竖龙骨准确垂直就位后，即用抽芯铆钉将其两端分别与沿地、沿顶龙骨固定。

(5) 安装横向龙骨：当采用有配件龙骨休系时，其通贯龙骨在水平方向穿过各条竖龙骨上的贯通孔，由支撑卡在两者相交的开口处连接稳定(如图 6-24)。对于无配件龙骨体系，可将横向龙骨(可由竖龙骨截取或采用加强龙骨等配套横撑型材) 端头剪开折弯，用抽芯铆钉与竖龙骨连接固定。

(6) 墙体龙骨骨架的验收：龙骨安装完毕后，对于有水电设施的工程，尚需由专业人员按水电设计进行暗管、暗线及配件等安装进行检查验收。墙体中的预埋管线和附墙设备按设计要求采取加强措施。在罩面板安装之前，应检查龙骨骨架的表面平整度、立面垂直度及稳定性。

(7) 罩面板的安装(以纸面石膏板为例) 如下。

① 石膏板宜竖向铺设，其长边(护面纸包封边) 接缝应落在竖龙骨上。龙骨骨架两侧的石膏板及同一侧的内外两层石膏板(当设计为双层罩面板时)，均应错缝排布，接缝不应落在同一根龙骨上。

② 宜使用整板，从板中部向四边顺序固定；自攻螺钉钉头略埋入板内(但不得损坏纸面)，钉眼用石膏腻子抹平。当经裁割的板边需对接时，应靠紧，但不得强压就位。

③ 墙体端部的石膏板与周边的结构墙、柱体相接处，应留有 3 mm 的缝隙，先加注嵌缝密封膏，然后铺板挤压嵌缝膏，使其嵌封严密。

④ 墙体接头处应用腻子嵌满，贴覆防裂接缝带；各部位的罩面板接缝，均应按设计要求进行板缝处理。墙体阳角处应有护角(配套护角条或其他护角装饰做法)。

(四) 平板玻璃隔墙

平板玻璃隔墙龙骨常用的有金属龙骨平板玻璃隔墙和木龙骨平板玻璃隔墙。常用的金属龙骨为铝合金龙骨。下面主要介绍铝合金龙骨平板玻璃隔墙的安装方法。

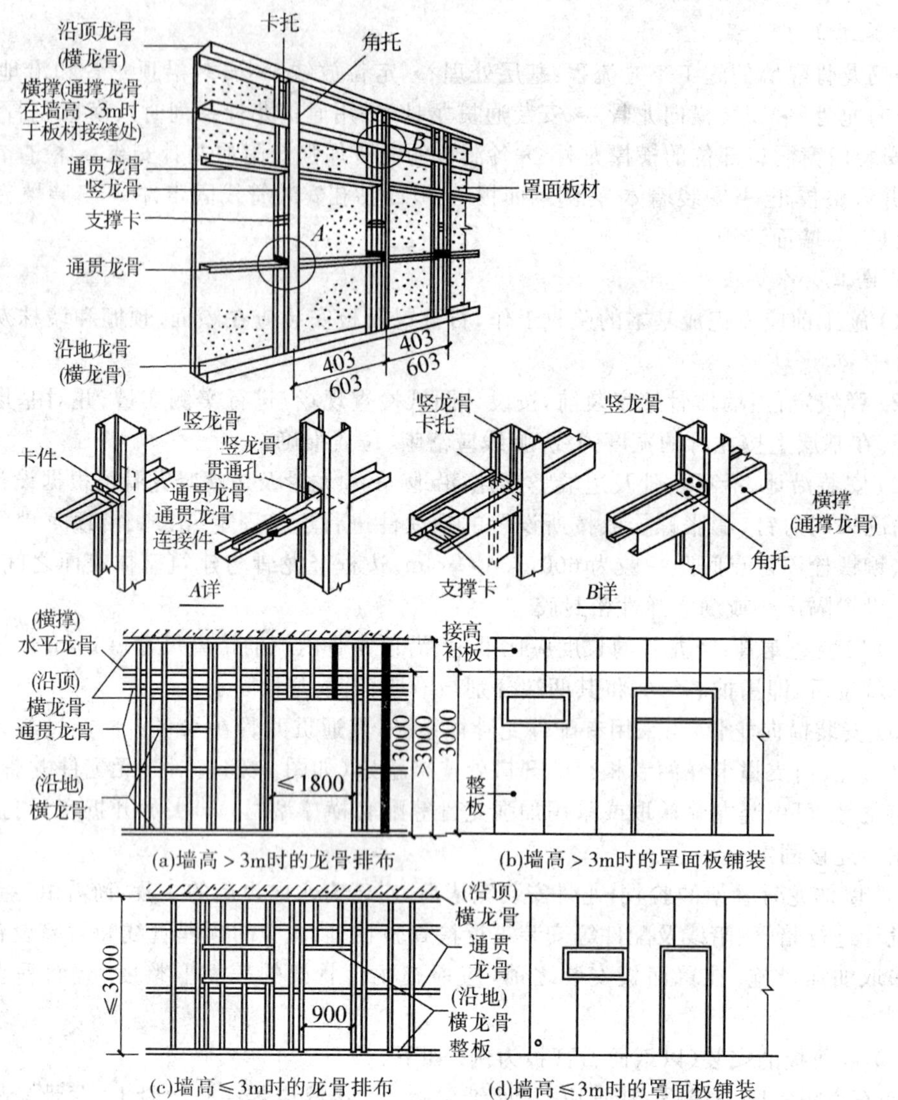

图 6-24　有配件轻钢龙骨体系隔墙示意图(单位：mm)

隔墙的构造做法及施工安装基本上同于玻璃门窗工程，主要施工机具有铝合金切割机、砂轮磨角机、冲击钻、手枪钻等。

1．施工工艺流程

铝合金龙骨平板玻璃隔墙的施工工艺流程：弹线 → 铝合金下料 → 金属框架安装 → 玻璃安装。

2．施工操作要点

(1) 弹线。弹线主要是弹出地面、墙面位置线及高度线。

(2) 铝合金下料。首先是精确划线，精度要求为 ±0.5 mm，在划线时注意不要碰坏型材表面。下料要使用专门的铝材切割机，要求尺寸准确、切口平滑。

(3) 金属框架安装。半高铝合金玻璃隔断通常是先在地面组装好框架后，再竖立起来固定；通高的铝合金玻璃隔墙通常是先固定竖向型材，再安装框架横向型材。铝合金型材的相互连接主要是用铝角和自攻螺钉。铝合金型材与地面、墙面的连接则主要是用铁脚固定法。

型材的安装连接主要是竖向型材与横向型材的垂直结合，目前所采用的方法主要是铝角件连接法。铝角件连接的作用有两个方面：一方面是连接；另一方面是起定位作用，以防止型材安装后的转动现象。对连接件的基本要求是有一定的强度和尺寸准确度，所用的铝角通常是厚铝角，其厚度为 3 mm 左右。铝角件与型材的固定用自攻螺钉，通常为半圆头 M4 × 20 或 M5 × 20。

需要注意的是：为了对接处的美观，自攻螺钉的安装位置应在较隐蔽处。通常的处理方法为：如果对接处在 1.5 m 以下，自攻螺钉头安装在型材的下方；如果对接处在 1.8 m 以上，自攻螺钉安装在型材的上方，在固定铝角件时就应注意其弯角的方向。

(4) 玻璃安装。

玻璃安装建议使用安全玻璃，如钢化玻璃的厚度不小于 5 mm，夹层玻璃的厚度不小于 6.38 mm，对于无框玻璃隔墙应使用厚度不小于 10 mm 的钢化玻璃，以保证使用的安全性。

玻璃安装应符合门窗工程的有关规定。铝合金隔墙的玻璃安装方式有两种，一种是安装于活动窗扇上；另一种是直接安装于型材上。前者需在制作铝合金活动窗时同时安装。其安装方法见门窗工程章节。在型材框架上安装玻璃，应先按框洞的尺寸缩 3 ～ 5 mm 裁玻璃，以防止玻璃的不规整和框洞尺寸的误差，而造成装不上玻璃的问题。玻璃在型材框架上的固定，应用与型材同色的铝合金槽条在玻璃两侧夹定，槽条可用自攻螺钉与型材固定，并在铝槽与玻璃间加玻璃胶密封。

平板玻璃隔墙的玻璃边缘不得与硬性材料直接接触，玻璃边缘与槽底隙不应小于 5 mm。玻璃嵌入墙体、地面和顶面的槽口深度应符合相关规定，当玻璃厚为 5 ～ 6 mm 时，嵌入深度为 8 mm；当玻璃厚为 8 ～ 12 mm 时，嵌入深度为 10 mm。玻璃与槽口的前后空隙亦应符合有关规定，当玻璃厚为 5 ～ 6 mm 时，前后空隙为 2.5 mm；当玻璃厚 8 ～ 1.2 mm 时，前后空隙为 3 mm。这些缝隙用弹性密封胶或橡胶条填嵌。

玻璃底部与槽底空隙间，应用不少于两块的 PVC 垫块或硬橡胶垫块支承，支承块长度不小于 10 mm。玻璃平面与两边的槽口空隙应使用弹性定位块衬垫，定位块长度不小于 25 mm。支承块和定位块应设置在距槽角不小于 300 mm 或 1/4 边长的位置。

对于纯粹为采光而设置的平板落地玻璃分隔墙，应在距地面 1.5 ～ 1.7 m 处的玻璃表面用装饰图案设置防撞标志。

6.5　门窗施工

门窗按材料分为木门窗、钢门窗、铝合金门窗和塑料门窗四大类。木门窗应用最早且最普通，但越来越多的被钢门窗、铝合金门窗和塑料门窗所代替。

6.5.1　木门窗

木门窗大多在木材加工厂内制作。

施工现场一般以安装木门窗框及内扇为主要施工内容。安装前应按设计图纸检查核对好型号，按图纸对号分发到位。安门框前，要用对角线相等的方法复核其兜方程度。

木门窗的安装一般有立框安装和塞框安装两种方法。

(1) 立框安装。立框安装是先立好门窗框，再砌筑两边的墙。在墙砌到地面时立门樘，砌到窗台时立窗樘。立框时应先在地面（或墙面）划出门（窗）框的中线及边线，而后按线将门窗框立上，用临时支撑撑牢，并校正门窗框的垂直度及上、下槛水平。

立门窗框时要注意门窗的开启方向和墙面装饰层的厚度，各门框进出一致，上、下层窗框对齐。在砌两旁墙时，墙内应砌经防腐处理的木砖。垂直间隔 0.5 ～ 0.7 m 一块，木砖大小为 15 mm × 15 mm × 53 mm。

(2) 塞框安装。塞框安装是在砌墙时先留出门窗洞口，然后塞入门窗框。门窗洞口尺寸要比门窗框尺寸每边大 20 mm。门窗框塞入后，先用木楔临时塞住，要求横平竖直。校正无误后，将门窗框钉牢在砌于墙内的木砖上。

(3) 门窗扇的安装。安装前要先测量一下门窗樘洞口净尺寸，根据测得的准确尺寸来修刨门窗扇，扇的两边要同时修刨。门窗冒头修刨时先刨平下冒头，以此为准再修刨上冒头。修刨时要注意留出风缝，一般门窗扇的对口处及扇与樘之间的风缝需留出 20 mm 左右。门窗扇安装时，应保持冒头、窗芯水平，双扇门窗的冒头要对齐，开关灵活，但不准出现自开或自关的现象。

(4) 玻璃安装。清理门窗裁口，在玻璃底面与门窗裁口之间，沿裁口的全长均匀涂抹 1 ～ 3 mm 的底灰，用手将玻璃摊铺平正，轻压玻璃使部分底灰挤出槽口，待油灰初凝后，顺裁口刮平底灰，然后用 1/2 ～ 1/3 寸的小圆钉沿玻璃四周固定玻璃，钉距 200 mm，最后抹表面油灰即可。油灰与玻璃、裁口接触的边缘平齐，四角成规则的八字形。

(5) 木门窗安装的留缝限值、允许偏差和检验方法应符合表 6-6 的规定。

表 6-6　木门窗安装的留缝限值、允许偏差和检验方法

<table>
<tr><th rowspan="2">项　次</th><th rowspan="2" colspan="2">项　　目</th><th colspan="2">留缝限值(mm)</th><th colspan="2">允许偏差(mm)</th><th rowspan="2">检验方法</th></tr>
<tr><th>普通</th><th>高级</th><th>普通</th><th>高级</th></tr>
<tr><td>1</td><td colspan="2">门窗槽口对角线长度差</td><td>—</td><td>—</td><td>3</td><td>2</td><td>用钢尺检查</td></tr>
<tr><td>2</td><td colspan="2">门窗框的正、侧面垂直度</td><td>—</td><td>—</td><td>2</td><td>1</td><td>用 1 m 垂直测尺检查</td></tr>
<tr><td>3</td><td colspan="2">框与扇、扇与扇接缝高低差</td><td>—</td><td>—</td><td>2</td><td>1</td><td>用钢直尺和尺检查</td></tr>
<tr><td>4</td><td colspan="2">门窗扇对口缝</td><td>1 ～ 2.5</td><td>1.5 ～ 2</td><td>—</td><td>—</td><td rowspan="6">用塞尺检查</td></tr>
<tr><td>5</td><td colspan="2">工业厂房双扇大门对口缝</td><td>2 ～ 5</td><td>—</td><td>—</td><td>—</td></tr>
<tr><td>6</td><td colspan="2">门窗扇与上框间留缝</td><td>1 ～ 2</td><td>1 ～ 1.5</td><td>—</td><td>—</td></tr>
<tr><td>7</td><td colspan="2">门窗扇与侧框间留缝</td><td>1 ～ 2.5</td><td>1 ～ 1.5</td><td>—</td><td>—</td></tr>
<tr><td>8</td><td colspan="2">窗扇与下框间留缝</td><td>2 ～ 3</td><td>2 ～ 2.5</td><td>—</td><td>—</td></tr>
<tr><td>9</td><td colspan="2">门扇与下框间留缝</td><td>3 ～ 5</td><td>3 ～ 4</td><td>—</td><td>—</td></tr>
<tr><td>10</td><td colspan="2">双层门窗内外框间距</td><td>—</td><td>—</td><td>4</td><td>3</td><td>用钢尺检查</td></tr>
<tr><td rowspan="4">11</td><td rowspan="4">无下框时门扇与地面间留缝</td><td>外　门</td><td>4 ～ 7</td><td>5 ～ 6</td><td>—</td><td>—</td><td rowspan="4">用塞尺检查</td></tr>
<tr><td>内　门</td><td>5 ～ 8</td><td>6 ～ 7</td><td>—</td><td>—</td></tr>
<tr><td>卫生间门</td><td>8 ～ 12</td><td>8 ～ 10</td><td>—</td><td>—</td></tr>
<tr><td>厂房大门</td><td>10 ～ 20</td><td>—</td><td>—</td><td>—</td></tr>
</table>

6.5.2　钢门窗

建筑中应用较多的钢门窗有：薄壁空腹钢门窗和实腹钢门窗。钢门窗在工厂加工制作后整体运到现场进行安装。

钢门窗现场安装前应按照设计要求，核对型号、规格、数量、开启方向及所带五金零件是否齐全，凡有翘曲、变形者，应调直修复后方可安装。

钢门窗采用后塞口方法安装。可在洞口四周墙体预留孔埋设铁脚连接件固定，或在结构内预埋铁件，安装时将铁脚焊在预埋件上。

钢门窗制作时将框与扇连成一体，安装时用木楔临时固定。然后用线锤和水准尺校正垂直与水平，做到横平竖直，成排门窗应上、下高低一致，进出一致。

门窗位置确定后，将铁脚与预埋件焊接或埋入预留墙洞内，用 1∶2 水泥砂浆或细石混凝土将洞口缝隙填实。铁脚尺寸及间隙按设计要求留设，但每边不得少于 2 个，铁脚离端角距离约 180 mm。

大面组合钢窗可在地面上先拼装好，为防止吊运过程中变形，可在钢窗外侧用木方或钢管加固。

砌墙时门窗洞口应比钢门窗框每边大 15 ～ 30 mm，作为嵌填砂浆的留量。其中：清水砖墙不小于 15 mm；水泥砂浆抹面混水墙不小于 20 mm；水刷石墙不小于 25 mm；贴面砖或板材墙不小于 30 mm。

玻璃安装：清理槽口，先在槽口内涂小于 4 mm 厚的底灰，用双手将玻璃揉平放正，挤出油灰，然后将油灰与槽口、玻璃接触的边缘刮平、刮齐。安卡子间距不小于 300 mm，且每边不少于 2 个，卡脚长短适当，用油灰填实抹光，卡脚以不露出油灰表面为准。

钢门窗安装的留缝限值、允许偏差和检验方法应符合表 6-7 的规定。

表 6-7　钢门窗安装的留缝限值、允许偏差和检验方法

项　次	项　目		留缝限值 (mm)	允许偏差 (mm)	检验方法
1	门窗槽口宽度、高度	≤1 500	—	2.5	用钢尺检查
		＞1 500	—	3.5	
2	门窗槽口对角线长度差	≤2 000	—	5	用钢尺检查
		＞2 000	—	6	
3	门窗框的正、侧面垂直度		—	3	用 1 m 垂直检测尺检查
4	门窗横框的水平度		—	3	用 1 m 水平尺和塞尺检查
5	门窗横框标高		—	5	用钢尺检查
6	门窗竖向偏离中心		—	4	用钢尺检查
7	双层门窗内外框间距		—	5	用钢尺检查
8	门窗框、扇配合间隙		≤2	—	用塞尺检查
9	无下框时门扇与地面间留缝		4 ～ 8	—	用塞尺检查

6.5.3 铝合金门窗

铝合金门窗是用经过表面处理的型材，通过下料、打孔、铣槽、攻丝和制窗等加工过程而制成的门窗框料构件，再与连接件、密封件和五金配件一起组装而成。安装要点如下：

1. 弹线

铝合金门、窗框一般是用后塞口方法安装。在结构施工期间，应根据设计将洞口尺寸留出。门窗框加工的尺寸应比洞口尺寸略小，门窗框与结构之间的间隙，应视不同的饰面材料而定。抹灰面一般为 20 mm；大理石、花岗石等板材，厚度一般为 50 mm。以饰面层与门窗框边缘正好吻合为准，不可让饰面层盖住门窗框。

弹线时应注意：

(1) 同一立面的门窗在水平与垂直方向应做到整齐一致。安装前，应先检查预留洞口的偏差。对于尺寸偏差较大的部位，应剔凿或填补处理。

(2) 在洞口弹出门、窗位置线。安装前一般是将门窗立于墙体中心线部位，也可将门窗立在内侧。

(3) 门的安装，须注意室内地面的标高。地弹簧的表面，应与室内地面饰面的标高一致。

2. 门窗框就位和固定

按弹线确定的位置将门窗框就位，先用木楔临时固定，待检查立面垂直、左右间隙、上下位置等符合要求后，用射钉将铝合金门窗框上的铁脚与结构固定。

3. 填缝

铝合金门窗安装固定后，应按设计要求及时处理窗框与墙体缝隙。若设计未规定具体堵塞材料时，应采用矿棉或玻璃棉毡分层填塞缝隙，外表面留 5～8 mm 深槽口，槽内填嵌缝油膏或在门窗两侧作防腐处理后填 1:2 水泥砂浆。

4. 门、窗扇安装

门窗扇的安装，需在土建施工基本完成后进行，框装上扇后应保证框扇的立面在同一平面内，窗扇就位准确，启闭灵活。平开窗的窗扇安装前应先固定窗，然后再将窗扇与窗铰固定在一起；推拉式门窗扇，应先装室内侧门窗扇，后装室外侧门窗扇；固定扇应装在室外侧，并固定牢固，确保使用安全。

5. 安装玻璃

平开窗的小块玻璃用双手操作就位。若单块玻璃尺寸较大，可使用玻璃吸盘就位。玻璃就位后，即以橡胶条固定。型材凹槽内装饰玻璃，可用橡胶条挤紧，然后再在橡胶条上注入密封胶；也可以直接用橡胶衬条封缝、挤紧，表面不再注胶。

为防止因玻璃的胀缩而造成型材的变形，型材下凹槽内可先放置橡胶垫块，以免因玻璃自重而直接落在金属表面上，并且也要使玻璃的侧边及上部不得与框、扇及连接件相接触。

6. 清理

铝合金门窗交工前，将型材表面的保护胶纸撕掉，如有胶迹，可用香蕉水清理干净。擦净玻璃。

7. 允许偏差和检验方法

铝合金门窗安装的允许偏差和检验方法应符合表 6-8 的规定。

表 6-8　铝合金门窗安装的允许偏差和检验方法

项　次	项　目		允许偏差(mm)	检验方法
1	门窗槽口宽度、高度	≤1 500	1.5	用钢尺检查
		>1 500	2	
2	门窗槽口对角线长度差	≤2 000	3	用钢尺检查
		>2 000	4	
3	门窗框的正、侧面垂直度		2.5	用垂直检测尺检查
4	门窗横框的水平度		2	用 1 m 水平尺和塞尺检查
5	门窗横框标高		5	用钢尺检查
6	门窗竖向偏离中心		5	用钢尺检查
7	双层门窗内外框间距		4	用钢尺检查
8	推拉门窗扇与框搭接量		1.5	用钢直尺检查

6.5.4　塑料门窗

塑料门窗及其附件应符合国家标准，按设计选用。塑料门窗不得有开焊、断裂等损坏现象，如有损坏，应予以修复或更换。塑料门窗进场后应存放在有靠架的室内并与热源隔开，以免受热变形。

塑料门窗在安装前，先装五金配件及固定件。由于塑料型材是中空多腔的，材质较脆，因此，不能用螺丝直接锤击拧入，应先用手电钻钻孔，后用自攻螺丝拧入。钻头直径应比所选用自攻螺丝直径小 0.5～1.0 mm，这样可以防止塑料门窗出现局部凹隐、断裂和螺丝松动等质量问题，保证零附件及固定件的安装质量。

与墙体连接的固定件应用自攻螺钉等紧固于门窗框上。将五金配件及固定件安装完工并检查合格的塑料门窗框，放入洞口内。调整至横平竖直后，用木楔将塑料框料四角塞牢作临时固定，但不宜塞得过紧以免外框变形。然后用尼龙胀管螺栓将固定件与墙体连接牢固。

塑料门窗框与洞口墙体的缝隙，用软质保温材料填充饱满，如泡沫塑料条、泡沫聚氨酯条、油毡卷条等。但不得填塞过紧，因过紧会使框架受压发生变形；但也不能填塞过松，否则会使缝隙密封不严，在门窗周围形成冷热交换区发生结露现象，影响门窗防寒、防风的正常功能和墙体寿命。最后将门窗框四周的内外接缝用密封材料嵌缝严密。

塑料门窗安装的允许偏差和检验方法应符合表 6-9 的规定。

表 6-9　塑料门窗安装的允许偏差和检验方法

项　次	项　目		允许偏差(mm)	检验方法
1	门窗槽口宽度、高度	≤1 500	2	用钢尺检查
		>1 500	3	

续 表

项 次	项 目		允许偏差(mm)	检验方法
2	门窗槽口对角线长度差	≤2 000	3	用钢尺检查
		>2 000	5	
3	门窗框的正、侧面垂直度		3	用垂直检测尺检查
4	门窗横框的水平度		3	用1 m水平尺和塞尺检查
5	门窗横框标高		5	用钢尺检查
6	门窗竖向偏离中心		5	用钢直尺检查
7	双层门窗内外框间距		4	用钢尺检查
8	同樘平开窗相邻扇高度差		2	用钢直尺检查
9	平开门窗铰链部位配合间隙		+2,−1	用塞尺检查
10	推拉门窗扇与框搭接量		+1.5,−2.5	用钢直尺检查
11	推拉门窗扇与竖框平行度		2	用1 m水平尺和塞尺检查

6.6 涂饰施工

(一) 饰料的组成与分类

1. 涂料的组成

(1) 主要成膜物质

主要成膜物质也称胶粘剂或固着剂,是决定涂料性质的最主要成分,它的作用是将其他组分粘接成一整体,并附着在被涂基层的表层以形成坚韧的保护膜。它具有单独成膜的能力,也可以粘接其他组分共同成膜。

(2) 次要成膜物质

次要成膜物质也是构成涂膜的组成部分,但它自身没有成膜的能力,要依靠主要成膜物质的粘接才可成为涂膜的一个组成部分。颜料就是次要成膜物质,其对涂膜的性能及颜色有重要作用。

(3) 辅助成膜物质

辅助成膜物质不能构成涂膜或不是构成涂膜的主体,但对涂料的成膜过程有很大影响,或对涂膜的性能起一定辅助作用,它主要包括溶剂和助剂两大类。

2. 涂料的分类

建筑涂料的产品种类繁多,一般按下列几种方法进行分类。

(1) 按使用的部位可分为外墙涂料、内墙涂料、顶棚涂料、地面涂料、门窗涂料、屋面涂料等。

(2) 按涂料的特殊功能可分为防火涂料、防水涂料、防虫涂料、防霉涂料等。

(3) 按涂料成膜物质的组成不同可分为:① 油性涂料,系指传统的以干性油为基础的涂料,即以前所称的油漆;② 有机高分子涂料,包括聚酯酸乙烯系、丙烯酸树脂系、环氧系、聚氨酯系、过氯乙烯系等,其中以丙烯酸树脂系建筑涂料性能优越;③ 无机高分子涂料,包括有硅溶胶类、硅酸盐类等;④ 有机无机复合涂料,包括聚乙烯醇水玻璃涂料、聚合物改性水泥涂料等。

(4) 按涂料分散介质(稀释剂)的不同可分为:① 溶剂型涂料,它是以有机高分子合成树脂为主要成膜物质,以有机溶剂为稀释剂,加入适量的颜料、填料及辅助材料,经研磨而成的涂料;② 水乳型涂料,它是在一定工艺条件下,在合成树脂中加入适量乳化剂形成的以极细小的微粒形式分散于水中的乳液,以乳液中的树脂为主要成膜物质,并加入适量颜料、填料及辅助材料经研磨而成的涂料;③ 水溶型涂料,以水溶性树脂为主要成膜物质,并加入适量颜料、填料及辅助材料经研磨而成的涂料。

(5) 按涂料所形成涂膜的质感可分为:

① 薄涂料,又称薄质涂料,它的粘度低,刷涂后能形成较薄的涂膜,表面光滑、平整、细致,但对基层的凹凸线型无任何改变作用;

② 厚涂料,又称厚质涂料,它的特点是粘度较高,具有触变性,上墙后不流淌,成膜后能形成有一定粗糙质感的较厚涂层,涂层经拉毛或滚花后富有立体感;

③ 复层涂料,原称喷塑涂料,又称浮雕型涂料、华丽喷砖,其由封底涂料、主层涂料与罩面涂料3种涂料组成。

(二) 建筑涂料的施工

各种建筑涂料的施工过程大同小异,大致上包括基层处理、刮腻子与磨平、涂料施涂3个阶段工作。

1. 基层处理

基层处理的工作内容包括基层清理和基层修补。

(1) 混凝土及抹灰面的基层处理:为保证涂膜能与基层牢固地粘接在一起,基层表面必须干燥、洁净、坚实,无酥松、脱皮、起壳、粉化等现象,基层表面的泥土、灰尘、污垢、粘附的砂浆等应清扫干净,酥松的表面应予铲除。为保证基层表面平整,缺棱掉角处应用1:3的水泥砂浆(或聚合物水泥砂浆)修补,表面的麻面、缝隙及凹陷处应用腻子填补修平。混凝土或抹灰面基层应干燥,当涂刷溶剂型涂料时,含水率不得大于8%,当涂刷乳液型涂料时,含水率不得大于10%。

(2) 木材与金属基层的处理及打底子:为保证涂抹与基层粘接牢固,木材表面的灰尘、污垢和金属表面的油渍、鳞皮、锈斑、焊渣、毛刺等必须清除干净。木料表面的裂缝等在清理和修整后应用石膏腻子填补密实、刮平收净,并用砂纸磨光以使表面平整。木材基层的缺陷处理好后表面上应做打底子处理,以使基层表面具有均匀吸收涂料的性能,以保证面层的色泽均匀一致。金属表面应刷防锈漆,涂料施涂前被涂物件的表面必须干燥,以免水分蒸发造成涂膜起泡,一般木材含水率不得大于12%,金属表面不得有湿气。木基层含水率不得大于12%。

2. 刮腻子与磨平

涂膜对光线的反射比较均匀,因而在一般情况下不易觉察的基层表面细小的凹凸不平和砂眼,在涂刷涂料后由于光影作用都将显现出来,影响美观。所以基层必须刮腻子数遍予以找平,并在每遍所刮腻子干燥后用砂纸打磨,以保证基层表面平整光滑。需要刮腻子的遍数,应视涂饰工程的质量等级、基层表面的平整度和所用的涂料品种而定。

3. 涂料施涂

(1) 一般规定:涂料在施涂前及施涂过程中,必须充分搅拌均匀,常用手提式涂料搅拌器(如图 6-25)。用于同一表面的涂料,应注意保证颜色一致。涂料粘度应调整合适,使其在施涂时不流坠、不显刷纹,如需稀释应用该种涂料所规定的稀释剂稀释。

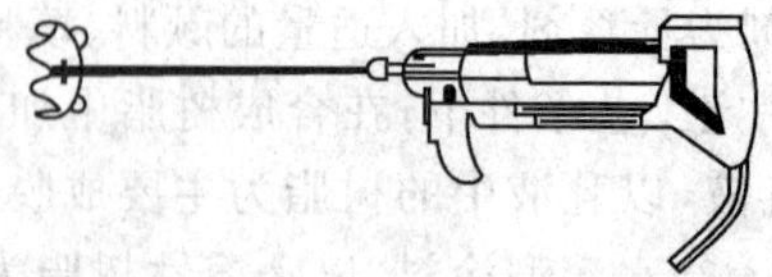

图 6-25 手提式涂料搅拌器

涂料的施涂遍数应根据涂料工程的质量等级而定。当施涂溶剂型涂料时,后一遍施涂涂料必须在前一遍的涂料干燥后进行;当施涂乳液型和水溶性涂料时,后一遍必须在前一遍的涂料表干后进行。每一遍的涂料不宜施涂过厚,应施涂均匀,各层必须结合牢固。

(2) 施涂的基本方法:有刷涂、滚涂、喷涂、刮涂和弹涂等。

① 刷涂。它是用油漆刷、排笔等将涂料刷涂在物体表面上的一种施工方法。此法操作方便、适应性广,除极少数流平性较差或干燥太快的涂料不宜采用外,大部分薄涂料或云母片状厚质涂料均可采用。刷涂顺序是先左后右、先上后下、先过后面、先难后易。

② 滚涂(或称辊涂)。它是利用滚筒(或称辊筒、涂料辊)蘸取涂料并将其涂布到物体表面上的一种施工方法。滚筒表面有的是粘贴合成的纤维长毛绒,也有的是粘贴橡胶(称之为橡胶压辊),当绒面压花滚筒或橡胶压花压辊表面为凸出的花纹图案时,即可在涂层上滚压出相应的花纹(如图 6-26)。

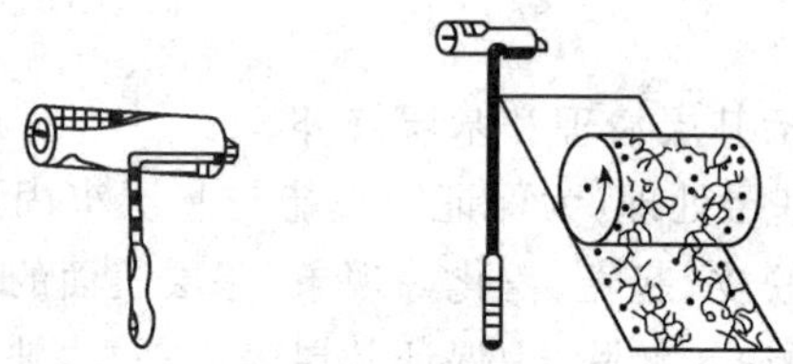

图 6-26 涂料辊

③ 喷涂。它是利用压力或压缩空气将涂料涂布于物体表面的一种施工方法。涂料在高速喷射的空气流带动下,呈雾状小液滴喷到基层表面上形成涂层。喷涂的涂层较均匀,颜色也较均匀,施工效率高,适用于大面积施工。可使用各种涂料进行喷涂,尤其是外墙涂料用得较多。

喷涂的效果与质量由喷嘴的直径大小 d、喷枪距墙的距离 S、工作压力 P 与喷枪移动的速度 v 有关,它们是喷涂工艺的四要素。喷涂时空气压缩机的压力,一般控制在 0.4 ~ 0.7 MPa,气泵的排气量不小于 0.6 m^3/h;喷嘴距喷涂面的距离,以喷涂后不流挂为准,一般为 40 ~ 60 cm。喷嘴应与被涂面垂直且作平行移动,运行中速度保持一致(如图 6-27)。纵横方向作 S 形移动。当喷涂两个平面相交的墙角时,应将喷嘴对准墙角线(如图 6-28)。

④ 刮涂。它是利用刮板将涂料厚浆均匀地批刮于饰涂面上,形成厚度为 1 ~ 2 mm 的厚涂层。其常用于地面厚层涂料的施涂。

⑤ 弹涂。它是利用弹涂器通过转动的弹棒将涂料以圆点形状弹到被涂面上的一种施工

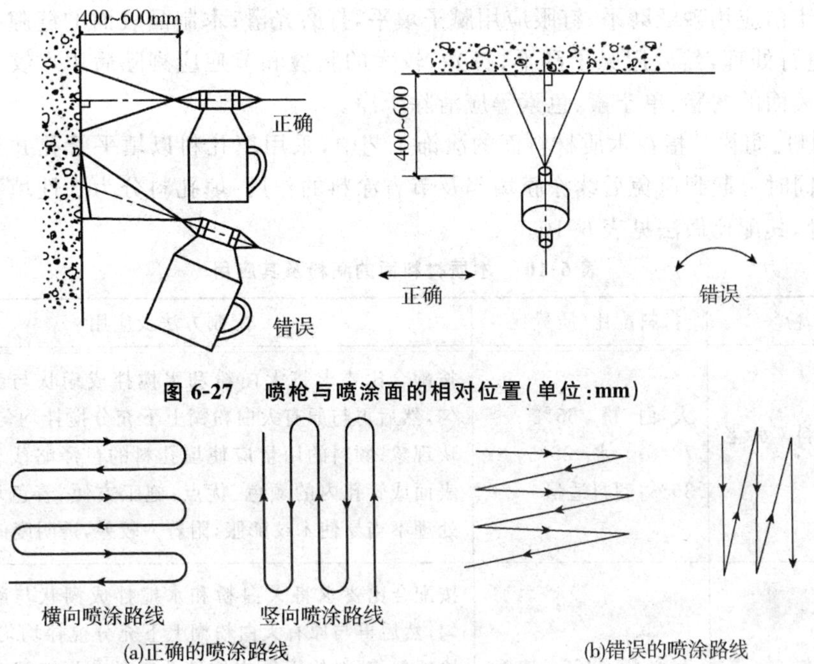

图 6-27　喷枪与喷涂面的相对位置(单位:mm)

图 6-28　错误的喷涂路线

方法。若分数次弹涂，每次用不同颜色的涂料，被涂面由不同色点的涂料装饰，相互衬托，可使饰面增加装饰效果。

(三)油漆涂料施工

油漆工程是一个专业性及技艺性较强的技术工程，从其主要材料如油漆、稀释剂、腻子、润粉、着色颜料及染料(水色、酒色和油色)、研磨抛光和上蜡材料的使用，到清除、嵌批、打磨、配料和涂饰等工序均十分复杂且要求严格。因此，建筑装饰的中、高级油漆工程，必须严格执行油漆施工操作规程。根据《国家建筑装饰装修工程质量验收规范》(GB50210—2001)，其重点项目是混色油漆、清漆和美术油漆工程以及木地板烫蜡、擦软蜡，大理石、水磨石地面打蜡工程。

油漆工程的基层面主要是木质基层、抹灰基层。抹灰基层的处理参考内墙涂料的基层处理；木质基层主要有门窗、家具、木装修(木墙裙、隔断、顶棚)等。一般松木等软材类的木料表面，以采用混色涂料或清漆面的普通、中等涂料较多；硬材类的木材表面则多采用漆片、蜡克面的清漆，属于高级涂料。

1. 施工工艺流程

油漆涂料的施工工艺流程为：基层处理 → 润粉 → 着色 → 打磨 → 配料 → 涂刷面层。

2. 施工操作要点

(1) 基层处理、润粉、着色木质基层的木材本身除了木质素外，还含有油脂、单宁素等。这些物质的存在，使涂层的附着力和外观质量受到影响。涂料对木制品表面的要求是平整光滑、少节疤、棱角整齐、木纹颜色一致等。因此，必须对木基层进行处理。

木基层的含水率不得大于12%；木材表面应平整，无尘土、油污等妨碍涂饰施工质量的污染物，施工前应用砂纸磨平。钉眼应用腻子填平，打磨光滑；木制品表面的缝隙、毛刺、掀岔及脂囊应进行处理，然后用腻子刮平、打光。较大的脂囊和节疤应剔除后用木纹相同的木料修补；木料表面的树脂、单宁素、色素等应清除干净。

(2) 润粉。润粉是指在木质材料面的涂饰工艺中，采用填孔料以填平管孔并封闭基层和适当着色，同时可起到避免后续涂膜塌陷及节省涂料的作用。填孔料分为水性填孔料和油性填孔料两种，其配比做法见表6-10。

表6-10　木质材料面的润粉及其应用

润　粉	材料配比(质量比)	配制方法及应用
水性填孔料(水老粉)	大白粉 65%～72%；水 28%～36%；颜料适量	按配合比要求将大白粉和水搅拌成糊状与颜料拌和均匀，然后再与原有大白粉糊上下充分搅拌均匀，不能有结块现象；颜料的用量应使填孔料的色泽略浅于样板木纹表面或管孔内的颜色。优点：施工方便、着色均匀；缺点：处理不当易使木纹膨胀，附着力较差，透明度低
油性填孔料(油老粉)	大白粉 60%；清油 10%；松香水 20%；煤油 10%；颜料适量	按配合比要求将大白粉和水搅拌成糊状与颜料拌合均匀，然后再与原有大白粉糊上下充分搅拌均匀，不能有结块现象；颜料的用量应使填孔料的色泽略浅于样板木纹表面或管孔内的颜色。优点：施工方便，着色均匀，木纹不会膨胀，不易收缩开裂，干燥后坚固，着色效果好，透明度高，附着力强，吸收上层涂料少；缺点：干燥较慢，操作不如水性填孔料方便

(3) 着色。为更好地突出木材表面的美丽花纹，常采用基层着色工艺，即在木质基面上涂刷着色剂，着色分为水色、酒色和油色3种不同的做法，其材料组成见表6-11。

表6-11　木质基层面透明涂饰时着色材料的组成

着　色	材料组成	染色特点
水色	常用黄纳粉、黑纳粉等酸性染料溶解于热水中(染料占10%～20%)	透明、无遮盖力、保持木纹清晰；缺点是耐光照性能差，易产生褪色
酒色	在清虫胶清漆中掺入适量品色的染料，即成为着色虫胶漆	透明，清晰显露木纹，耐光照性能较好
油色	用氧化铁系材料、哈巴粉、锌钡白、大白粉等调入松香水中再加入清油或清漆等，调制成稀浆	由于采用无机颜料作为着色剂，所以耐光照性能良好，不易褪色；缺点是透明度较低，显露木纹不够清晰

(4) 打磨

打磨工序是使用研磨材料对被涂物面进行研磨平整的过程，其对于油漆涂层的平整光滑、附着力及被涂物面的棱角、线脚、外观质量等方面均有重要影响。常用的砂纸和砂布代号是根据磨料的粒径而划分的，砂布代号数字越大则磨粒越粗；而砂纸则恰恰相反，代号越大即磨粒越细。

油漆涂饰的打磨操作，包括对基层的打磨、层间打磨，以及面层的打磨；打磨的方式又分为干磨与湿磨。打磨必须是在基层或漆膜干实后进行；水性腻子或不宜浸水的基层不能采用湿磨，但含铅的油漆涂料必须湿磨；当漆膜坚硬不平或软硬相差较大时，需选用锋利的磨料打磨。干磨是指使用木砂纸、铁砂布、浮石等的一般研磨操作；湿磨则是为了防止漆膜打磨时受热变软而使漆尘粘附于磨粒间影响打磨效率与质量。

(5) 配料

根据设计、样板或操作所需，将油漆饰面施工所需的原材料按配比调制的工序叫配料，如色漆调配、腻子调配、木质基层、填孔料及着色剂的调配等。配料在油漆涂饰施工中是一项重要的基本技术，它直接影响到涂施、漆膜质量和耐久性。此外，根据油漆涂料的应用特点，油漆技工常需对油漆的粘度（稠度）、品种性能等做必要的调配，其中最基本的事项和做法包括施工稠度的控制、油性漆的调配（油性漆易沉淀，在使用时须加入清油等）、硝基漆韧性的调配（掺加适量增韧剂等）、醇酸漆油度的调配（面漆与底漆的调兑等）、无光色漆的调配（普通油基漆掺加适度颜料使漆膜平坦、光泽柔和且遮盖力强）等。

(6) 涂刷面层

① 在涂刷涂料时，应做到横平竖直、纵横交错、均匀一致。在涂刷顺序上应先上后下、先内后外、先浅色后深色，按木纹方向理平理直。

② 涂刷混色涂料一般不少于 4 遍；涂刷清漆一般不少于 5 遍。

③ 当涂刷清漆时，在操作上应当注意色调均匀、拼色一致，表面不可显露刷纹。

6.7 裱糊施工

裱糊工程中常用的有普通墙纸、塑料墙纸和玻璃纤维墙布。从表面装饰效果看，有仿锦缎、静电植绒、印花、压花、仿木、仿石等。

(一) 工艺流程

纸基塑料壁纸的裱糊工艺过程为：基层处理 → 安排墙面分幅和画垂直线 → 裁纸 → 焖水 → 刷胶 → 纸上墙面 → 对缝 → 赶大面 → 整理纸缝 → 擦净挤出的胶水 → 清理修整。

(二) 施工要点

1. 基层处理

(1) 基层基本干燥，抹灰层含水率不高于 8%，抹灰面表面坚实、平滑、无飞刺、无砂粒。对局部麻点、凹坑须先披腻子找平，并满披腻子，用砂纸磨平。

(2) 腻子要具有一定强度，故常用聚酯酸乙烯乳胶（白胶）腻子、石膏腻子和骨胶腻子等。然后，在表面满刷一遍用水稀释的 107 胶（不加纤维素）作为底胶。

(3) 在刷底胶时，宜薄、均匀，不留刷痕，其作用是减少基层吸水太快，引起胶粘剂脱水而影响墙纸粘接。待底胶干后才能开始裱糊。

2. 墙面弹垂直线或水平线

(1) 目的是使墙纸粘贴后的花纹、图案、线条纵横连贯，故有必要在底层涂料干后弹水平、垂直线，以作为操作时的标准。

(2) 当墙纸水平式裱贴时，弹水平线；墙纸竖向裱贴时，弹垂直线。

(3) 如果由墙角开始裱糊，那么第一条垂线离墙角的距离应该定在比墙纸宽度小 10 ～ 20 mm 之处，使纸边转过阴角的搭接收口；当遇到门窗等大洞口时，一般以立边分划为宜，以便于摺角贴立边。

3. 裁纸

根据墙纸规格及墙面尺寸统筹规划裁纸，纸幅应编号，按顺序粘贴。墙面上下要预留裁制尺寸，一般两端应多留 30 ～ 40 mm。当墙纸有花纹、图案时，要预先考虑完工后的花纹、图案、光泽效果，且应对接无误，不要随便裁割。同时还应根据墙纸花纹、纸边情况采用对口或搭口裁割拼缝。

4. 焖水

纸基塑料墙纸遇水(或胶水)，开始则自由膨胀，5 ～ 10 min 后胀足，干后则自行收缩。自由胀缩的墙纸，其幅度方向的膨胀率为 0.5% ～ 1.2%，收缩率为 0.2% ～ 0.8%，利用这个特性是保证裱糊质量的关键。如果在干纸上刷胶后立即上墙裱糊，由于纸虽被胶固定，但其继续吸湿膨胀，因此，墙面上的纸必然出现大量气泡、皱褶，不能成活，因此，必须先将墙纸在水槽中浸泡几分钟，或刷胶后叠起静置 10 min，然后再裱糊。这时纸已充分胀开，被胶固定在墙面上以后，还要随着水分的蒸发而收缩、绷紧，所以即使裱糊时有少量气泡，干后也会自行平服。

5. 墙纸的粘贴

(1) 墙面和墙纸各刷胶粘剂一遍，阴阳角处应增涂胶粘剂 1 ～ 2 遍，刷胶要求薄而均匀，不得漏刷。墙面涂刷胶粘剂的宽度应比墙纸宽 20 ～ 30 mm。

(2) 裱糊纸基塑料墙纸一般可用 107 胶作胶粘剂。胶粘剂:其配合比(重量比) 为 107 胶(甲醛含量为 45%):竣甲基纤维素(2.5% 溶液):水 = 100:30:50。

(3) 先贴长墙面，后贴短墙面。每个墙面从显眼的墙角以整幅纸开始，将窄条纸的现场裁边留在不明显的阴角处。每个墙面的第一条纸都要挂垂线。

(4) 贴每条纸均先对花、对纹拼缝由上而下进行，上端不留余量，先在一侧对缝以保证墙纸粘贴垂直，后对花纹拼缝到底压实后，再抹平整张墙纸。

(5) 阳角转角处不留拼缝，包角要压实，并注意花纹、图案与阳角直线的关系，所以对基层的阳角垂直、方正和平整度要求较高。

(6) 若遇阴角不垂直的现象，一般不做对接缝，而改为搭接缝，墙纸由受侧光的墙面向阴角的另一面转过去 5 ～ 10 mm 压实，不得空鼓，搭接在前一条墙纸的外面。搭缝应密实、拼严，花纹图案应对齐。

(7) 当采用搭口拼缝时，要待胶粘剂干到一定程度后，才用刀具。用刀时要一次直落，力量要适当、均匀，不能停顿，以免出现刀痕搭口，同时也不要重复切割，以免搭口起丝影响美观。裁割墙纸要小心地撕去割出部分，再刮压密实。

(8) 粘贴的墙纸应与挂镜线、门窗贴脸板和踢脚板紧接，不得有缝隙。

(9) 墙纸粘贴后，若发现空鼓、气泡，则可用针刺放气，再用注射针挤进胶粘剂用刮板刮平压密实。

6. 成品保护

在交叉流水作业中，人为的损坏、污染，施工期间与完工后的空气湿度与温度变化等因素，都会严重影响墙纸饰面的质量。故完工后，应做好成品保护工作，封闭通行或设保护覆盖物，一般应注意以下几点：

(1) 为避免损坏、污染，粘贴墙纸尽量放在施工作业的最后一道工序，特别应放在塑料踢脚板铺贴之后；

(2) 在粘贴墙纸时空气相对湿度不应过高，一般为低于85％的空气湿度，温度不应剧烈变化。

6.8　幕墙施工

建筑幕墙是指由金属构件与各种板材组成的悬挂在主体结构上、不承担主体结构荷载与作用的建筑外维护结构。建筑幕墙按其面层材料的不同可分为玻璃幕墙、石材幕墙、金属幕墙等，本节主要介绍玻璃幕墙的构造及施工工艺。

(一) 玻璃幕墙的种类

玻璃幕墙分有框玻璃幕墙和无框全玻璃幕墙。而有框玻璃幕墙又分为明框、隐框和半隐框玻璃幕墙3种；无框全玻璃幕墙分底座式全玻璃幕墙、吊挂式全玻璃幕墙和点连接式全玻璃幕墙等多种。

(1) 明框玻璃幕墙：玻璃镶嵌在铝框内、四边都有铝框的幕墙构件，横梁、立柱均外露。

(2) 隐框玻璃幕墙：玻璃用结构硅酮胶粘接在铝框上，铝框全部隐蔽在玻璃后面。

(3) 半隐框玻璃幕墙：玻璃两对边嵌在铝框内，两对边用结构胶粘接在铝框上。形成立柱外露、横梁隐蔽的竖框横隐的玻璃幕墙或横梁外露、竖框隐蔽的竖隐横框的玻璃幕墙。

(4) 全玻璃幕墙：使用大面积玻璃板，而且支承结构也采用玻璃肋的幕墙称全玻幕墙。高度≤4.5 m的全玻璃幕墙可直接以下部为支承(如图6-29)；超过4.5 m的全玻璃幕墙，宜在上部悬挂，玻璃肋通过结构硅酮胶与面玻璃粘合(如图6-30)。

(5) 挂架式玻璃幕墙：采用四爪式不锈钢挂件与立柱焊接，挂件的每个爪与一块玻璃的一个孔相连接，即一个挂件同时与4块玻璃相连接(如图6-31)。

(二) 玻璃幕墙的材料及构造要求

玻璃幕墙的主要材料包括玻璃、铝合金型材、钢材、五金件及配件、结构胶及密封材料、防火、保温材料等。因幕墙不但承受自重荷载，还要承受风荷载、地震荷载和温度变化作用的影响，因此幕墙必须安全可靠，使用的材料必须符合国家或行业标准规定的质量要求。

(1) 具有防雨水渗漏的性能：设泄水孔，耐候嵌缝密封材料宜用氯丁胶或砖橡胶。

(2) 设冷凝水排出管道。

(3) 在不同金属材料的接触处设置绝缘垫片，并采取防腐措施。

(4) 在立柱与横梁接触处应设柔性垫片。

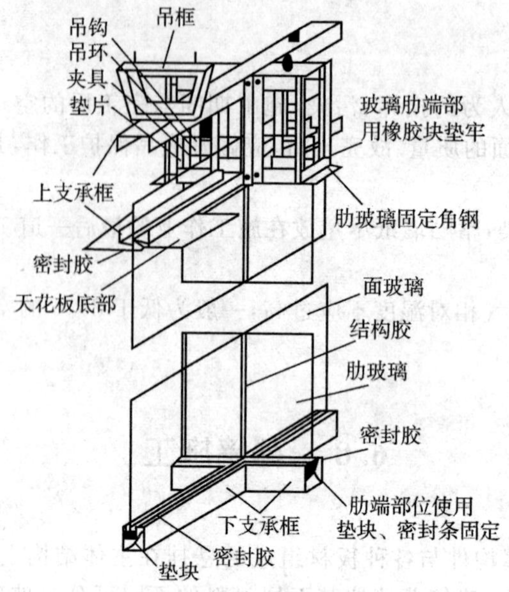

图 6-29 座地式全玻璃幕墙结构示意图

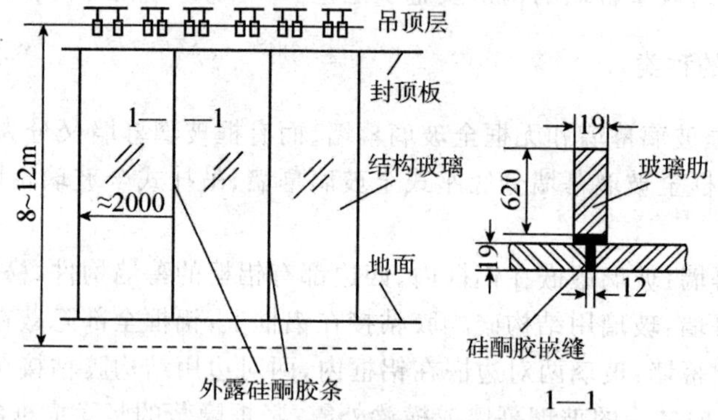

图 6-30 挂式全玻璃幕墙结构示意(单位：mm)

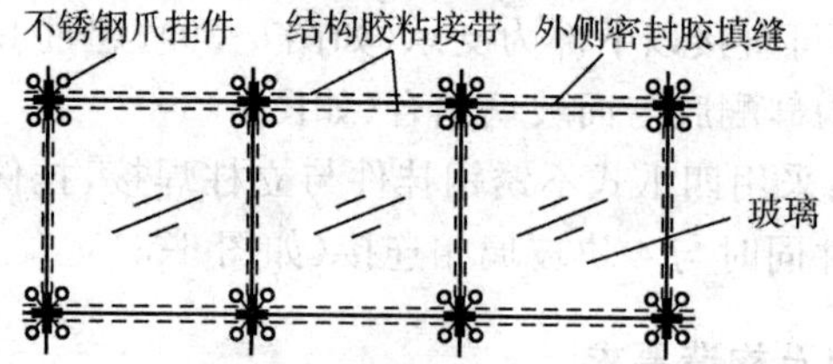

图 6-31 挂架式玻璃幕墙

(5) 隐框玻璃的拼缝宽不宜小于 15 mm，作为清洗机轨道的玻璃竖缝不小于 40 mm。

(6) 幕墙下部设绿化带，入口处设庭阳棚雨篷。

(7) 设防撞栏杆。

(8) 玻璃与楼层隔墙处缝隙的填充料用不燃烧材料。

(9) 避雷：玻璃幕墙自身应形成防雷体系，并与主体结构的防雷体系连接。

(三) 玻璃幕墙的安装

玻璃幕墙的施工方式除挂架式和无骨架式外,还分为单元式安装(工厂组装)和元件式安装(现场组装)两种。单元式玻璃幕墙的施工是将立柱、横梁和玻璃板材在工厂已拼装为一个安装单元(一般为一层楼高度),然后再在现场整体吊装就位(如图 6-32);元件式玻璃幕墙的施工是将立柱、横梁和玻璃等材料分别运到工地现场,进行逐件安装就位(如图 6-33)。由于元件式安装不受层高和柱网尺寸的限制,是目前应用较多的安装方法,它适用于明框、隐框和半隐框幕墙,其主要工序如下。

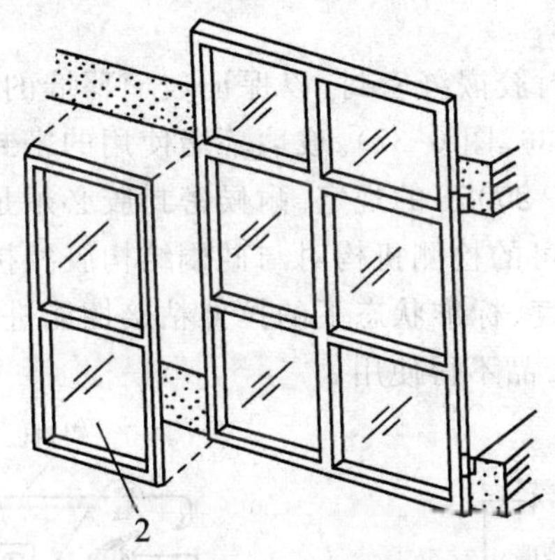

图 6-32　单元式玻璃幕墙图

1— 楼板;2— 玻璃幕墙板

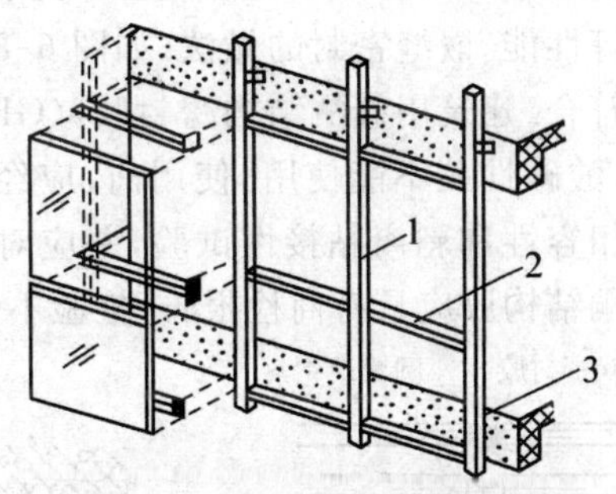

图 6-33　单元式玻璃幕墙图

1— 立柱;2— 横梁;3— 楼板

1. 测量放线

将骨架的位置弹到主体结构上。放线工作应根据主体结构施工大的基准轴线和水准点进行。对于由横梁、立柱组成的幕墙骨架,先弹出立柱的位置,然后再将立柱的锚固点确定。待立柱通长布置完毕后,将横梁弹到立柱上。如果是全玻璃安装,则首先将玻璃的位置线弹到地面上,再根据外边缘尺寸确定锚固点。

2. 预埋件检查

幕墙与主体结构连接的预埋件应在主体结构施工过程中按设计要求进行埋设,在幕墙安装前检查各预埋件位置是否正确,数量是否齐全。若预埋件遗漏或位置偏差过大,则应会同设计单位采取补救措施。补救方法应采用植锚栓补设预埋件,同时应进行拉拔试验。

3. 骨架安装

根据放线的位置进行骨架安装。骨架安装是采用连接件与主体结构上的预埋件相连。连接件与主体结构是通过预埋件或后埋锚栓固定,当采用后埋锚栓固定时,应通过试验确定锚栓的承载力。骨架安装应先安装立柱,再安装横量。上下立柱通过芯柱连接(如图 6-34),横梁与立柱的连接根据材料不同,可以采用焊接、螺栓连接、穿插件连接或用角铝连接。

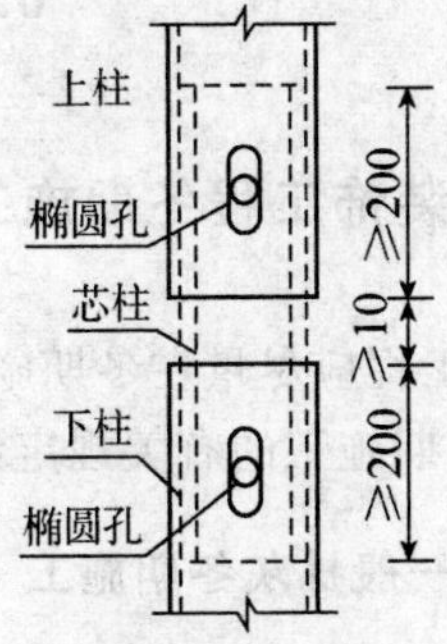

图 6-34　上下立柱的连接方法(单位:mm)

4. 玻璃安装

玻璃的安装因幕墙的类型不同而不同。对于钢骨架，因型钢没有镶嵌玻璃的凹槽，多用窗框过渡，将玻璃安装在铝合金窗框上再将铝合金窗框与骨架相连。铝合金型材的幕墙框架，在成型时已经将固定玻璃的凹槽随同断面一次挤压成型，可以直接安装玻璃。玻璃与金属之间不能直接接触，玻璃底部设防震垫片，侧面与金属之间用封缝材料嵌缝。对隐框玻璃幕墙，在玻璃框安装前应对玻璃及四周的铝框进行清洁，以保证嵌缝耐候胶能可靠粘接。安装前玻璃的镀膜面应粘贴保护膜加以保护，交工前全部揭去。安装时对于不同的金属接触面应设防静电垫片。

5. 密缝处理

玻璃或玻璃组件安装完后，应立即用耐候密封胶嵌缝密封，以保证玻璃幕墙的气密性、水密性等性能。嵌缝密封的做法(如图 6-35、图 6-36、图 6-37)。玻璃幕墙使用的密封胶的性能必须符合《建筑用硅酮结构密封胶》(GB16776－2005)的规定。耐候密封胶必须是中性单组分胶，酸碱性胶不能使用。使用前，应经国家认可的检测机构对与硅酮结构胶相接触的材料进行相容性和剥离粘接性试验，并应对邵氏硬度、标准状态下的拉伸粘接性能进行复验。进口硅酮结构胶应具有商检报告。检验不合格的产品不得使用。

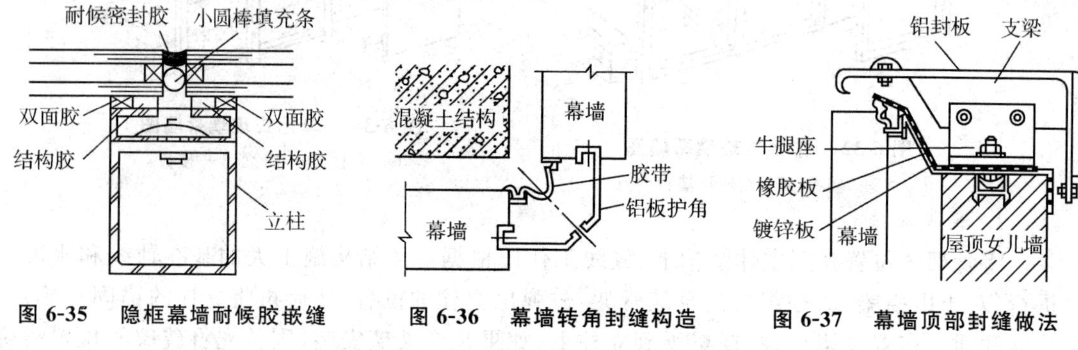

图 6-35　隐框幕墙耐候胶嵌缝　　**图 6-36　幕墙转角封缝构造**　　**图 6-37　幕墙顶部封缝做法**

6. 清洁维护

玻璃安装完后，应从上往下用中性清洁剂对玻璃幕墙表面及外露构件进行清洁，清洁剂使用前应进行腐蚀性检验，证明对铝合金和玻璃无腐蚀作用后方可使用。

6.9　冬期施工与雨期施工

6.9.1　装饰工程冬期施工

装饰工程应尽量在冬期施工前完成，或推迟在初春化冻后进行。必须在冬期施工的工程，应按冬期施工的有关规定组织施工。

(一) 一般抹灰冬期施工

凡昼夜平均气温低于＋5℃和最低气温低于3℃时，抹灰工程应按冬期施工的要求进行。

一般抹灰冬期常用施工方法有热作法和冷作法两种。

1. 热作法施工

热作法施工是利用房屋的永久热源或临时热源来提高和保持操作环境的温度，人为创造一个正温环境，使抹灰砂浆硬化和固结。热作法一般用于室内抹灰。常用的热源有：火炉、蒸汽、远红外加热器等。

室内抹灰应在屋面已做好的情况下进行。抹灰前应将门、窗封闭，脚手眼堵好，对抹灰砌体提前进行加热，使墙面温度保持在＋5℃以上，以便湿润墙面不致结冰，使砂浆与墙面粘接牢固。冻结砌体应提前进行人工解冻，待解冻下沉完毕，砌体强度达设计强度的 20% 后方可抹灰。抹灰砂浆应在正温的室内或暖棚内制作，用热水搅拌，抹灰时砂浆的上墙温度不低于 10℃。抹灰结束后，至少 7 d 内保持＋5℃ 的室温进行养护。在此期间，应随时检查抹灰层的湿度，当干燥过快时，应洒水湿润，以防产生裂纹，影响与基层的粘结，防止脱落。

2. 冷作法施工

冷作法施工是低温条件下在砂浆中掺入一定量的防冻剂(氯化钠、氯化钙、亚硝酸钠等)，在不采取采暖保温措施的情况下进行抹灰作业。冷作法适用于房屋装饰要求不高、小面积的外饰面工程。

冷作法抹灰前应对抹灰墙面进行清扫，墙面应保持干净，不得有浮土和冰霜，表面不洒水湿润；抗冻剂宜优先选用单掺氯化钠的方法，其次可用同时掺氯化钠和氯化钙的复盐方法或掺亚硝酸钠。其掺入量与室外气温有关，单盐掺入量可按表 6-12 选用，也可由试验确定。

当采用亚硝酸钠外加剂时，砂浆内亚硝酸钠掺量应符合表 6-13 规定。

表 6-12 砂浆内氯化钠掺量(占用水量的 %)

项　目	室外气温(℃)	
	0 ～ －5	－5 ～ －10
挑檐、阳台、雨罩、墙面等抹水泥砂浆	4	4 ～ 8
墙面为水刷石、干粘石水泥砂浆	5	5 ～ 10

表 6-13 砂浆内亚硝酸钠掺量(占用水量的 %)

室外气温(℃)	0 ～ －3	－4 ～ －9	－10 ～ －15	－16 ～ －20
掺　量	1	3	5	8

防冻剂应由专人配制和使用，配制时可先配制 20% 浓度的标准溶液，然后根据气温再配制成使用溶液。

掺氯盐的抹灰严禁用于高压电源的部位，做涂料墙面的抹灰砂浆中，不得掺入氯盐防冻剂。氯盐砂浆应在正温下拌制使用，拌制时，先将水泥和砂干拌均匀，然后加入氯盐水溶液拌合。水泥可用硅酸盐水泥或矿渣硅酸盐水泥，严禁使用高铝水泥。砂浆应随拌随用，不允许停放。

当气温低于 25℃ 时，不得用冷作法进行抹灰施工。

(二) 装饰抹灰

装饰抹灰冬期施工除按一般抹灰施工要求掺盐外，可另加水泥重量 20% 的 801 胶水。要注意搅拌砂浆应先加一种材料搅拌均匀后再加另一种材料，避免直接混搅。釉面砖及外墙面砖施工时宜在 2% 盐水中提泡 2 h，并在晾干后方可使用。

(三) 其他装饰工程的冬期施工

冬期进行油漆、刷浆、裱糊、饰面工程，应采用热作法施工。应尽量利用永久性的采暖设施。室内温度应在 5℃ 以上，并保持均衡，不得突然变化。否则不能保证工程质量。

冬期气温低，油漆会发粘不易涂刷，涂刷后漆膜不易干燥。为了便于施工，可在油漆中加一定量的催干剂，保证在 24 h 内干燥。

室外刷浆应保持施工均衡，粉浆类料宜采用热水配制，随配随用，料浆使用温度宜保持 15℃ 左右。裱糊工程施工时，混凝土或抹灰基层含水率不应大于 8%。施工中当室内温度高于 20℃，且相对湿度大于 80% 时，应开窗换气，防止壁纸皱折起泡。玻璃工程冬期施工时，应将玻璃、镶嵌用合成橡胶等材料运到有采暖设备的室内，操作地点环境温度不应低于 5℃。

外墙铝合金、塑料框、大扇玻璃不宜在冬期安装。

环境温度是指施工现场的最低温度，在北面房间距地面以上 50 cm 处测得。室内外装饰工程的施工环境温度，除满足上述要求外，对新材料应按所用材料的产品说明要求的温度进行施工。

6.9.2 装饰工程雨期施工

装饰工程雨期施工时施工现场除解决好截水和排水问题外，还要注意防潮的工作，避免阴雨天空气湿度过大，影响施工质量。

对于室内的装饰工程，室内抹灰尽量在做完屋面后进行，至少做完屋面找平层，并铺一层油毡。施工中要将所有的门窗都打开，以保持室内良好的通风。这样不仅有利于施工人员的身体健康，而且有助于室内墙面、地面及木材等的尽早干燥。

对于室外的装饰工程，雨天不宜进行施工，至少应预计 1 ～ 2 d 的大气变化情况。对已经施工的墙面、门窗等，应注意防止雨水污染。

(一) 内墙面装饰工程施工

墙面涂刷施工，阴雨天刮批腻子时，应用干布将墙面水汽擦拭干净，保持墙面干燥。同时还应根据天气的实际情况，延长腻子干透的时间，一般以 2 ～ 3 天为宜。

木制品刷清漆或做混油时刷硝基漆，不宜在雨天施工。木制品表面在雨天时会凝聚一层水汽，此时施工，水汽便会包裹在漆膜里，使木制品表面浑浊不清。雨天刷硝基漆，会导致色泽不均匀，而刷油漆，则会出现返白的现象。

雨季对于墙面刷乳胶漆的影响不太大，但也要注意适当延长第一遍刷完后进行墙体干燥的时间。一般情况下，正常间隔为 2 小时左右，雨天可根据天气状况再延长。

(二) 地面工程施工

阴雨天地面工程铺砖时，在水泥表面覆盖好牛皮纸或塑料布等物，同时远离水源，防止受潮或浸湿后结成块状。已抹好的水泥受到空气潮湿的影响，凝固速度会减慢，铺贴完地砖，不能马上在上面踩踏，应设置跳板以方便通行。

铺实木地板、复合地板不宜在雨天进行铺装施工。雨天地面会受潮，特别是一楼，会出现返潮现象。此时水分蒸发慢，胶干得也慢，将来使用时很容易变形或出现空鼓现象等质量问题。空气湿度不大的阴天铺装木地板时，要铺装紧凑些，以免晴天后水分蒸发，导致木地板收缩，造成地板间缝隙过大。

(三) 门窗工程施工

门窗工程雨天不宜安装，对于现场制作的木门窗制品要防止变形。具体措施为：在木制门、窗成型并尚未刷漆时，可用重物对其平压近一周的时间，使门或窗的结构基本稳定，这样便可防止木制品因受潮而变形。

(四) 安全防火

雨季装修工程施工时，应注意对电路改造的规范化操作。在阳台等容易被雨淋湿的地方，将没埋线时露在电线外面的铜制线头，以及环绕在受潮的木龙骨、大芯板等木制品周围的电线铜制线头，都要包好。防止电线受潮后短路，以免引发火灾。

复习思考题

1. 简述一般抹灰的质量要求和施工要点。
2. 简述水刷石装饰抹灰的施工要点。
3. 简述聚合物水泥砂浆的喷涂、滚涂与弹涂施工装饰抹灰的施工要点。
4. 简述小规格饰面板的安装施工要点。
5. 简述铝合金板施工工艺。
6. 简述地面工程垫层施工的施工要点。
7. 简述现制水磨石地面的施工要点。
8. 简述大理石板、花岗石板及预制水磨石板地面铺贴的施工要点。
9. 简述木地板面层铺设的施工要点。
10. 简述轻钢龙骨隔墙的施工要点。
11. 简述木门窗、钢门窗、铝台金门窗的安装方法及注意事项。
12. 简述玻璃幕墙的材料及构造要求。
13. 简述一般抹灰冬期施工的要点。

第7章 钢结构工程施工

学习目标

1. 熟悉钢结构加工中的测量画线工具以及切割切削机具；
2. 掌握钢结构构件的加工与制作；
3. 掌握钢构件连接的施工工艺；
4. 掌握钢结构安装的工艺方法以及(多)高层建筑钢结构构件的施工；
5. 熟悉钢结构的防腐涂装和防火涂装。

钢结构工程从广义上讲是指以钢铁为基材，经过机械加工组装而成的结构。一般意义上的钢结构主要用于工业厂房、高层建筑、大跨结构、塔桅、桥梁等，即建筑钢结构。由于钢结构具有强度高、结构轻、施工周期短和精度等特点，因而在其他土木工程也被广泛采用。

7.1 钢结构加工机具

7.1.1 测量、画线工具

(一) 钢卷尺

常用的有长度为1 m、2 m的小钢卷尺，长度为5 m、10 m、15 m、20 m、30 m的大钢卷尺，用钢尺能量到的正确度误差为0.5 mm。

(二) 直角尺

直角尺用于测量两个平面是否垂直和画较短的垂直线。

(三) 卡钳

卡钳有内卡钳和外卡钳2种，如图7-1所示。内卡钳用于测量孔内径或槽道大小，外卡钳用于量零件的厚度和圆柱形零件的外径等。内、外卡钳均属间接量具，需用尺确定数值，因此在使用卡钳时应注意铆钉的紧固，不能松动，以免造成测量错误。

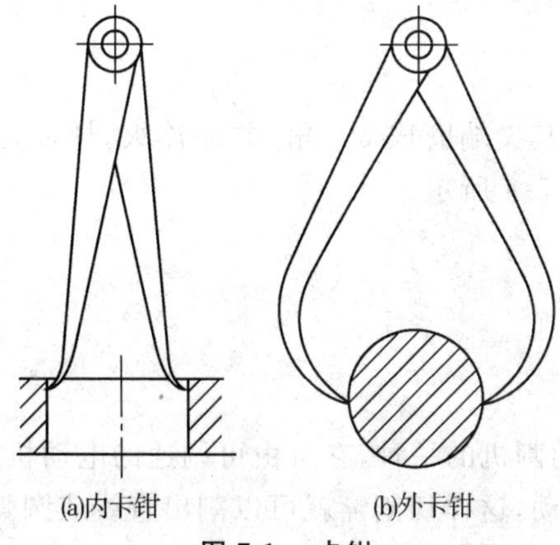

图 7-1　卡钳

(四) 画针

画针一般由中碳钢锻制而成,用于较精确零件的画线,如图 7-2 所示。

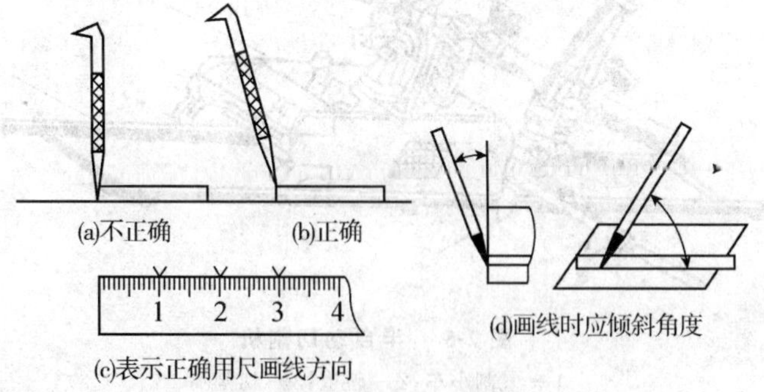

图 7-2　画针示意图

(五) 画规及地规

画规是画圆弧和圆的工具,如图 7-3(a) 所示。制造画规时为保证规尖的硬度,应将规尖进行淬火处理。地规由两个地规体和一条规杆组成,用于画较大的圆弧,如图 7-3(b) 所示。

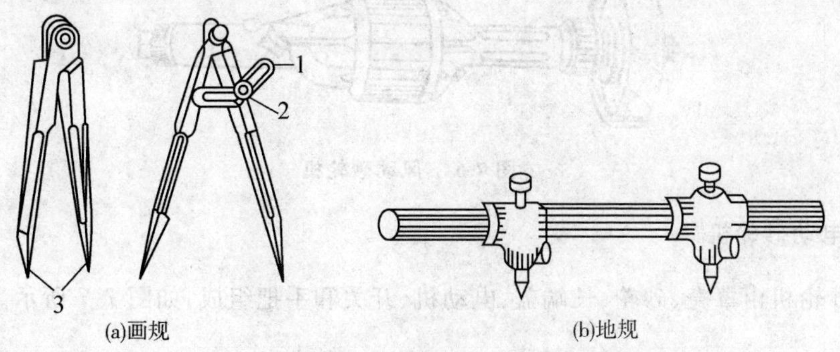

图 7-3　画规与地规

1— 弧片;2— 制动螺栓;3— 淬火处

（六）样冲

样冲多由高碳钢制成，其尖端磨成 60° 角，并需淬火。样冲是用来在零件上冲打标记的工具，如图 7-4 所示。

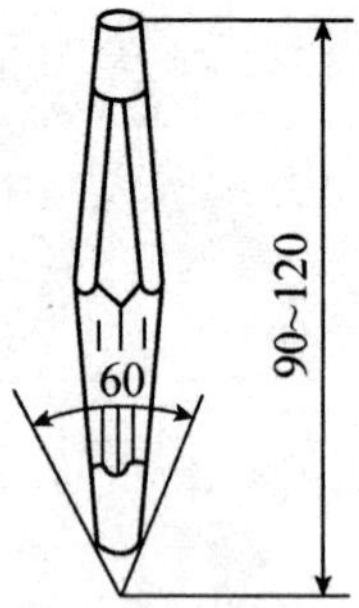

图 7-4　样冲

7.1.2　切割、切削机具

（一）半自动切割机

图 7-5 所示为半自动切割机的一种，它可由可调速的电动机拖动，沿着轨道可直线运行，或作圆运动，这样切割嘴就可以割出直线或圆弧。

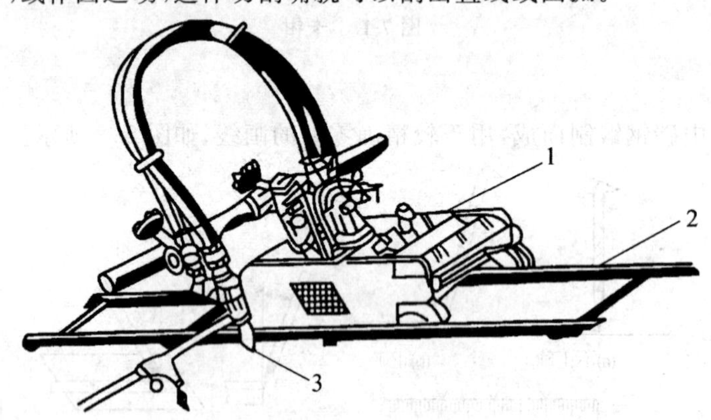

图 7-5　半自动切割机

1—气割小车；2—轨道；3—切割嘴

（二）风动砂轮机

风动砂轮机以压缩空气为动力，携带方便，使用安全可靠，因而得到了广泛应用。风动砂轮机的外形如图 7-6 所示。

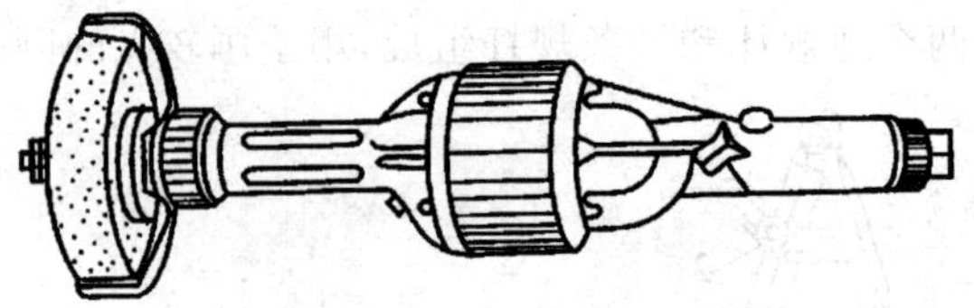

图 7-6　风动砂轮机

（三）电动砂轮机

电动砂轮机由罩壳、砂轮、长端盖、电动机、开关和手把组成，如图 7-7 所示。

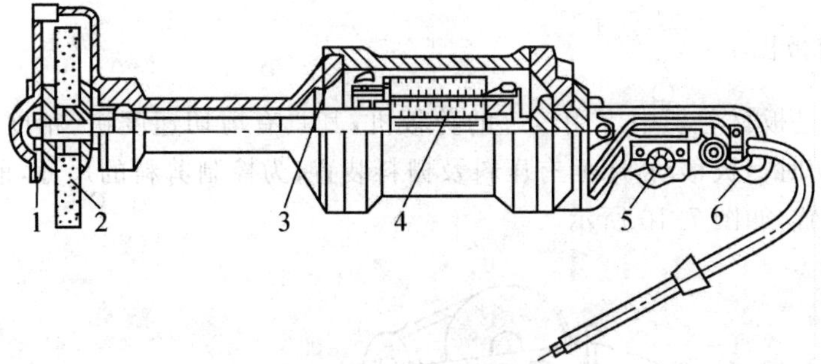

图 7-7　手提式电动砂轮机

(四) 风铲

风铲属风动冲击工具,其具有结构简单、效率高、体积小、重量轻等特点,如图 7-8 所示。

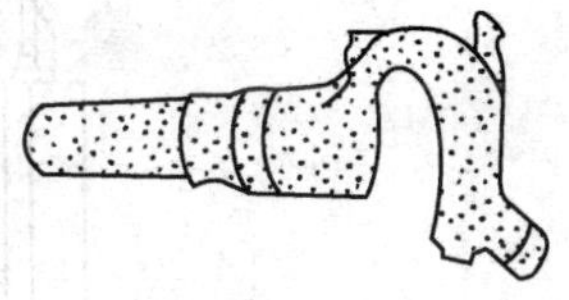

图 7-8　风铲

(五) 砂轮锯

它由切割动力头、口丁转夹钳、中心调整机构及底座等部分组成,如图 7-9 所示。

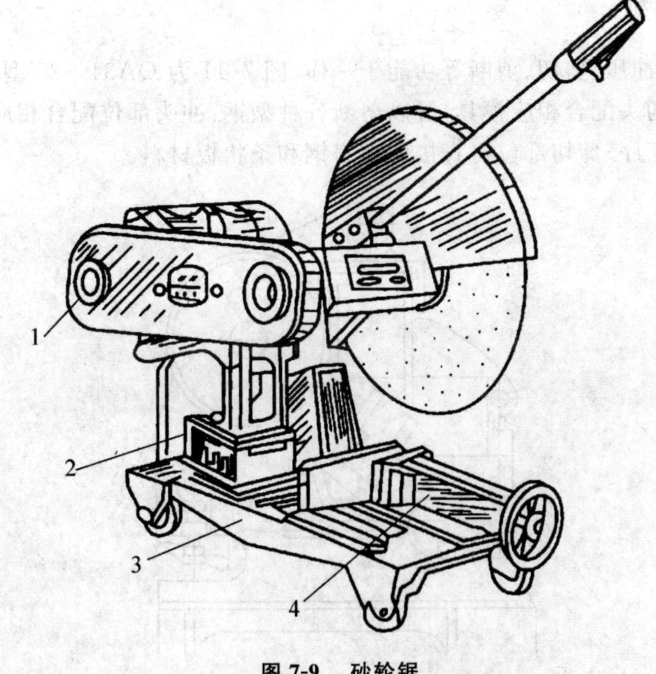

图 7-9　砂轮锯

1— 切割动力头;2— 中心调整机构

3— 底座;4— 可转夹钳

(六) 龙门剪板机

龙门剪板机是板材剪切中应用较广的剪板机,其具有剪切速度快、精度高、使用方便等特点。为防止剪切时钢板移动,床面有压料及栅料装置;为控制剪料的尺寸,前后没有可调节的定位挡板等装置,如图 7-10 所示。

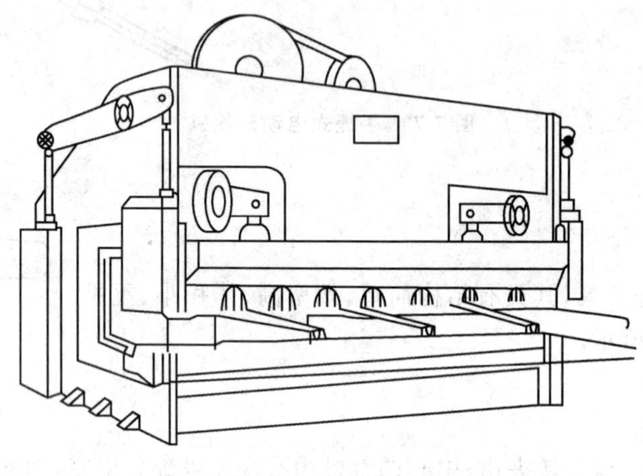

图 7-10 龙门剪板机

(七) 联合冲剪机

联合冲剪机集冲压、剪切、剪断等功能于一体,图 7-11 为 QA34—25 型联合冲剪机的外形示意图。型钢剪切头配合相应模具,可以剪断各种型钢:冲头部位配合相应模具,可以完成冲孔、落料等冲压工序;剪切部位可直接剪断扁钢和条状板材料。

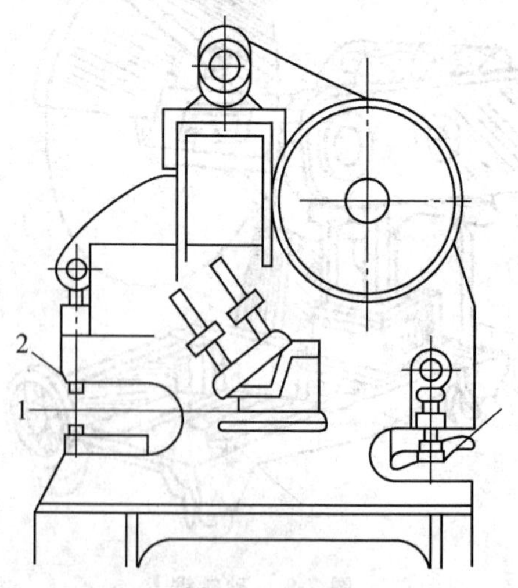

图 7-11 QA34—25 型联合冲剪机

1— 型钢剪切头;2— 冲头;3— 剪切刃

(八) 锉刀

锉刀分为普通锉、特种锉和整形锉 3 种，如图 7-12 所示。

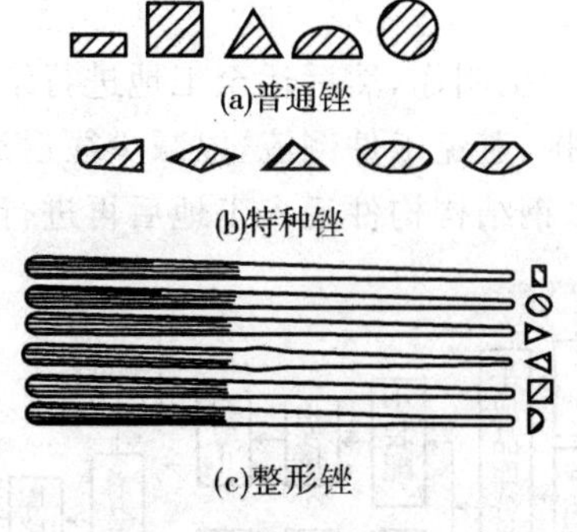

图 7-12　锉刀种类

(九) 凿子

凿子用来削除毛坯件表面多余的金属、毛刺、分割材料、切坡口及不便于机械加工的场合，如图 7-13 所示。

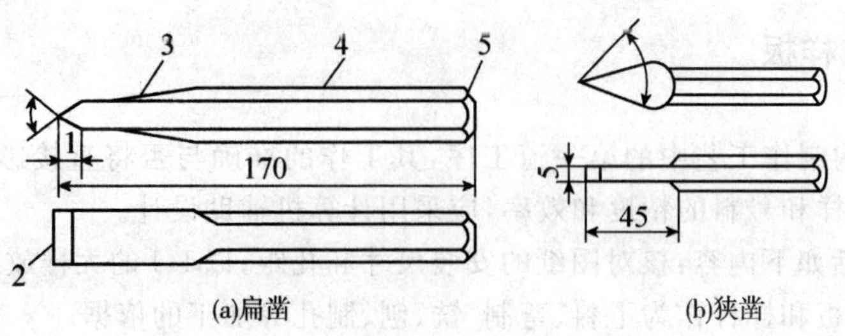

图 7-13　凿子

1— 切削部分；2— 切削刀；3— 斜面；4— 柄；5— 头

(十) 型锤

常见型锤的形状如图 7-14 所示。

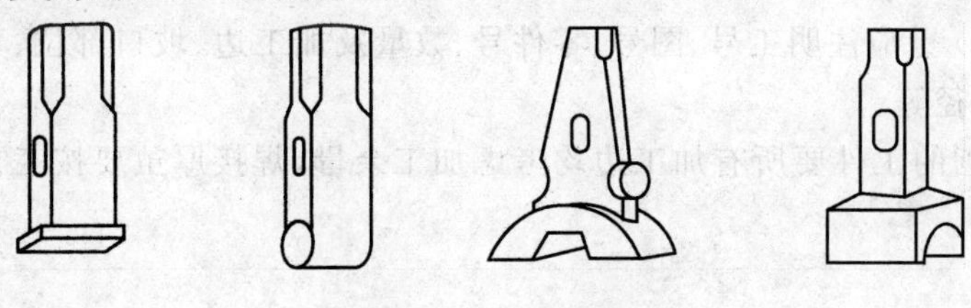

图 7-14　几种常见型锤

7.1.3　其他机具

其他机具主要包括钢尺、游标卡尺、手锯、锤、自动气体切割机、等离子切割机、铣边机、矫正机、数据冲床和冲剪机等。

7.2 钢结构构件的制作

钢结构的构件一般在工厂加工制作，然后运至工地进行结构安装。钢结构制作的工序较多，因此，对建工顺序要周密安排，避免工件倒流，以减少往返运输时间。图 7-15 为钢结构大流水作业生产的一般工艺流程。钢结构构件运入工地后再进行现场安装。

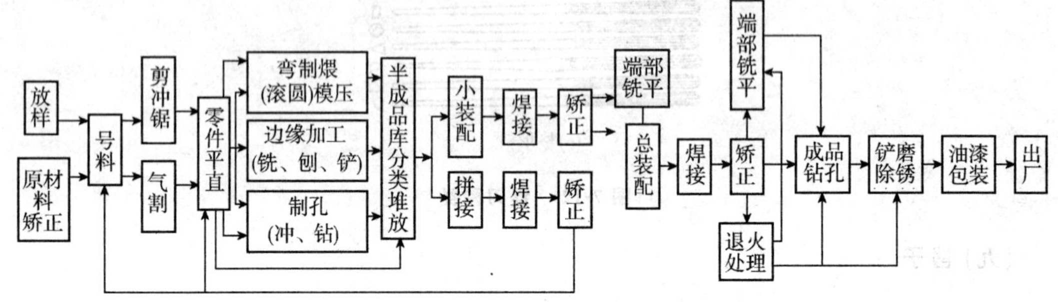

图 7-15 钢结构生产的一般工艺流程

7.2.1 放样与样板

放样是钢结构制作工艺中的第一道工序，其工作的准确与否将直接影响到整个产品的质量。为了提高放样和号料的精度和效率，应采用计算机辅助设计。

放样工作包括如下内容：核对图纸的安装尺寸和孔距；以 1:1 的大样放出节点；核对各部分的尺寸；制作样板和样杆作为下料、弯制、铣、刨、制孔等加工的依据。

放样时以 1:1 的比例在样板台上弹出大样。放样弹出的十字基准线，两线必须垂直。然后据此十字线逐一画出其他各个点及线，并在节点旁注上尺寸，以备复查及检验。

样板一般分为 4 种类型：号空样板、卡型样板、成型样板及号料样板。号空样板专用于号空；卡型样板分为内卡型样板和外卡型样板两种，是由于煨曲或检查构件形状的样板；成型样板用于煨曲或检查弯曲平面形状的样板；号料样板是供号料或号空的样板。

样板(或样杆)上应注明工号、图号、零件号、数量及加工边、坡口部位、弯折线和弯折方向、孔径和滚圆半径等。

放样时，铣、刨的工件要所有加工边均考虑加工余量，焊接厚茧要按工艺要求放出焊接收缩量。

7.2.2 号料

号料(也称画线)，即利用样板、样杆或根据图纸，在板料及型钢上画出空的位置和零件形状的加工界线，以使排布合理、充分利用材料。号料的一般工作内容包括：检查核对材料；在材料上画出切割、铣、刨、弯曲、钻孔等加工位置，打冲孔，标注出零件的编号等。

号料一般先根据料单清点样板和样杆、点清号料数量、准备号料的工具、检查号料的钢材规格和质量，然后依据先大后小的原则一次号料，并注明接头处的字母、焊缝代号。号料完毕，应在样板、样杆上注明并记下实际数量。

为了合理使用和节约原材料，必须最大限度地提高原材料的利用率。常用以下几种号料方法：

(1) 集中号料法

把同厚度的钢板零件和相同规格的型钢零件，集中在一起进行号料。

(2) 套料法

精心安排板料零件的形状位置，把同厚度的各种不同形状的零件，组合在同一材料上，进行"套料"。

(3) 统计计算法

在线性材料(如型钢)下料时将所有同规格零件归纳在一起，按零件的长度顺序排列，根据最长零件号料算出余料的长度，排上次长的零件，直至整根料被充分利用为止。

(4) 余料统一号料法

在号料后剩下的余料上进行较小零件的号料。

7.2.3　切割

切割的目的就是将放样和号料的零件形状从原材料上进行下料分离。钢材的切割可以通过切割、冲剪、摩擦机械力和热切割来实现。常用的切割方法有：机械切割、气割和等离子切割三种方法。

机械切割法可利用上、下两剪刀的相对运动来切断钢材，或利用锯片的切削运动把钢材分离。常用的切割机有剪板机、联合冲剪机、弓锯床、砂轮切割机等。其中剪切法速度快、效率高，但切口略粗糙。机械剪切的零件，其钢板厚度不宜大于 12 mm，锯割可以切割角钢、圆钢和各类型钢，切割速度和精度都较好。

气割法是利用氧气与可燃气体混合产生的预热火焰加热金属表面达到燃烧温度并使金属发生剧烈的氧化，放出大量的热促使下层金属也自行燃烧，同时通过高压氧气射流，将氧化物吹除而引起一条狭小、整齐的割缝。随着割缝的移动，使切割过程连续切割出所需的形状。可采用手工切割或半自动切割机、特型切割机等。这种切割方法设备灵活、费用低廉、精度高，是目前使用最广泛的切割方法，能切割各种厚度的钢材，特别是带曲线的零件或厚钢板。气割前，应将钢材切割区域表面的铁锈、污物等清除干净，气割后，应清除熔渣和飞溅物。

等离子切割法是利用高温度高速的等离子焰流将切口处金属及其氧化物熔化并吹掉来完成切割。所以能切割任何金属，特别是熔点较高的不锈钢及有色金属铝、铜。

7.2.4　边缘与端部加工

为保证构件外形质量及钢材之间焊接等连接的质量，在钢结构的加工中一般需要边缘加工，除图纸要求外，在梁翼缘板。支座支撑面、焊接坡口及尺寸要求严格的加劲板、隔板、腹板和有空眼的节点板等部位应进行边缘加工。常用的边缘加工方法主要有：铲边、刨边、铣边、碳弧气刨、气割和坡口机加工等。

7.2.5 弯制成型

在钢结构制作中，弯制成型的加工主要是卷板(滚圆)、弯曲(煨弯)、折边和模具压制等几种加工方法。弯制成型的加工工序是由热加工或冷加工来完成的。

把钢材加热到一定温度后进行的加工方法，通称热加工。热加工通常有两种加热方法，一种是利用乙炔火焰进行局部加热，这种方法简便，但是加热面积较小；另一种是放在炉内加热，其加热面积大。前者仅运用于局部弯制加工，后者则可用于整体加工。

钢材在常温下进行加工制作，通称冷加工。冷加工一般是利用机械设备和专用工具进行，应注意低温条件下不宜进行冷加工，易使钢材产生裂纹。

与热加工相比，冷加工具有如下优点：使用的设备简单，操作方便；节约材料和燃料；钢材的机械性能改变较小，材料的减薄量甚少。

(一) 卷板(滚圆)

滚圆是在外力的作用下，使钢板的外层纤维伸长，内层纤维缩短而产生弯曲变形(中性层纤维不变)。当圆筒半径较大时，可在常温状态下卷圆，如半径较小和钢板较厚时，应将钢板加热后卷圆。在常温状态下进行滚圆钢板的方法有：机械滚圆、胎模压制和手工制作三种加工方法。

机械滚圆是在卷板机(又叫滚板机、轧圆机)上进行的。卷板机是通过轴辊的转动以及上滚轴向下的压力来达到的。卷板机按轴辊数目和位置可分为三辊卷板机和四辊卷板机两类，三辊卷板机又分为对称式与不对称式两种。他们滚圆工作原理如图 7-16 所示。

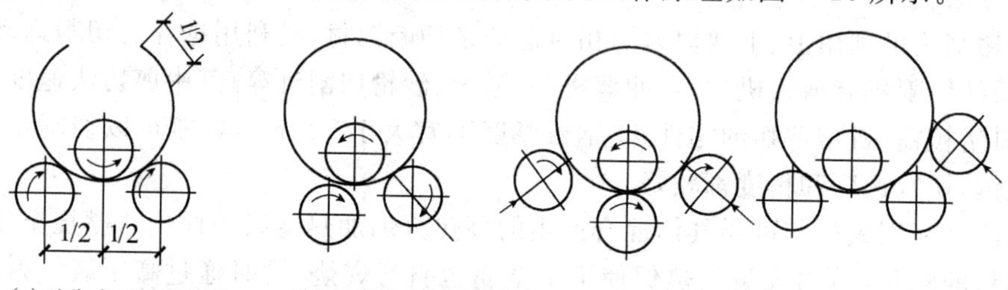

图 7-16 滚圆机原理

用弯(卷)板机弯板，其板的两端易形成"剩余直边"，即两端边缘无法充分弯卷而形成的直边，因此需要进行预弯，预弯长度为 0.5L+(30－50)mm(L 为下辊中心距) 预弯可采用压力机模压预弯或托板在滚圆机内预弯(图 7-17)。

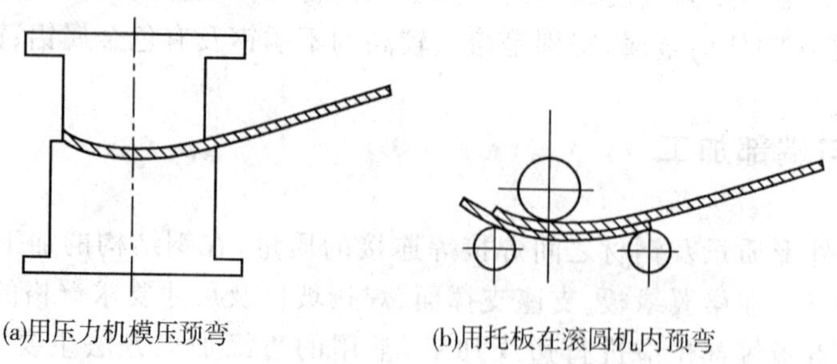

图 7-17 钢板预弯示意图

圆柱面的卷弯，卷制时根据板料温度的不同分为冷卷、热卷与温卷。

冷卷一般采用快速给进法和多次进给法滚弯，调节上（在二辊卷板机上）或侧辊（在四辊卷板机上）位置，使板料发生初步的弯曲，然后来回滚动而弯曲。

由于卷弯过程是板料弯曲塑性变形的过程，冷弯时变形越大，材料所产生的冷加工硬化也越严重，在钢板内产生的应力也越大，这会严重影响制造质量，甚至会产生裂纹而导致报废。所以，冷卷时必须控制变形量。

当碳素钢板的厚度 t 大于或等于内径 D 的 1/40 时，一般应该进行热卷。热卷前，通常必须将钢板在室内加热炉内均匀加热，加热温度范围视钢材成分而定。

温卷作为一种新工艺，吸取了冷、热卷板中的优点，避免了冷、热卷板时存在的缺点。温卷是将钢板加热至 500 ～ 600℃，使板料比冷卷时有更好的塑性，同时可减少卷板时氧化皮的危害，操作也比热卷方便。由于温卷的加热温度通常在金属的再结晶温度以下，因此，温卷工艺方法实质上仍属于冷加工范围。

圆筒弯卷、焊接后会产生变形，所以必须进行矫圆。矫圆时，工件在逐渐减少的矫正荷载下进行多次滚卷，以达到矫圆的目的。各种筒形结构卷圆后的对接不能连续产生，效率较低，且有纵向缝，强度有所降低。如用螺旋卷管，采用斜接，可与母材等强度计算，又可连续生产，效率高。螺旋卷管的加工工艺过程如图 7-18 所示。

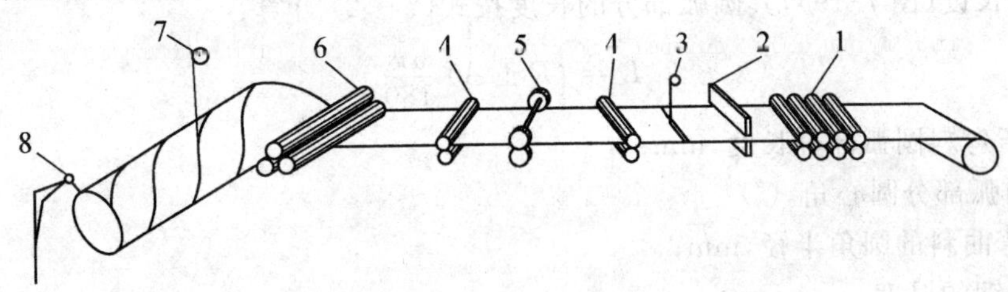

图 7-18　螺旋卷管加工工艺

1— 平直；2— 剪头；3— 拼接；4— 递送；5— 剪边；
6— 卷圆；7— 焊接(内外各一台)；8— 隔断

(二) 弯曲(煨弯)

弯曲的加工方法分为压弯、滚弯和拉弯等几种。

压弯是用压力机压弯钢板，此种方法适用于一般角度弯曲(∟形件)，双直角弯曲(匚形件)，以及其他适宜弯曲的构件。滚弯是用滚圆机滚弯钢板，此种方法适用于滚制圆筒形构件及其他弧形构件。拉弯是用转臂拉弯机和转盘拉弯机拉弯钢板，它主要用于将长条板材拉制成不同曲率的弧形构件。

弯曲按加热程度分为冷弯和热弯。冷弯是在常弯下进行弯制加工，此法适用于一般薄板、型钢等的加工；热弯是将钢材加热至 900 ～ 1100℃，在模具上进行弯制加工，它适用于厚板及较复杂形状构件、型钢的加工。

弯曲加工设备有型钢滚圆机、液压弯管机及压力机等。弯曲过程是材料经过弹性变形后再打到塑性变形的过程。但加工时在材料内部仍存在一定的弹性变形，当外力失去后有一定程度的回弹。因此，弯曲件的圆角半径不宜过大，圆角半径过大易引起回弹，影响构件精度。

但圆角半径也不宜过小，半径过小会产生裂纹。

压弯时截面中性层内移，弯曲时应计算压弯料的长度，可根据材料中性层内移值(表 7—1) 按式(7—1) 计算圆弧长度：

$$L = \frac{\alpha\pi}{180}(R + b) \tag{7—1}$$

式中：L— 压弯料圆弧部分长度，mm；

α— 圆弧部分圆心角，(°)；

R— 弯曲料的圆角半径，mm；

b— 压弯后中性层至内边缘的距离，$b=\beta_1 t$(β_1 查表 7-1)，mm。t 为压弯料的厚度，mm。

表 7-1　压弯中性层内移计算取值

R/t	0.5	0.8	1	2	3	4	5	6	7	≥8
β_2	0.25	0.30	0.35	0.37	0.40	0.42	0.44	0.46	0.48	0.50

角钢冷滚煨弯时其中性层的位置不在形心位置，而在靠近背面的位置，因此，在煨弯时应计算角钢长度(图 7-19)，其圆弧部分的长度按式(7－2) 计算：

$$L = (R \pm A)\ \frac{\alpha\pi}{180} \tag{7—2}$$

式中：L— 压弯料圆弧部分长度，mm；

α— 圆弧部分圆心角，(°)；

R— 弯曲料的圆角半径，mm；

t— 角钢的厚度，mm；

A— 压弯后中性层至边背面边缘的距离，$A=\frac{\beta_2 t}{\pi}$(β_2 查表 7-2)，当角钢外煨时取正号，内煨时 A 取负号，mm。

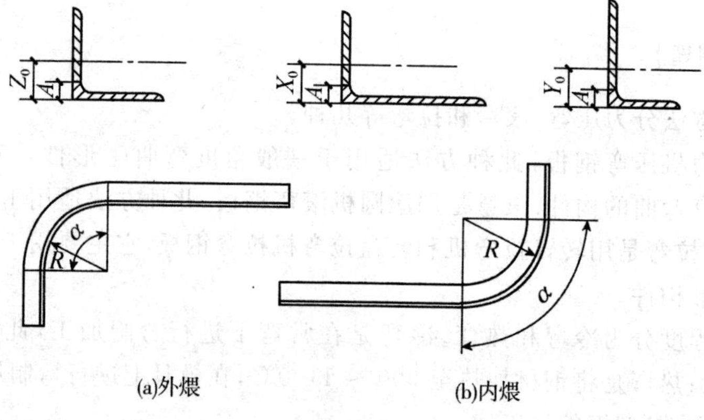

图 7-19　角钢煨弯长度计算

表 7-2　部分角钢煨弯长度计算取值

角钢形式	等边角钢	不等边角钢					
		∟90×56×6		∟75×50×5		∟63×40×6	
		煨 90 边	煨 56 边	煨 75 边	煨 50 边	煨 63 边	煨 40 边
β_2	6	10.0	4.0	7.0	4.0	6.5	3.5

注:其他不等边角钢可参考上述数据取值。

7.2.6　折边

在钢结构制造中,将构件的边缘压弯成一定角度或形状的操作称为折边。折边广泛用于薄板构件,它有很小的弯曲半径。薄板经折边后大大提高结构的强度和精度。

板料的弯曲折边是通过折边机来完成的。板料折弯压力机用于板料弯曲成各种形状,一般在上模作一次行程后,便能将板料压成一定几何形状,当采用不同形状模具或通过几次冲压,还可得到较为复杂的各种截面形状。

7.2.7　制孔

在钢结构制孔中包括铆钉孔、普通螺栓连接孔、高强度螺栓孔、地脚螺栓孔等。制孔方法通常有钻孔和冲孔两种。

(一)钻孔

钻孔是钢结构制造中普遍采用的方法,能用于钢板、型钢的制孔加工。

钻孔的加工方法分为划线钻孔、钻模钻孔和数控钻孔。

划线钻孔在钻孔前先在构件上划出孔的中心和直径,并在孔中心打样冲眼,作为钻孔时钻头定心用;在孔的圆周上(90°位置)打四只冲眼,作钻孔后检查用。

当钻孔批量大、孔距精度要求较高时,应采用钻模钻孔。钻模有通用型、组合式和专用钻模,图 7-20 是一种节点板的钻模示意图。

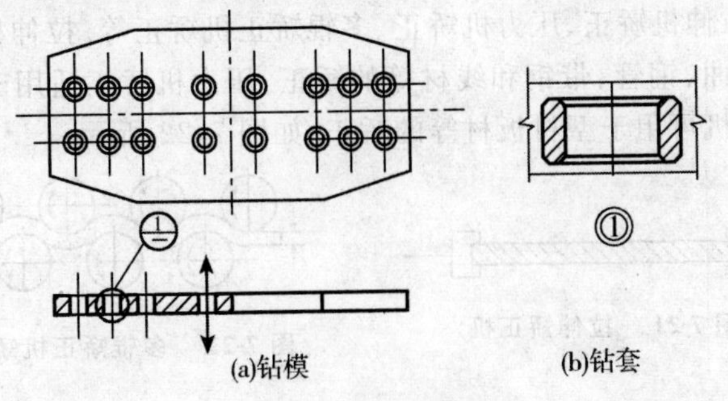

图 7-20　节点板钻模

数控钻孔是近年来发展的新技术,它无需在工件上划线、打样冲眼,而是通过计算机数字程序控制,实现高速数控定位、钻头行程自动控制,钻孔效率高、精度高,它是今后钢结构加工的发展方向。

(二) 冲孔

冲孔是在冲孔机(冲床)上进行,适用于圆孔或非圆孔。一般用于较薄的钢板和型钢上成孔,单孔径一般不小于钢材的厚度。冲孔生产效率较高,但由于孔的周围产生硬化,孔壁质量较差,有空口下塌、孔的下方增大的倾向,所以,一般用于对质量要求不高的孔以及预制孔(非成品孔),在钢结构主构件中较少直接采用。

7.2.8 矫正

由于材料加工后的内部残余应力或存放、运输、吊运不当等原因,会引起钢结构材料或构件的变形。为了保证钢结构的制作及安装质量,必须对不法和技术标准的材料、构件进行矫正。

钢结构矫正就是通过外力或加热作用,使钢材变形的纤维伸长或缩短,最后迫使钢材反变形,消除钢材的弯曲、翘曲、凹凸不平等缺陷,达到平直及设计的几何形状。

矫正的主要形式有矫直、矫平及矫形。矫正按加工工序分原材料矫正、成型矫正、焊后矫正等。矫正方式可采用火焰矫正、机械矫正、手工矫正等。根据矫正时的温度又分为棱角正、热矫正。

(一) 火焰矫正

钢材的火焰矫正是利用火焰对钢材进行局部加热而完成的。影响火焰矫正效果的因素有三个:火焰加热位置、加热的形式和加热的热量。火焰加热的位置应选择在金属纤维较长的部位。加热的形式有点状加热、线状加热和三角形加热三种。用不同的火焰热量加热,可获得不同的矫正变形的能力。低碳钢和普通低合金结构钢构件用火焰矫正时,常采用 600℃ ~ 800℃ 的加热温度。

(二) 机械矫正

钢材的机械矫正是在专用矫正机上进行的。它的优点是作用力大、劳动强度小、效率高。钢材的机械矫正有拉伸机矫正、压力机矫正、多辊矫正机矫正等。拉伸机矫正(图 7-21) 适用于薄板扭曲、型钢扭曲、钢管、带钢和线材等的矫正。压力机矫正适用于板材、钢管和型钢的局部矫正;多辊矫正机可用于型材板材等的矫正,如图 7-22 所示。

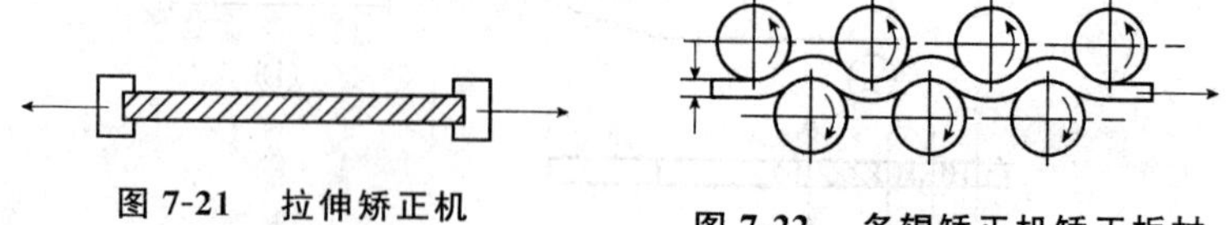

图 7-21 拉伸矫正机

图 7-22 多辊矫正机矫正板材

(三) 手工矫正

手工矫正是采用锤击或小型工具进行矫正的方法,其操作简单灵活,但矫正力较小仅用于矫正尺寸较小的钢材，有时在缺乏或不便使用矫正设备时也采用。

7.2.9　组装

组装是把制备完成的半成品和零件按图纸规定的运输单元，装配成构件或备件，然后将其连接的过程。

组装必须按工艺要求的次序进行，当有隐蔽焊缝时，经检验合格方可覆盖。当复杂部位不易施焊时，亦须按工艺规定分别先后组装或施焊。钢结构构件组装的方法分为地样法、仿形复制装配、胎模装配法以及立装、卧装。

地样法是用1:1的比例在装配平台上放出构件实样，然后根据部件在实样上的位置，分别组装起来称为构件。此装配方法适用于桁架、构架等小批量结构的组装。

仿形复制装配法是先用地样法组装成单面（单片）的结构，然后定位点焊牢固，将其翻身，作为复制胎模，在其上面装配另一单面结构，往返两次组装。此种装配法适用于对称的桁架等结构。

胎模装配法是将构件的零件用胎模定位在其装配位置上的组装方法。此种装配法适用于制造构件批量大、精度高的产品。

立装是根据构件的特点及其零件的稳定位置，选择自上而下或自下而上的装配。此法适用于放置平稳、高度不大的结构或者大直径的圆筒。

卧装是将构件放置卧的位置进行的装配。卧装适用于断面不大，但长度较大的细长的构件。

7.3　钢结构构件的连接施工

钢结构是由钢板、型钢拼合连接成基本构件，如梁、柱、桁架等，运到现场后通过安装连接成整体结构。在钢结构施工中，连接占有很重要的地位，无论是工厂加工，还是现场安装，都会遇到连接问题。钢结构的连接通常有焊接、螺栓连接及铆钉连接。前两种应用广泛，铆钉连接施工复杂，现在已很少使用，但其韧性和塑性较好，传力可靠，因此在一些重型结构或承受动力荷载作用的结构中有时仍会采用。

7.3.1　焊接施工

焊缝连接是现代钢结构连接最主要的连接方式，它使用任何形状的结构，连接构造简单，省钢省工，成本低，能实现自动化操作。但焊接质量受材料、操作影响较大。因此，建筑钢结构焊接时应考虑以下问题：

① 焊接方法的选择应考虑焊接构件的材质和厚度、接头的形式和焊接设备；

② 焊接工艺及作业程序；

③ 焊接质量检验。

焊缝连接常用的有三种形式：电弧焊、电阻焊及气焊。电弧焊是工程应用最普遍的焊接形式。

(一)焊接接头

电弧焊分为自动电弧焊或半自动电弧焊(图 7-23)。根据焊件的厚度、使用条件、结构形状的不同又分为对接接头、角接接头、T 形接头等形式。为了提高焊接质量,较厚的构件往往要开坡口。开坡口的目的是保证电弧能深入焊缝的根部,使根部能焊透,以便清除熔渣,获得较好的焊缝形态。通常的焊接接头形式见表 7-3 所示。

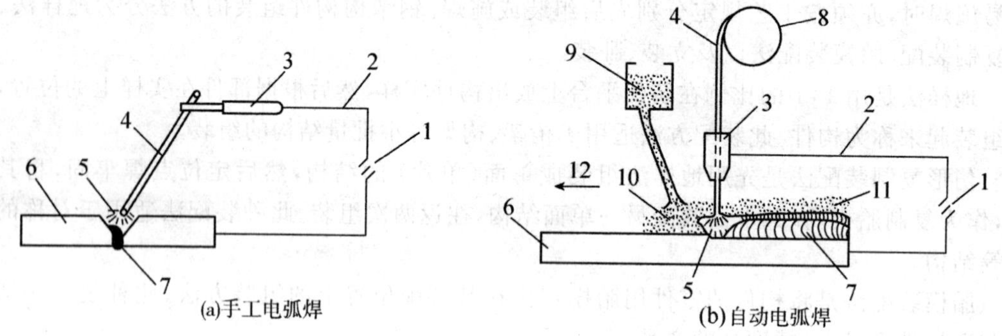

图 7-23 电弧焊

1— 电源;2— 导线;3— 夹具;4— 焊条;5— 电弧;6— 焊件;7— 焊缝;
8— 转盘;9— 漏斗;10— 熔剂;11— 熔化的熔剂;12— 移动方向

表 7-3 焊接接头形式

序 号	名 称	图 示	接头形式	特点和适用性
1	对焊接头		不开坡口 V、X、U 形坡口	应力集中较小,有较高的承载力
2	角焊接头		不开坡口	适用厚度在 8 mm 以下
			V、K 形坡口	适用厚度在 8 mm 以下
			卷边(非焊接)	适用厚度在 2 mm 以下
3	T 形接头		不开坡口	适用厚度在 30 mm 以下的不受力构件
			V、K 形坡口	适用厚度在 30 mm 以上的只承受较小剪应力构件
4	搭接接头		不开坡口	适用厚度在 12 mm 以下的钢板
			塞焊	适用双层钢板的焊接

按施焊的空间位置分,焊缝形式可分为平焊缝、横焊缝、立焊缝及仰焊缝四种。平焊的熔滴靠自重过滤,操作简单,质量稳定;横焊时,由于重力熔化金属容易下淌,而使焊缝上侧产生咬边,下侧产生焊瘤或未焊透等缺陷;立焊焊缝成型更加困难,易产生咬边、焊瘤、夹渣、表面不平等缺陷;仰焊施工最为困难,施焊时易出现未焊透、凹陷等质量问题。

(二) 焊接前的准备

焊前准备包括坡口准备、预焊部位清理、焊条烘干、预热、预变形及高强度钢切割表面探伤等。

焊条、焊剂使用前必须烘干。一般酸性焊条的烘焙温度为 75℃ ～ 100℃，时间为 1 ～ 2 h，碱性低氢型焊条的烘焙温度为 350℃ ～ 400℃，时间为 1 ～ 2 h。烘干的焊条应放在 100℃ ～ 150℃ 保温筒(箱)内，低氢型焊条在常温下超过 4 h 应重复烘焙，重复烘焙的次数不宜超过两次。焊条烘焙时，应注意随箱逐步升温。

焊接不同类别钢材时，焊接材料的匹配应符合设计要求。表 7-4 为 Q235 和 Q345 结构钢材采用手工电弧焊进行焊接时，常用的焊接材料的选配。

表 7-4　Q235 和 Q345 钢材手工电弧焊焊接材料的选配

结构钢材		手工电弧焊焊条型号
Q235	A	E4303①
	B	E4303①、E4328、E4315、E4316
	C	
	D	
Q345	A	E5003①
	B	E5003①、E5015、E5016、E5018
	C	E5015、E5016、E5018
	D	
	E	②

注：① 用于一般结构；② 供需双方协议。

(三) 焊接施工

1. 引弧与熄弧

引弧有碰击法和划擦法两种。碰击法是将焊条垂直于工件进行碰击，然后迅速保持一定距离；划擦法是将焊条端头轻轻划过工件，然后保持一定距离。施工中，严禁在焊缝区以外的母材上打火引弧。在坡口内引弧的局部面积应熔焊一次，不得留下弧坑。

2. 运条方法

电弧点燃之后，就进入正常的焊接过程。焊接过程中焊条同时有三个方向的运动：沿其中心线向下送进；沿焊缝方向移动；横向摆动。由于焊条被电弧熔化变短，为保持一定的弧长，就必须使焊条沿其中心线向下送进，否则会发生断弧。焊条沿焊缝方向移动速度的快慢要根据焊条直径、焊接电流、工件厚度和接缝装备情况及所在位置而定。移动速速太快，焊缝熔深太小，易造成未透焊；移动速度太慢，焊缝过高，工件过热，会引起变形增加或烧穿。为了获得一定宽度的焊缝，焊条必须横向摆动。在做横向摆动时，焊缝的宽度一般是焊条直径的 1.5 倍左右。以上三个方向的动作相互密切配合，依据不同的接缝位置、接头形式、焊条直径和性能、焊接电流、工件厚度等情况，采用合适的运条方式(表 7-5)，就可以在各种焊接位置得到优质的焊缝。

表 7-5　常用运条方法及适用范围

运条方法	图例	适用范围	运条方法	图例	使用范围
直线形		要求焊缝很小的薄小构件	下斜线形		一般用于横焊
带火形		要求焊缝很小的薄小构件	椭圆形		一般用于横焊
折线形		普通焊缝	三角形		常用于加强焊缝的中心加热
正半月形		普通焊缝	圆圈形		角焊或平焊的堆焊
反半月形		普通焊缝	一字形		角焊或平焊的堆焊
斜折线形		一般用于边缘堆焊			

3. 完工后的处理

焊接结束后的焊缝及两侧，应彻底清除飞溅物、焊渣和焊瘤等。无特殊要求时，应根据焊接接头的残余应力、组织状态、熔敷金属含氢量和力学性能决定是否需要焊后热处理。

4. 焊接工艺参数

手工电弧焊的焊接工艺参数主要有焊条直径、焊接电流、焊接层数、电源种类及极性等。

(1) 焊条直径

焊条直径的选择主要取决于焊件厚度、接头形式、焊缝位置和焊接层次等因素(见表 7-6)。

平焊时焊条直径可选择大些，立焊时焊条直径不大于 5 mm，仰焊和横焊最大焊条直径为 4 mm，多层焊及坡口第一层焊缝使用的焊条直径为 3.2 ～ 4 mm。

表 7-6　焊条直径的选择

焊件厚度 / mm	2	3	4 ～ 5	6 ～ 12	≥13
焊条直径 / mm	2	3.2	3.2 ～ 4	4 ～ 5	4 ～ 6

(2) 焊接电流

焊接电流的过大或过小都会影响焊接质量，所以其选择应该根据焊条的类型、直径、焊件的厚度、接头形式、焊缝空间位置等因素来考虑，其中焊条直径和焊缝空间位置最为关键。在一般钢结构的焊接中，焊接电流大小与焊条直径关系可用以下经验公式进行试选：

$$I = 10d^2 \tag{7-3}$$

式中：I— 焊接电流，A；

d— 焊条直径，mm；

另外，立焊时，电流应比平焊时小 15% ～ 20%；横焊和仰焊时，电流应比平焊电流小 10% ～ 15%。

(3) 焊接层数

焊接层数应视焊件的厚度而定。除薄板外，一般都采用多层焊。对于同一厚度的材料，其他条件相同时，焊接层次增加，热输入量减少，有利提高接头的塑性，但层次过多，焊件的变形会增大，因此，应该合理选择，施工中每层焊缝的厚度不应大于 4 ～ 5 mm。

5. 焊接质量检查

由于焊缝连接受材料、操作影响很大，施工后应进行认真的质量检查。钢结构焊缝检查分为三级，检查项目包括外观检查、超声波探伤以及 X 射线探伤等。

所有焊缝均应进行外观检查，检查其几何尺寸和外观缺陷。焊缝外观应达到：外形均匀、成型较好，焊道与焊道、焊道与今本金属间过渡较平滑，焊渣和飞溅物基本清除干净。焊缝表面不得有裂纹、焊瘤等缺陷。一级、二级焊缝不得有表面气孔、夹渣、弧坑裂纹、电弧擦伤等缺陷。且一级焊缝不得有咬边、未焊满、根部收缩等缺陷。

设计要求全焊透的一、二级焊缝应采用超声波探伤进行内部缺陷的检验，超声波探伤不能对缺陷作出判断时，应采用射线探伤。

7.3.2　螺栓施工

螺栓作为钢结构连接紧固件，通常用于构件间的连接、固定、定位等。钢结构中的连接螺栓一般分普通螺栓和高强度螺栓两种。采用普通螺栓或高强度螺栓而不施加紧固力，该连接即为普通螺栓连接；采用高强度螺栓并对螺栓施加紧固力，该连接成为高强度螺栓连接。

图 7-24 为两种螺栓连接工作机原理的示意图。普通螺栓连接在受外力后，节点连接板即产生滑动，外力通过螺栓杆受剪和连接板孔壁承压传递（图 7-24a）。高强度螺栓则分为摩擦型和承压型。摩擦型高强度螺栓连接，通过对高强度螺栓施加紧固轴力，将被连接的连接钢板夹紧产生摩擦效应，受外力作用时，外力靠连接板层接触面间的摩擦来传递，应力流通过接触面平滑传递，无应力集中现象（图 7-24b），此时螺栓不受剪力而受拉力。承压型高强螺栓则容许连接件之间产生滑移，其受力与普通螺栓相同。

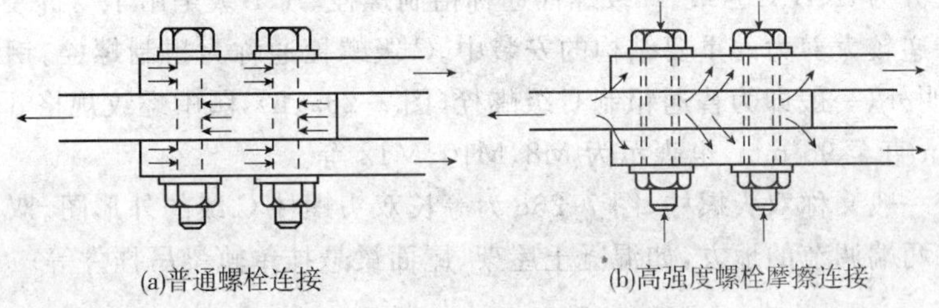

图 7-24　螺栓连接工作机理示意图

图 7-25 为典型螺栓连接拉伸曲线，从曲线上可以把拉伸连接工作过程分为四个阶段：阶段 1 为静摩擦抗滑移阶段，即为摩擦型高强度螺栓连接的工作阶段。对普通螺栓连接，阶段 1 不明显，可忽略不计。阶段 2 为荷载克服摩擦阻力，接头产生滑移，螺栓杆与连接板孔壁接触进入承压状态，此阶段为摩擦型高强度螺栓连接的极限状态。阶段 3 为螺栓连接板处于弹性变形阶段，荷载 — 变形曲线呈线性关系。阶段 4 为螺栓与连接板处于弹性变形阶段，最后螺栓剪断或连接板破坏（拖拉、承压和净截面拉断），整个连接接头破坏。曲线的终点对于普通螺栓连接为极限破坏状态；对于高强度螺栓，则为承压型高强度螺栓连接的极限破坏状态。

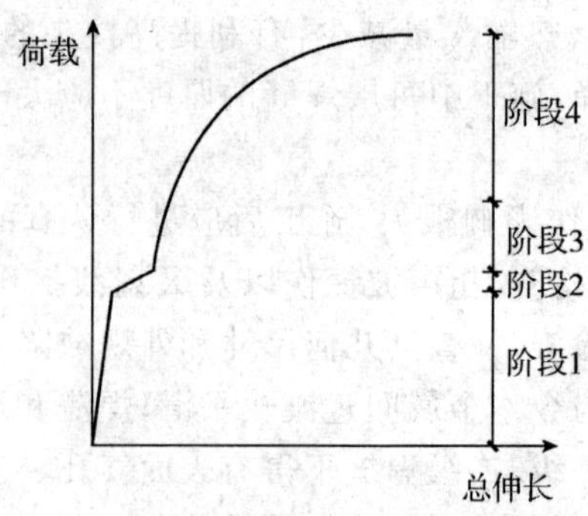

图 7-25　螺栓连接的典型拉伸曲线

螺栓按照性能等级分为 3.6、4.6、4.8、5.6、5.8、6.8、8.8、9.8、10.9、12.9 等十个等级，其中 8.8 以上（含 8.8 级）螺栓材质为低碳合金钢或中碳钢并经热处理（淬火、回火），通称为高强度螺栓，8.8 级以下通称为普通螺栓。

螺栓性能等级标号由两部分数字组成，分别表示螺栓的公称抗拉强度和材质的屈强比。例如性能等级 4.6 级的螺栓其含义为：第一部分数字（4.6 中的“4”）为螺栓材质公称抗拉强度（N/ mm^2）的 1/100，第二部分数字（4.6 中的“6”）为螺栓材质屈强比的 10 倍；两部分数字的乘积（$4 \times 6 =$ “24”）为螺栓材质公称屈服点（N/ mm^2）的 1/10。4.6 级则表示其抗拉强度为 400 N/ mm^2，屈强比为 0.6，屈服点为 240 N/ mm^2。

(一) 普通螺栓

钢结构普通螺栓连接即将普通螺栓、螺母、垫圈机械地和连接件连接在一起形成的一种连接形式。

1. 普通螺栓的种类

普通螺栓分为 A、B、C 三级。A 级螺栓通称精制螺栓。A、B 级是用于与拆装式结构或连接部位需特殊传递较大剪力的重要结构的安装中。C 级螺栓通称为粗制螺栓。钢结构用连接螺栓，除特殊注明外，一般即为普通粗制 C 级螺栓（图 7-26a、b），图中螺纹规格 d 通常有 8 mm、10 mm、12 mm 直至 95 mm，也表示为 M8、M10、M12 等。

双头螺栓一般又称双头螺柱，图 7-26c 为等长双头螺柱 C 级的外形图。双头螺柱多用于连接厚板和需两端调节的地方，如混凝土屋架、屋面梁悬挂单轨梁吊挂件等。

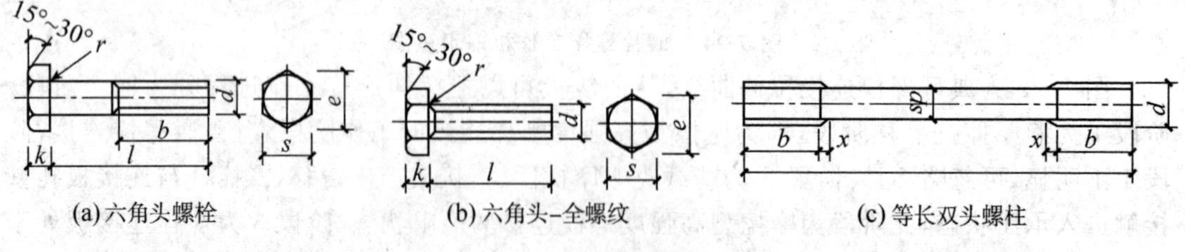

图 7-26　普通螺栓

地脚螺栓分为一般地脚螺栓、垂头螺栓和锚固地脚螺栓，用于柱底或设备处的连接。一般地脚螺栓的埋入端做成直角形或 U 形，在浇筑混凝土基础时，预埋在基础之中用以固定钢柱。锤头螺栓是基础螺栓的一种特殊形式，一般在混凝土基础浇筑时将特制模箱（锚固板）预埋在基础内。锚固地脚螺栓是在已形成的混凝土基础上经钻机制孔后，再浇筑固定或采用化学锚固剂锚固的一种地脚螺栓。

2. 普通螺栓的施工要求

(1) 连接要求

普通螺栓在连接时应符合下列要求：

① 永久螺栓的螺栓头和螺母的下面应放置平垫圈。垫置在螺母下面的垫圈不应多于 2 个，垫置在螺栓头部下面的垫圈不应多于 1 个。

② 螺栓头和螺母应与结构构件的表面及垫圈密贴。

③ 对于槽钢和工字钢翼缘之类倾斜面的螺栓连接，则应放置斜垫片垫平，以使螺母和螺栓的头部支撑垂直于螺杆，避免螺栓紧固时螺杆收到弯曲力。

④ 永久螺栓和锚固螺栓的螺母应根据施工图纸中的设计规定，采用有防松装置的螺母或弹簧垫圈。

⑤ 对于动荷载或重要部位的螺栓连接，应在螺母的下面按设计要求放置弹簧垫圈。

⑥ 各种螺栓连接，从螺母一侧伸出螺栓的长度应保持不小于两个完整螺纹的长度。

(2) 长度选择

连接螺栓的长度可按下式计算：

$$L = \delta + H + nh + C \tag{7-4}$$

式中 δ— 连接板约束厚度，mm；

H— 螺母的高度，mm；

h— 垫圈的厚度，mm；

n— 垫圈的个数，个；

C— 螺杆的余长，5 ~ 10 mm。

(3) 紧固轴力

普通螺栓连接对螺栓紧固轴力没有要求，因此螺栓的紧固施工以操作者的手感及连接接头的外形控制为准。为了使连接接头中的螺栓受力均匀，螺栓的紧固次序应从中间开始，对称向两边进行；对大型接头应采用复拧，即两次紧固方法，保证接头内各个螺栓能均匀受力。

普通螺栓连接螺栓紧固检验比较简单，一般采用锤击法。用质量为 3 kg 的小锤，一手扶螺栓(或螺母)头，另一手用锤敲，要求螺栓头(螺母)不偏移、不颤动、不松动，锤声比较干脆，否则说明螺栓紧固质量不好，需要重新紧固施工。

(二) 高强度螺栓

高强度螺栓连接现已成为与焊接并重的钢结构主要连接形式之一，它具有受力性能好、耐疲劳、抗震性能好、连接钢度大、施工简单等优点，被广泛地应用在土木工程中。

1. 高强度螺栓的种类

高强度螺栓连接按其受力状况，主要有摩擦型连接、承压型连接两种类型，其中摩擦型连接是目前广泛采用的连接形式。

摩擦型连接的连接应力传递圆滑，接头刚性好，通常所指的高强度螺栓连接，就是这种摩擦型连接，其极限破坏状态即为连接接头滑移。

承压型高强度螺栓的材料、构件摩擦面处理方法与预拉力和摩擦型高强度螺栓均相同，其连接接头承载力高，可以利用螺栓和连接板的极限破坏强度，经济性能好，但连接变形大，可应用在非重要的构件连接中。

高强度螺栓的形式有高强度大六角头螺栓和扭剪型高强度螺栓等(图 7-27)。

(a)高强度大六角头螺栓

(b)扭剪型高强螺栓

图 7-27　高强度螺栓

① 高强度六角头螺栓

钢结构用高强度大六角头螺栓，分为 8.8 和 10.9 两种等级，一个连接副为一个螺栓、一个螺母和两个垫圈。高强度螺栓连接副应同批制造，保证扭矩系数平均值为 0.110～0.150，其扭矩系数标准偏差应不大于 0.010。

扭矩系数按下式计算：

$$K = \frac{M}{Pd} \tag{7—5}$$

式中：K— 扭矩系数；

d— 高强度螺栓公称直径，mm；

M— 施加扭矩，kN · m；

P— 高强度螺栓预拉力，kN。

在确定螺栓的预拉力 P 时，应根据设计预拉力值，一般考虑螺栓的施工预拉力损失 10%，即螺栓施工预拉力 P 按 1.1 倍的设计预拉力取值，表 7-7 为大六角头高强度螺栓施工预拉力 P 值。

表 7-7　高强度螺栓施工预拉力

性能等级	螺栓公称直径 /mm						
	M12	M16	M20	M22	M24	M27	M30
8.8 级	45	75	120	150	170	225	275
10.9 级	60	110	170	210	250	320	390

② 扭剪型高强度螺栓

钢结构用扭剪型高强度螺栓一个螺栓连接副为一个螺栓、一个螺母和一个垫圈，它适用于摩擦型连接的钢结构。连接副紧固轴力见表 7-8。

表 7-8　扭剪型高强度螺栓连接副紧固轴力

螺纹规格		M16	M20	M22	M24
每批紧固轴力的平均值	公称	109	170	211	245
	最小	99	154	191	222
	最大	120	186	231	270
紧固轴力标准偏差		≤1.01	≤1.57	≤1.95	≤2.27

2. 高强度螺栓的施工要求

(1) 施工的机具

① 手动扭矩扳手

各种高强度螺栓在施工中以手动紧固时，都要使用有示明扭矩值的扳手施拧，使达到高强度螺栓连接副规定的扭矩和剪力值。一般常用的手动扭矩扳手有指针式、音响式和扭剪型三种(图 7-28)。

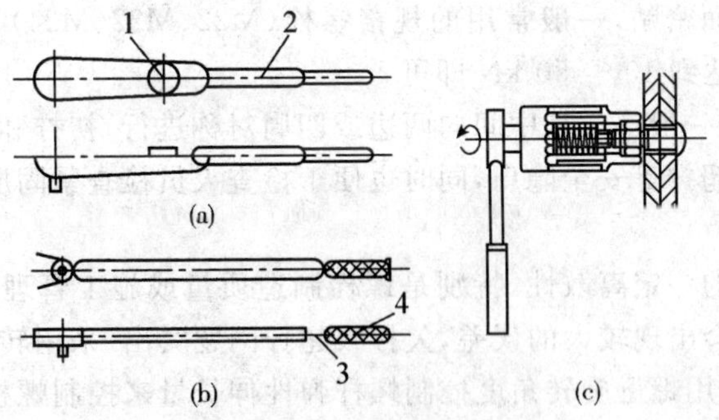

图 7-28　手动扳手

(a) 指针式；(b) 音响式；(c) 扭剪式

1— 扳手；2— 千分表；3— 主刻度；4— 副刻度

a. 指针式扭矩扳手

在头部设一个指示盘配合套筒头紧固六角螺栓，当给扭矩扳手预加扭矩施拧时，指示盘即示出扭矩值。

b. 音响式扭矩扳手

这是一种附加棘轮机构调试的手动扭矩扳手，配合套筒可紧固各种直径的螺栓。音响扭矩扳手在手柄的根部带有力矩调整的刻度，施拧前，可按需要调整预定的扭矩值。当施拧到预调的扭矩值时，便有明显的音响和手上的触感。这种扳手操作简单、效率高，适用于大规模的组装作业和检测螺栓紧固的扭矩值。

c. 扭剪型手动扳手

这是一种紧固扭剪型高强度螺栓使用的手动力矩扳手。配合扳手紧固螺栓的套筒，设有内套筒弹簧、内套筒和外套筒。这种扳手靠螺栓尾部的卡头得到紧固反力，使紧固的螺栓不会同时转动。内套筒可根据所紧固的扭剪型高强度螺栓直径而换相适应的规格。紧固完毕后，扭剪型高强度螺栓卡头在颈部被剪断，所施加的扭矩可以视为合格。

② 电动扳手

钢结构用高强度大六角螺栓紧固时用的电动扳手有：NR－9000A、NR－12 和定扭矩，定转角电动扳手等，是拆卸和安装六角强度螺栓机械化工具，可以自动控制扭矩和转角，适用于钢结构桥梁、厂房建设、化工、发电设备安装大六角头高强度螺栓时候的初拧、终拧和扭剪型高强度螺栓的初拧，以及对螺栓紧固件的扭矩或轴力有严格要求的场合。

扭剪型电动扳手适用于扭剪型高强度螺栓终拧紧固的电动扳手，常用的扭剪型电动扳手有6922型和6924型两种。6922型只适用于紧固M16、M20、M22三种规格的扭剪型高强度螺栓。6924型扭剪型电动扳手则可以紧固M16、M20、M22和M24四种规格扭剪型高强度螺栓。

(2) 高强度螺栓的施工

① 高强度大六角头螺栓

a. 扭矩法施工

对于高强度大六角头螺栓连接副来说，当扭矩系数K确定后，根据设计的预拉力P，则螺栓应施加扭矩值M就可以计算确定，根据计算确定的施工扭矩值，使用扭矩扳手(手动、电动、风动)按施工扭矩值进行终拧。

在采用扭矩法终拧前，应首先进行初拧，对螺栓数量多的大接头，还需进行复拧。初拧的目的就是使连接接触而密贴，一般常用的规格螺栓(M22、M22、M24)的初拧扭矩在200～300 N·m，螺栓轴力达到10～50 kN即可。

初拧、复拧及终拧一般都应从中间向两边或四周对称进行，初拧和终拧的螺栓都应做不同的标记，避免漏拧、超拧等安全隐患，同时也便于检查人员检查紧固质量。

b. 转角法施工

因扭矩系数具有的一定离散性，特别是螺栓制造质量或施工管理不善等采用扭矩值控制螺栓轴力的方法就会出现较大的误差，欠拧或超拧问题突出。采用转角法施工可避免较大的误差。转角法就是利用螺母旋转角度控制螺杆弹性伸长量来控制螺栓轴向力的方法。试验结果表明，螺栓在初拧以后，螺母的旋转角度与螺栓轴向力成对应关系，当螺栓手拉处于弹性范围内，两者呈线性关系，因此根据这一线性关系，在确定了螺栓是那个预拉力(一般为1.1倍设计预拉力)后，就很容易得到螺母的旋转角度，施工操作人员按照此旋转角度紧固时施工，即可以满足设计上对螺母预拉力的要求。

转角法施工分初拧和终拧两步进行(必要时需增加复拧)，初拧的要求比扭矩法施工要严，因为起初连接板间隙的影响，螺母的转角大都消耗于板缝，转角与螺栓轴力关系不稳定。初拧的目的是为消除板缝影响，使终拧具有一定的初始扭矩。转角法施工在我国有30多年的历史，但对初拧扭矩尚没有一定的标准，各个工程根据具体情况确定，一般地讲，对于常用螺栓(M20、M22、M24)，初拧扭矩定在200～300 N·m比较合适，初拧应该使连接板密贴为准。终拧是在初拧的基础上，再将螺母拧转一定角度，使螺栓轴向力大于施工预拉力。图7-29为转角法施工示意图。

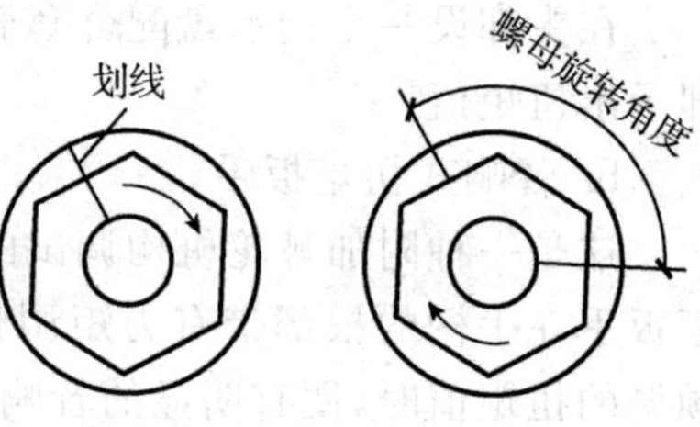

图 7-29 转角施工方法

转角法施工步骤为：从栓群中心顺序向外拧紧螺栓(初拧)，然后用小锤逐个检查，防止螺栓漏拧，对螺栓逐个进行划线，再用专用扳手使螺母再旋转一个额定角度(图7-29)，螺栓群终拧紧固的顺序与初拧相同。终拧后逐个检查螺母旋转角度是否符合要求。最后对终拧完成的螺栓做好标记，以备检查。

② 扭剪型高强度螺栓

扭剪型高强度螺栓连接副紧固施工比大六角强度螺栓连接副紧固施工要简便得多，正常的情况采用专用的电动扳手进行终拧，梅花头拧掉标志着螺栓终拧的结束。

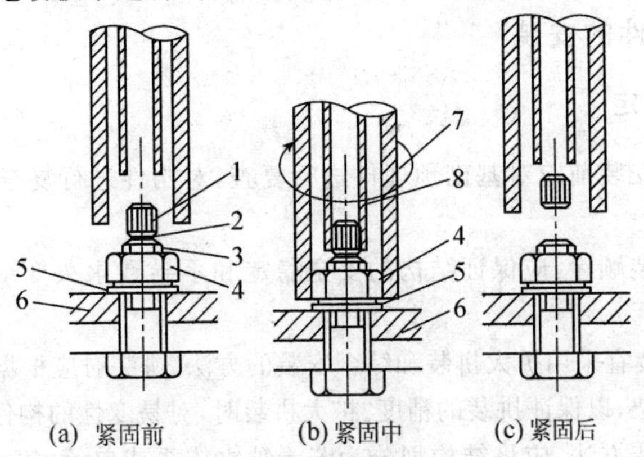

图 7-30　扭剪型高强度螺栓紧固过程

1— 梅花头；2— 断裂切口；3— 螺栓；4— 螺母；5— 垫圈；6— 被紧固的构件；7— 扳手外套筒；8— 扳手内套筒

为了减少接头中螺栓群间相互影响及消除连接板面间的缝隙，紧固也要分初拧和终拧两个步骤进行，对于超大型的接头还要进行复拧。

扭剪型高强度螺栓连接副的初拧扭矩可适当加人，一般初拧螺栓轴力可以控制在螺栓终拧轴力值的 50％～80％，对于常用规格的高强度螺栓(M20、M22、M24) 初拧扭矩可以控制在 400～6000 N·m，若用转角法初拧，初拧角度控制在 45°～75°，一般以 60° 为宜。

图 7-30 为扭剪型高强度螺栓紧固过程。先将扳手内套筒套入梅花头上，再轻压扳手，再将外套筒套在螺母上；按下扳手开关，外套筒旋转，使螺母拧紧、切口拧断；关闭扳手开关，将外套筒从螺母上卸下，将内套筒中梅花头顶出即可。

7.4　钢结构整体安装

7.4.1　钢结构预拼装

为了保证安装的顺利进行，应根据构建或结构的复杂程度，设计要求或合同协议规定，在构建出场前进行预拼装。另外，由于受运输条件、现场安装条件等因素的限制，大型钢材结构件不能正件出厂，必须分成两段或若干段出场时，也要进行预拼装。

预拼装一般分为立体预拼装和平面预拼装两种形式，除管结构为立体预拼装外，其他结构一般均为平面预拼装。预拼装所用的支撑凳或平台应测量找平，检查时应拆除全部临时固定架和拉紧装置，预拼装的构件应处于自由状态，不得强行固定。

预拼装时，构件与构件的连接形式为螺栓连接，其连接部位的所有节点连接板均应装上，除检查各部位尺寸外还应用试孔器检查板叠孔的通过率，并应符合下列规定：当采用比孔公称直径小 1.0 mm 的试孔器检查时，每组孔的通过率不应小于 85％；当采用比螺栓公称直径大 0.3 mm 的试孔器检查时，通过率应为 100％。

节点的各部件在拆开之前必须予以编号，做出必要的标记。预拼装检验合格后，应在构件上标注上下定位中心线、标高基准线、交线中心点等必要标记，必要时焊上临时撑件和定位器等，以便于根据预拼装的状况进行最后安装。

7.4.2 钢结构构件的安装

(一) 安装一般规定

(1) 钢结构构件安装前应对基础预埋件进行复查，对构件进行复查验收，运输、堆放中产生的变形应矫正。

(2) 钢结构的安装顺序，应保证结构的安全稳定和不导致永久变形，并且能有条不紊地较快进行。

(3) 钢结构的安装宜采用扩大拼装和综合安装的方法。拼装时应根据情况设置必要的具有足够刚度的平台或胎架，以保证拼装的精度。扩大拼装时，对易变性的构件应采取加固措施。

(4) 采用综合安装方法，应将结构划分为若干独立体系或单元，每一体系(或单元) 的全部构件安装完后，均应具有足够的空间刚度和稳定性。

(5) 对主要构件安装就位后，在松开吊钩前，应作初步校正和临时固定，使其稳定并牢靠。

(二) 安装工艺方法

(1) 各层框架构件的安装，每完成一个层间的柱后立即校正，并将支撑系统安上后，方可继续安装上一个层间，同时应考虑下一层间安装的偏差。

(2) 柱子等校正时，应考虑风力、温差和日照的影响而出现的自然变形，采取措施加以消除。吊车梁和天车轨道的校正应在主要构件固定后进行。

(3) 设计要求支撑面刨光顶紧的节点，相接处的两个平面必须保证有 70% 紧贴，用 0.3 mm 的塞尺检查，插入深度面积不得大于总面积的 30%，边缘最大间隙不得大于 0.8 mm。

(4) 各种构件的的连接接头必须经过校正、检查合格后，方可紧固和焊接。

7.4.3 (多) 高层建筑施工

钢结构高层建筑体系有框架体系、框架剪力墙体系、框筒体系、组合筒体系和交错钢桁架体系等多种，应用较多的是前两种，主要有框架柱、主梁、次梁及剪力板等组成。钢结构用于高层建筑，具有强度高、结构轻、层高大，抗震性能好，布置灵活，节约空间，建造周期短，施工速度快等优点，但用钢量大、防火要求高、工程造价较高。

(一) 钢结构吊装前的准备工作

高层钢结构安装皆用塔式起重机，要求塔式起重机的臂杆长度具有足够的覆盖面；要有足够的起重能力；钢丝绳要满足起重高度要求；起吊速度要满足安装需要；多机作业时，臂干要有足够的高差，能不碰撞地安全运转。

吊装多采用综合吊装法，其吊装顺序一般是：平面内从中间的一个节间开始，以一个节间的柱网为一个吊装单元，先吊装柱，后吊装梁，然后往四周扩展，如图 7-31 所示，垂直方向自上而下，组成稳定结构后，分层次安装次要构件，一节间一节间钢框架，一层楼一层楼安装完成(图7-32)，这样有助于消除安装误差累积和焊接变形，使误差降低到最小限度。

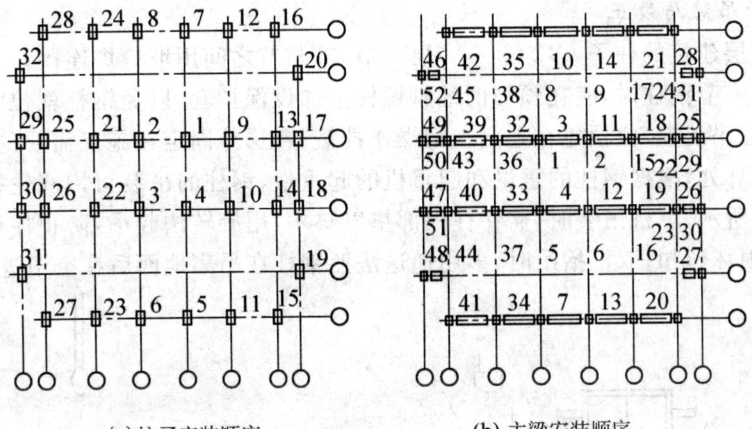

图7-31　北京长富宫钢结构安装平面流水图

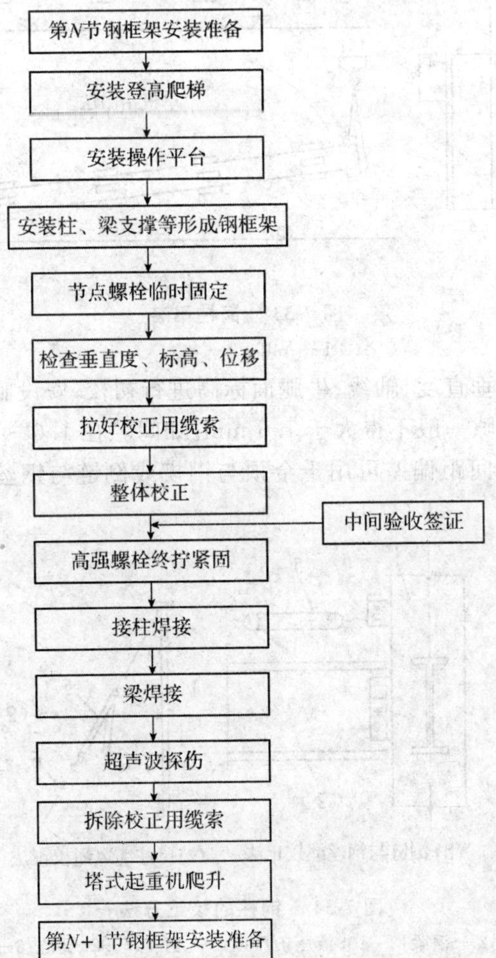

图7-32　立面安装流水顺序

(二) 钢结构吊装与校正

1. 钢柱的吊装与校正

钢结构高层建筑的柱子,多为 3 ～ 4 层一节,节与节之间用坡口焊连接。

在吊装第一节钢柱时,应在预埋的地脚螺栓上加设保护套,以免钢柱就位时碰坏地脚螺栓的丝牙。钢柱吊装前,应预先在地面上把操作挂篮、爬梯等固定在施工需要的柱子部位。钢柱的吊点在吊耳处,根据钢柱的重量和起重机的起重量,钢柱的吊装可用双轮抬吊或单机吊装,如图 7-33 所示。单机吊装时,需在柱根部垫以垫木,用旋转法起吊,防止柱根部拖地和碰撞地脚螺栓,损坏丝扣;双机抬吊时,多用递送法使钢柱在吊离地面后在空中进行回直。

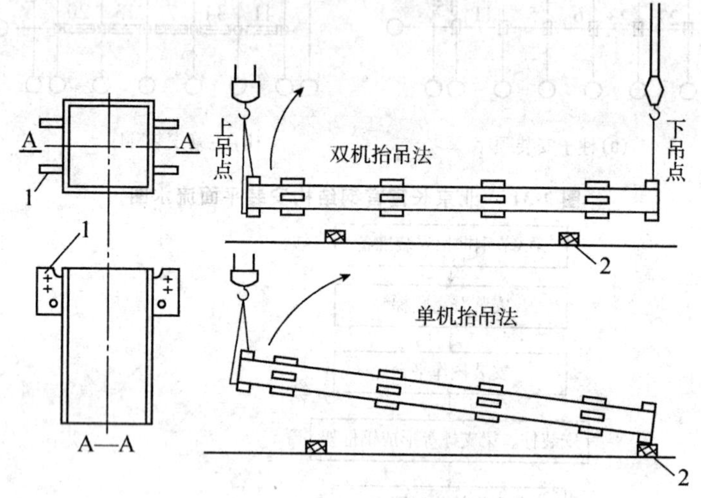

图 7-33　钢柱吊装

1— 吊耳;2— 垫木

钢柱就位后,立即对垂直度、轴线、牛腿面标高进行初校,安设临时螺栓,然后卸去吊索。钢柱上、下接触面间的间隙一般不得大于 1.5 mm。如间隙在 1.6 ～ 6.0 mm 之间,可用低碳钢的垫片垫实间隙。柱间间距偏差可用千金顶与钢楔或倒链与钢丝绳、缆风绳进行校正,如图 7-34 所示。

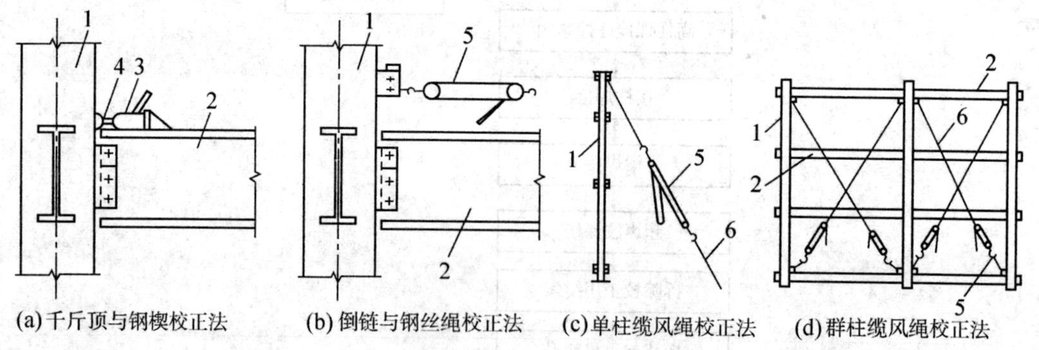

图 7-34　钢柱的校正方法

1— 钢柱;2— 钢梁;3—10t 液压千斤顶;4— 钢楔;5—2t 倒链;6— 钢丝绳

在第一节框架安装、校正、螺栓紧固后,即应进行底层钢柱柱底灌浆,如图 7-35 所示。先在柱脚四周立模板，将柱基表面清除干净，清除积水，然后用高强度聚合砂浆从一侧自由灌入至密实，灌浆后用湿草袋或麻袋护盖养护。

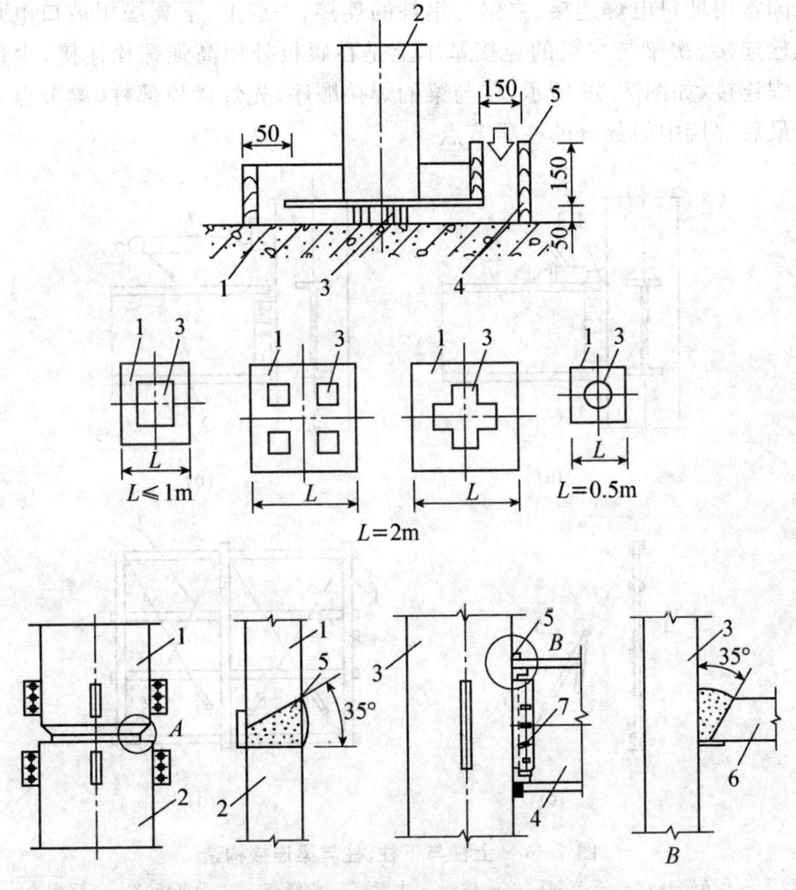

图 7-35　钢柱底脚二次灌浆方法

1— 柱基；2— 钢柱；3— 无收缩水泥砂浆标高块；4—12 mm 钢板；5— 模板

2. 钢梁的吊装与校正

钢梁在吊装前，应于柱子牛腿处检查标高和柱子间距。主梁吊装前应在梁上装好扶手杆和扶手绳，待主梁吊装就位后，将扶手绳与钢柱系牢，以保证施工人员的安全。

一般在钢梁上翼缘处开孔，作为吊点。吊点位置取决于钢梁的跨度。为加快吊装速度，对重量较小的次梁和其他小梁，多利用多头吊索一次吊装数根。

有时将梁、柱在地面排架进行整体吊装，就是预组装成 4 ～ 5 层的排架进行整体吊装。减少了高空作业，保证了质量，并加快了吊装进度。

当一节钢框架吊装完毕，即需对已吊装的柱、梁进行误差检查和校正。对于控制柱网的基准线用线坠或激光仪观测，其他柱根据基准柱用钢卷尺量测。校正方法同单层工业厂房钢柱、梁的校正。

梁校正完毕，用高强螺栓临时固定，再进行柱校正，紧固连接高强螺栓，焊接柱节点和梁节点，进行超声波检验。

(三)构件之间的连接施工

钢柱之间常用坡口电焊连接。主梁与钢柱的连接，一般上、下翼缘用坡口电焊连接，而腹板用高强螺栓连接。次梁与主梁的连接基本上是在腹板处用高强螺栓连接，少量在上、下翼缘用坡口电焊连接，如图 7-36 所示。柱与梁的焊接顺序，先焊接顶部柱、梁节点，在焊接底部柱、梁节点，最后焊接中间部分的柱梁节点。

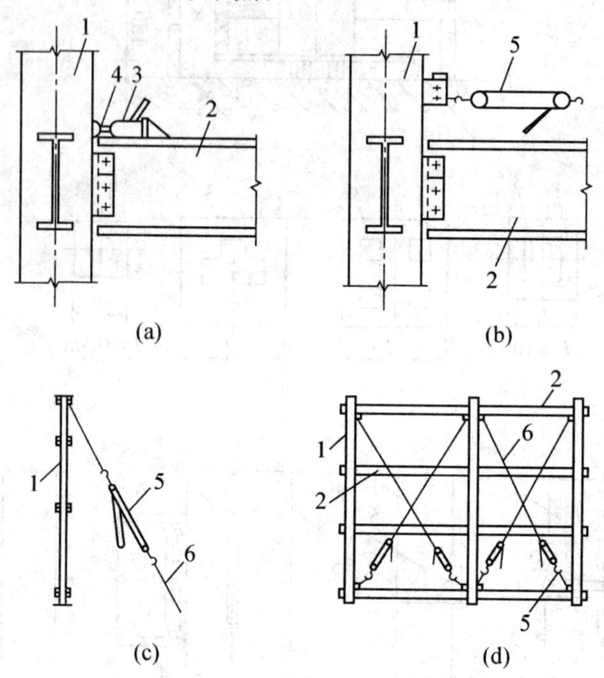

图 7-36　上柱与下柱、柱与梁连接构造

1— 上节钢柱；2— 下节钢柱；3— 柱；4— 主梁；5— 焊缝；6— 主梁翼板；7— 高强螺栓

坡口电焊连接应先做好准备(包括焊条烘焙、坡口检查、设电弧引入、引出板和钢垫板，并点焊固定，清除焊接坡口、周边的防锈漆和杂物，焊接口预热)。柱与柱的对接焊接，采用二人同时对接焊接，柱与梁的焊接亦应在柱的两侧对称同时焊接，以减少焊接变形和残余应力。

对于厚板的坡口焊，打底层多用直径 4 mm 焊条焊接，中间层可用 5 mm 或 6 mm 焊条，盖面层多用直径 5 mm 焊条。三层应连续施焊，每一层焊完后及时清理。盖面层焊缝搭坡口两边各 2 mm，焊缝余高不超过对接焊体中较薄钢板厚的 1/10，但也不应大于 3.2 mm。焊后，当气温低于零摄氏度时，用石棉布保温使焊缝缓慢冷却。

高强螺栓连接两个连接构件的紧固顺序是：先主要构件，后次要构件。工字型构件的紧固顺序是上翼缘 → 下翼缘 → 腹板。同一节柱上各梁柱节点的紧固顺序是：柱子上部的梁柱节点 → 柱子下部的梁柱节点 → 柱子中部的梁柱节点。每一节点安设紧固高强螺栓顺序是：摩擦面处理 → 检查安装连接板(对孔、扩孔) → 临时螺栓连接 → 高强螺栓紧固 → 初拧 → 终拧。

为保证质量，对紧固高强螺栓的电动扳手要定期检查，对终拧用电动扳手紧固的高强螺栓，以螺栓尾部是否拧掉作为验收标准。对用测力扳手紧固的高强螺栓，仍用侧力扳手检查是否紧固到规定的终拧扭矩值。抽查率为每节点处高强螺栓量的10%，但不少于一处，有问题应及时返工处理。

7.5　钢结构涂装施工

钢结构在常温大气环境中安装、使用，易受大气中水分、氧和其他污染物的作用而被腐蚀。钢结构的腐蚀不仅造成经济损失，还直接影响到结构安全。此外，钢材由于其导热快、比热小，虽是一种不燃烧材料，但极不耐火。未加防火处理的钢结构构件在火灾温度作用下，温度上升很快，只需十几分钟，自身温度就可达540℃以上，此时钢材的力学性能如屈服点、抗拉强度、弹性模量及载荷能力等都将急剧下降；达到600℃时，强度则几乎为零，钢构件不可避免地扭曲变形，最终导致整个结构的垮塌毁坏。

因此，根据钢结构所处的环境及工作性能采取相应的防腐与防火措施，是钢结构设计与施工的重要内容。目前国内外主要采用涂料涂装的方法进行钢结构的防腐与防火。

7.5.1　钢结构防腐涂装工程

(一) 钢材表面除锈等级与除锈方法

钢结构构件制作完毕，经质量检验合格后应进行防腐涂料涂装。涂装前钢材表面应进行除锈处理，以提高底漆的附着力，保证涂层质量。除锈处理后，钢材表面不应有焊渣、焊疤、灰尘、油污、水和毛刺等。

国家标准《涂装前钢材表面锈蚀等级和除锈等级》(GB 8923—1988)将除锈等级分成喷射或抛射除锈、手工和动力工具除锈、火焰除锈3种类型。

《钢结构工程施工质量验收规范》(GB 50205—2001)规定，钢材表面的除锈方法和除锈等级应与设计文件采用的涂料相适应。当设计无要求时，钢材表面除锈等级应符合表7-9的规定。

表7-9　各种底漆或防锈漆要求最低的除锈等级

涂料品种	除锈等级
油性酚醛、醇酸等底漆或防锈漆	$St2$
高氯化聚乙烯、氯化橡胶、氯磺化聚乙烯、环氧树脂、聚氨酯等底漆或防锈漆	$Sa2$
无机富锌、有机硅、过氧乙烯等底漆	$Sa\frac{1}{2}$

目前国内各大中型钢结构加工企业一般都具备喷、抛射除锈的能力，所以应将喷、抛射除锈作为首选的除锈方法，而手工和电动工具除锈仅作为喷射除锈的补充手段。随着科学技术的不断发展，不少喷、抛射除锈设备已采用微机控制，具有较高的自动化水平，并配有效除尘器，消除粉尘污染。

(二)钢结构防腐涂料

钢结构防腐涂料是一种含油或不含油的胶体溶液，涂敷在钢材表面，结成一层薄膜，使钢材与外界腐蚀介质隔绝。涂料分底漆和面漆两种。

底漆是直接涂在钢材表面上的漆。含粉料多，基料少，成膜粗糙，与钢材表面粘接力强，与面漆结合性好。

面漆是涂在底漆上的漆。含粉料少，基料多，成膜后有光泽，主要功能是保护下层底漆。面漆对大气和湿气有高度的不渗透性，并能抵抗有腐蚀介质、阳光紫外线所引起风化分解。

钢结构的防腐涂层，可由几层不同的涂料组合而成。涂料的层数和总厚度是根据使用条件来确定的，一般室内钢结构要求涂层总厚度为 125 μm，即底漆和面漆各两道。高层建筑钢结构一般处在室内环境中，而且要喷涂防火涂层，所以通常只刷两道防锈底漆。

(三)防腐涂装方法

钢结构防腐涂装，常用的施工方法有刷涂法和喷涂法两种。

刷涂法应用较广泛，适宜于油性基料刷涂。因为油性基料虽干燥得慢，但渗透性大，流平性好，不论面积大小，刷起来都会平滑流畅。一些形状复杂的构件，使用刷涂法也比较方便。

喷涂法施工工效高，适合于大面积施工，对于快干和挥发性强的涂料尤为适合。喷涂的漆膜较薄，为了达到设计要求的厚度，有时需要增加喷涂的次数。喷涂施工比刷涂施工涂料损耗大，一般要增加 20% 左右。

7.5.2 钢结构防火涂装工程

钢结构防火涂料能够起到防火作用，主要有 3 个方面的原因：一是涂层对钢材起屏蔽作用，隔离了火焰，使钢构件不至于直接暴露在火焰或高温之中；二是涂层吸热后，部分物质分解出水蒸气或其他不燃气体，起到消耗热量，降低火焰温度和燃烧速度，稀释氧气的作用；三是涂层本身多孔轻质或受热膨胀后形成炭化泡沫层，热导率均在 0.233 W/(m·K) 以下，阻止了热量迅速向钢材传递，推迟了钢材受热温度升到极限温度的时间，从而提高了钢结构的耐火极限。

(一)厚涂型防火涂料涂装

1. 施工方法与机具

厚涂型防火涂料一般采用喷涂施工。机具可为压送式喷涂机或挤压泵，配能自动调压的 0.6～0.9 m^3/min的空压机，喷枪口径为6～12 mm，空气压力为0.4～0.6 MPa。局部修补可采用抹灰刀等工具手工抹涂。

2. 涂料的搅拌与配置

(1) 由工厂制造好的单组份湿涂料，现场应采用便携式搅拌器搅拌均匀。

(2) 由工厂提供的干粉料，现场加水或用其他稀释剂调配，应按涂料说明书规定配比混合搅拌，边配边用。

(3) 由工厂提供的双组分涂料，按配制涂料说明规定的配比混合搅拌，边配边用。特别是化学固化干燥的涂料，配制的涂料必须在规定的时间内用完。

(4) 搅拌和调配涂料，使稠度适宜，即能在输送管道中畅通流动，喷涂后不会流淌和下坠。

3. 施共操作

(1) 喷涂应分2～5次完成，第一次喷涂以基本盖住钢材表面即可，以后每次喷涂厚度为5～10 mm，一般以7 mm左右为宜。通常情况下，每天喷涂一遍即可。

(2) 喷涂时，应注意移动速度，不能在同一位置久留，以免造成涂料堆积流淌；配料及往挤压泵加料应连续进行，不得停顿。

(3) 施工过程中，应采用测厚针检测涂层厚度，直到符合设计规定的厚度，方可停止喷涂。

(4) 喷涂后的涂层要适当维修，对明显的乳突，应采用抹灰刀等工具剔除，以确保涂层表面均匀。

(二) 薄涂型防火涂料涂装

1. 施工方法与机具

(1) 喷涂底层、主涂层涂料，宜采用重力(或喷斗)式喷枪，配能自动调压的0.6～0.9m^3/min的窄压机。喷嘴直径为4～6 mm，空气压力为0.4～0.6 MPa。

(2) 面层装饰涂料，一般采用喷涂施工，也可以采用刷涂或滚涂的方法。喷涂时，应将喷涂底层的喷嘴直径换为1～2 mm，空气压力调为0.4 MPa。

(3) 局部修补或小面积施工，可采用抹灰刀等工具手工抹涂。

2. 施工操作

(1) 底层及主涂层一般应喷2～3遍，每遍间隔4～24 h，待前遍基本干燥后再喷后一遍。头遍喷涂以盖住基底而70%即可，二、三遍喷涂每遍厚度不超过2.5 mm为宜。施工过程中应采用测厚针检测涂层厚度，确保各部位涂层达到设计规定的厚度。

(2) 面层涂料一般涂饰1～2遍。若头遍从左至右喷涂，第二遍则应从右至左喷涂，以确保全部覆盖住下部主涂层。

复习思考题

一、思考题

1. 常用的结构加工机具有哪些？如何分类的？
2. 钢结构生产的一般流程如何？
3. 钢结构构件放样和号料应注意哪些问题？
4. 何谓“剩余直边”？剩余直边应如何处理？
5. 钻孔和冲孔有何特点？分别适用那种构件？
6. 试比较火焰矫正和机械矫正的特点。
7. 焊接的质量检查主要有哪几方面？
8. 普通螺栓有哪些种类？其紧固力如何控制？
9. 高强度大六角头螺栓和扭剪型高强螺栓应如何紧固？

10. 什么是扭矩法?什么是转角法?工艺上有何区别?

二、计算题

1. 某装饰工程型钢煨弯,完成的形状如图所示。该型钢规格为∟75×50×5,煨弯75边,圆弧部分的圆心角均为120°,试计算其下料长度。

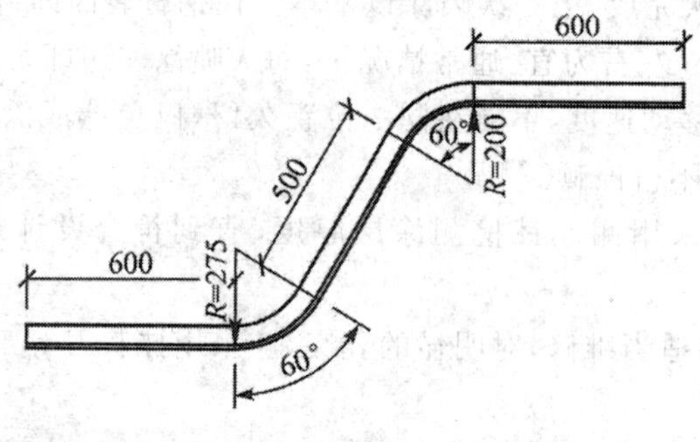

习题1图

2. 8.8级M20大六角头高强度螺栓,预拉力为110 kN,扭矩系数为0.12,试确定其施工扭矩。

第8章 防水工程施工

学习目标

1. 了解防水工程的分类、要求，以及防水材料的种类和要求；
2. 熟悉屋面工程和地下工程防水的等级及设防要求；
3. 掌握屋面卷材防水的施工工艺、方法与技术要求；
4. 掌握防水工程常见的质量事故及处理方法。

防水工程是房屋建筑的一项重要工程，其质量的好坏不仅关系到建筑物的使用寿命，而且直接关系到生产活动和人们的生活环境及卫生条件。因此，防水工程在满足设计合理性的同时，必须严格控制施工质量，以保证建筑物的耐久性和正常使用。

建筑工程的防水技术按其构造做法可分为两大类，即结构构件自防水和采用不同材料的防水层防水。结构构件自防水，主要是依靠建筑构件材料自身的密实性及实用伸缩缝、坡度等构造措施以及嵌缝油膏、埋设止水带等，使得结构构件自身能有防水作用；采用不同材料防水层防水，是在建筑构件迎水面或背水面以及接缝处，另外附加防水材料做成的防水层，以达到建筑物防水的目的。这种做法又有两种，一种是刚性材料防水，如涂抹防水砂浆，浇筑掺有外加剂的细石混凝土或预应力混凝土等；另一种是柔性材料防水，如铺设各种防水卷材、涂布各种防水涂料等。结构构件自防水和刚性材料防水层的防水均属于刚性防水；各种卷材防水、涂料防水均属于柔性防水。

另外，按建筑工程不同的施工部位，又可分为：屋面防水工程、地下防水工程、卫生间和地面的防水工程、外墙防水工程以及储水池、储液池、水塔等构筑物的防水工程。

本章主要介绍屋面防水工程、地下防水工程和卫生间防水工程的施工。

8.1 屋面防水工程

根据《屋面工程质量验收规范》(GB50207—2002) 的规定，屋面工程应根据建筑物的性质、重要程度、使用功能要求及防水层合理使用年限，将屋面防水划分为四个等级，具体防水等级和设防要求见表 8-1、表 8-2。

表 8-1　屋面防水等级和设防要求

项　目	屋面防水等级			
	Ⅰ级	Ⅱ级	Ⅲ级	Ⅳ级
建筑物类别	特别重要或对防水有特殊要求的建筑	重要的建筑和高层建筑	一般的建筑	非永久性的建筑
防水层合理使用年限	25 年	15 年	10 年	5 年
设防要求	3 道或 3 道以上防水设防	2 道防水设防	1 道防水设防	1 道防水设防
防水层选用材料	宜选用合成高分子防水卷材、高聚物改性沥青防水卷材、金属板材、合成高分子防水涂料、细石防水混凝土等材料	宜选用高聚物改性沥青防水卷材、合成高分子防水卷材、金属板材、合成高分子防水涂料、细石防水混凝土、平瓦、油毡瓦等材料	宜选用高聚物改性沥青防水卷材、合成高分子防水卷材、三毡四油沥青防水卷材、金属板材、高聚物改性沥青防水涂料、细石防水混凝土、平瓦、油毡瓦等材料	可选用两毡三油沥青防水卷材、高聚物青防水卷材、高聚物改性沥青防水涂料等材料

注:① 本规范中采用的沥青均指石油沥青,不包括煤沥青和煤焦油等材料;

② 石油沥青纸胎油毡和沥青复合胎柔性防水卷材,是限制使用材料;

③ 在Ⅰ、Ⅱ级屋面防水设防中,如仅作一道金属板材时,应符合有关技术规定。

表 8-2　屋面防水层厚度选用规定

屋面防水等级	Ⅰ	Ⅱ	Ⅲ	Ⅳ
沥青防水卷材	—	—	毛毡四油	二毡三油
高聚物改性沥青防水卷材	≥3 mm	≥3 mm	≥4 mm	—
合成高分子防水卷材	≥1.5 mm	≥1.2 mm	≥1.2 mm	—
高聚物改性沥青防水涂料	—	≥3 mm	≥3 mm	≥2 mm
合成高分子防水涂料	≥1.5 mm	≥1.5 mm	≥2 mm	—
细石混凝土	≥40 mm	≥40 mm	≥40 mm	—

屋面防水工程根据所用材料的不同,主要有卷材防水屋面、涂膜防水屋面和刚性防水屋面等。

8.1.1　卷材防水屋面

(一) 卷材防水屋面的构造及适用范围

卷材防水屋面是指用胶粘剂或热熔法逐层粘贴卷材进行防水的屋面,具有自重轻、防水性能较好的优点。防水卷材是一种由工厂制作成型的可卷曲的片状防水材料(见图 8-1)。目前,常用的卷材有沥青防水卷材、高聚物改性沥青防水卷材和合成高分子防水卷材等。其一般构造层次如图 8-2 所示。适用于防水等级为 Ⅰ ～ Ⅳ 的屋面防水。

图 8-1　防水卷材

1. 沥青防水卷材

凡用原纸或玻璃布、石棉布、棉麻织品等胎料浸渍石油沥青(或焦油沥青)制成的卷状材料,称为浸渍卷材(有胎卷材)。将石棉、橡胶粉等掺入沥青材料中,经碾压制成的卷状材料称为辊压卷材(无胎卷材)。这两种卷材通称沥青防水卷材。

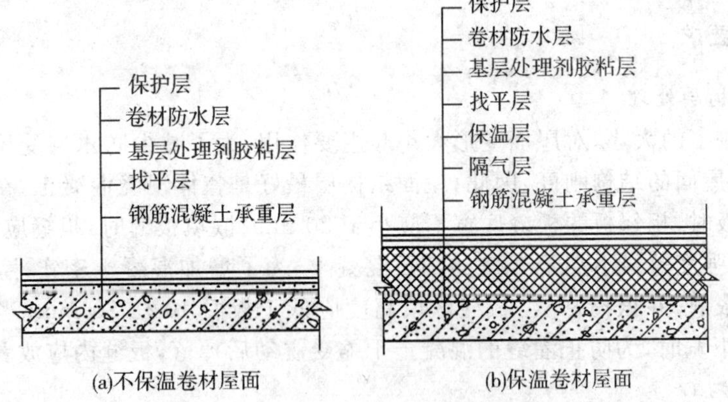

图 8-2　卷材防水屋面的构造层次示意图

2. 高聚物改性沥青卷材

高聚物改性沥青卷材是以合成高分子聚合物改性沥青为涂盖层,纤维织物或纤维毡为胎体,粉状、粒状、片状或薄膜材料为覆面材料制成的可卷曲的片状防水材料。

高聚物改性沥青卷材与传统的纸胎沥青相比,主要有两方面大的改进,一是胎体采用了高分子薄膜、聚酯纤维等,增强了卷材的强度、延性和耐水防腐性;二是在沥青中加入了高分子聚合物,改变了沥青在夏季易流淌、冬季易冷脆、延伸率低、易老化等性质,从而改善了油毡的性能。常用的高聚物改性沥青卷材主要有:SBS 改性沥青卷材、APP 改性沥青卷材、PVC 改性煤焦油卷材、再生胶改性沥青卷材、废胶粉改性沥青卷材等。

3. 合成高分子防水材料

合成高分子防水卷材是以合成橡胶、合成树脂或两者的共混体为基料,加入适量化学助剂和填充料,经一定工序加工而成的可卷曲片状防水材料;或将上述材料与合成纤维等复合形成两层或两层以上的有胎防水材料。这种卷材具有拉伸强度高、抗撕裂强度高、断裂伸长率大、耐热性好、低温柔性好、耐腐蚀、耐老化及可冷施工等一系列优异性能。工程中可采用冷粘铺贴、焊接、机械固定等工艺施工,适用于各种屋面防水、地下室防水,不适用于屋面有复杂设施、平面标高多变和小面积防水工程。

合成高分子防水卷材的外观质量应符合表 8-3 的要求。

表 8-3 合成高分子防水卷材外观质量要求

项目	质量要求
折痕	每卷不超过 2 处，总长度不超过 20 mm
杂质	大于 0.5 mm 颗粒不允许，每平方米不超过 9 mm^2
胶块	每卷不超过 6 处，每处面积不大于 4 mm^2
凹痕	每卷不超过 6 处，深度不超过本身厚度的 30%；树脂类深度不超过 15%
每卷卷材的接头	橡胶类每 20 m 不超过 1 处，较短的一段不应小于 3 000 m，接头处应加长 150 mm；树脂类 20 m 长度内不允许有接头

(二) 施工要求

1. *屋面结构层处理*

屋面结构刚度的大小，对屋面变形大小起主要作用。为了减少防水层受屋面结构变形的影响，必须提高屋面的结构刚度。因此，屋面结构层最好是整体现浇混凝土。在必须采用装配式钢筋混凝土板时，相邻板的板缝底宽不应小于 20 mm；嵌填板缝时，板缝应清理干净，保持湿润，填缝采用强度等级不小于 C20 的细石混凝土。为了增加混凝土密实性，宜在细石混凝土中掺入微膨胀剂，并振捣密实，板缝嵌填高度应低于板面 10 ～ 20 mm；当板缝宽度大于 40 mm 或上窄下宽时，为防止灌缝的混凝土干缩受震动后掉落，板缝内应放置构造钢筋。

2. *找平层施工*

找平层的作用是保证卷材铺贴平整，粘接牢固。找平层可采用 1:3 水泥砂浆、细石混凝土或 1:8 沥青砂浆，沥青砂浆多在冬雨期或采用水泥砂浆有困难和抢工期时采用。

(1) 找平层厚度和技术要求：找平层厚度与基层的结构形式有关，其具体要求见表 8-4。

表 8-4 找平层的厚度和技术要求

类别	基层种类	厚度 /mm	技术要求
水泥砂浆找平层	整体混凝土	15 ～ 20	1:2.5 ～ 1:3(水泥:砂) 体积比，水泥强度等级不低于 32.5 级
	整体或板状材料保温层	20 ～ 25	
	装配式混凝土板，松散材料保温层	20 ～ 30	
细石混凝土找平层	松散材料保温层	30 ～ 35	混凝土强度等级不低于 C20
沥青砂浆找平层	整体混凝土	15 ～ 20	1:8(沥青:砂) 质量比
	装配式混凝土板，整体或板状材料保温层	20 ～ 25	

(2) 找平层的排水坡度应符合设计要求：平屋面采用结构找坡不应小于 3%，采用材料找坡宜为 2%；天沟、檐沟纵向找坡不应小于 1%，沟底水落差不得超过 200 mm。

(3) 找平层在转角处的要求：两个面的相接处，如女儿墙、天沟、屋脊等，均应做成圆弧（其半径采用沥青卷材时为 100 ～ 150 mm；采用高聚物改性沥青卷材时为 50 mm，采用合成高分子卷材时为 20 mm）。

(4) 找平层的施工要求如下：

① 找平层施工宜设分格缝，缝宽一般为 5 ～ 20 mm，缝内应嵌填密封材料。分格缝兼作排气道时，分格缝可适当加宽，并应与保温层连通。分格缝应留设在板端缝处，其纵横缝的最大间距为：水泥砂浆或细石混凝土找平层，不宜大于 6 m；沥青砂浆找平层，不宜大于 4 m。

② 水泥砂浆及细石混凝土找平：基层应清扫干净并洒水湿润（有保温层时，不得洒水）；在砂浆收水后、终凝前进行二次压光；铺设 12 h 后，应洒水养护或喷冷底子油养护，不得出现酥松、起砂、起皮等现象。

③ 沥青砂浆找平：基层必须干燥，然后满涂冷底子油 1 ～ 2 道，待冷底子油干燥后可铺设沥青砂浆，其虚铺厚度为压实后厚度的 1.30 ～ 1.40 倍。沥青砂浆需热施工，一般拌制温度为 140 ～ 170℃，铺设温度为 90 ～ 120℃，待砂浆刮平时，即用火辊进行滚压，滚压至表面平整、密实、无蜂窝、无压痕。沥青砂浆铺设后应防止雨水、露气浸入。

3. 基层处理剂施工

为使卷材与基层粘接良好，不发生腐蚀等侵害，在选用基层处理剂时，应与卷材材性相容。基层处理剂可采用喷涂法或涂刷法施工。施工时，喷、涂应均匀一致，当喷、涂多遍时，后一遍喷、涂应在前一遍干燥后进行，在最后一遍喷、涂干燥后，方可铺贴卷材。节点、周边、拐角处若与大面同时喷、涂，边角处就很难均匀，并常常出现漏涂和堆积现象，为保证这些部位更好地粘接，对节点、周边、拐角等处应先用毛刷或其他小工具进行涂刷。

4. 卷材防水层施工

(1) 施工顺序

卷材铺设应按“先高后低，先远后近”的顺序进行，即高低跨屋面，先铺高跨后铺低跨；等高的大面积屋面，先铺高上料地点远的部位，后铺较近的部位，避免踩坏和破坏已铺好的屋面。

对于每一跨在大面积卷材铺贴前，应先作好节点、附加层和排水较为集中部位（水落口处、檐口、天沟等）的防水增强处理，然后由屋面最低标高处向上铺贴，以保证顺水搭接。铺贴天沟、檐沟卷材时，宜顺天沟、檐口方向，减少搭接。

(2) 搭接方法及宽度要求

铺贴卷材采用搭接法，上下层及相邻两幅卷材的搭接缝应错开。平行于屋脊的搭接应顺流水方向，垂直于屋脊的搭接应顺主层方向。叠层铺设的各层卷材，在天沟与屋面的连接处应采用叉接法搭接，搭接缝应错开，接缝宜留在屋面或天沟侧面，不宜留在沟底。各种卷材搭接宽度应符合表 8-5 的要求。

表 8-5 卷材搭接的宽度

铺贴方法 / 卷材种类	短边搭接		长边搭接	
	满粘法	空铺、点粘、条粘法	满粘法	空铺、点粘、条粘法
沥青防水卷材	100	150	70	100
高聚物改性沥青防水卷材	80	100	80	100

续　表

铺贴方法 / 卷材种类		短边搭接		长边搭接	
		满粘法	空铺、点粘、条粘法	满粘法	空铺、点粘、条粘法
合成高分子防水卷材	胶黏剂 胶黏带	80 50	100 60	80 50	100 60
	单缝焊 双缝焊	60,有效焊接宽度不小于25 80,有效焊接宽度10×2+空腔宽			

(3) 铺设方向

卷材的铺设方向应根据屋面坡度或屋面是否存在振动按规范确定。当屋面坡度小于3%时,卷材宜平行屋脊铺贴;屋面坡度在3%～15%时,卷材可平行或垂直于屋脊铺贴;屋面坡度大于15%或屋面受振动时,沥青防水卷材应垂直于屋脊铺贴,高聚物改性沥青防水卷材和合成高分子防水卷材由于耐温性好,厚度较薄,不存在流淌问题,因此可平行或垂直于屋脊铺贴。卷材屋面的坡度不宜超过25%,当不能满足坡度要求时,应采取防止卷材下滑的措施。在卷材铺设时,上下层卷材不得相互垂直铺贴。

(4) 铺贴方法

防水卷材的铺贴方法有多种,应根据屋面卷材类型及基层的结构类型、干湿程度等实际情况来选择。

① 根据铺贴形式不同,一般有满粘法、点粘法、条粘法和空铺法等。满粘法适用于屋面面积较小、屋面结构变形较小、找平层干燥的情况。点粘法、条粘法和空铺法多用于构件变形较大,基层潮湿或做排气屋面的情况。

② 根据施工方法不同,沥青防水卷材一般采用浇油、刷油等方法进行铺贴,工程中已很少使用。高聚物改性沥青防水卷材依据其品种不同,可采用热熔法、冷粘法和自粘法施工。合成高分子防水卷材的铺贴方法有冷粘法、自粘法和热风焊接法等。

5. 保护层施工

由于层面防水层长期受阳光辐射、雨雪冰冻、上人活动等的影响,很容易使防水层遭到破坏,必须加以保护,以延长防水层的使用年限。常用的各种保护层的做法有以下几种:

(1) 现浇保护层

一般采用20 mm厚的水泥砂浆或30 mm厚掺入适量微膨胀剂的细石混凝土。水泥砂浆保护层的表面应抹平压光,并留设分格缝,分隔面积宜为1 m^2;细石混凝土保护层应振捣密实,表面抹平压光,并留设分格缝,分隔面积不大于36 m^2。

(2) 绿豆砂保护层

绿豆砂保护层多用于非上人沥青卷材屋面。在卷材表面涂刷最后一道沥青玛琋脂后,趁热铺撒一层粒径为3～5 mm的绿豆砂(或人工砂)。绿豆砂颗粒均匀,并用水冲洗干净,使用时应在铁板上预先加热干燥(温度130～150℃)。撒时要均匀,不能有重叠堆积现象。扫过后马上用软辊轻轻滚一遍,使砂粒一半嵌入玛琋脂内。

(3) 预制板块保护层

即在砂或水泥砂浆层上铺设预制板块做保护层。预制板块铺砌时应保证横平竖直，并满足排水坡度要求。块体材料保护层应留设分格缝，分隔面积不宜大于 100 m^2，分格缝的宽度不宜小于 20 mm。

(4) 细砂、蛭石及云母保护层

细砂多用于涂膜和冷玛𤥂脂面层的保护层，当最后一次涂刷料或冷玛𤥂脂时随即铺撒均匀。用砂作保护层时，应采用天然水成砂，砂料粒径不得大于涂层厚度的 1/4。

蛭石或云母主要用于涂膜防水层的保护层，只能用于非上人屋面。当涂刷最后一道涂料时，应边涂刷边撒布细砂、云母或蛭石，同时用软质的胶辊在保护层上反复轻轻滚压，以使保护层牢固地粘接在涂层上。涂层干燥后，应扫除未黏结材料并收集起来再用。

(三) 屋面施工注意事项

(1) 卷材屋面不宜在负温度下施工。如必须在负温度下施工时，应采取措施保证沥青胶的厚度。铺好后的防水层不得有龟裂及粘接不良现象。

(2) 已施工完的油毡屋面，不得堆放重物或作运输通道，以免损坏卷材。

(3) 潮湿基层上铺贴油毡容易出现大量气泡，为此应采用排气屋面施工方法。

8.1.2　涂膜防水屋面

(一) 涂膜防水屋面的构造及适用范围

涂膜防水屋面是在屋面基层上涂刷防水涂料，经固化后形成一层有一定厚度和弹性的整体涂膜，从而达到防水目的的一种屋面防水形式。其典型的构造层次如图 8-3 所示。这种屋面具有施工操作简便、无污染、冷操作、无接缝、能适应复杂基层、防水性能好、温度适应性强、容易修补等特点。适用于防水等级 Ⅰ ～ Ⅲ 级的屋面防水。

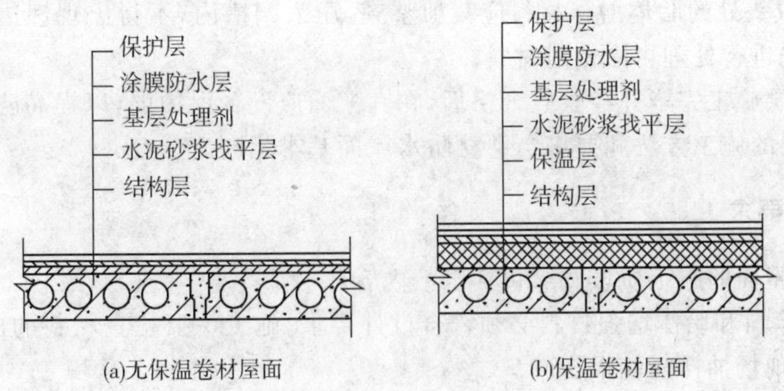

图 8-3　涂膜防水屋面构造层次示意图

(二) 施工要求

1. 基层表面清理

涂膜防水层对基层表面有比较严格的要求。基层表面必须坚实平整、洁净干燥。当找平层基层有分格缝时，应用防水油膏嵌填密实。

2. 涂刷基层处理剂

应在基层干燥后涂刷一层基层处理剂。基层处理剂可用冷底子油或用稀释后的防水涂料，基层处理剂要涂刷均匀、覆盖完全，等其干燥后再涂刷涂膜防水层。

3. 节点和特殊部位附加增强处理

在大面积涂布防水涂料之前，应先按设计要求作好节点和特殊部位的附加增强处理。通常的处理方法是：在细部节点（如落水口、檐沟、女儿墙根部、立管周围、穿墙管、施工缝等）处加铺有胎体增强材料防水层，即先涂刷一道涂料，随即铺贴事先裁剪好的胎体增强材料，然后用软刷反复刷匀、贴实，干燥后再涂刷一道防水涂料。

落水口、地漏、管道四周与基层交接处，一般先用密封材料密封，再加铺两层胎体增强材料和附加层。

4. 涂布防水涂料

防水涂料可采用手工抹压、涂刷和喷涂施工。沥青基涂料大多属于厚质涂料，含有较多的填充料，在使用前应搅拌均匀。涂层厚度应均匀一致、表面平整，由于各种涂料的技术性能不同，每道涂刷厚度应按涂料确定，一道涂层涂刷完毕应在其干燥结膜后，方可涂刷后一遍涂料。防水涂膜应由两层以上涂层组成，涂层总厚度应符合设计要求或规范规定的厚度。对于薄质涂料（高聚物改性沥青防水涂料、合成高分子防水涂料）其最上层涂层至少涂刮 2 遍。涂层的接槎是防水屋面的薄弱处，在施工时要引起重视，接槎应留在嵌缝油膏的嵌缝处。

5. 铺贴胎体增强材料

为了加强涂膜对基层开裂、房屋伸缩变形和结构变形的抵抗能力，在涂刷第二遍涂料时或第三遍涂料涂刷前，加铺胎体增强材料。常用的胎体增强材料有玻璃纤维布、合成纤维薄毡、聚酯纤维无纺布等。胎体增强材料的铺贴可以采用湿铺法或干铺法施工。

6. 保护层施工

为防止涂膜防水收头部位出现翘边现象，所有收头均应用密封材料压边，压边宽度不得小于 10 mm。收头处的胎体增强材料应裁剪整齐，压入凹槽内，不得出现翘边、皱折、露白等现象，否则应先进行处理再涂密封材料。

涂膜防水层施工完毕并经验收合格后，在其上面应设置保护层，以提高防水层的合理使用年限。保护层的施工方法和要求与卷材防水屋面基本相同。

（三）质量要求

涂膜防水屋面的施工质量要求包括以下内容：

（1）防水涂料和胎体增强材料必须符合设计要求。施工中要检查材料的出厂合格证、质量检验报告和现场抽样复验报告。

（2）涂膜防水层不得有渗漏或积水现象。施工完成后要进行雨后或淋水、蓄水检验。

（3）涂料防水层在天沟、檐沟、檐口、水落口、泛水、变形缝和伸出屋面管道处的防水构造，必须符合设计要求。

（4）涂膜防水层的平均厚度应符合设计要求，最小厚度不应小于设计厚度的 80%。

（5）涂膜防水层与基层应粘接牢固，表面平整，涂刷均匀，无流淌、皱折、鼓泡、露胎体和翘边等缺陷。

(6) 涂料防水层上的撒布材料或浅色涂膜保护层应铺撒或涂刷均匀，粘接牢固；水泥砂浆、块体或细石混凝土保护层与涂膜防水层间应设置隔离层。

8.1.3　刚性防水屋面

(一) 刚性防水屋面的构造及适用范围

刚性防水屋面是指利用刚性防水材料做防水层的屋面，主要有普通细石混凝土防水屋面、补偿收缩混凝土防水屋面、块体刚性防水屋面、预应力混凝土防水屋面等。其构造层次如图 8-4 所示。主要适用于防水等级为 Ⅲ 级的屋面防水，也可用做 Ⅰ、Ⅱ 级屋面多道防水设防中的一道防水层，不适用于设有松散材料保温层的屋面以及受较大振动或冲击的屋面。

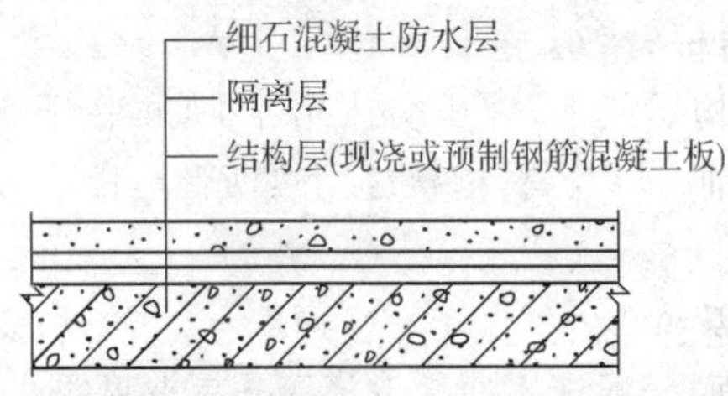

图 8-4　细石混凝土刚性防水屋面构造

(二) 材料要求

(1) 水泥：宜采用普通硅酸盐水泥或硅酸盐水泥，不得使用火山灰质硅酸盐水泥。当采用矿渣硅酸盐水泥时，应采取减少泌水性的措施，水泥强度等级不得低于 32.5 级。

(2) 密封材料：应符合设计要求，采用弹性或弹塑性密封材料。

(3) 砂：应采用中砂或粗砂，含泥量不应大于 2%。

(4) 石：最大粒径不宜大于 15 mm，含泥量不应大于 1%。

(5) 水：拌合用水应采用不含有害物质的洁净水，pH 值不得小于 4。

(6) 混凝土及砂浆：混凝土强度等级不应小于 C20，水灰比不应大于 0.55，每立方混凝土水泥用量不得少于 330 kg，含砂率宜为 35% ～ 40%，灰砂比宜为 1∶2 ～ 1∶2.5，补偿收缩混凝土的自由膨胀率应为 0.05% ～ 0.1%。

(7) 块料：块体刚性防水层使用的块料应无裂纹、无石灰颗粒、无灰浆泥面、无缺棱掉角、质地密实和表面平整。

(8) 外加剂：刚性防水层中使用的膨胀剂、减水剂、防水剂等外加剂，应根据不同品种的适用范围、技术要求选择。

(9) 钢筋：防水层内配置的钢筋宜采用乙级冷拔低碳钢丝。

(三) 施工要求

细石混凝土和补偿收缩混凝土防水层是在屋面结构上浇捣一层配有双向钢筋网片的细石混凝土或补偿收缩混凝土层而构成的防水层。其主要施工要点如下：

1. 基层处理

刚性防水屋面的结构层宜为整体现浇的钢筋混凝土，当采用装配式结构时，基层处理除满足卷材防水屋面的要求外，板端缝处还应进行密封处理。

2. 隔离层施工

在结构层与防水层之间增加一层低强度等级砂浆、卷材、塑料薄膜等材料起隔离作用，使结构层和防水层变形不受约束，以削减防水混凝土产生的应变而导致防水层开裂。

(1) 黏土砂浆隔离层施工

预制板缝填嵌细石混凝土待强度达到 30% 后，板面应清扫干净、洒水湿润，但不得有积水，按石灰膏:砂:黏土 = 1:2.4:3.6 比例，将材料拌合均匀，砂浆以干稠为宜，铺抹的厚度为 10 ~ 20 mm，要求表面平整、压实、抹光，待砂浆基本干燥以后，方可进行下道工序施工。

(2) 石灰砂浆隔离层施工

施工方法同上，配合比为石灰膏:砂 = 1:4。

(3) 水泥砂浆找平层铺卷材隔离层施工

先用 1:3 水泥砂浆将结构层找平，并压实抹光养护，再在干燥的找平层上铺一层 3 ~ 8 mm 干细砂滑动层，在其上铺一层卷材，搭接缝用热沥青玛𤯚脂粘接，也可以在找平层上直接铺一层塑料薄膜。

3. 细石混凝土屋面防水层施工

细石混凝土刚性防水屋面，一般在屋面板上浇筑一层厚度不小于 40 mm，强度等级不低于C20 的细石混凝土作为屋面防水层，如图 8-5 所示。为了使其受力均匀，有良好的抗裂性和抗渗能力，在混凝土中应配置直径为 4 mm，间距为 100 ~ 200 mm 的双向钢筋网片，且钢筋网片在分格缝处应断开，其保护层厚度不小于 10 mm。

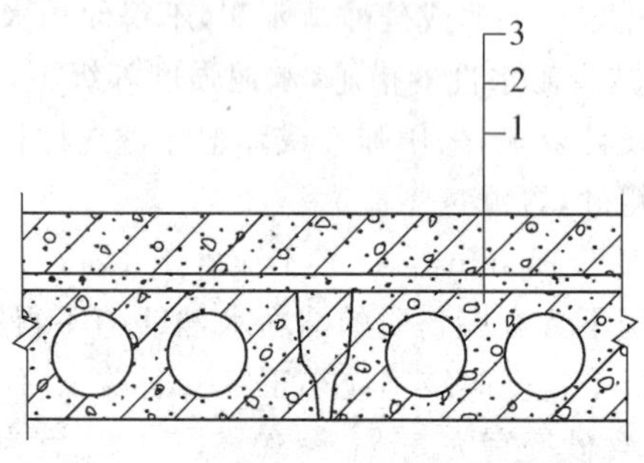

图 8-5　细石混凝土刚性防水屋面

1— 预制板；2— 隔离层；3— 细石混凝土防水层

在施工时，主要应注意抓好以下几个方面的工作：

(1) 防水层细石混凝土所用的水泥品种、水泥最小用量、水灰比以及粗细集料规格和级配等应符合规范要求。

(2) 混凝土防水层，施工气温宜为 5℃ ~ 35℃，不得在负温和烈日暴晒下施工。

(3) 防水层混凝土浇筑后，应及时养护，并保持温润，养护时间不得少于 14 d。

4. 水泥砂浆防水层屋面

水泥砂浆防水层屋面是用普通水泥砂浆或在砂浆中掺入一定量防水剂，进行分层涂抹，以提高屋面结构本身的抗渗防水能力，适用于无保温层的整体浇筑屋面，但不得用于高温和受振动的建筑。

水泥砂浆配合比一般为 1:(2.5 ~ 3)(体积比)，分层厚度一般为 10 ~ 15 mm，总厚度为

20 ～ 30 mm。施工时原材料质量必须合格，水泥宜用普通水泥，强度等级在 32.5 级以上。

基层表面要求坚实、粗糙、平整、干净，抹砂浆前应进行清理、浇水、刷(冲)洗、补平等工作，使基层表面潮湿、清洁、不留积水。防水层宜在结构层的混凝土表面收水后随即铺抹。否则应在结构拆模后再铺抹。

施工时还应避免在高温烈日下进行，以免出现干缩裂缝，最好在阴天或下午接近傍晚时进行施工，次日早晨用草垫或锯屑、稻壳覆盖，浇水养护不少于 14 昼夜，养护初期屋面不得上人。同时也避免在负温下施工。

(四) 质量要求

刚性防水屋面的施工质量要求包括以下内容：

(1) 原材料及配合比必须符合设计要求。施工中要检查材料的出厂合格证、质量检验报告、现场抽样复验报告和计量措施。

(2) 防水层不得有渗漏或积水现象。施工完成后要进行蓄水试验。

(3) 防水层在天沟、檐沟、檐口、水落口、泛水、变形缝和伸出屋面管道的防水构造，必须符合设计要求。

(4) 防水层表面应平整、压实抹光，不得有裂缝、起皮、起砂等缺陷；防水层的厚度和钢筋位置应符合设计要求；分格缝的位置和间距应符合设计要求；细石混凝土防水层表面平整度的允许偏差为 5 mm，施工中采用 2 m 靠尺和楔形塞尺进行检查。

8.2　地下防水工程

地下防水工程是防止地下水对地下建筑物基础长期浸透，保证地下构筑物或地下室使用功能正常发挥的一项重要工程。由于地下工程常年受潮湿和地表水、地下水的影响，所以对地下工程防水的处理比屋面工程要求更高，严格按照“防、排、截、堵相结合，刚柔相济，因地制宜，综合治理”的原则进行设计和施工，根据建筑物的功能、使用要求和防水等级，合理确定防水方案。目前，地下工程常用的防水方案主要有以下几种：

① 结构自防水。它是以地下结构本身的密实性(即防水混凝土) 实现防水功能，使结构承重和防水合为一体。

② 设防水层。即在结构的外表面加设防水层，以达到防水的目的。常用的防水层有水泥砂浆防水层、卷材防水层、涂膜防水层等。

③ 防排结合。即采用防水加排水措施，排水方案可采用盲沟排水、渗排水、内排水等。

根据《地下防水工程质量验收规范》(GB50208—2002) 的规定，地下工程的防水等级分为 4 级。各级防水标准等级应符合表 8-6，表 8-7 的规定。

表 8-6 地下工程防水标准等级

防水等级	标　准
Ⅰ级	不允许渗水，结构表面无湿渍
Ⅱ级	不允许漏水，结构表面可有少量湿渍。工业与民用建筑：湿渍总面积不大于总防水面积的1%，单个湿渍面积不大于0.1 m^2，任意100 m^2 防水面积不超过1处；其他地下工程：湿渍总面积不大于总防水面积的6%，单个湿渍面积不大于0.2 m^2，任意100 m^2 防水面积不超过4处
Ⅲ级	有少量漏水点，不得有线流和漏泥沙。单个湿渍面积不大于0.3 m^2，单个漏水点的漏水量不大于2.5 L/d，任意100 m^2 防水面积不超过7处
Ⅳ级	有漏水点，不得有线流和漏泥沙。整个工程平均漏水量不大于2 L/(m^2·d)，任意100 m^2 防水面积的平均漏水量不大于4 L/(m^2·d)

表 8-7 地下防水层厚度选用规定 （单位：mm）

<table>
<tr><th rowspan="2">防水等级</th><th rowspan="2">设防道数</th><th rowspan="2">合成高分子防水卷材</th><th rowspan="2">高聚物改性沥青防水卷材</th><th colspan="3">有机涂料</th><th colspan="2">无机涂料</th></tr>
<tr><th>反应型</th><th>水乳型</th><th>聚合物水泥</th><th>水泥基</th><th>水泥基渗透结晶型</th></tr>
<tr><td>Ⅰ级</td><td>三道或三道以上设防</td><td rowspan="2">单层：不应小于1.5
双层：每层不应小于1.2</td><td rowspan="2">单层：不应小于4
双层：每层不应小于3</td><td>1.2～2.0</td><td>1.2～1.5</td><td>1.5～2.0</td><td>1.5～2.0</td><td>≥0.8</td></tr>
<tr><td>Ⅱ级</td><td>二道设防</td><td>1.2～2.0</td><td>1.2～1.5</td><td>1.5～2.0</td><td>1.5～2.0</td><td>≥0.8</td></tr>
<tr><td rowspan="2">Ⅲ级</td><td>一道设防</td><td>不应小于1.5</td><td>不应小于4</td><td>—</td><td>—</td><td>≥2.0</td><td>≥2.0</td><td>—</td></tr>
<tr><td>复合设防</td><td>不应小于1.2</td><td>不应小于3</td><td>—</td><td>—</td><td>≥1.5</td><td>≥1.5</td><td>—</td></tr>
</table>

8.2.1 防水混凝土

防水混凝土是以调整混凝土配合比或掺外加剂等方法，来提高混凝土本身的密实性，使其具有一定防水能力的整体式混凝土或钢筋混凝土。目前，常用的防水混凝土，主要有普通防水混凝土和外加剂防水混凝土。

普通防水混凝土是以调整配合比的方法，提高混凝土自身的密实性和抗渗性。外加剂防水混凝土是在混凝土拌合物中加入少量改善混凝土抗渗性的有机或无机物，如减水剂、防水剂、引气剂等外加剂。

防水混凝土结构具有取材容易、施工简便、工期短、造价低、耐久性好等优点，因此在地下工程防水中应用广泛。

(一)防水混凝土对材料的要求

1. 水泥

水泥品种应按设计要求选用,其强度等级不应低于32.5级。严禁使用过期、受潮结块及混入有害物质的水泥,不同品种或强度等级的水泥不得混用。

在不受侵蚀性介质和冻融作用时,可采用普通硅酸盐水泥、硅酸盐水泥、火山灰质硅酸盐水泥和粉煤灰硅酸盐水泥。若采用矿渣硅酸盐水泥,则必须掺用高效减水剂。

在受侵蚀性介质作用时,应按介质的性质选用相应的水泥。

在受冻融作用时,应优先选用普通硅酸盐水泥,不宜采用火山灰质硅酸盐水泥和粉煤灰硅酸盐水泥。

2. 粗骨料

石子粒径不得大于40 mm,含泥量不得大于1.0%,泥块含量不得大于0.5%。不得使用碱活性骨料。

3. 细骨料

砂宜用中砂,含泥量不得大于0.3%,泥块含量不得大于1.0%。

4. 水

选用不含有害物质的洁净水。

5. 外加剂

根据工程需要采用减水剂、引气剂等外加剂,其掺量和品种应按产品说明书,并经试验确定。

(二)配合比要求

(1) 试配要求的抗渗水压值应比设计值提高0.2 MPa。

(2) 水泥用量:不得少于300 kg/m^3;掺有活性掺合料时,不得少于280 kg/m^3。

(3) 水灰比不得大于0.55,灰砂比宜为1:2～1:2.5,砂率宜为35%～45%。

(4) 坍落度:普通防水混凝土坍落度以30～50 mm为宜,泵送时坍落度宜为100～140 mm。

(三)施工要求

防水混凝土结构工程质量的优劣,除取决于设计质量、材料性质与配合比成分以外,还取决于施工质量的好坏。因此,对施工过程中的各主要环节,均应严格遵循施工及验收规范和操作规程的规定,精心施工。

1. 模板工程要求

防水混凝土工程所用的模板除满足一般要求外,应特别注意拼缝严密不漏浆,支撑牢固,吸水率小。一般不宜采用对拉螺栓或铁丝贯穿混凝土墙来固定模板,以防止由于螺栓或铁丝贯穿混凝土墙面引起渗漏水。当必须用螺栓贯穿墙固定模板时,必须采取止水措施,可采用螺栓加焊止水环、预埋套管加焊止水环和螺栓加堵头的方法。

2. 混凝土浇筑

混凝土应严格按配料单进行配料，为了增强混凝土的均匀性，应采用机械搅拌，搅拌时间比普通混凝土略长，一般不少于 2 min。对掺外加剂的混凝土，应根据外加剂的技术要求确定搅拌时间。防水混凝土在运输、浇筑过程中，应防止漏浆、离析和坍落度损失。浇筑时应严格做到分层连续进行，每层厚度不宜超过 300 ～ 400 mm，上、下层浇筑时间间隔一般不得超过 2 h，夏季应适当缩短。其自由下落高度不得超过 1.5 m，并应采用机械振捣。

3. 施工缝

施工缝是防水的薄弱部位，施工时应尽量连续浇筑，不留施工缝。地下室顶板与底板不宜留设施工缝，墙体不得留垂直缝，必须留设时应留在结构变形缝处。墙体水平缝应留在距底板表面不少于 200 mm 的墙体上，墙体有孔洞时，施工缝距孔洞边缘不应小于 300 mm。常用的施工缝形式有凸缝、凹缝、阶梯缝和加止水带的平直缝（见图 8-6）。

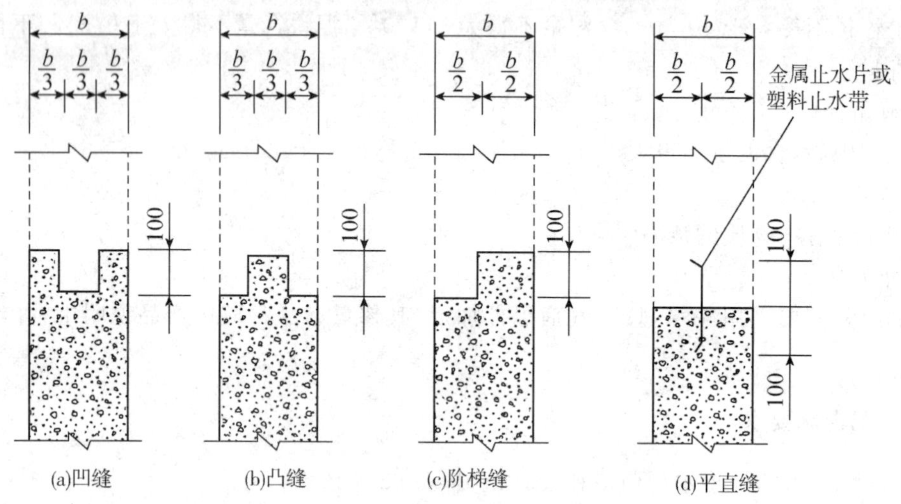

图 8-6　水平施工缝构造图

在施工缝上继续浇筑混凝土前，应将施工缝处的混凝土表面凿毛。消除浮粒和杂物，用水冲洗干净，保持湿润，再铺上一层 20 ～ 25 mm 厚的水泥砂浆，水泥砂浆所用材料和灰砂比应与混凝土的材料和灰砂比相同。

4. 预埋件与预留孔防水处理

所有预埋件和预留孔均应在混凝土浇筑前埋设，并进行检查校准，严禁浇后打洞。预埋铁件的防水做法如图 8-7 所示，穿墙管道防水处理如图 8-8 所示。止水环应与套管满焊严密，管道安装穿过套管后应临时固定，然后，一端与封口钢板焊牢，另一端用防水嵌缝材料填实，再用封口钢板封堵并焊牢。预埋件的端部或设备安装所需预留孔的底部，混凝土厚度均不得小于 200 mm，否则应采取局部加厚或其他防水措施，以防渗漏。

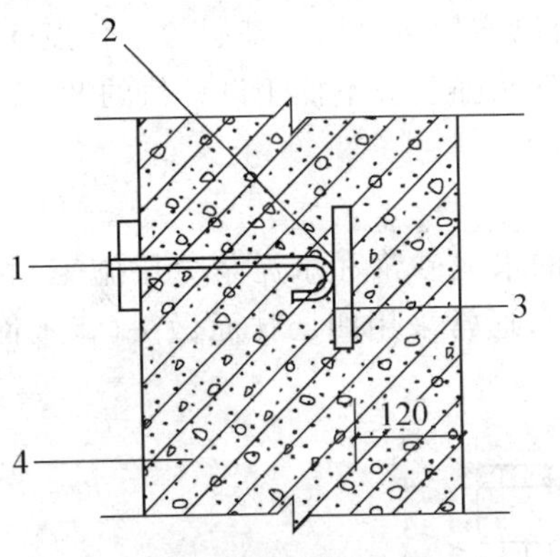

图 8-7　预埋件防水处理

1— 预埋螺栓；2— 焊缝；
3— 止水钢板；4— 防水结构

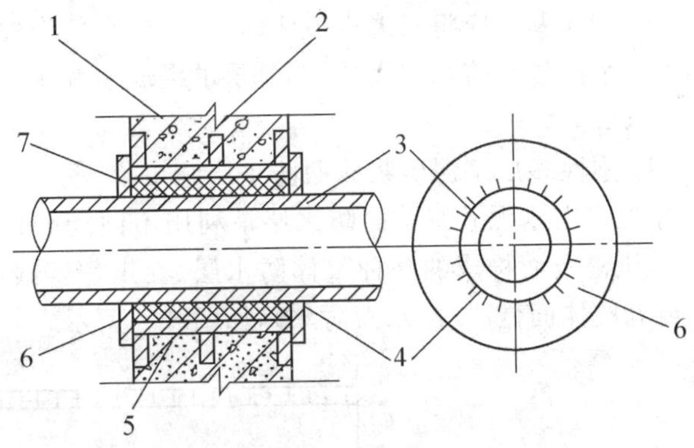

图 8-8　穿墙管道防水处理

1— 防水结构；2— 止水环；3— 管道；4— 焊缝；
5— 预埋套管；6— 封口钢板；7— 沥青玛𤃩脂

8.2.2　水泥砂浆防水层

水泥砂浆防水层是一种刚性防水层，主要依靠特定的施工工艺或搀加防水剂来提高水泥砂浆的密实性或改善其抗裂性，从而达到防水抗渗的目的。

水泥砂浆防水层根据其材料组成和防水层构造不同，分为刚性多层水泥砂浆抹面防水层和掺外加剂的水泥砂浆防水层两大类。

(一) 材料要求

(1) 水泥：水泥品种应按设计要求选用，其强度等级不应低于 32.5 级。

(2) 砂：砂宜采用中砂，平均粒径不小于 0.5 mm，最大粒径不大于 3 mm。含泥量不得大于 1%，硫化物和硫酸盐含量不得大于 1%。

(3) 水：应采用不含有害物质的洁净水。

(4) 外加剂：应符合国家或行业标准一等品及以上的质量要求。

(二) 配合比要求

配合比应按工程需要通过试验确定。水泥净浆的水灰比应控制在 0.37 ～ 0.4 或 0.55 ～ 0.60 范围内。水泥砂浆宜用 1:2.5 的比例，其水灰比在 0.6 ～ 0.65 之间，稠度 70 ～ 80 mm。如掺用外加剂或采用膨胀水泥时，其配合比应执行专门的技术规定。

(三) 施工要求

1. 基层处理

基层处理是保证防水层与基层表面结合牢固、不空鼓和密实不透水的关键。其包括清理、浇水、刷洗、找平等工序。施工中水泥砂浆防水层的基层质量应符合下列要求：

(1) 基层表面应坚实、平整、粗糙、洁净，并充分湿润，无积水。

(2) 基层表面的孔洞、缝隙应用与防水层相同的砂浆填塞抹平。

(3) 砌体基层应将灰缝剔成 10 mm 深的直角沟槽，以增加防水层和基层的结合强度。

(4) 水泥砂浆防水层铺抹前，基层的混凝土和砌筑砂浆强度应不低于设计值的 80%。

2. 施工方法

(1) 刚性多层水泥砂浆抹面防水层施工

刚性多层水泥砂浆抹面防水层是利用不同配合比的水泥砂浆和水泥浆分层施工，相互交替抹压密实而构成的一种整体防水层。在工程实践中，通常采用四层抹面做法（背水面防水）或五层抹面做法（迎水面防水），如图 8-9 所示。

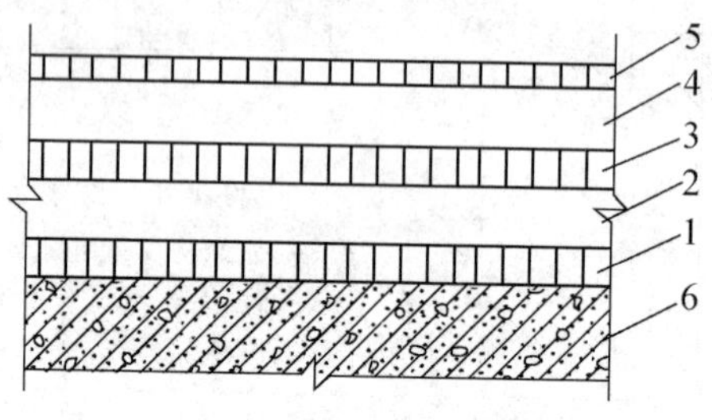

图 8-9　五层做法构造

1、3— 素灰层；2、4— 水泥砂浆层；5— 水泥浆；6— 结构层

采用五层抹面的具体做法如下：第一层，在浇水湿润的基层上先抹 1 mm 厚素灰（用铁抹子往返抹压 5 ～ 6 遍），再抹 1 mm 厚的素灰均匀找平；第二层，在素灰层初凝后、终凝前进行，轻轻抹压水泥砂浆，使砂粒压入素灰层 0.5 mm 左右，并将水泥砂浆表面扫成横向条纹；第三层，在第二层凝固后进行，做法同第一层；第四层，做法同第二层，在水泥砂浆硬化过程中，用铁抹子分次抹压 3 ～ 5 遍，最后再压光；第五层，在第四层水泥砂浆抹压两遍后，均匀地将水泥浆刷在第四层表面，随第四层一并压光。

抹完后，要做好养护工作，以防止防水层开裂。养护温度不宜低于 5℃，养护时间不少于 14 d。

(2) 掺外加剂水泥砂浆防水层施工

掺外加剂水泥砂浆防水层不论迎水面或背水面均须分两层铺抹，表面应压光，总厚度不小于 20 mm。外加剂宜采用氯化物金属盐类防水剂、膨胀剂或减水剂。

掺外加剂的水泥砂浆防水层的施工过程类似于刚性多层水泥砂浆抹面防水层，同时根据外加剂性能不同应注意以下具体要求：

① 有机硅防水砂浆防水层：在处理好的基面上喷碱性硅水 1 ～ 2 遍，然后抹压 2 ～ 3 mm 厚的素水泥浆结合层，待素水泥浆结合层初凝时，再进行防水砂浆的铺设。防水砂浆层按底层、面层分两次施工；施工前先将阴阳角做好，然后开始铺抹底层砂浆，厚度为 5 ～ 6 mm，边铺边抹压密实，且在初凝时用木抹子搓成麻面，再抹压面层，厚度为 15 mm。初凝时压实抹光。

② 纤维聚合物防水砂浆防水层：施工中不能来回抹压，以免将砂浆带空鼓。一般钢纤维防水层的厚度以 10 mm 为宜，一道成活，且钢纤维防水层上面必须要做合成纤维的聚合物水泥防水砂浆保护层。纤维聚合物水泥砂浆的养护应采取干湿交替养护法，一般为 7 d 湿养护 21 d 干养护，或 31 d 湿养护 25 d 干养护，或 1 d 湿养护 27 d 干养护等，或按生产厂家提供的养护方法进行养护。

8.2.3　卷材防水层

卷材防水层是用防水材料和与其配套的胶结材料胶合而成的防水层，属于柔性防水层，具有较好的韧性和延伸性，能适应一定的结构振动和微小变形，且材料来源也较充足，作为地下工程防水层的一种，已被广泛采用。但因受材料和施工操作的局限，如沥青卷材吸水率大、耐久性差、机械强度低，直接影响防水层的质量。在施工上，卷材防水层用料多、操作繁杂、劳动条件差、出现渗漏修补困难等，卷材防水层尽管存在不足之处，但只要严格按照规范认真操作，是可以达到理想的防水效果的。

(一) 材料要求

地下工程附加防水层所用卷材，应选用强度较高、延伸率大、耐久性好、耐腐蚀性强的卷材，一般应采用高聚物改性沥青防水卷材或合成高分子防水卷材。所用的基层处理剂、胶粘剂、密封材料等配套材料应与卷材性质相容。

(二) 铺贴方法

根据卷材铺贴在地下结构的内侧或外侧可分为外防水和内防水两种。外防水，即将卷材铺贴在地下防水结构的迎水面上，采用全外包，其防水效果较好，因其可借助土压力压紧卷材并与承重结构一起抵抗地下水的渗透侵蚀作用，所以应用广泛。外防水卷材的铺贴方法有外防外贴法和外防内贴法两种。

1. 外防外贴法

施工时，先在垫层上铺贴底板卷材，并在四周留出卷材接头，然后浇筑墙身混凝土，待拆除侧模板后，再铺贴四周的卷材防水层，最后砌筑保护墙。外贴法卷材防水构造如图 8-10 所示。

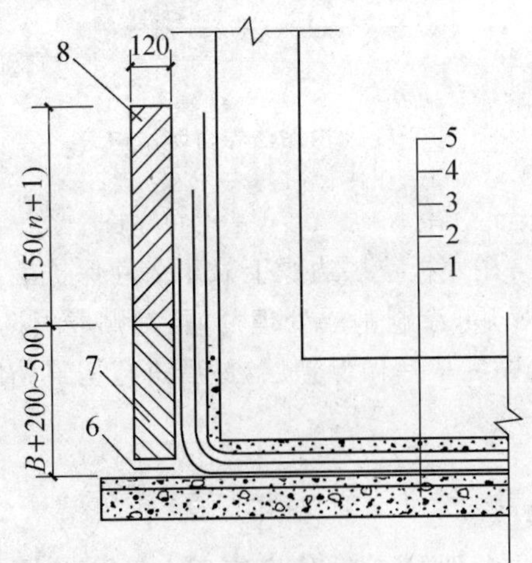

图 8-10　外贴法卷材防水构造

1— 垫层；2— 找平层；3— 卷材防水层；4— 保护层；
5— 构筑物；6— 油毡；7— 永久性保护墙；
8— 临时性保护墙；n— 油毡层数

施工顺序如下：待底板垫层上的水泥砂浆找平层干燥后，铺贴底板卷材防水层并伸出与立面卷材搭接的接头，在此之前，为避免伸出的卷材接头受损，先在垫层周围砌保护墙，其下部为永久性的（高度 = B+200 ～ 500 mm，B 为底板厚度），上部为临时性的[高度为 150(n+1) mm，n 为卷材层数]，在墙上抹石灰砂浆找平层并将接头贴于墙上，为避免卷材受损，在底板卷材上铺设 30 ～ 50 mm 厚 1:3 水泥砂浆或细石混凝土，在立面卷材上抹低强度等级砂浆保护层；然后进行底板和墙身施工，在做墙身防水前，拆临时保护墙，在墙面上找平层，刷基层处理剂，将接头清理干净后逐层铺贴墙面防水卷材，此处卷材可错缝接槎，上层卷材盖过下层卷材不应小于 150 mm；用水泥砂浆填实保护墙与防水层之间空隙。

外贴法的优点是构筑物与保护墙有不均匀沉降时，对防水层影响较小；防水层做好后即可进行漏水试验，修补也方便。缺点是工期较长，占地面积大；底板与墙身接头处卷材易受损。在施工现场条件允许时，多采用此法施工。

2. 外防内贴法

外防内贴法是先在地下结构物四周砌好保护墙，然后在墙面和底板垫层上铺贴防水卷材，最后浇筑地下结构物的混凝土。内贴法卷材防水构造如图 8-11 所示。

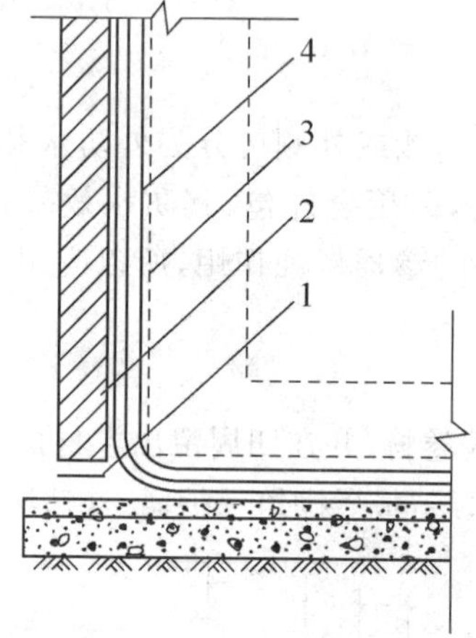

图 8-11　内贴法卷材防水构造

1— 平铺油毡层；2— 砖保护墙；
3— 油毡防水层；4— 待施工的地下构筑物

内贴法的施工顺序如下：在底板垫层边缘上做永久性保护墙，然后在保护墙及垫层上抹水泥砂浆找平层，找平层干燥后，涂刷基层处理剂，再铺贴卷材防水层（先贴立面，后贴水平面，先贴转角，后贴大面），铺贴完毕后做保护层，最后进行构筑物底板和墙体施工。

（三）施工要求

1. 外防外贴法的施工要求

(1) 在底板垫层上砌筑永久性保护墙，墙高应不小于需防水结构底板厚度 B 加100 mm，且墙下干铺一层油毡。

(2) 在永久性保护墙上应抹 1:3 水泥砂浆找平层；在临时性保护墙上抹石灰砂浆找平层，并刷石灰浆。若用模板代替临时性保护墙，应在其上涂刷隔离剂。

(3) 在大面积铺贴卷材之前，应先在转角处粘贴一层卷材附加层，然后进行大面积铺贴，先铺平面、后铺立面。在垫层和永久性保护墙上应将卷材防水层空铺，而在临时保护墙(或模板)上应将卷材防水层临时贴附，并分层临时固定在其顶端。

(4) 铺贴立面卷材时，应先将接槎部位的各层卷材揭开，并将其表面清理干净，若卷材有局部损伤，应及时进行修补。卷材接槎的搭接长度：高聚物改性沥青卷材为150 mm，合成高分子卷材为100 mm。使用两层卷材时，卷材应错槎接缝，上层卷材应盖过下层卷材。

(5) 卷材防水层施工完毕，并经过检查验收合格后，应及时做好卷材防水层的保护结构。一般可采用砌筑永久性保护墙、防水层外抹1:3水泥砂浆或直接粘贴塑料板等方法。

2. 外防内贴法的施工要求

(1) 保护墙与垫层之间须干铺一层油毡；在粘贴防水卷材前，混凝土垫层和永久性保护墙上应抹1:3水泥砂浆找平层。

(2) 找平层干燥后即可涂刷基层处理剂，干燥后方可铺贴卷材防水层。铺贴时应先铺立面、后铺平面，先铺转角、后铺大面。

(3) 卷材防水层铺完经验收合格后即应做好保护层。立面可抹水泥砂浆、贴塑料板，或用氯丁系胶粘剂粘铺石油沥青纸胎油毡；平面可抹30 mm厚水泥砂浆，或浇筑厚度不小于50 mm的细石混凝土。

8.2.4 涂膜防水层

涂膜防水就是在结构表面基层上涂以一定厚度的防水涂料，经固化后形成封闭的具有良好弹性性能的涂膜防水层。涂膜防水具有质量轻、耐候性、耐水性、耐蚀性优良，适用性强，冷作业，易于修理等优点。但是，有涂布厚度不易均匀、抵抗结构变形能力差、与潮湿基层粘接力差、抵抗动水压力能力差等缺点。地下工程涂膜防水层的设置可分为内防水(即防水涂膜涂刷在结构内壁)、外防水(即防水涂膜涂刷在结构外壁)以及内外结合防水三种形式。

(一) 材料要求

涂膜防水层应采用反应型、水乳型、聚合物水泥防水涂料或水泥基、水泥基渗透结晶型防水涂料。施工中常用聚氨酯、硅橡胶、水乳型氯丁橡胶沥青等防水涂料。

(二) 施工方法

涂膜防水层施工，可用涂刷法或喷涂法。涂刷或喷涂必须均匀且不得少于两遍，涂喷后一层的涂料必须待前一层涂料成膜后方可进行，其涂刷方向应与前一层垂直。

(三) 施工要求

(1) 基层应坚实、平整、光滑、清净、干燥，表面不得有疏松、砂眼或孔洞存在。

(2) 阴阳角处基层应抹成圆弧形；在基层涂布底层涂料之后，应先进行增强涂布，再涂布第一道、第二道涂膜。

(3) 管道、地漏等细部基层应抹平压光，管道应高出基层至少20 mm，排水口或地漏应低于防水基层。在底层涂料固化后做增强涂布，增强层固化后再涂刷涂膜防水层。

(4) 施工缝(或裂缝处理)。先涂刷底层涂料，固化后铺设1 mm厚100 mm宽的橡胶条，然后涂布涂膜防水层。

(5) 平面部位最后一层涂膜完全固化，经检查验收合格后，可空铺一层石油沥青纸胎油毡作为保护隔离层。铺设时可用少许胶黏剂点粘固定，以防在浇筑细石混凝土保护层时发生位移。细石混凝土保护层(厚 40 ～ 50 mm) 浇筑时必须防止油毡隔离层和涂膜防水层损坏。

(6) 立面部位在围护结构上涂布最后一道防水层后，可随即直接粘贴聚乙烯泡沫塑料板作为软保护层，粘贴时泡沫塑料板拼缝要严密，以防回填灰土时损伤防水涂膜。

(7) 完成软保护层的施工后，即可按照设计要求或规范规定，分布回填三七或二八灰土，并应分层夯实。

8.3 防水工程施工质量验收与安全技术

8.3.1 施工质量验收

(一) 屋面工程施工质量验收

(1) 屋面坡度应准确，排水系统应通畅。找平层平整度偏差不得超过 5 mm，不得有酥松、起砂、起皮等现象，出现裂缝应作修补。

(2) 卷材防水层的搭接缝应粘(焊) 牢固，密封严密，不得有皱折、翘边和鼓泡等缺陷；防水层的收头应与基层粘接并固定牢固，缝口封严，不得翘边；卷材的铺贴方向应正确，卷材搭接宽度的允许偏差为 －10 mm。

(3) 密封材料嵌填必须密实、连续、饱满，粘接牢固，无气泡、开裂、脱落等缺陷。

(4) 刚性防水层的表面应平整、压光、不起砂、不起皮、不开裂；分隔缝应平直，位置正确；细石混凝土防水层的厚度和钢筋位置应符合设计要求，平整度偏差不得超过 5 mm。

(5) 所使用的各种材料(包括防水材料、找平层、保温层、保护层、隔气层及外加剂、配件等) 必须符合设计要求和质量标准。

(6) 屋面不得有渗漏和积水现象。检查屋面有无渗漏及积水和排水系统是否畅通，应在雨后或持续淋水 2 h 后进行。有可能做蓄水检验的屋面，其蓄水时间不得少于 24 h。检查时，应对顶层房间的天棚逐间进行仔细检查。若有渗漏现象，应记录渗漏的状态，查明原因，及时进行修补，直至屋面无渗漏。

(7) 防水层在天沟、檐沟、檐口、水落口、泛水、变形缝和伸出屋面管道的防水构造，必须符合设计要求。

(8) 卷材、涂膜防水层上的撒布材料和浅色涂料保护层应铺撒或涂刷均匀，粘接牢固；水泥砂浆、细石混凝土或块材保护层与卷材、涂膜防水层间应设置隔离层。

(9) 涂膜防水层与基层应粘接牢固，表面平整，涂刷均匀，无流淌、皱折、鼓泡、露胎体和翘边等缺陷；涂膜防水层的平均厚度应符合设计要求，最小厚度不应小于设计厚度的 80%。

(二) 地下防水工程施工质量验收

(1) 各防水层之间、防水层与基层之间应紧密结合，无裂缝、损伤、气泡、脱层或滑动等现象。

(2) 变形缝的止水带不应有折裂、脱焊或脱胶，并用填缝材料严密封填缝隙。

(3) 对防水材料应严格检测，特殊部位和关键工序应严格把关。

(4) 预埋件螺栓应拧紧。

(5) 地下防水工程的防水层应满铺、接缝严密。

(6) 管道、电缆等穿过防水层的地方应封严。

8.3.2　施工安全技术

屋面工程属于高空作业，防水工程属于高温作业，大部分材料易燃并含有一定的毒性，必须采取必要的措施，防止发生火灾、中毒、烫伤、坠落等工伤事故。

(1) 施工前，要进行安全技术交底和安全教育，施工操作过程应符合安全技术规定。

(2) 施工人员不得踩踏未固化的防水涂膜，以防滑倒跌落。

(3) 施工时，应注意风向，防止下风向操作中毒和受伤；在通风不良的部位进行含有挥发性溶剂的涂料施工时，宜采取人工通风措施。

(4) 施工时，操作人员必须合理配备和使用工作服、安全帽、口罩、手套等劳动保护用品。

(5) 皮肤病、支气管炎病、结核病、眼病及对沥青、橡胶刺激过敏的人员，不得参加操作。

(6) 施工现场应有禁烟火标志，并配备足够的灭火器具。

(7) 屋面檐口和洞口周围应设置防护栏杆和安全网，必要时应使用安全带，高空操作人员不得过分集中。

(8) 熬制玛𤧛脂和涂料时，应注意控制加热容器的容量和温度，防止“溢锅”和烫伤操作人员。

9. 地下防水工程施工应检查护坡和支护是否可靠，材料堆放应在安全距离以外。

复习思考题

1. 屋面防水工程与地下防水工程的防水等级如何划分？
2. 卷材防水屋面常采用哪些卷材？
3. 试述卷材防水屋面的施工要点。
4. 简述涂膜防水屋面的构造及适用范围。
5. 刚性防水屋面的材料要求具体有哪几点？
6. 地下工程常用的防水方案有哪几种？
7. 简述地下防水工程中刚性多层水泥砂浆防水层的施工方法。
8. 地下防水工程中卷材防水层的铺贴方法及具体的施工要求是什么？
9. 屋面防水工程的施工质量验收标准有哪些？
10. 简述防水工程的施工安全技术。

参考文献

［1］李松岭．建筑施工［M］．北京：中国水利水电出版社，2008.
［2］张长友，白锋．建筑施工技术［M］．北京：中国电利出版社，2007.
［3］贾晓弟，王文秋等．建筑施工教程［M］．北京：中国建材工业出版社，2004.
［4］王望珍，陈悦华，余群舟．建筑结构主体工程施工技术［M］．北京：机械工业出版社，2004.
［5］徐天平．地基与基础工程施工质量问答［M］．北京：中国建筑工业出版社，2004.
［6］中华人民共和国国家标准．GB 50300—2001 建筑工程施工质量验收统一标准［S］．北京：中国建筑工业出版社，2001.
［7］叶刚．建筑施工技术［M］．北京：金盾出版社，2000.
［8］中国建筑工业出版社．新版建筑工程施工质量验收规范汇编［M］．2版．北京：中国建筑工业出版社，中国计划出版社，2003.
［9］艾伟杰．建筑工程施工［M］．北京：中国建筑工业出版社，2005.
［10］范宏．建筑施工技术［M］．北京：化学工业出版社，2005.